MATLAB® & Simulink®开发实例系列丛书

机械设计基础案例 MATLAB App 编程实践

陆 爽 编著

北京航空航天大学出版社

内 容 简 介

在数字化、网络化、智能化时代，理工科专业的学生在职场人才竞争中应具备的三种基本能力之一就是专业工作数字化计算的 App 表达能力。本书基于 MathWorks 公司新一代 MATLAB App Designer，以“机械设计基础”中常见的 52 个典型应用案例为素材，详细介绍了每个案例的工业 App 编程方法与步骤。

本书可作为本科及高职高专院校的智能制造、工业机器人和机械类专业的教学、课程设计和毕业设计的辅助教材，也可作为相关制造领域工程技术人员工业 App 设计应用的辅助工具书。

图书在版编目(CIP)数据

机械设计基础案例 MATLAB App 编程实践 / 陆爽编著
. -- 北京 ：北京航空航天大学出版社，2023.8
ISBN 978-7-5124-4110-1

Ⅰ. ①机… Ⅱ. ①陆… Ⅲ. ①机械设计—计算机辅助设计—应用程序 Ⅳ. ①TH122-39

中国国家版本馆 CIP 数据核字(2023)第 103483 号

机械设计基础案例 MATLAB App 编程实践
陆 爽 编著
策划编辑 陈守平 责任编辑 王 实
*
北京航空航天大学出版社出版发行
北京市海淀区学院路 37 号(邮编 100191) http://www.buaapress.com.cn
发行部电话：(010)82317024 传真：(010)82328026
读者信箱：goodtextbook@126.com 邮购电话：(010)82316936
北京九州迅驰传媒文化有限公司印装 各地书店经销
*
开本：787×1 092 1/16 印张：19.75 字数：518 千字
2023 年 8 月第 1 版 2024 年 5 月第 2 次印刷 印数：1 001～2 000 册
ISBN 978-7-5124-4110-1 定价：79.00 元

前　　言

数字化、网络化、智能化时代的理工科专业毕业生应当在数字化方面具备3种基本能力:①职场上日常工作的数字化表达能力(Office办公能力);②职场上专业工作的数字化计算能力(工业App能力);③职场上专业工作的数字化设计能力(CAX/EDA能力)。如果具备了这3种基本能力,也就具备了在职场上高质量就业的竞争力。如果不具备这3种基本能力,就会被认定为“功能型文盲”而惨遭淘汰。作者从事高等教育工作几十年,近十几年一直把专业课程与数字化技术深度融合作为教学改革工作的重中之重。在数字化、网络化和智能化时代如何让学生在竞争激烈的职场中获得高质量就业的机会,始终是作者理论教学和实践教学的初心。本书就是为了帮助学生具备“职场上专业工作的数字化计算能力(工业App能力)”而编写的。

目前,国内工科院校机械工程、机电工程、智能制造、工业机器人和近机类专业在机械设计基础课程教学中采用两种教学方式:①课堂教学采用理论与机构运动动画仿真相互融合的教学方式;②课程设计采用手工计算与CAD图形设计相互融合的教学方式。在数字化、网络化和智能化时代,如何把课程设计的手工计算方法用数字化工业App设计方法取代,即机械设计基础教学如何与数字化App设计深度融合是目前各个院校的金课课程建设的重要内容。“教学大计,教材为本”(杨叔子语),目前当务之急是需要与之相关的数字化工业App案例应用方面的辅助教材和参考书。由于MATLAB语言是目前各工科院校专业教师和学生(专科、本科和研究生)在进行数字化计算、数字化设计、数字化仿真、专业课程设计和毕业设计的首选工具软件,因此本书基于MATLAB R2019b中的App Designer专用App设计工具,结合作者近十几年课程与数字化深度融合教学改革实践中积累的机械设计基础方面的应用案例,从中精选出52个案例,采用App Designer把这些案例的工业App设计展示出来,编写成这本用于机械设计基础课程的数字化工业App设计辅助教学参考书。

什么是工业App? 工业App就是一种承载工业技术知识、经验与规律的形式化(界面化)工业应用程序,且此App可以部署在网络上与他人共享。机械设计基础课程中所有的设计计算工作都可以用工业App设计表达出来。本书的编排如下:

第1章平面连杆机构App设计案例,用22个案例建立平面连杆机构工业App设计。

第2章凸轮传动机构App设计案例,用2个案例建立凸轮机构和压力角工业App设计。

第3章其他常用机构App设计案例,用4个案例建立槽轮、针轮和螺旋机构工业App设计。

第4章齿轮机构App设计案例,用6个案例建立齿轮传动和减速器优化工业App设计。

第5章机械连接App设计案例,用7个案例建立螺栓连接和螺旋弹簧优化工业App设计。

第6章转轴的App设计案例,用3个案例建立轴可靠性和轴支撑静不定结构工业App设计。

第7章机械平衡 App 设计案例,用2个案例建立转子静平衡和转子动平衡工业 App 设计。

第8章带式输送机传动系统综合 App 设计案例,通过该案例介绍由1个主系统界面引导进入6个子设计系统的综合工业 App 设计。

附录 A MATLAB App Designer 编程入门简介,以一个常用的齿轮图形设计为案例详细介绍利用 App Designer 编程的全过程,供初学者入门学习参考。

本书可以为工科院校的机械工程、机电工程、智能制造工程、机器人工程、工业机器人技术等专业和近机类各专业的本科、专科学生在机械设计基础课程学习、课程设计和相关毕业设计中采用 MATLAB App Designer 设计工业 App 提供指导、帮助和详细的编程参考,从而使学生具备职场上专业工作数字化表达的工业 App 编程能力;同时,也可以为机械工业相关应用领域的工程技术人员提供一种全新的、较强实用的工业 App 编程设计方法。

作者在本书的编撰过程中,参考与借鉴了大量的国内外著作、教材与文献资料。如果没有这些精品资料,本书内容就不可能如此丰富。在此,谨向这些精品资料的作者、学者和专家表示由衷的敬意和衷心的感谢。

本书在编写过程中得到了教育部机械设计课程群虚拟教研室哈尔滨工业大学张锋教授、浙江理工大学胡明教授两位专家的悉心指导和帮助;浙江师范大学行知学院李新辉整理了书中的部分章节内容并绘制了本书的全部图形;长春工程学院杜微对本书部分章节做了勘误工作;北京航空航天大学陈殿生教授、吉林大学王聪慧教授、浙江师范大学蒋永华教授对本书提出了许多建设性的宝贵意见,在此向他们表示深深的谢意。

感谢在专业课程与数字化深度融合教学改革中同舟共济的教师和学生,他们为作者的专业数字化教学探索、改革与实践提供了丰富的经验。

衷心感谢人生道路上所有关心、爱护和帮助过我的老师、同事和学生。

在此还要特别感谢北京航空航天大学出版社、陈守平策划编辑和责任编辑为我提供的支持、鼓励和真诚的帮助。

读者可以登录北京航空航天大学出版社的官方网站,选择"下载专区"→"随书资料"下载本书配套的程序代码;也可以关注"北航科技图书"微信公众号,回复"4110"获得程序代码的下载链接;还可以登录 MATLAB 中文论坛,在本书所在版块(https://www.ilovematlab.cn/forum-289-1.html)下载相应代码。下载过程中遇到任何问题,请发送电子邮件至 goodtextbook@126.com 或致电 010-82317738 咨询处理。书中给出的程序仅供参考,读者可根据实际问题进行完善或改写,以提升自己的编程实践能力。

由于作者水平有限,书中难免有疏漏之处,恳请各方面专家和读者不吝赐教。作者电子邮箱 lushuang@zjnu.cn。

谨以此书献给几十年来全心全意鼓励、陪伴和照顾我的妻子赵丽华和女儿陆若然。

作　者

2023年3月于北京上京新航线

目　　录

第1章　平面连杆机构App设计案例 ………… 1

1.1　平面四杆机构设计案例 ………… 1

1.1.1　案例1：四杆机构类型判断App设计 ………… 1

1.1.2　案例2：按连杆通过两个预定位置的几何法实现App设计 ………… 6

1.1.3　案例3：按连杆通过三个预定位置的几何法实现App设计 ………… 11

1.1.4　案例4：按连杆预定位置位移矩阵法实现App设计 ………… 16

1.1.5　案例5：按连杆预定位置解析法实现App设计 ………… 21

1.1.6　案例6：按两连架杆预定对应位置运动规律实现App设计 ………… 25

1.1.7　案例7：按期望函数实现App设计 ………… 28

1.1.8　案例8：按行程速比系数及有关参数实现App设计 ………… 32

1.2　平面连杆机构分析案例 ………… 40

1.2.1　案例9：铰链四杆机构运动分析App设计 ………… 40

1.2.2　案例10：铰链四杆机构力分析App设计 ………… 46

1.2.3　案例11、案例12：曲柄滑块机构运动和精度分析App设计 ………… 56

1.2.4　案例13：曲柄滑块机构力分析App设计 ………… 68

1.2.5　案例14：曲柄滑块机构等效动力学App设计 ………… 78

1.2.6　案例15、案例16：导杆机构运动分析App设计 ………… 84

1.2.7　案例17：导杆机构力分析App设计 ………… 95

1.2.8　案例18：六杆机构运动分析App设计 ………… 104

1.2.9　案例19：六杆机构力分析App设计 ………… 113

1.2.10　案例20：双滑块机构运动分析App设计 ………… 124

1.2.11　案例21：放大机构运动分析App设计 ………… 130

1.2.12　案例22：刨床机构运动分析App设计 ………… 137

第2章　凸轮传动机构App设计案例 ………… 146

2.1　凸轮传动机构运动规律 ………… 146

2.1.1　凸轮从动件的运动规律 ………… 146

2.1.2　四种推杆运动规律的MATLAB子函数 ………… 148

2.2　凸轮传动机构运动和压力角设计案例 ………… 150

2.2.1　案例23：偏置直动滚子推杆盘形凸轮机构运动App设计 ………… 150

2.2.2　案例24：凸轮机构最大压力角及其位置App设计 ………… 157

第 3 章　其他常用机构 App 设计案例 …… 162

3.1　槽轮机构 …… 162
3.1.1　槽轮传动机构设计计算 …… 162
3.1.2　案例 25：外槽轮机构 App 设计 …… 163
3.1.3　案例 26：内槽轮机构 App 设计 …… 166
3.2　针轮机构 …… 169
3.2.1　针轮传动机构设计计算 …… 170
3.2.2　案例 27：针轮机构参数及运动 App 设计 …… 172
3.3　螺旋机构 …… 176
3.3.1　螺旋传动机构设计计算 …… 176
3.3.2　案例 28：螺旋机构 App 设计 …… 178

第 4 章　齿轮机构 App 设计案例 …… 182

4.1　圆柱齿轮传动参数计算 …… 182
4.1.1　案例 29：直齿圆柱齿轮传动参数计算 App 设计 …… 183
4.1.2　案例 30：直齿圆柱齿轮传动变位系数 App 设计 …… 185
4.2　直齿圆柱齿轮传动齿面接触应力设计 …… 190
4.2.1　齿轮传动齿面接触应力设计理论 …… 190
4.2.2　案例 31：齿轮传动齿面接触应力 App 设计 …… 191
4.3　单级圆柱齿轮减速器优化设计 …… 195
4.3.1　单级圆柱齿轮减速器优化设计方法 …… 195
4.3.2　案例 32：单级圆柱齿轮减速器体积最小优化 App 设计 …… 195
4.4　二级圆柱齿轮减速器优化设计 …… 199
4.4.1　二级圆柱齿轮减速器优化设计方法 …… 199
4.4.2　案例 33：二级圆柱齿轮减速器中心距最小优化 App 设计 …… 201
4.5　圆柱蜗杆减速器优化设计 …… 205
4.5.1　圆柱蜗杆减速器优化设计方法 …… 205
4.5.2　案例 34：蜗杆减速器涡轮齿圈体积最小优化 App 设计 …… 208

第 5 章　机械连接 App 设计案例 …… 212

5.1　螺栓及螺栓组连接设计 …… 212
5.1.1　螺栓连接强度设计计算 …… 212
5.1.2　案例 35：螺栓连接强度 App 设计 …… 214
5.1.3　螺栓组连接优化设计计算 …… 217
5.1.4　案例 36：螺栓组连接优化 App 设计 …… 218
5.2　圆柱螺旋弹簧设计 …… 221
5.2.1　圆柱螺旋弹簧设计计算 …… 221
5.2.2　案例 37、案例 38、案例 39：圆柱螺旋弹簧 App 设计 …… 221
5.2.3　圆柱螺旋弹簧优化设计计算 …… 228
5.2.4　案例 40：圆柱螺旋弹簧优化 App 设计 …… 230
5.2.5　案例 41：圆柱螺旋弹簧多目标优化 App 设计 …… 232

第 6 章　转轴的 App 设计案例 …… 238

6.1　转轴的可靠性设计 …… 238
6.1.1　弯扭组合作用下转轴的可靠性设计计算 …… 238
6.1.2　案例 42：弯扭组合作用下轴的可靠性 App 设计 …… 239
6.1.3　简支轴危险截面可靠性设计计算 …… 241
6.1.4　案例 43：锥齿轮轴危险截面可靠性 App 设计 …… 243
6.2　主轴支撑静不定结构的设计 …… 246
6.2.1　主轴支撑静不定结构受力分析计算 …… 246
6.2.2　案例 44：静不定结构 App 设计 …… 249

第 7 章　机械平衡 App 设计案例 …… 252

7.1　刚性转子静平衡设计 …… 253
7.1.1　刚性转子静平衡计算 …… 253
7.1.2　案例 45：刚性转子静平衡 App 设计 …… 254
7.2　刚性转子动平衡设计 …… 258
7.2.1　刚性转子动平衡计算 …… 258
7.2.2　案例 46：刚性转子动平衡 App 设计 …… 260

第 8 章　带式输送机传动系统综合 App 设计案例 …… 266

8.1　综合案例：主系统界面 …… 266
8.2　传动系统运动与动力参数 App 设计——子设计系统-1 …… 268
8.2.1　案例 47：传动系统运动与动力参数的基本计算 …… 268
8.2.2　传动系统运动与动力参数子系统 App 设计 …… 269
8.3　输送机 V 带传动 App 设计——子设计系统-2 …… 272
8.3.1　案例 48：V 带传动的参数计算 …… 272
8.3.2　V 带传动 App 设计 …… 273
8.4　减速器斜齿圆柱齿轮传动 App 设计——子设计系统-3 …… 277
8.4.1　案例 49：斜齿圆柱齿轮传动的理论分析 …… 277
8.4.2　圆柱斜齿轮传动 App 设计 …… 279
8.5　减速器弯扭组合轴 App 设计——子设计系统-4 …… 283
8.5.1　案例 50：弯扭组合轴设计计算 …… 283
8.5.2　弯扭组合轴 App 设计 …… 286
8.6　减速器轴承(30209)寿命计算 App 设计——子设计系统-5 …… 291
8.6.1　案例 51：圆锥滚子轴承(30209)寿命设计计算 …… 291
8.6.2　圆锥滚子轴承(30209)寿命计算 App 设计 …… 292
8.7　平键连接选用 App 设计——子设计系统-6 …… 295
8.7.1　案例 52：平键连接设计选用计算 …… 295
8.7.2　平键连接选用 App 设计 …… 296

附录 A　MATLAB App Designer 编程入门简介 …… 299

参考文献 …… 308

第1章

平面连杆机构App设计案例

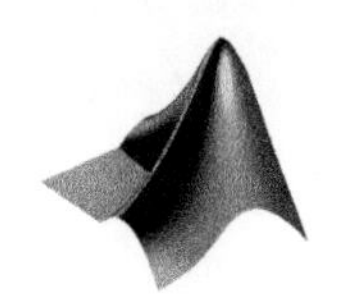

若干个刚性杆件之间通过低副连接，组成的机构称为连杆机构，也称为低副机构。平面连杆机构是一种特殊的连杆机构，其内部所有运动杆件都在同一平面或相互平行的平面内运动。

按照平面连杆机构中杆件的数量可对平面连杆机构进行分类。如：杆件数量为4的称为平面四杆机构；杆件数量为5的称为平面五杆机构；杆件数量为6的称为平面六杆机构。当杆件数目较多（杆件数量＞6）时一般统称为平面多杆机构。

平面连杆机构的构件运动形式多种多样，可实现杆件移动、摆动、转动和复杂的运动，且具有结构简单、易加工等特点，因此平面连杆机构在各类机械和仪表中得到广泛应用。

1.1 平面四杆机构设计案例

1.1.1 案例1：四杆机构类型判断App设计

1. 平面四杆机构类型

如图1.1.1所示，机构中杆件AD固定不动称为机架，杆件AB和杆件CD与机架相连称为连架杆，其余杆件称为连杆。

能做整周回转运动的连架杆称为曲柄，不能做整周回转运动的连架杆称为摇杆。按照平面四杆机构中连架杆的种类，将平面四杆机构分为3种基本类型：

① 曲柄摇杆机构，如图1.1.1(a)所示。曲柄（杆件AB）能做整周的回转运动，摇杆（杆件CD）不能做整周的回转运动。

② 双曲柄机构，如图1.1.1(b)、(c)所示。曲柄（杆件AB、杆件CD）都能做整周的回转运动，图1.1.1(c)中的杆件在形式上组成了平行四边形，又称为平行四边形机构。

③ 双摇杆机构，如图1.1.1(d)所示。摇杆（杆件AB、杆件CD）不能做整周的回转运动。

2. 平面四杆机构类型判断准则

图1.1.2所示的平面四杆机构，已知各个杆件尺寸，如何判断平面四杆机构的类型？

机构的数学分析

如图1.1.2(a)所示平面四杆机构存在曲柄需满足2个条件：

① 杆长之和条件　最短杆与最长杆的杆长之和小于或等于其余两杆的杆长之和。

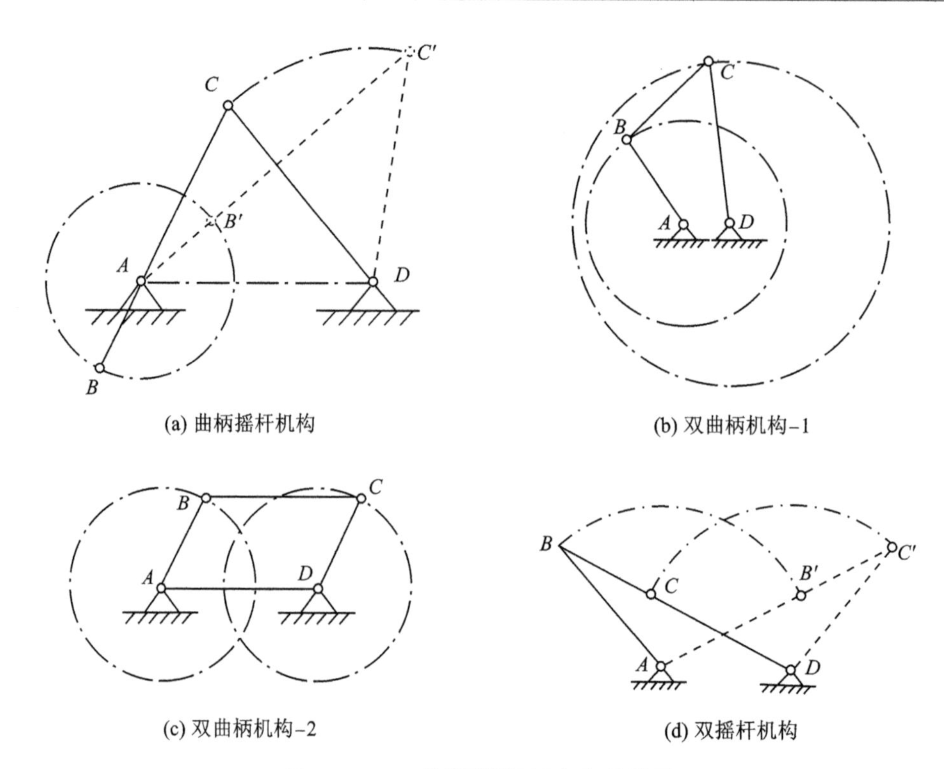

图 1.1.1　三种类型平面四杆机构简图

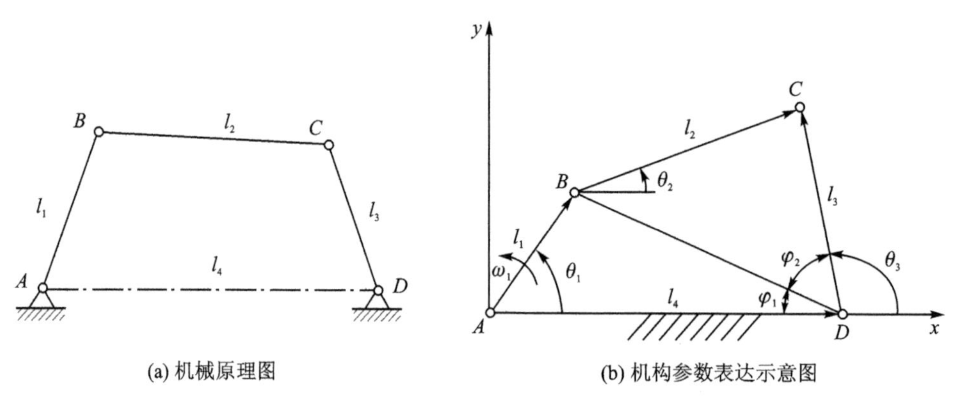

图 1.1.2　平面四杆机构

② 最短杆条件　最短杆为机架或连架杆。

平面四杆机构存在曲柄的条件用公式表示为

$$\begin{cases} l_1 + l_2 \leqslant l_3 + l_4 \\ l_1 + l_3 \leqslant l_2 + l_4 \\ l_1 + l_4 \leqslant l_2 + l_3 \end{cases} \tag{1-1-1}$$

$$\begin{cases} l_1 \leqslant l_2 \\ l_1 \leqslant l_3 \\ l_1 \leqslant l_4 \end{cases} \tag{1-1-2}$$

当平面四杆机构不满足杆长之和的条件时，平面四杆机构中不存在曲柄，机构只能是双摇杆机构。

当平面四杆机构满足存在曲柄的 2 个条件时，根据最短杆与机架的关系，可分为以下 3 种情况：

① 曲柄摇杆机构　最短杆与机架相邻（最短杆是连架杆）；

② 双曲柄机构　最短杆是机架；

③ 双摇杆机构　最短杆的对边是机架（最短杆是连杆）。

3. App 窗口设计

平面四杆机构设计 App 窗口，如图 1.1.3～图 1.1.6 所示。

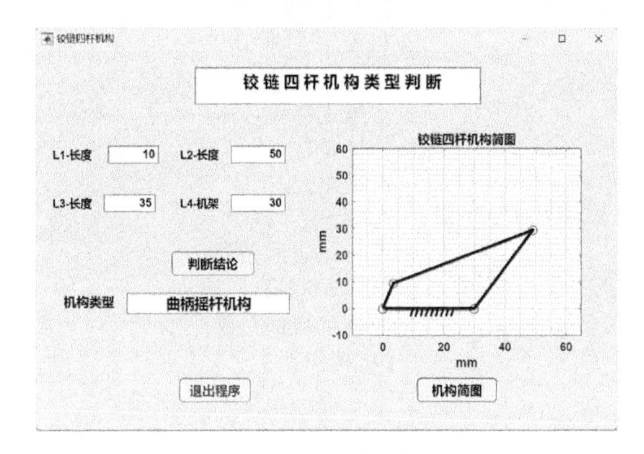

图 1.1.3　曲柄摇杆机构 App 窗口

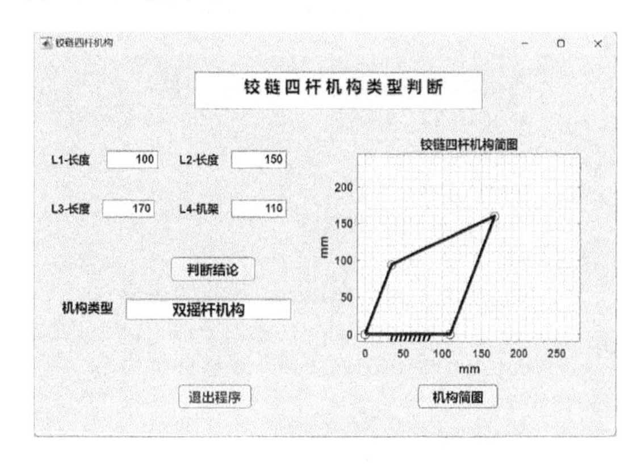

图 1.1.4　双摇杆机构 App 窗口

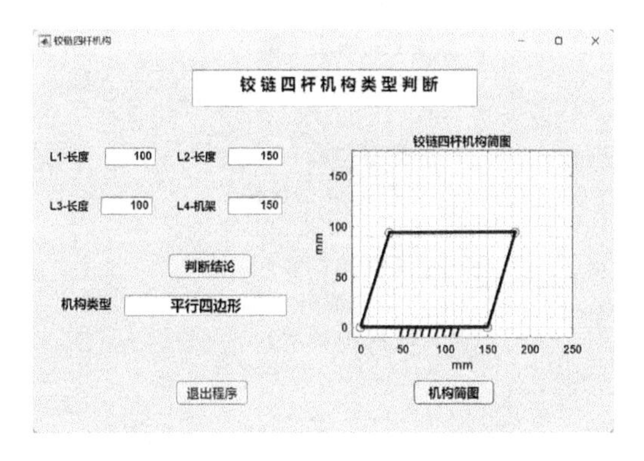

图 1.1.5　平行四边形机构 App 窗口

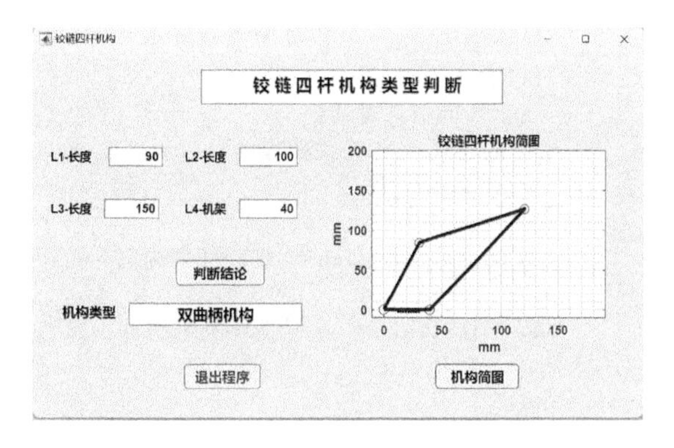

图 1.1.6　双曲柄机构 App 窗口

4. App 窗口程序设计（程序 lu_exam_1）

(1) 私有属性创建

```
properties(Access = private)
  %私有属性
  l1;                                   %l1:杆 l1 长度
  l2;                                   %l2:杆 l2 长度
  l3;                                   %l3:杆 l3 长度
  l4;                                   %l4:机架 l4 长度
  theta3;                               %theta3:l3 与 l4 夹角 θ3
end
```

(2)【判断结论】回调函数

```
functionleixingpanduan(app, event)
  % App 界面已知数据读入
  l1 = app.L1EditField.Value;                                   %【L1 - 长度】
  app.l1 = l1;                                                  % l1 私有属性值
  l2 = app.L2EditField.Value;                                   %【L2 - 长度】
  app.l2 = l2;                                                  % l2 私有属性值
  l3 = app.L3EditField.Value;                                   %【L3 - 长度】
  app.l3 = l3;                                                  % l3 私有属性值
  l4 = app.L4EditField.Value;                                   %【L4 机架】
  app.l4 = l4;                                                  % l4 私有属性值
  % 求出杆长的最大值 y 与最小值 z
  x = [l1 l2 l3 l4];                                            % x:组成杆长数组
  y = max(x);                                                   % y:最长杆
  z = min(x);                                                   % z:最短杆
  % 四杆机构类型判断
  if l1 == l3&l2 == l4                                          % 平行四边形条件
  app.EditField.Value = '平行四边形';                            %【机构类型】
  else if 2 * (y + z)>l1 + l2 + l3 + l4                          % 双摇杆机构条件
  app.EditField.Value = '双摇杆机构';                            %【机构类型】
  else
  % App 界面信息对话框
  i = inputdlg('如果最短杆为机架,输入 1,否则输入 0','判断类型');
  i = cell2sym(i);                                              % 数据类型转换
  if i == 1                                                     % 双曲柄机构条件
  app.EditField.Value = '双曲柄机构';                            %【机构类型】
  else if i == 0                                                % 继续判断
  % App 界面信息对话框
  j = inputdlg('如果最短杆的对边为机架,输入 1,否则输入 0','判断类型');
  j = cell2sym(j);                                              % 数据类型转换
  if j == 1                                                     % 双摇杆机构条件
  app.EditField.Value = '双摇杆机构';                            %【机构类型】
  else if j == 0                                                % 曲柄摇杆机构条件
  app.EditField.Value = '曲柄摇杆机构';                          %【机构类型】
  end
  end
  end
  end
  end
  end
end
```

(3)【退出程序】回调函数

```
functiontuichu(app, event)
  % App 界面信息提示对话框
  sel = questdlg('确认关闭应用程序?','关闭确认,','Yes','No','No');
  switch sel
  case'Yes'
  delete(app);                                                  % 关闭本 App 窗口
  case'No'
  end
end
```

(4)【机构简图】回调函数

```
functionjigoujiantu(app, event)
  % App 界面已知数据读入
  cla(app.UIAxes)                                          % 清除图形
  l1 = app.L1EditField.Value;                              %【L1 - 长度】
  app.l1 = l1;                                             % l1 私有属性值
  l2 = app.L2EditField.Value;                              %【L2 - 长度】
  app.l2 = l2;                                             % l2 私有属性值
  l3 = app.L3EditField.Value;                              %【L3 - 长度】
  app.l3 = l3;                                             % l3 私有属性值
  l4 = app.L4EditField.Value;                              %【L4 - 机架】
  app.l4 = l4;                                             % l4 私有属性值
  % 计算绘图需要的角度 θ3(见图 1.1.2(b)中 θ3)
  hd = pi/180;                                             % hd:角度弧度系数
  forn1 = 1:360                                            % n1:角度 θ1 变化范围
  L = sqrt(l4 * l4 + l1 * l1 - 2 * l1 * l4 * cos(n1 * hd));  % L = BD 长度
  phi(n1) = asin((l1/L) * sin(n1 * hd));                   % phi:L 与 l4 夹角 φ1
  beta(n1) = acos(( - l2 * l2 + l3 * l3 + L * L)/(2 * l3 * L));  % beta:L 与 l3 夹角 φ2
  if beta(n1)<0                                            % 如果 φ2<0
  beta(n1) = beta(n1) + pi;                                % 实际角度 φ2 + pi
  end
  theta3(n1) = pi - phi(n1) - beta(n1);                    % theta3:l3 与 l4 夹角 θ3
  app.theta3 = theta3;                                     % theta3 私有属性值
  end
  % 四杆机构坐标
  x(1) = 0;                                                % A 点 x 坐标
  y(1) = 0;                                                % A 点 y 坐标
  x(2) = l1 * cos(70 * hd);                                % B 点 x 坐标
  y(2) = l1 * sin(70 * hd);                                % B 点 y 坐标
  x(3) = l4 + l3 * cos(theta3(71));                        % C 点 x 坐标
  y(3) = l3 * sin(theta3(71));                             % C 点 y 坐标
  x(4) = l4;                                               % D 点 x 坐标
  y(4) = 0;                                                % D 点 y 坐标
  x(5) = 0;                                                % A 点 x 坐标
  y(5) = 0;                                                % A 点 y 坐标
  % 四杆机构图中的 4 个铰链圆点
  ball_1 = line(app.UIAxes,x(1),y(1),'color','k','marker','o','markersize',8);
  ball_2 = line(app.UIAxes,x(2),y(2),'color','k','marker','o','markersize',8);
  ball_3 = line(app.UIAxes,x(3),y(3),'color','k','marker','o','markersize',8);
  ball_4 = line(app.UIAxes,x(4),y(4),'color','k','marker','o','markersize',8);
  % 机架 l4 杆地面斜线
  a20 = linspace(0.3 * l4,0.8 * l4,10);
  for i = 1:9
  a30 = (a20(i) + a20(i + 1))/2;
  line(app.UIAxes,[a30,a20(i)],[0, - 0.1 * l4],'color','k','linestyle','-','linewidth',2);
  end
  % 绘制四杆机构简图
  line(app.UIAxes,x,y,'color','b','linewidth',3);          % 机构简图
  title(app.UIAxes,'铰链四杆机构简图');                     % 简图标题
  xlabel(app.UIAxes,'mm')                                  % 简图 x 坐标
  ylabel(app.UIAxes,'mm')                                  % 简图 y 坐标
  axis(app.UIAxes,[ - 10 l4 + l3  - 10 l3 + l2/2]);        % 简图坐标范围
end
```

1.1.2 案例 2：按连杆通过两个预定位置的几何法实现 App 设计

平面连杆机构设计需求可归纳为以下 3 类基本问题：

① 实现构件给定位置的设计：要求平面连杆机构中某构件按规定经过若干位置，最后到达预定的位置。

② 实现构件给定的运动规律的设计：要求平面连杆机构某构件满足若干对应位置关系，包括满足一定急回特性和传递动力性能，或者按照给定的运动规律运动。

③ 实现构件给定的运动轨迹的设计：要求平面连杆机构中某个构件上的一个点沿着给定的运动轨迹运动。

1. 平面连杆 *BC* 有两个预定位置的几何分析法

图 1.1.7 所示为平面四杆机构中连杆 BC 有两个预定位置，位置 1 连杆 BC 的位置坐标分别为 (x_{B_1}, y_{B_1})、(x_{C_1}, y_{C_1})，位置 2 连杆 BC 的位置坐标分别为 (x_{B_2}, y_{B_2})、(x_{C_2}, y_{C_2})，设计平面四杆机构。

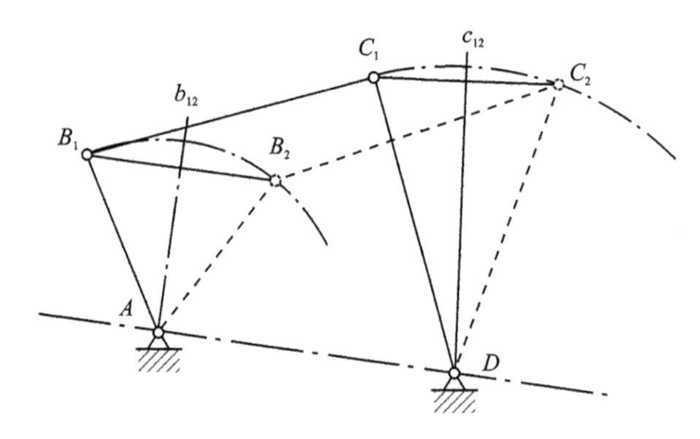

图 1.1.7 连杆通过两个预定位置的四杆机构设计

图 1.1.7 中，铰链 B、C 分别绕着铰链 A、D 做周转运动，铰链 A 位于圆弧 B_1B_2 的中垂线 b_{12} 上，铰链 D 位于圆弧 C_1C_2 的中垂线 c_{12} 上，铰链 B_1、B_2 连线中点坐标为

$$\begin{cases} x_{B_{12}} = \dfrac{x_{B_1} + x_{B_2}}{2} \\ y_{B_{12}} = \dfrac{y_{B_1} + y_{B_2}}{2} \end{cases} \tag{1-1-3}$$

铰链 C_1、C_2 连线中点坐标为

$$\begin{cases} x_{C_{12}} = \dfrac{x_{C_1} + x_{C_2}}{2} \\ y_{C_{12}} = \dfrac{y_{C_1} + y_{C_2}}{2} \end{cases} \tag{1-1-4}$$

圆弧 B_1B_2 的中垂线 b_{12} 的斜率为

$$k_{b_{12}} = \frac{x_{B_1} - x_{B_2}}{y_{B_2} - y_{B_1}} \tag{1-1-5}$$

圆弧 C_1C_2 的中垂线 c_{12} 的斜率为

$$k_{c_{12}} = \frac{x_{C_1} - x_{C_2}}{y_{C_2} - y_{C_1}} \tag{1-1-6}$$

圆弧 B_1B_2 的中垂线 b_{12} 的方程表达式为

$$y = k_{b_{12}}(x - x_{b_{12}}) + y_{b_{12}} \tag{1-1-7}$$

圆弧 C_1C_2 的中垂线 c_{12} 的方程表达式为

$$y = k_{c_{12}}(x - x_{c_{12}}) + y_{c_{12}} \tag{1-1-8}$$

铰链 A、D 分别位于式(1-1-7)和式(1-1-8)所表示的中垂线上，因为约束条件不够，所以铰链 A、D 的位置具有无穷多个。为确定铰链 A、D 的位置，增加一个约束条件，如铰链 A、D 两点所在的位置方程为

$$Ax + By = C \tag{1-1-9}$$

式(1-1-7)和式(1-1-8)分别与式(1-1-9)联立求解，可得铰链 A、D 的位置坐标。

2. 案例 2 内容

如图 1.1.8 所示的炉门启闭机构，已知：$x_{C_1}=32$ mm，$y_{C_1}=0$ mm，$x_{B_1}=82$ mm，$y_{B_1}=0$ mm；$x_{C_2}=0$ mm，$y_{C_2}=110$ mm，$x_{B_2}=0$ mm，$y_{B_2}=60$ mm。求当两连架杆的固定铰链在直线 $x=-18$ mm 上时的铰链位置和各杆长度。

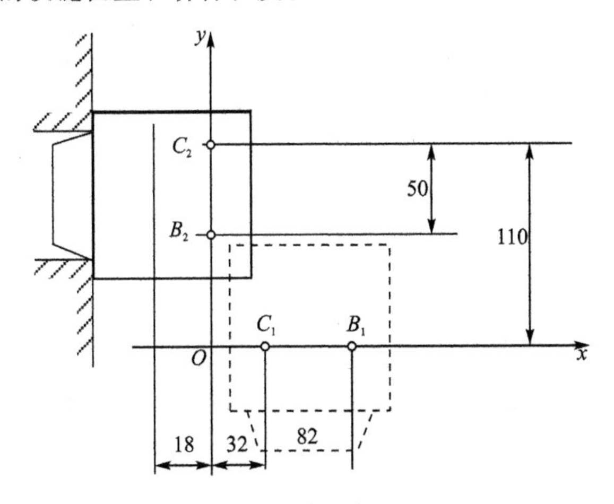

图 1.1.8　炉门启闭机构

3. App 窗口设计

炉门启闭机构设计 App 窗口，如图 1.1.9 所示。

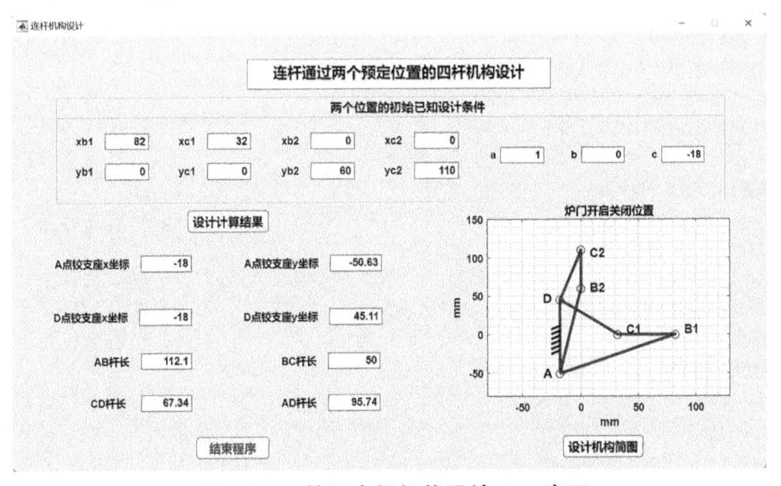

图 1.1.9　炉门启闭机构设计 App 窗口

4. App 窗口程序设计(程序 lu_exam_2)

(1) 私有属性创建

```
properties(Access = private)
  % 私有属性
  xb1;                                    % xb1:x_B1 点坐标
  yb1;                                    % yb1:y_B1 点坐标
  xc1;                                    % xc1:x_C1 点坐标
  yc1;                                    % yc1:y_C1 点坐标
  xb2;                                    % xb2:x_B2 点坐标
  yb2;                                    % yb2:y_B2 点坐标
  xc2;                                    % xc2:x_C2 点坐标
  yc2;                                    % yc2:y_C2 点坐标
  a;                                      % a:直线方程系数 A
  b;                                      % b:直线方程系数 B
  c;                                      % c:直线方程系数 C
  xa;                                     % xa:A 点 x 坐标
  ya;                                     % ya:A 点 y 坐标
  xd;                                     % xd:D 点 x 坐标
  yd;                                     % yd:D 点 y 坐标
end
```

(2)【设计计算结果】回调函数

```
functionLiLunJiSuan(app, event)
  % App 界面已知数据读入
  xb1 = app.xb1EditField.Value;           %【xb1】
  app.xb1 = xb1;                          % xb1 私有属性值
  yb1 = app.yb1EditField.Value;           %【yb1】
  app.yb1 = yb1;                          % yb1 私有属性值
  xb2 = app.xb2EditField.Value;           %【xb2】
  app.xb2 = xb2;                          % xb2 私有属性值
  yb2 = app.yb2EditField.Value;           %【yb2】
  app.yb2 = yb2;                          % yb2 私有属性值
  xc1 = app.xc1EditField.Value;           %【xc1】
  app.xc1 = xc1;                          % xc1 私有属性值
  yc1 = app.yc1EditField.Value;           %【yc1】
  app.yc1 = yc1;                          % yc1 私有属性值
  xc2 = app.xc2EditField_2.Value;         %【xc2】
  app.xc2 = xc2;                          % xc2 私有属性值
  yc2 = app.yc2EditField.Value;           %【yc2】
  app.yc2 = yc2;                          % yc2 私有属性值
  a = app.aEditField.Value;               %【a】
  app.a = a;                              % a 私有属性值
  c = app.cEditField.Value;               %【c】
  app.c = c;                              % c 私有属性值
  b = app.bEditField.Value;               %【b】
  app.b = b;                              % b 私有属性值
  % 计算固定铰链中心 A、D 坐标
  xb12 = (xb1 + xb2)/2;                   % B1B2 中点 x 坐标
  yb12 = (yb1 + yb2)/2;                   % B1B2 中点 y 坐标
  xc12 = (xc1 + xc2)/2;                   % C1C2 中点 x 坐标
  yc12 = (yc1 + yc2)/2;                   % C1C2 中点 y 坐标
```

```
    kb1b2 = (yb1 - yb2)/(xb1 - xb2);                    % B1B2 直线斜率
    kc1c2 = (yc1 - yc2)/(xc1 - xc2);                    % C1C2 直线斜率
    kb12 = - 1/kb1b2;                                   % B1B2 中垂直线 b12 斜率
    kc12 = - 1/kc1c2;                                   % C1C2 中垂直线 c12 斜率
    A1 = [kb12, - 1;a,b];                               % 固定铰链 A 方程中 A 矩阵
    B1 = [kb12 * xb12 - yb12;c];                        % 固定铰链 A 方程中 B 矩阵
    xy = A1\B1;                                         % 解矩阵方程
    xa = xy(1);                                         % xa:A 点 x 坐标
    app.xa = xa;                                        % xa 私有属性值
    ya = xy(2);                                         % ya:A 点 y 坐标
    app.ya = ya;                                        % ya 私有属性值
    A2 = [kc12, - 1;a,b];                               % 固定铰链 D 方程中 A 矩阵
    B2 = [kc12 * xc12 - yc12;c];                        % 固定铰链 D 方程中 B 矩阵
    xy = A2\B2;                                         % 解矩阵方程
    xd = xy(1);                                         % xd:D 点 x 坐标
    app.xd = xd;                                        % xd 私有属性值
    yd = xy(2);                                         % yd:D 点 y 坐标
    app.yd = yd;                                        % yd 私有属性值
    L1 = sqrt((xa - xb1)^2 + (ya - yb1)^2);             % L1:AB 杆长度
    L2 = sqrt((xb1 - xc1)^2 + (yb1 - yc1)^2);           % L2:BC 杆长度
    L3 = sqrt((xd - xc1)^2 + (yd - yc1)^2);             % L3:CD 杆长度
    L4 = sqrt((xd - xa)^2 + (yd - ya)^2);               % L4:AD 杆长度
    % 结果分别写入 App 界面对应显示框中
    app.AxEditField.Value = xa;                         %【A 点铰支座 x 坐标】
    app.AyEditField.Value = ya;                         %【A 点铰支座 y 坐标】
    app.DxEditField.Value = xd;                         %【D 点铰支座 x 坐标】
    app.DyEditField.Value = yd;                         %【D 点铰支座 y 坐标】
    app.ABEditField.Value = L1;                         %【AB 杆长】
    app.BCEditField.Value = L2;                         %【BC 杆长】
    app.CDEditField.Value = L3;                         %【CD 杆长】
    app.ADEditField.Value = L4;                         %【AD 杆长】
end
```

(3)【机构简图】回调函数

```
functionjigoujiantu(app, event)
    cla(app.UIAxes)                                     % 清除图形
    % 炉门开启时各铰链点位置坐标
    x(1) = app.xa;                                      % A 点 x 坐标
    y(1) = app.ya;                                      % A 点 y 坐标
    x(2) = app.xb1;                                     % B1 点 x 坐标
    y(2) = app.yb1;                                     % B1 点 y 坐标
    x(3) = app.xc1;                                     % C1 点 x 坐标
    y(3) = app.yc1;                                     % C1 点 y 坐标
    x(4) = app.xd;                                      % D 点 x 坐标
    y(4) = app.yd;                                      % D 点 y 坐标
    x(5) = app.xa;                                      % A 点 x 坐标
    y(5) = app.ya;                                      % A 点 y 坐标
    % 绘制炉门开启机构简图
    line(app.UIAxes,x,y,'linewidth',3);
    % 绘制四个铰链圆点
    ball_1 = line(app.UIAxes,x(1),y(1),'color','k','marker','o','markersize',8);
    ball_2 = line(app.UIAxes,x(2),y(2),'color','k','marker','o','markersize',8);
```

```
    ball_3 = line(app.UIAxes,x(3),y(3),'color','k','marker','o','markersize',8);
    ball_4 = line(app.UIAxes,x(4),y(4),'color','k','marker','o','markersize',8);
    % 图中标注 A、B1、C1、D 四个点位置
    text(app.UIAxes,-38,-52,'\bf\fontsize{14} A')                        % 标注 A 点
    text(app.UIAxes,80,5,' \bf\fontsize{14} B1')                         % 标注 B1 点
    text(app.UIAxes,30,5,' \bf\fontsize{14} C1')                         % 标注 C1 点
    text(app.UIAxes,-42,45,' \bf\fontsize{14} D')                        % 标注 D 点
    % 炉门关闭时各铰链点位置坐标
    x(1) = app.xa;                                                       % A 点 x 坐标
    y(1) = app.ya;                                                       % A 点 y 坐标
    x(2) = app.xb2;                                                      % B2 点 x 坐标
    y(2) = app.yb2;                                                      % B2 点 y 坐标
    x(3) = app.xc2;                                                      % C2 点 x 坐标
    y(3) = app.yc2;                                                      % C2 点 y 坐标
    x(4) = app.xd;                                                       % D 点 x 坐标
    y(4) = app.yd;                                                       % D 点 y 坐标
    x(5) = app.xa;                                                       % A 点 x 坐标
    y(5) = app.ya;                                                       % A 点 y 坐标
    % 绘制炉门关闭机构简图
    line(app.UIAxes,x,y,'linewidth',3);
    % 绘制四个铰链圆点
    ball_1 = line(app.UIAxes,x(1),y(1),'color','k','marker','o','markersize',8);
    ball_2 = line(app.UIAxes,x(2),y(2),'color','k','marker','o','markersize',8);
    ball_3 = line(app.UIAxes,x(3),y(3),'color','k','marker','o','markersize',8);
    ball_4 = line(app.UIAxes,x(4),y(4),'color','k','marker','o','markersize',8);
    % 图中标注 A、B2、C2、D 四个点位置
    text(app.UIAxes,-38,-52,'\bf\fontsize{14} A')                        % 标注 A 点
    text(app.UIAxes,-2,60,' \bf\fontsize{14} B2')                        % 标注 B2 点
    text(app.UIAxes,-2,105,' \bf\fontsize{14} C2')                       % 标注 C2 点
    text(app.UIAxes,-42,45,' \bf\fontsize{14} D')                        % 标注 D 点
    % 绘制机架 AD 杆地面固定斜线
    l4 = y(4) - y(5);
    a20 = linspace(0.2 * l4,0.6 * l4,7);
    for i = 1:6
    a30 = (a20(i) + a20(i+1))/2;
      line(app.UIAxes,[x(5),x(4) - 0.08 * l4],[a20(i) - 40,a30 - 0.5 * l4],'color','k','linestyle','
-','linewidth',2)
    end
    title(app.UIAxes,' 炉门开启关闭位置 ');                                 % 机构简图标题
    xlabel(app.UIAxes,'mm')                                              % 简图 x 轴
    ylabel(app.UIAxes,'mm')                                              % 简图 y 轴
    axis(app.UIAxes,[-80 130 -80 150]);                                  % 简图坐标范围
  end
```

(4)【结束程序】回调函数

```
  functionJieSuChengXu(app, event)
    % App 界面信息提示对话框
    sel = questdlg(' 确认关闭应用程序？ ',' 关闭确认,','Yes','No','No');
    switch sel
    case'Yes'
    delete(app);                                                     % 关闭本 App 窗口
    case'No'
    end
  end
```

1.1.3　案例 3：按连杆通过三个预定位置的几何法实现 App 设计

1. 平面连杆 *BC* 有三个预定位置的几何分析法

在图 1.1.10 所示的平面四杆机构中，连杆 BC 有三个预定位置，位置 1 连杆 BC 的位置坐标分别为（x_{B_1}, y_{B_1}）、（x_{C_1}, y_{C_1}），位置 2 连杆 BC 的位置坐标分别为（x_{B_2}, y_{B_2}）、（x_{C_2}, y_{C_2}），位置 3 连杆 BC 的位置坐标分别为（x_{B_3}, y_{B_3}）、（x_{C_3}, y_{C_3}），设计平面四杆机构。

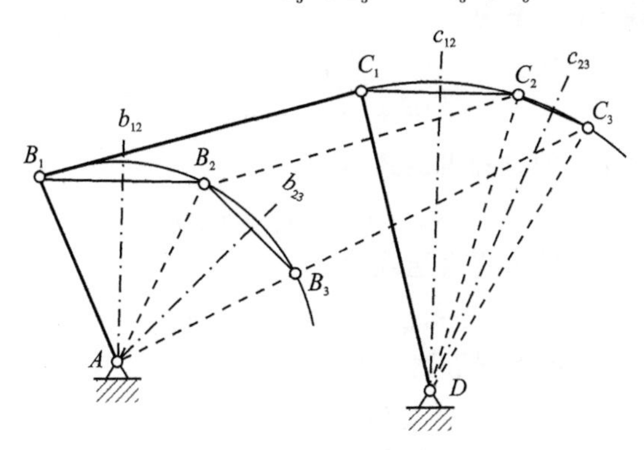

图 1.1.10　连杆通过三个预定位置的四杆机构设计

按照前述两位置算法，可写出类似的关系式。铰链 B_1、B_2 连线中点坐标为

$$\begin{cases} x_{B_{1,2}} = \dfrac{x_{B_1} + x_{B_2}}{2} \\ y_{B_{1,2}} = \dfrac{y_{B_1} + y_{B_2}}{2} \end{cases} \tag{1-1-10}$$

铰链 B_2、B_3 连线中点坐标为

$$\begin{cases} x_{B_{2,3}} = \dfrac{x_{B_2} + x_{B_3}}{2} \\ y_{B_{2,3}} = \dfrac{y_{B_2} + y_{B_3}}{2} \end{cases} \tag{1-1-11}$$

铰链 C_1、C_2 连线中点坐标为

$$\begin{cases} x_{C_{1,2}} = \dfrac{x_{C_1} + x_{C_2}}{2} \\ y_{C_{1,2}} = \dfrac{y_{C_1} + y_{C_2}}{2} \end{cases} \tag{1-1-12}$$

铰链 C_2、C_3 连线中点坐标为

$$\begin{cases} x_{C_{2,3}} = \dfrac{x_{C_2} + x_{C_3}}{2} \\ y_{C_{2,3}} = \dfrac{y_{C_2} + y_{C_3}}{2} \end{cases} \tag{1-1-13}$$

圆弧 B_1B_2 的中垂线 b_{12} 斜率为

$$k_{b_{12}} = \frac{x_{B_1} - x_{B_2}}{y_{B_2} - y_{B_1}} \tag{1-1-14}$$

圆弧 B_2B_3 的中垂线 b_{23} 斜率为

$$k_{b_{23}} = \frac{x_{B_2} - x_{B_3}}{y_{B_3} - y_{B_2}} \tag{1-1-15}$$

圆弧 C_1C_2 的中垂线 c_{12} 斜率为

$$k_{c_{12}} = \frac{x_{C_1} - x_{C_2}}{y_{C_2} - y_{C_1}} \tag{1-1-16}$$

圆弧 C_2C_3 的中垂线 c_{23} 斜率为

$$k_{c_{23}} = \frac{x_{C_2} - x_{C_3}}{y_{C_3} - y_{C_2}} \tag{1-1-17}$$

圆弧 B_1B_2 的中垂线 b_{12} 的方程表达式为

$$y = k_{b_{12}}(x - x_{B_{12}}) + y_{B_{12}} \tag{1-1-18}$$

圆弧 B_2B_3 的中垂线 b_{23} 的方程表达式为

$$y = k_{b_{23}}(x - x_{B_{23}}) + y_{B_{23}} \tag{1-1-19}$$

圆弧 C_1C_2 的中垂线 c_{12} 的方程表达式为

$$y = k_{c_{12}}(x - x_{C_{12}}) + y_{C_{12}} \tag{1-1-20}$$

圆弧 C_2C_3 的中垂线 c_{23} 的方程表达式为

$$y = k_{c_{23}}(x - x_{C_{23}}) + y_{C_{23}} \tag{1-1-21}$$

式(1-1-18)和(1-1-19)联立求解,可得铰链 A 的位置坐标。式(1-1-20)和式(1-1-21)联立求解,可得铰链 D 的位置坐标。

2. 案例 3 内容

如图 1.1.11 所示的平面四杆机构,已知:BC 杆件的三个位置坐标分别为 $x_{C_1}=0$ mm,$y_{C_1}=200$ mm,$x_{B_1}=0$ mm,$y_{B_1}=100$ mm;$x_{C_2}=200$ mm,$y_{C_2}=200$ mm,$x_{B_2}=100$ mm,$y_{B_2}=200$ mm;$x_{C_3}=300$ mm,$y_{C_3}=100$ mm,$x_{B_3}=300$ mm,$y_{B_3}=200$ mm。试设计平面四杆机构。

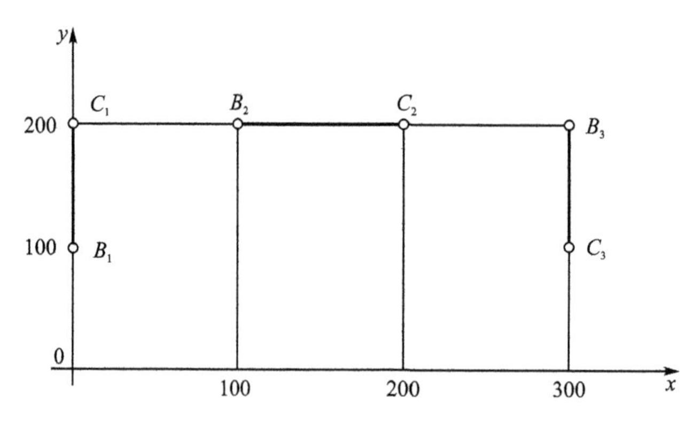

图 1.1.11 四杆机构 BC 杆的三个位置

3. App 窗口设计

平面四杆机构 BC 杆的三个位置设计 App 窗口,如图 1.1.12 所示。

图 1.1.12　平面四杆机构 *BC* 杆的三个位置设计 App 窗口

4. App 窗口程序设计(程序 lu_exam_3)

(1) 私有属性创建

```
properties(Access = private)
  %私有属性
  xb1;                                          %xb1:x_{B_1} 点坐标
  yb1;                                          %yb1:y_{B_1} 点坐标
  xc1;                                          %xc1:x_{C_1} 点坐标
  yc1;                                          %yc1:y_{C_1} 点坐标
  xb2;                                          %xb2:x_{B_2} 点坐标
  yb2;                                          %yb2:y_{B_2} 点坐标
  xc2;                                          %xc2:x_{C_2} 点坐标
  yc2;                                          %yc2:y_{C_2} 点坐标
  xb3;                                          %xb3:x_{B_3} 点坐标
  yb3;                                          %yb3:y_{B_3} 点坐标
  xc3;                                          %xc3:x_{C_3} 点坐标
  yc3;                                          %yc3:y_{C_3} 点坐标
end
```

(2)【设计结果】回调函数

```
functionLiLunJiSuan(app, event)
  %App 界面已知数据读入
  xb1 = app.xb1EditField.Value;                 %【xb1】
  app.xb1 = xb1;                                %xb1 私有属性值
  yb1 = app.yb1EditField.Value;                 %【yb1】
  app.yb1 = yb1;                                %yb1 私有属性值
  xb2 = app.xb2EditField.Value;                 %【xb2】
  app.xb2 = xb2;                                %xb2 私有属性值
  yb2 = app.yb2EditField.Value;                 %【yb2】
  app.yb2 = yb2;                                %yb2 私有属性值
  xc1 = app.xc1EditField.Value;                 %【xc1】
  app.xc1 = xc1;                                %xc1 私有属性值
  yc1 = app.yc1EditField.Value;                 %【yc1】
  app.yc1 = yc1;                                %yc1 私有属性值
  xc2 = app.xc2EditField_2.Value;               %【xc2】
  app.xc2 = xc2;                                %xc2 私有属性值
```

```
yc2 = app.yc2EditField.Value;                                        %【yc2】
app.yc2 = yc2;                                                       % yc2 私有属性值
xb3 = app.xb3EditField.Value;                                        %【xb3】
app.xb3 = xb3;                                                       % xb3 私有属性值
yb3 = app.yb3EditField.Value;                                        %【yb3】
app.yb3 = yb3;                                                       % yb3 私有属性值
xc3 = app.xc3EditField.Value;                                        %【xc3】
app.xc3 = xc3;                                                       % xc3 私有属性值
yc3 = app.yc3EditField.Value;                                        %【yc3】
app.yc3 = yc3;                                                       % yc3 私有属性值
% 判断输入的 B、C 两铰链坐标是否满足连杆长度不变的条件
L12 = sqrt((xb1 - xc1)^2 + (yb1 - yc1)^2) - sqrt((xb2 - xc2)^2 + (yb2 - yc2)^2);    % 计算长度 L12
L23 = sqrt((xb2 - xc2)^2 + (yb2 - yc2)^2) - sqrt((xb3 - xc3)^2 + (yb3 - yc3)^2);    % 计算长度 L23
if sqrt((L12 - L23)^2) > 1e - 2                                      % 判断是否满足连杆长度不变条件
% App 界面信息对话框
h = warndlg('输入数据不正确！请重新运行程序,输入已知参数','警告');
else
% 求固定铰链 A、D 坐标
xb12 = (xb1 + xb2)/2;                                                % B1B2 连线的中点 x 坐标
xb23 = (xb2 + xb3)/2;                                                % B2B3 连线的中点 x 坐标
xc12 = (xc1 + xc2)/2;                                                % C1C2 连线的中点 x 坐标
xc23 = (xc2 + xc3)/2;                                                % C2C3 连线的中点 x 坐标
yb12 = (yb1 + yb2)/2;                                                % B1B2 连线的中点 y 坐标
yb23 = (yb2 + yb3)/2;                                                % B2B3 连线的中点 y 坐标
yc12 = (yc1 + yc2)/2;                                                % C1C2 连线的中点 y 坐标
yc23 = (yc2 + yc3)/2;                                                % C2C3 连线的中点 y 坐标
if yb1 - yb2 == 0                                                    % 式(1-1-14)的分母为零
YO(1) = 0;                                                           % 此条件下设定 YO(1) = 0
kb12 = 1;                                                            % B1B2 连线中垂线 b12 斜率等于 1
else
kb12 = (xb1 - xb2)/(yb2 - yb1);                                      % B1B2 连线的中垂线 b12 斜率
YO(1) = - 1;                                                         % 此条件下设定 YO(1) =- 1
end
if yb2 - yb3 == 0                                                    % 式(1-1-15)的分母为零
kb23 = 1;                                                            % B2B3 连线中垂线 b23 斜率等于 1
YO(2) = 0;                                                           % 此条件下设定 YO(2) = 0
else
kb23 = (xb2 - xb3)/(yb3 - yb2);                                      % 求出 B2B3 连线的中垂线 b23 斜率
YO(2) =- 1;                                                          % 此条件下设定 YO(2) =- 1
end
if yc1 - yc2 == 0                                                    % 式(1-1-16)的分母为零
YO(3) = 0;                                                           % 此条件下设定 YO(3) = 0
kc12 = 1;                                                            % C1C2 连线中垂线 c12 斜率等于 1
else
kc12 = (xc1 - xc2)/(yc2 - yc1);                                      % 求出 C1C2 连线的中垂线 c12 斜率
YO(3) =- 1;                                                          % 此条件下设定 YO(3) =- 1
end
if yc2 - yc3 == 0                                                    % 式(1-1-17)的分母为零
kc23 = 1;                                                            % C2C3 连线中垂线 c23 斜率等于 1
YO(4) = 0;                                                           % 此条件下设定 YO(4) = 0
else
```

```
kc23 = (xc2 - xc3)/(yc3 - yc2);                          % 求出 C2C3 连线的中垂线 c23 斜率
YO(4) =- 1;                                              % 此条件下设定 YO(4) =- 1
end
% 判定 B1B2 的中垂线 b12 与 B2B3 的中垂线 b23 是否有交点 A
if(kb12 * YO(2) - kb23 * YO(1)) == 0                     % 无交点
% App 界面信息提示对话框
h = warndlg('无解！请重新运行程序，输入已知参数','警告');
Else
if YO(1) * YO(2) == 1                                    % 有交点
xa = (yb23 - yb12 - kb23 * xb23 + kb12 * xb12)/(kb12 - kb23);   % A 点 x 坐标
ya = kb12 * (xa - xb12) + yb12;                          % A 点 y 坐标
else
if YO(1) == 0                                            % B1B2 连线中垂线 b12 斜率等于 1
xa = xb12;                                               % A 点 x 坐标
ya = kb23 * (xa - xb23) + yb23;                          % A 点 y 坐标
Else
xa = xb23;                                               % A 点 x 坐标
ya = kb12 * (xa - xb12) + yb12;                          % A 点 y 坐标
end
end
L1 = sqrt((xa - xb1)^2 + (ya - yb1)^2);                  % AB 杆长度
end
% 判定 C1C2 的中垂线 c12 与 C2C3 的中垂线 c23 是否有交点 D
if (kc12 * YO(4) - kc23 * YO(3)) == 0                    % 无交点
% App 界面信息提示对话框
h = warndlg('无解！请重新运行程序，输入已知参数','警告');
else
if YO(3) * YO(4) == 1                                    % 有交点
xd = (yc23 - yc12 - kc23 * xc23 + kc12 * xc12)/(kc12 - kc23);   % D 点 x 坐标
yd = kc12 * (xd - xc12) + yc12;                          % D 点 y 坐标
else
if YO(3) == 0                                            % C1C2 连线中垂线 c12 斜率等于 1
xd = xc12;                                               % D 点 x 坐标
yd = kc23 * (xd - xc23) + yc23;                          % D 点 y 坐标
else
xd = xc23;                                               % D 点 x 坐标
yd = kc12 * (xd - xc12) + yc12;                          % D 点 y 坐标
end
end
L3 = sqrt((xd - xc1)^2 + (yd - yc1)^2);                  % CD 杆的长度
end
if (kb12 * YO(2) - kb23 * YO(1)) * (kc12 * YO(4) - kc23 * YO(3)) == 0   % 判断是否有交点
% App 界面信息提示对话框
h = warndlg('无解！请重新运行程序，输入已知参数','警告');
else
L2 = sqrt((xb1 - xc1)^2 + (yb1 - yc1)^2);                % BC 杆长度
% 结果分别写入 App 界面对应显示框中
app.AxEditField.Value = xa;                              %【A 点铰支座 x 坐标】
app.AyEditField.Value = ya;                              %【A 点铰支座 y 坐标】
app.DxEditField.Value = xd;                              %【D 点铰支座 x 坐标】
app.DyEditField.Value = yd;                              %【D 点铰支座 y 坐标】
app.ABEditField.Value = L1;                              %【AB 杆长】
```

```
    app.BCEditField.Value = L2;                               %【BC 杆长】
    app.CDEditField.Value = L3;                               %【CD 杆长】
    app.ADEditField.Value = L4;                               %【AD 杆长】
    end
    end
end
```

(3)【结束程序】回调函数

```
functionJieSuChengXu(app, event)
    % App 界面信息提示对话框
    sel = questdlg('确认关闭应用程序？','关闭确认,','Yes','No','No');
switch sel
    case'Yes'
    delete(app);                                          %关闭本 App 窗口
    case'No'
    end
end
```

1.1.4　案例 4：按连杆预定位置位移矩阵法实现 App 设计

已知固定铰链点 A 和 D 的位置，以及连杆标线 MN 的三个预定位置 $M_iN_i(i=1,2,3)$，如图 1.1.13 所示，设计平面四杆机构。

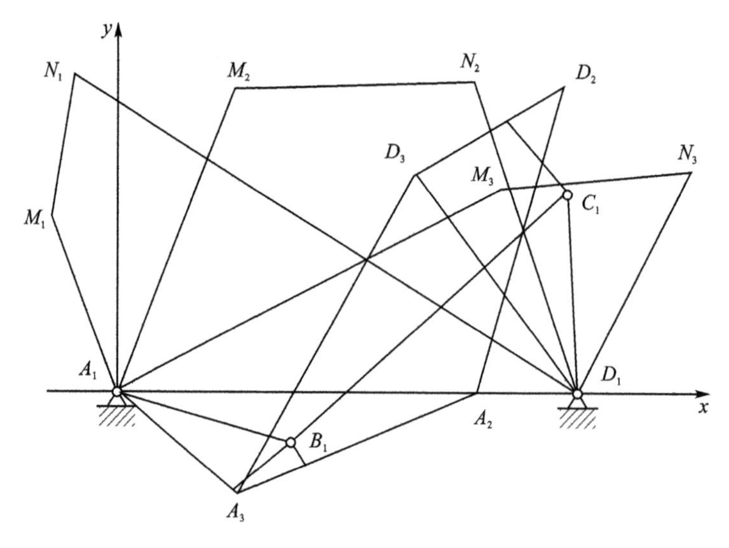

图 1.1.13　四杆机构中连杆标线的预定位置

设计该四杆机构的实质是确定活动铰链 B 和 C 的位置。可采用转换机架法，即利用相对运动的原理进行设计。该方法是机构倒置原理的解析表达，适合于求解连杆通过三个特定位置的问题。

1. 机构的数学分析

(1) 建立位移矩阵

平面四杆机构中的构件都视为刚体，刚体的平面运动都可以分解为平移运动和旋转运动。确定刚体在某一瞬间的位置，需要刚体上任意一点 M 的坐标和任意一条线段 MN 与 x 轴正向的夹角 φ。

设刚体上线段 MN 在位置 1 时点 M 的坐标为(x_{M_1},y_{M_1})且 MN 与 x 轴正向的夹角为 φ_1。经过一段时间的平面运动,线段 MN 在位置 2 时点 M 的坐标为(x_{M_2},y_{M_2})且 MN 与 x 轴正向的夹角为 φ_2。线段 MN 在位置 1 和位置 2 的位置参数可以用位移矩阵 $\boldsymbol{D}_{12}$ 来表示,即

$$\boldsymbol{D}_{12}=\begin{bmatrix}\cos\varphi_{12} & -\sin\varphi_{12} & x_{M_2}-x_{M_1}\cos\varphi_{12}+y_{M_1}\sin\varphi_{12}\\ \sin\varphi_{12} & \cos\varphi_{12} & y_{M_2}-x_{M_1}\sin\varphi_{12}-y_{M_1}\cos\varphi_{12}\\ 0 & 0 & 1\end{bmatrix} \tag{1-1-22}$$

式中:$\varphi_{12}=\varphi_2-\varphi_1$。

经过一段时间的平面运动,刚体上的点 N 的位置坐标为

$$\begin{bmatrix}x_{N_2}\\ y_{N_2}\\ 1\end{bmatrix}=\boldsymbol{D}_{12}\begin{bmatrix}x_{N_1}\\ y_{N_1}\\ 1\end{bmatrix} \tag{1-1-23}$$

(2) 机构倒置

按照机构倒置原理的方法,将机架视为连杆,原本的连杆视为机架,新机构成为倒置机构。倒置机构中新机架位置为 M_1N_1。将机构中的四边形 $A_1M_2N_2D_1$ 进行刚化,并移动到 M_2N_2 与 M_1N_1 重合,铰链点 A、D 的新位置坐标 $A_2(x_{A_2},y_{A_2})$、$D_2(x_{D_2},y_{D_2})$为

$$\begin{bmatrix}x_{A_2}\\ y_{A_2}\\ 1\end{bmatrix}=\begin{bmatrix}\cos\varphi_{21} & -\sin\varphi_{21} & x_{M_1}-x_{M_2}\cos\varphi_{21}+y_{M_2}\sin\varphi_{21}\\ \sin\varphi_{21} & \cos\varphi_{21} & y_{M_1}-x_{M_2}\sin\varphi_{21}-y_{M_2}\cos\varphi_{21}\\ 0 & 0 & 1\end{bmatrix}\begin{bmatrix}x_{A_1}\\ y_{A_1}\\ 1\end{bmatrix} \tag{1-1-24}$$

$$\begin{bmatrix}x_{D_2}\\ y_{D_2}\\ 1\end{bmatrix}=\begin{bmatrix}\cos\varphi_{21} & -\sin\varphi_{21} & x_{M_1}-x_{M_2}\cos\varphi_{21}+y_{M_2}\sin\varphi_{21}\\ \sin\varphi_{21} & \cos\varphi_{21} & y_{M_1}-x_{M_2}\sin\varphi_{21}-y_{M_2}\cos\varphi_{21}\\ 0 & 0 & 1\end{bmatrix}\begin{bmatrix}x_{D_1}\\ y_{D_1}\\ 1\end{bmatrix} \tag{1-1-25}$$

将机构中的四边形 $A_1M_3N_3D_1$ 进行刚化,并移动到 M_3N_3 与 M_1N_1 重合,铰链点 A、D 的新位置坐标 $A_3(x_{A_3},y_{A_3})$、$D_3(x_{D_3},y_{D_3})$为

$$\begin{bmatrix}x_{A_3}\\ y_{A_3}\\ 1\end{bmatrix}=\begin{bmatrix}\cos\varphi_{31} & -\sin\varphi_{31} & x_{M_1}-x_{M_3}\cos\varphi_{31}+y_{M_3}\sin\varphi_{31}\\ \sin\varphi_{31} & \cos\varphi_{31} & y_{M_1}-x_{M_3}\sin\varphi_{31}-y_{M_3}\cos\varphi_{31}\\ 0 & 0 & 1\end{bmatrix}\begin{bmatrix}x_{A_1}\\ y_{A_1}\\ 1\end{bmatrix} \tag{1-1-26}$$

$$\begin{bmatrix}x_{D_3}\\ y_{D_3}\\ 1\end{bmatrix}=\begin{bmatrix}\cos\varphi_{31} & -\sin\varphi_{31} & x_{M_1}-x_{M_3}\cos\varphi_{31}+y_{M_3}\sin\varphi_{31}\\ \sin\varphi_{31} & \cos\varphi_{31} & y_{M_1}-x_{M_3}\sin\varphi_{31}-y_{M_3}\cos\varphi_{31}\\ 0 & 0 & 1\end{bmatrix}\begin{bmatrix}x_{D_1}\\ y_{D_1}\\ 1\end{bmatrix} \tag{1-1-27}$$

得到转换后新连杆 AD 的三个位置坐标,利用前述的已知连杆通过三个给定位置设计平面四杆机构的方法,可以得到铰链 B、C 的位置。

2. 案例 4 内容

如图 1.1.13 所示的平面四杆机构,已知:连杆 MN 的三个预定位置分别为 $x_{M_1}=10$ mm,$y_{M_1}=32$ mm,$\varphi_1=52°$;$x_{M_2}=36$ mm,$y_{M_2}=39$ mm,$\varphi_2=29°$;$x_{M_3}=45$ mm,$y_{M_3}=24$ mm,$\varphi_3=0°$。固定铰链点 A 的坐标为 $A(0,0)$,固定铰链点 D 的坐标为 $D(63,0)$。设计平面四杆机构。

3. App 窗口设计

使用位移矩阵法按连杆预定位置设计 App 窗口,如图 1.1.14 所示。

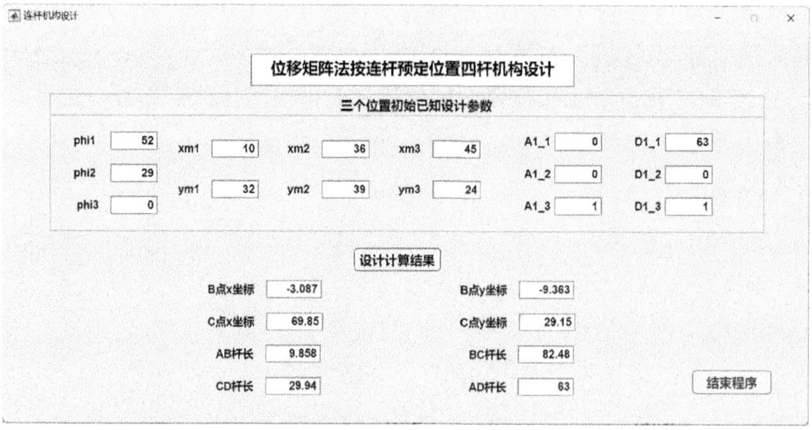

图 1.1.14　使用位移矩阵法按连杆预定位置设计 App 窗口

4. App 窗口程序设计(程序 lu_exam_4)

(1) 私有属性创建

```
properties(Access = private)
    % 私有属性
    xm1;                                              % xm1:x_{M_1} 点坐标
    ym1;                                              % ym1:y_{M_1} 点坐标
    xm2;                                              % xm2:x_{M_2} 点坐标
    ym2;                                              % ym2:y_{M_2} 点坐标
    xm3;                                              % xm3:x_{M_3} 点坐标
    ym3;                                              % ym3:y_{M_3} 点坐标
    A1_1;                                             % A1_1:x_A 点坐标
    A1_2;                                             % A1_2:y_A 点坐标
    A1_3;                                             % A1_3:z_A 点坐标
    D1_1;                                             % D1_1:x_D 点坐标
    D1_2;                                             % D1_2:y_D 点坐标
    D1_3;                                             % D1_3:z_D 点坐标
    phi1;                                             % phi1:M_1N_1 与 x 轴夹角 φ_1
    phi2;                                             % phi2:M_2N_2 与 x 轴夹角 φ_2
    phi3;                                             % phi3:M_3N_3 与 z 轴夹角 φ_3
    L1;                                               % L1:AB 杆长度
    L2;                                               % L2:BC 杆长度
    L3;                                               % L3:CD 杆长度
    L4;                                               % L4:AD 杆长度
end
```

(2)【设计计算结果】回调函数

```
functionLiLunJiSuan(app, event)
    % App 界面已知数据读入
    phi1 = app.phi1EditField.Value;                   %【phi1】
    app.phi1 = phi1;                                  % phi1 私有属性值
    phi2 = app.phi2EditField.Value;                   %【phi2】
    app.phi2 = phi2;                                  % phi2 私有属性值
    phi3 = app.phi3EditField.Value;                   %【phi3】
    app.phi3 = phi3;                                  % phi3 私有属性值
    xm1 = app.xm1EditField.Value;                     %【xm1】
```

```
app.xm1 = xm1;                                              % xm1 私有属性值
ym1 = app.ym1EditField.Value;                               %【ym1】
app.ym1 = ym1;                                              % ym1 私有属性值
xm2 = app.xm2EditField.Value;                               %【xm2】
app.xm2 = xm2;                                              % xm2 私有属性值
ym2 = app.ym2EditField.Value;                               %【ym2】
app.ym2 = ym2;                                              % ym2 私有属性值
xm3 = app.xm3EditField.Value;                               %【xm3】
app.xm3 = xm3;                                              % xm3 私有属性值
ym3 = app.ym3EditField.Value;                               %【ym3】
app.ym3 = ym3;                                              % ym3 私有属性值
A1_1 = app.A1_1EditField.Value;                             %【A1_1】
app.A1_1 = A1_1;                                            % A1_1 私有属性值
A1_2 = app.A1_2EditField.Value;                             %【A1_2】
app.A1_2 = A1_2;                                            % A1_2 私有属性值
A1_3 = app.A1_3EditField.Value;                             %【A1_3】
app.A1_3 = A1_3;                                            % A1_3 私有属性值
D1_1 = app.D1_1EditField.Value;                             %【D1_1】
app.D1_1 = D1_1;                                            % D1_1 私有属性值
D1_2 = app.D1_2EditField.Value;                             %【D1_2】
app.D1_2 = D1_2;                                            % D1_2 私有属性值
D1_3 = app.D1_3EditField.Value;                             %【D1_3】
app.D1_3 = D1_3;                                            % D1_3 私有属性值
%设计计算
hd = pi/180;                                                % hd:角度弧度系数
phi1 = 52 * hd;                                             % phi1 角度转换弧度
phi2 = 29 * hd;                                             % phi2 角度转换弧度
phi3 = 0 * hd;                                              % phi3 角度转换弧度
phi21 = phi1 - phi2;                                        % 中间变量
phi31 = phi1 - phi3;                                        % 中间变量
%  计算位移矩阵(见式(1-1-22))
D21 = [cos(phi21), - sin(phi21),xm1 - xm2 * cos(phi21) + ym2 * sin(phi21);
       sin(phi21), cos(phi21),ym1 - xm2 * sin(phi21) - ym2 * cos(phi21);
       0,          0,          1                                        ];
D31 = [cos(phi31), - sin(phi31),xm1 - xm3 * cos(phi31) + ym3 * sin(phi31);
       sin(phi31), cos(phi31),ym1 - xm3 * sin(phi31) - ym3 * cos(phi31);
       0,          0,          1                                        ];
%经机构倒置后,求 A、D 三个位置坐标的矩阵运算
A2 = D21 * [A1_1;A1_2;A1_3];
A3 = D31 * [A1_1;A1_2;A1_3];
D2 = D21 * [D1_1;D1_2;D1_3];
D3 = D31 * [D1_1;D1_2;D1_3];
xa = [A1_1;A2(1);A3(1)];
ya = [A1_2;A2(2);A3(2)];
xd = [D1_1;D2(1);D3(1)];
yd = [D1_2;D2(2);D3(2)];
%调用私有函数 link_three_D 求 B(xb, yb)、C(xc, yc)坐标和杆件长度
[xb,yb,xc,yc] = link_three_D(xa,ya,xd,yd);
L1 = sqrt((xa(1) - xb)^2 + (ya(1) - yb)^2);                 % AB 杆长度
L3 = sqrt((xd(1) - xc)^2 + (yd(1) - yc)^2);                 % CD 杆长度
L2 = sqrt((xb - xc)^2 + (yb - yc)^2);                       % BC 杆长度
L4 = sqrt((xd(1) - xa(1))^2 + (yd(1) - ya(1))^2);           % AD 长度
```

```
    %私有函数 link_three_D
    function [xa,ya,xd,yd] = link_three_D(xb,yb,xc,yc)
    xb1 = xb(1);                                                    % B1 点 xB1 坐标
    yb1 = yb(1);                                                    % B1 点 yB1 坐标
    xc1 = xc(1);                                                    % C1 点 xC1 坐标
    yc1 = yc(1);                                                    % C1 点 yC1 坐标
    xb2 = xb(2);                                                    % B2 点 xB2 坐标
    yb2 = yb(2);                                                    % B2 点 yB2 坐标
    xc2 = xc(2);                                                    % C2 点 xC2 坐标
    yc2 = yc(2);                                                    % C2 点 yC2 坐标
    xb3 = xb(3);                                                    % B3 点 xB3 坐标
    yb3 = yb(3);                                                    % B3 点 yB3 坐标
    xc3 = xc(3);                                                    % C3 点 xC3 坐标
    yc3 = yc(3);                                                    % C3 点 yC3 坐标
    %根据活动铰链的三个位置,求固定铰链坐标
    xb12 = (xb1 + xb2)/2;                                           % B1B2 连线中点 x 坐标
    xb23 = (xb2 + xb3)/2;                                           % B2B3 连线中点 x 坐标
    xc12 = (xc1 + xc2)/2;                                           % C1C2 连线中点 x 坐标
    xc23 = (xc2 + xc3)/2;                                           % C2C3 连线中点 x 坐标
    yb12 = (yb1 + yb2)/2;                                           % B1B2 连线中点 y 坐标
    yb23 = (yb2 + yb3)/2;                                           % B2B3 连线中点 y 坐标
    yc12 = (yc1 + yc2)/2;                                           % C1C2 连线中点 y 坐标
    yc23 = (yc2 + yc3)/2;                                           % C2C3 连线中点 y 坐标
    kb12 = (xb1 - xb2)/(yb2 - yb1);                                 % B1B2 连线中垂线斜率
    kb23 = (xb2 - xb3)/(yb3 - yb2);                                 % B2B3 连线中垂线斜率
    kc12 = (xc1 - xc2)/(yc2 - yc1);                                 % C1C2 连线中垂线斜率
    kc23 = (xc2 - xc3)/(yc3 - yc2);                                 % C2C3 连线中垂线斜率
    xa = (yb23 - yb12 - kb23 * xb23 + kb12 * xb12)/(kb12 - kb23);   % B 点 x 坐标
    ya = kb12 * (xa - xb12) + yb12;                                 % B 点 y 坐标
    xd = (yc23 - yc12 - kc23 * xc23 + kc12 * xc12)/(kc12 - kc23);   % C 点 x 坐标
    yd = kc12 * (xd - xc12) + yc12;                                 % C 点 y 坐标
    end
    %结果分别写入 App 界面对应显示框中
    app.BxEditField.Value = xb;                                     %【B 点 x 坐标】
    app.ByEditField.Value = yb;                                     %【B 点 y 坐标】
    app.CxEditField.Value = xc;                                     %【C 点 x 坐标】
    app.CyEditField.Value = yc;                                     %【C 点 y 坐标】
    app.ABEditField.Value = L1;                                     %【AB 杆长】
    app.BCEditField.Value = L2;                                     %【BC 杆长】
    app.CDEditField.Value = L3;                                     %【CD 杆长】
    app.ADEditField.Value = L4;                                     %【AD 杆长】
    end
```

(3)【结束程序】回调函数

```
functionJieSuChengXu(app, event)
    %App 界面信息提示对话框
    sel = questdlg('确认关闭应用程序？','关闭确认,','Yes','No','No');
    switch sel
    case'Yes'
    delete(app);                                                 %关闭本 App 窗口
    case'No'
    end
end
```

1.1.5 案例 5：按连杆预定位置解析法实现 App 设计

已知连杆上的两点 M、N 的坐标序列为 $M_i(x_{M_i}, y_{M_i})$、$N_i(x_{N_i}, y_{N_i})(i=1,2,\cdots,n)$，如图 1.1.15 所示，设计平面四杆机构。

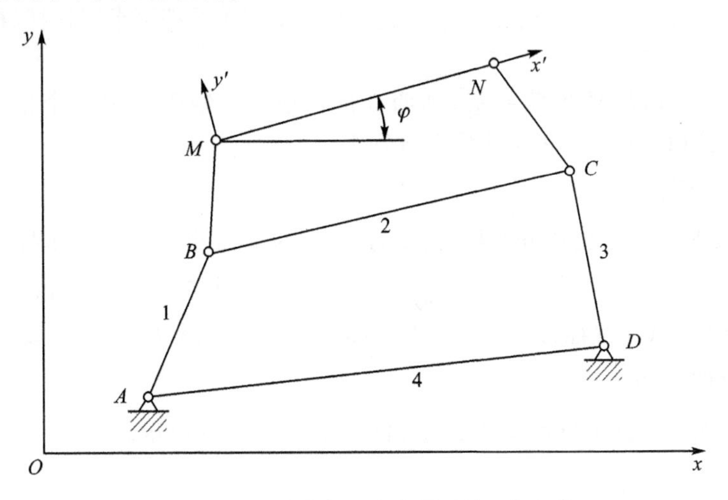

图 1.1.15 按连杆预定位置设计四杆机构

设计该四杆机构的实质是确定活动铰链中心 B 和 C 的位置。可采用转换机架法，即利用相对运动的原理进行设计。该方法是机构倒置原理的解析表达，适合于求解连杆通过 3 个特定位置的问题。

1. 机构的数学分析

图 1.1.15 中，在机架位置点 O 上建立固定坐标系 Oxy，连杆上 M_i、N_i 在固定坐标系中的坐标分别为 (x_{M_i}, y_{M_i})、(x_{N_i}, y_{N_i})。在连杆位置点 M 建立动坐标系 $Mx'y'$，活动铰链点 B、C 在动坐标系中的坐标分别为 (x'_B, y'_B)、(x'_C, y'_C)。活动铰链点 B、C 在动坐标系的坐标与固定坐标中的坐标的转换关系为

$$\begin{cases} x_{B_i} = x_{M_i} + x'_B \cos\varphi_i - y'_B \sin\varphi_i \\ y_{B_i} = y_{M_i} + x'_B \sin\varphi_i + y'_B \cos\varphi_i \end{cases} \tag{1-1-28}$$

$$\begin{cases} x_{C_i} = x_{M_i} + x'_C \cos\varphi_i - y'_C \sin\varphi_i \\ y_{C_i} = y_{M_i} + x'_C \sin\varphi_i + y'_C \cos\varphi_i \end{cases} \tag{1-1-29}$$

其中，φ_i 为固定坐标系 x 轴正向至动坐标系 x' 轴正向沿逆时针方向的夹角，表达式为

$$\varphi_i = \arctan\frac{y_{M_i} - y_{N_i}}{x_{M_i} - x_{N_i}} \tag{1-1-30}$$

固定铰链点 A、D 在固定坐标系中的位置坐标分别为 (x_A, y_A)、(x_D, y_D)。平面四杆机构中的构件均视为刚体，在运动过程中长度不变。根据两连架杆的长度不变，可得

$$(x_{B_i} - x_A)^2 + (y_{B_i} - y_A)^2 = (x_{B_1} - x_A)^2 + (y_{B_1} - y_A)^2 \quad (i=2,3,\cdots,n) \tag{1-1-31}$$

$$(x_{C_i} - x_D)^2 + (y_{C_i} - y_D)^2 = (x_{C_1} - x_D)^2 + (y_{C_1} - y_D)^2 \quad (i=2,3,\cdots,n) \tag{1-1-32}$$

固定铰链点 A、D 的位置未给定时，式(1-1-31)中有 4 个未知量 x_A、y_A、x'_B、y'_B，其求解时需要($n-1$)个方程，有解的条件为 $n\leqslant 5$，即能够实现 5 个连杆指定位置的平面四杆机构设计。当 $n>5$ 时，通常求不到精确解，可采用最小二乘法或其他方法求得近似解。同理，式(1-1-32)中有 4 个未知量 x_D、y_D、x'_C、y'_C，其求解时需要($n-1$)个方程。

求出 x_A、y_A、x_B、y'_B 和 x_D、y_D、x'_C、y'_C 之后，利用上述关系即可求得连杆、机架及两连架杆的长度。

若固定铰链点 A、D 的位置给定，则四杆机构最多可精确实现 3 个指定位置的设计，式(1-1-31)和式(1-1-32)可化成线性方程组。

2. 案例 5 内容

如图 1.1.15 所示的平面四杆机构，已知：连杆 MN 的 3 个预定位置分别为 $x_{M_1}=10$ mm，$y_{M_1}=32$ mm，$\varphi_1=52°$；$x_{M_2}=36$ mm，$y_{M_2}=39$ mm，$\varphi_2=29°$；$x_{M_3}=45$ mm，$y_{M_3}=24$ mm，$\varphi_3=0°$。固定铰链点 A 的坐标为 $A(0,0)$，固定铰链点 D 的坐标为 $D(63,0)$。设计平面四杆机构。

3. App 窗口设计

使用解析法按连杆预定位置设计 App 窗口，如图 1.1.16 所示。

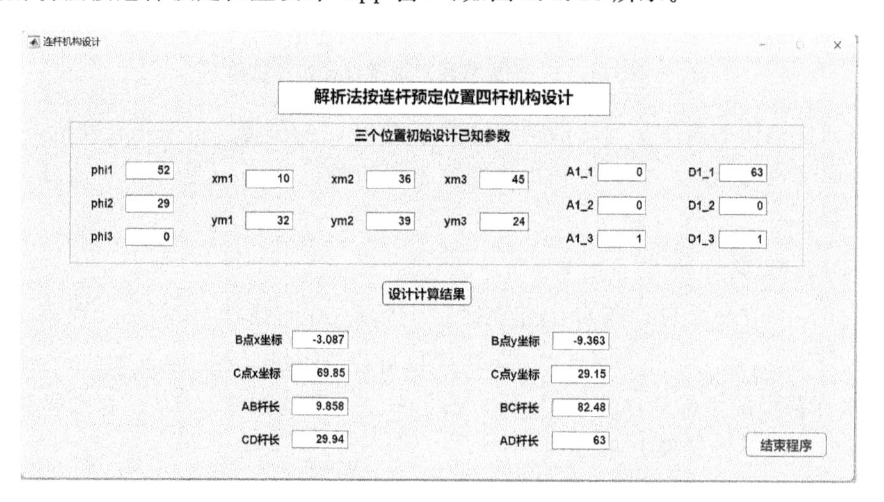

图 1.1.16　使用解析法按连杆预定位置设计 App 窗口

4. App 窗口程序设计(程序 lu_exam_5)

(1) 私有属性创建

```
properties(Access = private)
  % 私有属性
  xm1;                                          % xm1:x_M1 点坐标
  ym1;                                          % ym1:y_M1 点坐标
  xm2;                                          % xm2:x_M2 点坐标
  ym2;                                          % ym2:y_M2 点坐标
  xm3;                                          % xm3:x_M3 点坐标
  ym3;                                          % ym3:y_M3 点坐标
  A1_1;                                         % A1_1:x_A 点坐标
  A1_2;                                         % A1_2:y_A 点坐标
  A1_3;                                         % A1_3:z_A 点坐标
```

```
    D1_1;                                        % D1_1:x_D 点坐标
    D1_2;                                        % D1_2:y_D 点坐标
    D1_3;                                        % D1_3:z_D 点坐标
    phi1;                                        % phi1:M1N1 与 x 轴夹角 φ1
    phi2;                                        % phi2:M2N2 与 x 轴夹角 φ2
    phi3;                                        % phi3:M3N3 与 z 轴夹角 φ3
    L1;                                          % L1:AB 杆长度
    L2;                                          % L2:BC 杆长度
    L3;                                          % L3:CD 杆长度
    L4;                                          % L4:AD 杆长度
end
```

(2)【设计计算结果】回调函数

```
functionLiLunJiSuan(app, event)
  % App 界面已知数据读入
  phi1 = app.phi1EditField.Value;                % 【phi1】
  app.phi1 = phi1;                               % phi1 私有属性值
  phi2 = app.phi2EditField.Value;                % 【phi2】
  app.phi2 = phi2;                               % phi2 私有属性值
  phi3 = app.phi3EditField.Value;                % 【phi3】
  app.phi3 = phi3;                               % phi3 私有属性值
  xm1 = app.xm1EditField.Value;                  % 【xm1】
  app.xm1 = xm1;                                 % xm1 私有属性值
  ym1 = app.ym1EditField.Value;                  % 【ym1】
  app.ym1 = ym1;                                 % ym1 私有属性值
  xm2 = app.xm2EditField.Value;                  % 【xm2】
  app.xm2 = xm2;                                 % xm2 私有属性值
  ym2 = app.ym2EditField.Value;                  % 【ym2】
  app.ym2 = ym2;                                 % ym2 私有属性值
  xm3 = app.xm3EditField.Value;                  % 【xm3】
  app.xm3 = xm3;                                 % xm3 私有属性值
  ym3 = app.ym3EditField.Value;                  % 【ym3】
  app.ym3 = ym3;                                 % ym3 私有属性值
  A1_1 = app.A1_1EditField.Value;                % 【A1_1】
  app.A1_1 = A1_1;                               % A1_1 私有属性值
  A1_2 = app.A1_2EditField.Value;                % 【A1_2】
  app.A1_2 = A1_2;                               % A1_2 私有属性值
  A1_3 = app.A1_3EditField.Value;                % 【A1_3】
  app.A1_3 = A1_3;                               % A1_3 私有属性值
  D1_1 = app.D1_1EditField.Value;                % 【D1_1】
  app.D1_1 = D1_1;                               % D1_1 私有属性值
  D1_2 = app.D1_2EditField.Value;                % 【D1_2】
  app.D1_2 = D1_2;                               % D1_2 私有属性值
  D1_3 = app.D1_3EditField.Value;                % 【D1_3】
  app.D1_3 = D1_3;                               % D1_3 私有属性值
  % 设计计算
  hd = pi/180;                                   % hd:角度弧度系数
  phi11 = phi1 * hd;                             % 角度转换弧度
  xa = A1_1;                                     % 中间变量
  ya = A1_2;                                     % 中间变量
  xd = D1_1;                                     % 中间变量
  yd = D1_2;                                     % 中间变量
```

```
%计算AB长度
x=[0;0];                                              %动坐标系中初始点B
%调私有函数link_fun_B求解B点坐标
x=fsolve(@link_fun_B,x);                              %B1点坐标
xb1=xm1+x(1)*cos(phi11)-x(2)*sin(phi11);              %B1点x坐标
yb1=ym1+x(1)*sin(phi11)+x(2)*cos(phi11);              %B1点y坐标
xb=xb1;yb=yb1;                                        %中间变量
lab=sqrt((xb1-xa)^2+(yb1-ya)^2);                      %杆AB长度
L1=lab;                                               %L1=lab
%计算CD长度
x=[34;48];                                            %C点的初始点
%调私有函数link_fun_C求解C点坐标
x=fsolve(@link_fun_C,x);                              %C1点坐标
xc1=xm1+x(1)*cos(phi11)-x(2)*sin(phi11);              %C1点x坐标
yc1=ym1+x(1)*sin(phi11)+x(2)*cos(phi11);              %C1点y坐标
xc=xc1;yc=yc1;                                        %中间变量
lcd=sqrt((xc1-xd)^2+(yc1-yd)^2);                      %杆CD长度
L3=lcd;                                               %L3=lcd
%计算BC长度
lbc=sqrt((xc1-xb1)^2+(yc1-yb1)^2);                    %杆BC长度
L2=lbc;                                               %L2=lbc
lad=sqrt((xa-xd)^2+(ya-yd)^2);                        %杆AD长度
L4=lad;                                               %L4=lad
%私有函数link_fun_C
function F = link_fun_C(x)
%输入已知参数
xm1=app.xm1;                                          %xm1私有属性值
xm2=app.xm2;                                          %xm2私有属性值
xm3=app.xm3;                                          %xm3私有属性值
xm=[xm1;xm2;xm3];                                     %xm:组成数组
ym1=app.ym1;                                          %ym1私有属性值
ym2=app.ym2;                                          %ym2私有属性值
ym3=app.ym3;                                          %ym3私有属性值
ym=[ym1;ym2;ym3];                                     %ym:组成数组
phi1=app.phi1;                                        %phi1私有属性值
phi2=app.phi2;                                        %phi2私有属性值
phi3=app.phi3;                                        %phi3私有属性值
phi=[phi1;phi2;phi3]*pi/180;                          %phi:组成数组
D1_1=app.D1_1;                                        %D1_1私有属性值
D1_2=app.D1_2;                                        %D1_2私有属性值
xd= D1_1;                                             %D点xD
yd= D1_2;                                             %D点yD
%求C点在固定坐标系的坐标(见式(1-1-29))
for i=1:3
xc(i)=xm(i)+x(1)*cos(phi(i))-x(2)*sin(phi(i));
yc(i)=ym(i)+x(1)*sin(phi(i))+x(2)*cos(phi(i));
end
%C点在固定坐标系的方程(见式(1-1-32))
F=[(xc(2)-xd)^2+(yc(2)-yd)^2-(xc(1)-xd)^2-(yc(1)-yd)^2;
    (xc(3)-xd)^2+(yc(3)-yd)^2-(xc(1)-xd)^2-(yc(1)-yd)^2];
end
%私有函数link_fun_B
function F = link_fun_B(x)
```

```
    %输入已知参数
    xm1 = app.xm1;                                              %xm1 私有属性值
    xm2 = app.xm2;                                              %xm2 私有属性值
    xm3 = app.xm3;                                              %xm3 私有属性值
    xm = [xm1;xm2;xm3];                                         %xm:组成数组
    ym1 = app.ym1;                                              %ym1 私有属性值
    ym2 = app.ym2;                                              %ym2 私有属性值
    ym3 = app.ym3;                                              %ym3 私有属性值
    ym = [ym1;ym2;ym3];                                         %ym:组成数组
    phi1 = app.phi1;                                            %phi1 私有属性值
    phi2 = app.phi2;                                            %phi2 私有属性值
    phi3 = app.phi3;                                            %phi3 私有属性值
    phi = [phi1;phi2;phi3] * pi/180;                            %phi:组成数组
    A1_1 = app.A1_1;                                            %A1_1 私有属性值
    A1_2 = app.A1_2;                                            %A1_2 私有属性值
    xa = A1_1;                                                  %A 点 xA
    ya = A1_2;                                                  %A 点 yA
    %求 B 点在固定坐标系的坐标(见式(1-1-28))
    for i = 1:3
    xb(i) = xm(i) + x(1) * cos(phi(i)) - x(2) * sin(phi(i));
    yb(i) = ym(i) + x(1) * sin(phi(i)) + x(2) * cos(phi(i));
    end
    %B 点在固定坐标系的方程(见式(1-1-31))
    F = [(xb(2) - xa)^2 + (yb(2) - ya)^2 - (xb(1) - xa)^2 - (yb(1) - ya)^2;
        (xb(3) - xa)^2 + (yb(3) - ya)^2 - (xb(1) - xa)^2 - (yb(1) - ya)^2];
    end
    %结果分别写入 App 界面对应的显示框中
    app.BxEditField.Value = xb;                                 %【B 点 x 坐标】
    app.ByEditField.Value = yb;                                 %【B 点 y 坐标】
    app.CxEditField.Value = xc;                                 %【C 点 x 坐标】
    app.CyEditField.Value = yc;                                 %【C 点 y 坐标】
    app.ABEditField.Value = L1;                                 %【AB 杆长】
    app.BCEditField.Value = L2;                                 %【BC 杆长】
    app.CDEditField.Value = L3;                                 %【CD 杆长】
    app.ADEditField.Value = L4;                                 %【AD 杆长】
end
```

(3)【结束程序】回调函数

```
functionJieSuChengXu(app, event)
    %App 界面信息提示对话框
    sel = questdlg('确认关闭应用程序? ','关闭确认,','Yes','No','No');
    switch sel
    case'Yes'
    delete(app);                                                %关闭本 App 窗口
    case'No'
    end
end
```

1.1.6　案例 6：按两连架杆预定对应位置运动规律实现 App 设计

如图 1.1.17 所示的平面四杆机构，在机架位置 O 点（固定铰链 A 点）上建立固定坐标系 Oxy，α_0 为主动件 1 的初始夹角，φ_0 为从动件 3 的初始夹角。要求从动件 3 的转角与主动件 1

的转角之间满足对应位置关系，即 $\theta_{3i}=f(\theta_{1i})$ $(i=1,2,\cdots,n)$，杆长分别为 a、b、c、d，设计平面四杆机构。

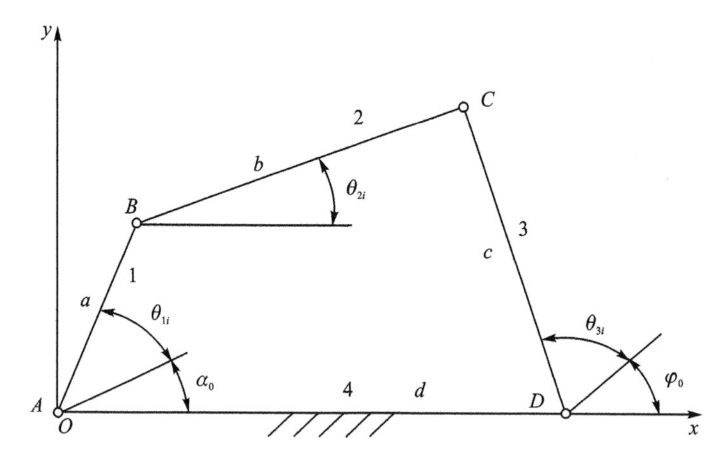

图 1.1.17　按预定的两连架杆对应位置设计四杆机构

1. 机构的数学分析

在图 1.1.17 中，各杆件的转角为 θ_i，其中 θ_1 和 θ_3 为已知量，θ_2 为未知量。各杆件之间的长度对应关系为 $b/a=l$，$c/a=m$，$d/a=n$。平面四杆机构在设计过程中存在的 5 个变量为 l、m、n、α_0、φ_0。

在机架位置 O 点（铰链 A 点）上建立固定坐标系 Oxy，将机构中的杆矢沿坐标轴进行投影得

$$\begin{cases} l\cos\theta_{2i}=n+m\cos(\theta_{3i}+\varphi_0)-\cos(\theta_{1i}+\alpha_0) \\ l\sin\theta_{2i}=m\sin(\theta_{3i}+\varphi_0)-\sin(\theta_{1i}+\alpha_0) \end{cases} \tag{1-1-33}$$

消除未知角 θ_{2i}，整理得

$$\cos(\theta_{1i}+\alpha_0)=P_0\cos(\theta_{3i}+\varphi_0)+P_1\cos(\theta_{3i}+\varphi_0-\theta_{1i}-\alpha_0)+P_2 \tag{1-1-34}$$

式中：$P_0=m$；$P_1=-m/n$；$P_2=(m^2+n^2+1-l^2)/(2n)$。

式(1-1-34)中有 5 个未知量 P_0、P_1、P_2、α_0、φ_0，能够实现 5 个连杆给定位置的平面四杆机构设计。当要求的两连架杆的给定位置数 $n>5$ 时，通常不能求得精确解，可采用最小二乘法求得近似解。当要求的两连架杆的给定位置数 $n<5$ 时，可预选 N_0 个参数为

$$N_0=5-N \tag{1-1-35}$$

由于存在预选参数 N_0，故存在无穷多个解。

当 $N=3$ 时，$N_0=2$，即可以预选 2 个参数，通常预选主动件 1 和从动件 3 的初始夹角，设 $\alpha_0=\varphi_0=0°$，式(1-1-34)为线性方程组。求解可得杆件相对于主动件的长度 l、m、n。当 $N=4$ 或 5 时，通常求不到精确解，可采用数值法或其他方法求得近似解。

2. 案例 6 内容

如图 1.1.17 所示的平面四杆机构，要求从动件 3 的转角与主动件 1 的转角之间满足 3 个对应位置关系为 $\theta_{11}=45°$，$\theta_{31}=50°$；$\theta_{12}=90°$，$\theta_{32}=80°$；$\theta_{13}=135°$，$\theta_{33}=110°$，曲柄长度 $a=100$ mm，主动件 1 和从动件 3 的初始夹角都为 0°。试设计平面四杆机构。

3. App 窗口设计

按预定两连架杆位置设计 App 窗口，如图 1.1.18 所示。

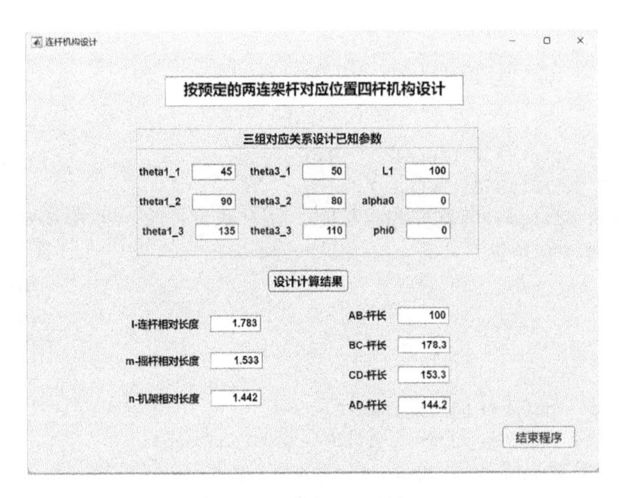

图 1.1.18　按预定两连架杆位置设计 App 窗口

4. App 窗口程序设计(程序 lu_exam_6)

(1) 私有属性创建

```
properties(Access = private)
  %私有属性
  theta1_1;                                    % theta1_1:角度 θ11
  theta1_2;                                    % theta1_2:角度 θ12
  theta1_3;                                    % theta1_3:角度 θ13
  theta3_1;                                    % theta3_1:角度 θ31
  theta3_2;                                    % theta3_2:角度 θ32
  theta3_3;                                    % theta3_3:角度 θ33
  L1;                                          % L1:曲柄长度 a
  alpha0;                                      % alpha0:初始角度 α0
  phi0;                                        % phi0:初始角度 φ0
end
```

(2)【设计计算结果】回调函数

```
functionLiLunJiSuan(app, event)
  % App 界面已知数据读入
  theta1_1 = app.theta1_1EditField.Value;      %【theta1_1】
  app.theta1_1 = theta1_1;                     % theta1_1 私有属性值
  theta1_2 = app.theta1_2EditField.Value;      %【theta1_2】
  app.theta1_2 = theta1_2;                     % theta1_2 私有属性值
  theta1_3 = app.theta1_3EditField.Value;      %【theta1_3】
  app.theta1_3 = theta1_3;                     % theta1_3 私有属性值
  theta3_1 = app.theta3_1EditField.Value;      %【theta3_1】
  app.theta3_1 = theta3_1;                     % theta3_1 私有属性值
  theta3_2 = app.theta3_2EditField.Value;      %【theta3_2】
  app.theta3_2 = theta3_2;                     % theta3_2 私有属性值
  theta3_3 = app.theta3_3EditField.Value;      %【theta3_3】
  app.theta3_3 = theta3_3;                     % theta3_3 私有属性值
  L1 = app.L1EditField.Value;                  %【L1】
  app.L1 = L1;                                 % L1 私有属性值
  alpha0 = app.alpha0EditField.Value;          %【alpha0】
  app.alpha0 = alpha0;                         % alpha0 私有属性值
```

```
    phi0 = app.phi0EditField.Value;                              %【phi0】
    app.phi0 = phi0;                                             % phi0 私有属性值
    % 计算各杆长度
    hd = pi/180;                                                 % hd:角度弧度系数
    theta_1 = [theta1_1;theta1_2;theta1_3] * hd;                 % 组成中间矩阵
    theta_3 = [theta3_1;theta3_2;theta3_3] * hd;                 % 组成中间矩阵
    % 调私有函数 link_design 计算连杆相对长度 l、摇杆相对长度 m、机架相对长度 n
    [l,m,n] = link_design(theta_1,theta_3,alpha0,phi0);
    a = app.L1;                                                  % a:曲柄长度
    L2 = a * l;                                                  % L2:BC 杆长
    L3 = a * m;                                                  % L3:CD 杆长
    L4 = a * n;                                                  % L4:AD 杆长
    % 私有函数 link_design(连杆机构设计程序)
    function [l,m,n] = link_design(theta_1,theta_3,alpha_0,phi_0)
    % 计算线性方程组系数矩阵 A(见式(1-1-34)i = 1、2、3)
    A = [ cos(theta_3(1) + phi_0),   cos(theta_3(1) + phi_0 - theta_1(1) - alpha_0),   1;
          cos(theta_3(2) + phi_0),   cos(theta_3(2) + phi_0 - theta_1(2) - alpha_0),   1;
          cos(theta_3(3) + phi_0),   cos(theta_3(3) + phi_0 - theta_1(3) - alpha_0),   1 ];
    % 计算线性方程组系数矩阵 B(见式(1-1-34)i = 1、2、3)
    B = [cos(theta_1(1) + alpha_0); cos(theta_1(2) + alpha_0); cos(theta_1(3) + alpha_0)];
    % 求解线性方程组
    P = A\B;
    % 计算各杆相对长度 l,m,n
    P0 = P(1);P1 = P(2);P2 = P(3);
    m = P0;
    n =- m/P1;
    l = sqrt(m * m + n * n + 1 - P2 * 2 * n);
    end
    % 结果分别写入 App 界面对应显示框中
    app.lEditField.Value = l;                                    %【l - 连杆相对长度】
    app.nEditField.Value = n;                                    %【n - 机架相对长度】
    app.mEditField.Value = m;                                    %【m - 摇杆相对长度】
    app.ABEditField.Value = L1;                                  %【AB - 杆长】
    app.BCEditField.Value = L2;                                  %【BC - 杆长】
    app.CDEditField.Value = L3;                                  %【CD - 杆长】
    app.ADEditField.Value = L4;                                  %【AD - 杆长】
end
```

(3)【结束程序】回调函数

```
functionJieSuChengXu(app, event)
    % App 界面信息提示对话框
    sel = questdlg('确认关闭应用程序？','关闭确认,','Yes','No','No');
    switch sel
    case'Yes'
    delete(app);                                               % 关闭本 App 窗口
    case'No'
    end
end
```

1.1.7 案例 7: 按期望函数实现 App 设计

平面四杆机构两连架杆的夹角满足如图 1.1.19 所示的期望函数关系，设计平面四杆机构。

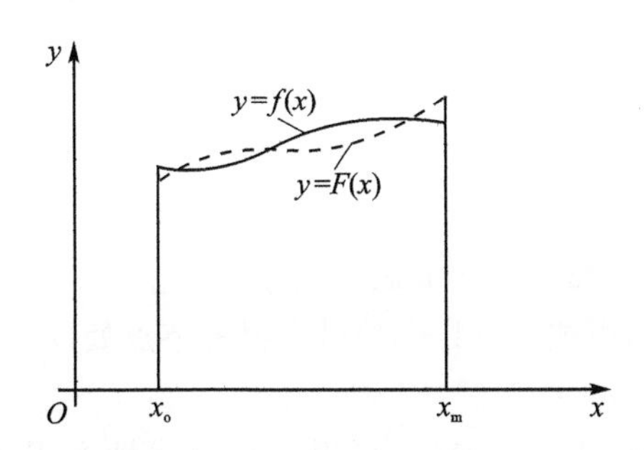

图 1.1.19　平面四杆机构两连架杆夹角的期望函数与再现函数

1. 机构的数学分析

平面四杆机构的连杆待定参数较少，设计时两连架杆的夹角很难实现给定的期望函数。设两连架杆的夹角能实现的函数关系为 $y=F(x)$（称为再现函数），一般再现函数与期望函数存在差异。设计过程中，应使再现函数尽可能逼近期望函数。在函数自变量 x 的区间取某些点，在这些点上再现函数与期望函数的函数值大小相等。从几何图形上可以视为再现函数与期望函数在某些点上相交，交点称为插值节点。在插值节点处存在：

$$f(x)-F(x)=0 \tag{1-1-36}$$

再现函数在插值节点的函数值是已知量，可用来设计平面四杆机构，这种方法称为插值逼近法。

如图 1.1.19 所示，再现函数与插值函数在插值节点外的位置函数值是不等的，其偏差值为

$$\Delta y=f(x)-F(x) \tag{1-1-37}$$

偏差越小，设计的两连架杆的夹角越逼近期望函数。为提高逼近精度，可增加插值节点的数目。根据前述可知，为实现精确求解，插值节点数目最多 5 个。插值节点位置的分布，根据函数逼近理论可选取：

$$x_i=\frac{1}{2}(x_m+x_0)-\frac{1}{2}(x_m-x_0)\cos\frac{(2i-1)\pi}{2m} \tag{1-1-38}$$

式中：$i=1,2,\cdots,m$，m 为插值节点数目。

2. 案例 7 内容

如图 1.1.20 所示的平面四杆机构，机构两连架杆夹角的期望函数为 $y=\lg x$，$1\leqslant x\leqslant 2$。试设计平面四杆机构。

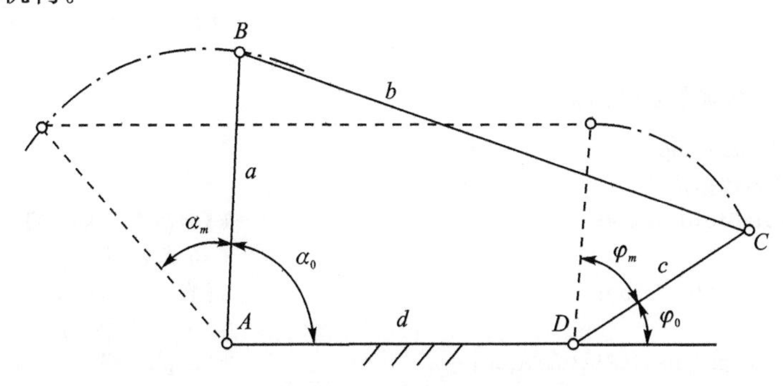

图 1.1.20　按期望函数设计的四杆机构

此案例设计计算过程如下：

① 根据已知条件 $x_0=1, x_m=2$，可以求得 y_0 和 y_m。

② 根据经验或通过计算，取主、从动件的转角范围分别为 $\alpha_m=60°, \varphi_m=90°$，则自变量和函数与转角之间的比例尺分别为

$$\mu_\alpha=(x_m-x_0)/\alpha_m, \quad \mu_\varphi=(y_m-y_0)/\varphi_m$$

③ 设取节点总数 $m=3$，由式(1-1-34)可求得各节点处($i=1,2,3$)的有关数值。

④ 试取初始角 $\alpha_0=86°, \varphi_0=23.5°$。

⑤ 将以上各参数代入式(1-1-34)，可得到一个线性方程组。解方程组，可求得 l、m 和 n。

3. App 窗口设计

按期望函数设计 App 窗口，如图 1.1.21 所示。

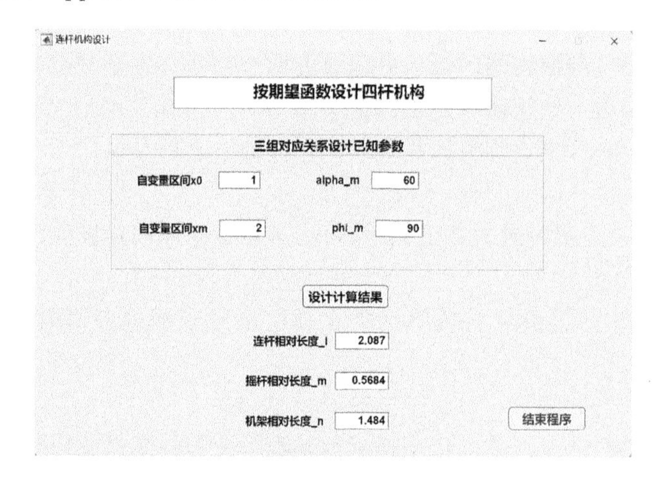

图 1.1.21 按期望函数设计 App 窗口

4. App 窗口程序设计(程序 lu_exam_7)

(1) 私有属性创建

```
properties(Access = private)
  % 私有属性
  x0;                                          % x0：自变量区间 x0
  xm;                                          % xm：自变量区间 xm
  alpha_m;                                     % alpha_m：角度 αm，见图 1.1.20
  phi_m;                                       % phi_m：角度 φm，见图 1.1.20
end
```

(2)【设计计算结果】回调函数

```
functionLiLunJiSuan(app, event)
  % App 界面已知数据读入
  x0 = app.x0EditField.Value;                  %【自变量区间 x0】
  app.x0 = x0;                                 % x0 私有属性值
  xm = app.xmEditField.Value;                  %【自变量区间 xm】
  app.xm = xm;                                 % xm 私有属性值
  alpha_m = app.alpha_mEditField.Value;        %【alpha_m】
  app.alpha_m = alpha_m;                       % alpha_m 私有属性值
  phi_m = app.phi_mEditField.Value;            %【phi_m】
```

```
    app.phi_m = phi_m;                                          % phi_m 私有属性值
    % 设计计算
    ym = log10(xm);                                             % ym:已知期望函数值
    y0 = log10(x0);                                             % y0:已知期望函数值
    % 取结点总数 m = 3,求各结点处的有关各值
    i = 1:3;
    x = (xm + x0)/2 - 1/2 * (xm - x0) * cos((2 * i - 1) * pi/2/3);    % 3 个节点 x 值
    y = log10(x);                                               % 3 个节点 y 值
    alpha = (x - x0)/(xm - x0) * alpha_m;                       % 3 个节点对应的角度 α
    phi = (y - y0)/(ym - y0) * phi_m;                           % 3 个节点对应的角度 φ
    % 计算初始角
    theta_1 = alpha * pi/180;                                   % 3 个节点对应角弧度 α
    theta_3 = phi * pi/180;                                     % 3 个节点对应角弧度 φ
    alpha_0 = 86 * pi/180;                                      % alpha _0:初始角度 α0
    phi_0 = 23.5 * pi/180;                                      % phi_0:初始角度 φ0
    % 调私有函数 link_design 计算各杆相对长度 l,m,n
    [l,m,n] = link_design(theta_1,theta_3,alpha_0,phi_0);
    l = l;                                                      % l:连杆相对长度 l
    m = m;                                                      % m:摇杆相对长度 m
    n = n;                                                      % n:机架相对长度 n
    % 私有函数 link_design(连杆机构设计程序)
    function[l,m,n] = link_design(theta_1,theta_3,alpha_0,phi_0)
    % 计算线性方程组系数矩阵 A(参考式(1-1-34)i = 1、2、3)
    A = [ cos(theta_3(1) + phi_0),   cos(theta_3(1) + phi_0 - theta_1(1) - alpha_0),   1;
          cos(theta_3(2) + phi_0),   cos(theta_3(2) + phi_0 - theta_1(2) - alpha_0),   1;
          cos(theta_3(3) + phi_0),   cos(theta_3(3) + phi_0 - theta_1(3) - alpha_0),   1 ];
    % 计算线性方程组系数矩阵 B(参考式(1-1-34)i = 1、2、3
    B = [cos(theta_1(1) + alpha_0); cos(theta_1(2) + alpha_0); cos(theta_1(3) + alpha_0)];
    % 求解线性方程组
    P = A\B;
    % 计算各杆相对长度 l,m,n
    P0 = P(1);P1 = P(2);P2 = P(3);
    m = P0;                                                     % m:摇杆相对长度 m
    n =- m/P1;                                                  % n:机架相对长度 n
    l = sqrt(m * m + n * n + 1 - P2 * 2 * n);                   % l:连杆相对长度 l
    end
    % 结果分别写入 App 界面对应显示框中
    app.lEditField.Value = l;                                   %【连杆相对长度_l】
    app.nEditField.Value = n;                                   %【机架相对长度_n】
    app.mEditField.Value = m;                                   %【摇杆相对长度_m】
end
```

(3)【结束程序】回调函数

```
functionJieSuChengXu(app, event)
    % App 界面信息提示对话框
    sel = questdlg('确认关闭应用程序?','关闭确认,','Yes','No','No');
    switch sel
    case'Yes'
    delete(app);                                                % 关闭本 App 窗口
    case'No'
    end
end
```

1.1.8 案例 8：按行程速比系数及有关参数实现 App 设计

如图 1.1.22 所示的平面四杆机构，主动件匀速转动，θ 为机构的极位夹角，φ 为摇杆的摆角。主动件（曲柄 AB）匀速转动，从动件（摇杆 CD）在工作行程中的速度比空行程中的速度慢，存在急回特性。从动件的空行程平均速度与工作行程平均速度的比值称为行程速比系数 K，行程速度比系数 K 的表达式为

$$K=\frac{\text{输出件空行程平均速度}}{\text{输出件工作行程平均程速度}} \tag{1-1-39}$$

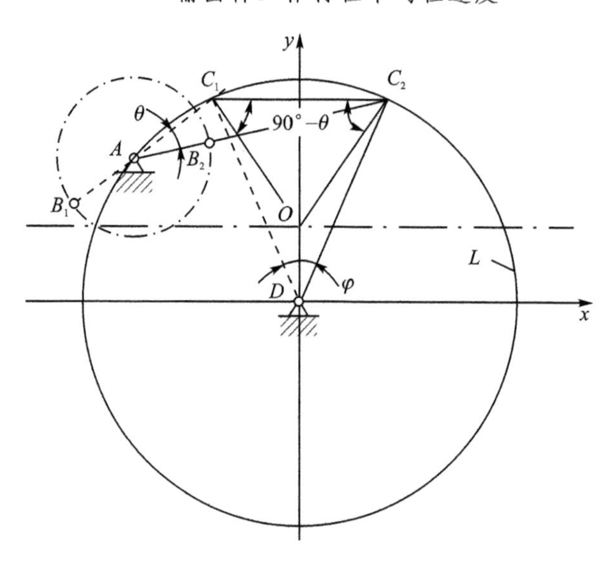

图 1.1.22 按行程速比系数设计平面四杆机构

主动件（曲柄 AB）在从动件（摇杆 CD）的空行程（逆时针）中的转动角度为 $180°+\theta$，在从动件（摇杆 CD）的空行程（顺时针）中的转动角度为 $180°-\theta$。主动件（杆 AB）是匀速转动的，则行程速度比系数 K 的表达式为

$$K=\frac{180°+\theta}{180°-\theta} \tag{1-1-40}$$

极位夹角 θ 与行程速度比系数 K 的关系又可写为

$$\theta=180°\,\frac{K-1}{K+1} \tag{1-1-41}$$

已知图 1.1.22 所示的平面四杆机构中摆角 φ、行程速比系数 K、从动件（摇杆 CD）的长度 l_3，设计平面四杆机构。

1. 机构的数学分析

在机架位置 D 点（固定铰链 D 点）上建立固定坐标系 Dxy，坐标系的 y 轴是摆角 φ 的角平分线。三角形 C_1OC_2 是等腰三角形，线 OC_2 和线 C_1C_2 的夹角为 $90°-\theta$。以 O 为圆心，通过 C_1、C_2 的圆周 L 的半径 R 为

$$R=\frac{x_{C_2}}{\sin\theta} \tag{1-1-42}$$

式中：$x_{C_2}=l_3\sin\dfrac{\varphi}{2}$。

圆心 O 坐标为

$$\begin{cases} x_O = 0 \\ y_O = l_3 \cos\dfrac{\varphi}{2} - R\cos\dfrac{\theta}{2} \end{cases} \tag{1-1-43}$$

圆周 L 的方程表达式为

$$(x - x_O)^2 + (y - y_O)^2 = R^2 \tag{1-1-44}$$

根据几何关系，圆周 L 的圆心角 $\angle C_1OC_2 = 2\theta$，因此圆周 L 上的任意一点的圆周角均为 θ，则固定铰链点 A 在圆周 L 上，可满足线 C_1A 和线 C_2A 的夹角为 θ，即固定铰链点 A 的位置有无数个点，具有不确定性。为确定固定铰链点 A 的位置，可添加以下 5 个附加条件：

(1) 给定一条经过固定铰链点 A 或 B 的直线方程

如图 1.1.23 所示的平面四杆机构，假设经过固定铰链点 A 的直线方程为

$$Ax + By - C = 0 \tag{1-1-45}$$

该直线与圆周 L 的交点为固定铰链 A 点，式(1-1-44)与式(1-1-45)联立求解可得固定铰链点 A 的坐标值。该直线与圆周 L 的交点有 2 个，一般根据实际设计情况(机构布局、空间、定位要求等)选择其中一个点。

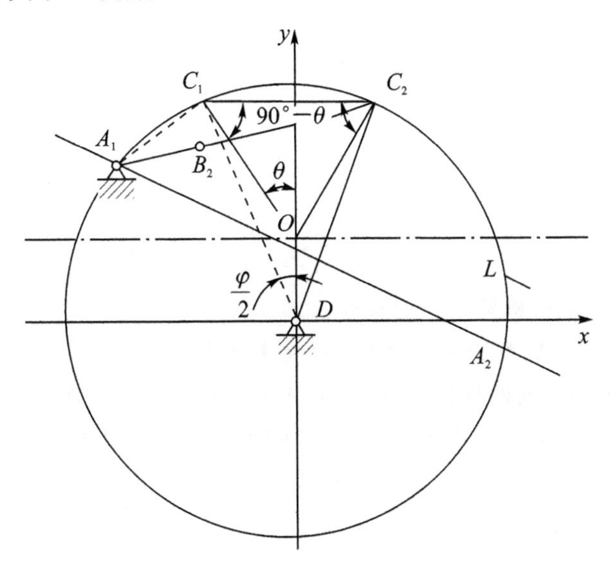

图 1.1.23　附加条件为直线方程

(2) 给定曲柄 AB 的长度 l_1

如图 1.1.24 所示的平面四杆机构，假设已经确定了固定铰链点 A 的坐标值。在 $\triangle AC_1C_2$ 中，$l_{AC_1} = l_2 - l_1$，$l_{AC_2} = l_2 + l_1$，则线段 C_1C_2 的长度为

$$(l_{C_1C_2})^2 = (l_{AC_1})^2 + (l_{AC_2})^2 - 2l_{AC_1}l_{AC_2}\cos\theta \tag{1-1-46}$$

整理得

$$l_2 = \sqrt{\frac{(l_{C_1C_2})^2/2 - l_1^2(1+\cos\theta)}{1-\cos\theta}} \tag{1-1-47}$$

根据几何关系得 $\alpha = \theta - \dfrac{\varphi}{2}$，$\beta = \arccos\left(\dfrac{l_{AC_1}}{2R}\right) = \arccos\left(\dfrac{l_2 - l_1}{2R}\right)$，进而可得

$$\gamma = \beta - \alpha$$

在$\triangle AC_1D$中，机架AD的长度l_4为

$$l_4=\sqrt{(l_2-l_1)^2+l_3^2-2(l_2-l_1)l_3\cos\gamma} \tag{1-1-48}$$

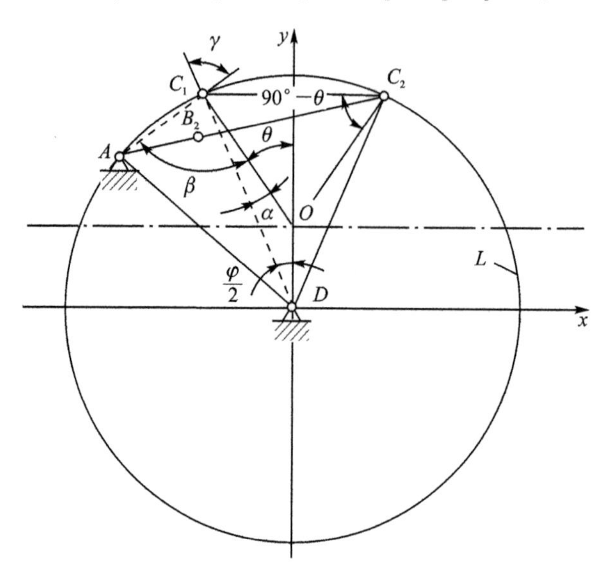

图 1.1.24　确定杆长的分析图-1

(3) 给定连杆 BC 的长度 l_2

与给定曲柄AB长度的计算方法相似，求解式(1-1-47)得出l_1，即

$$l_1=\sqrt{\frac{(l_{C_1C_2})^2/2-l_2^2(1-\cos\theta)}{1+\cos\theta}} \tag{1-1-49}$$

再由式(1-1-48)求得机架AD的长度l_4。

(4) 给定固定铰链点 A、D 位置和机架 AD 的长度 l_4

如图 1.1.25 所示的平面四杆机构，设机架AD的长度l_4为已知量。以固定铰链点D为圆心，机架AD的长度l_4为半径，做出圆周L'。圆周L'的方程表达式为

$$(x-x_D)^2+(y-y_D)^2=l_4^2 \tag{1-1-50}$$

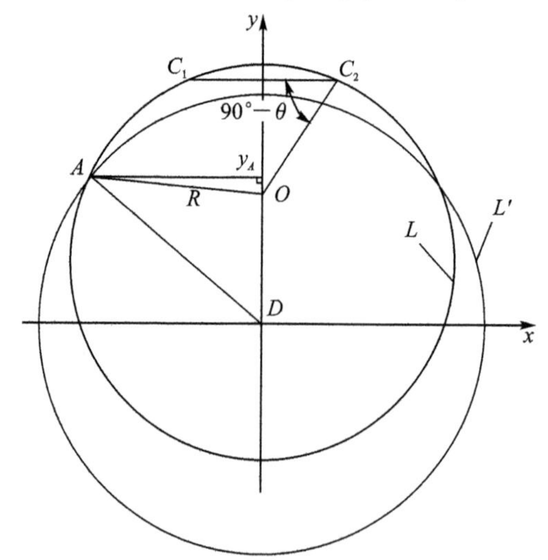

图 1.1.25　确定杆长的分析图-2

圆周 L' 与圆周 L 的交点为固定铰链点 A，当 $l_4<R-|y_0|$ 或 $R>l_4+|y_0|$ 时，圆周 L' 与圆周 L 没有交点，即平面四杆机构无法设计。除上述情况外，圆周 L' 与圆周 L 均有交点，即式(1-1-44)和式(1-1-50)联立求解得到固定铰链点 A 的坐标。固定铰链点 A 的坐标有 2 个，一般根据实际设计情况(机构布局、空间、定位要求等)选择其中一个点。

(5) 校验最小传动角 γ_{min} 是否满足要求

传动角越大，机构的传动越灵活，传动效率越高；传动角越小，机构的传动效率越低，甚至会出现无法运动的情况。平面四杆机构的最小传动角 γ_{min} 的范围在(30°,60°)之间。

如图 1.1.26 所示，机构的最小传动角 γ_{min} 位于曲柄 AB 与机架 AD 共线的位置之一，这时有：

$$\begin{cases} \gamma_1=\arccos\dfrac{l_2^2+l_3^2-(l_4-l_1)^2}{2l_2l_3} \\ \gamma_2=180°-\arccos\dfrac{l_2^2+l_3^2-(l_4+l_1)^2}{2l_2l_3} \end{cases} \tag{1-1-51}$$

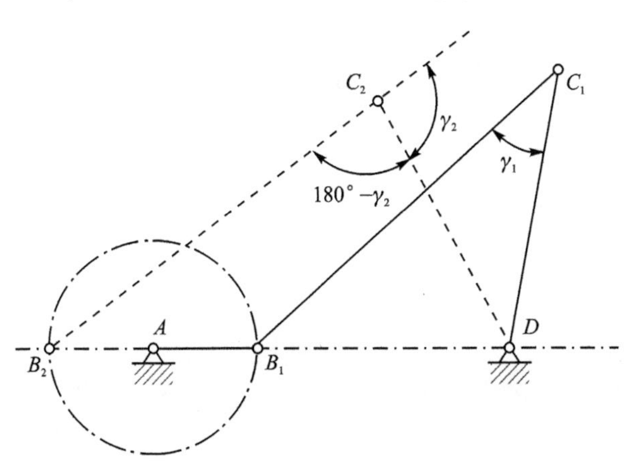

图 1.1.26 最小传动角的两个位置

2. 案例 8 内容

已知平面四杆机构中摆角 $\varphi=34°$，行程速比系数 $K=1.25$，从动件(摇杆 CD)的长度 $l_3=290$ mm，最小传动角 $\gamma_{min}=40°$，分别按下列不同条件，设计曲柄摇杆机构，并校核最小传动角是否满足要求。

① 固定铰链点 A 在直线 $x+y=0$ 上；

② 曲柄长度为 77 mm；

③ 连杆长度为 215 mm；

④ 机架长度为 277 mm。

3. App 窗口设计

按行程速比等参数设计 App 窗口，如图 1.1.27 所示。

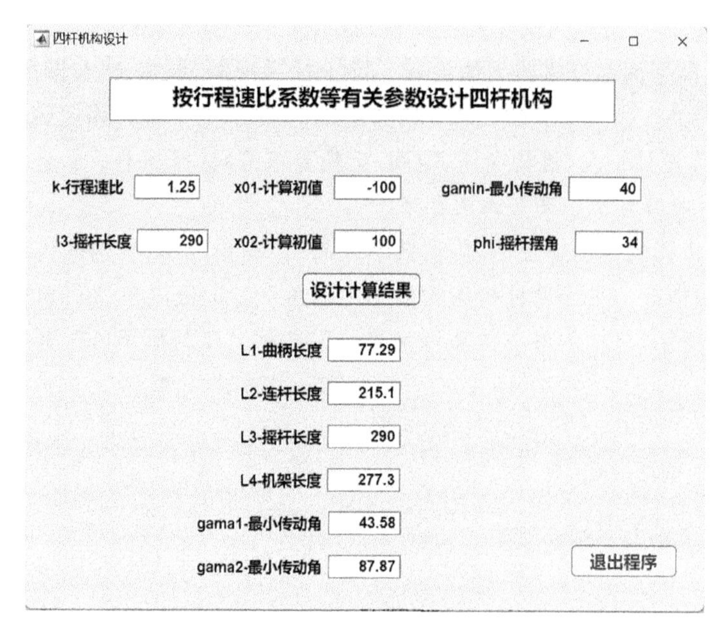

图 1.1.27 按行程速比等参数设计 App 窗口

4. App 窗口程序设计(程序 lu_exam_8)

(1) 私有属性创建

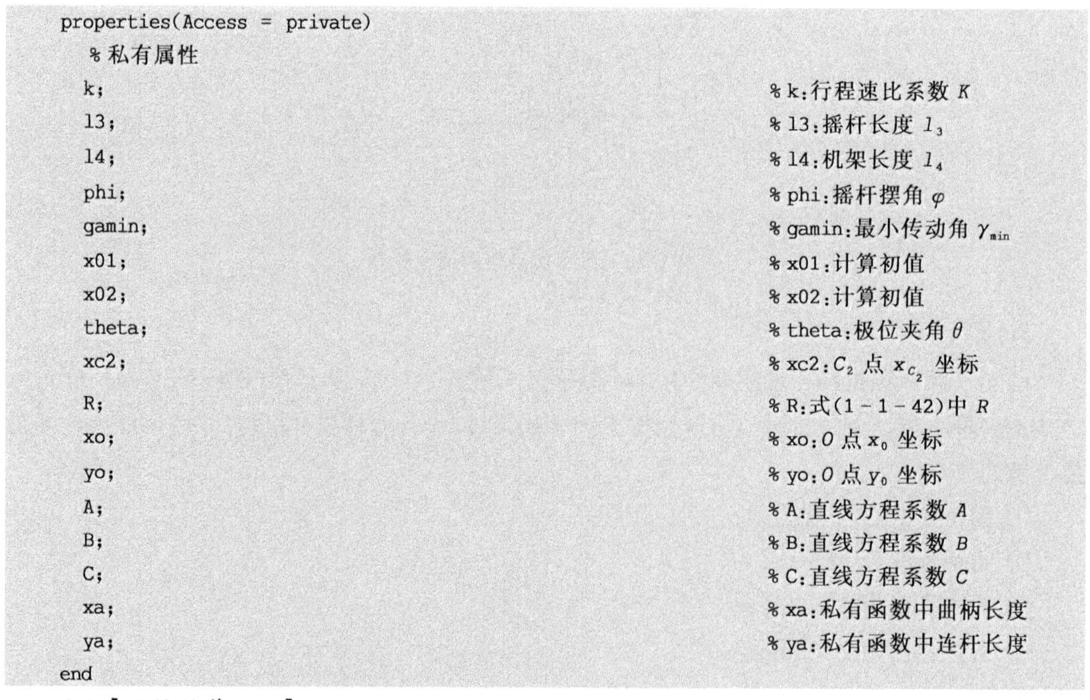

```
properties(Access = private)
  % 私有属性
  k;                                    % k:行程速比系数 K
  l3;                                   % l3:摇杆长度 l3
  l4;                                   % l4:机架长度 l4
  phi;                                  % phi:摇杆摆角 φ
  gamin;                                % gamin:最小传动角 γmin
  x01;                                  % x01:计算初值
  x02;                                  % x02:计算初值
  theta;                                % theta:极位夹角 θ
  xc2;                                  % xc2:C2 点 xC2 坐标
  R;                                    % R:式(1-1-42)中 R
  xo;                                   % xo:O 点 x0 坐标
  yo;                                   % yo:O 点 y0 坐标
  A;                                    % A:直线方程系数 A
  B;                                    % B:直线方程系数 B
  C;                                    % C:直线方程系数 C
  xa;                                   % xa:私有函数中曲柄长度
  ya;                                   % ya:私有函数中连杆长度
end
```

(2)【设计计算结果】回调函数

```
functionleixingpanduan(app, event)
  % App 界面已知数据读入
  k = app.kEditField.Value;             %【k-行程速比】
  app.k = k;                            % k 私有属性值
  l3 = app.l3EditField.Value;           %【l3 摇杆长度】
```

```
app.l3 = l3;  % l3 私有属性值
phi = app.phiEditField.Value;                 %【phi - 摇杆摆角】
app.phi = phi;                                % phi 私有属性值
gamin = app.gaminEditField.Value;             %【gamin】
app.gamin = gamin;                            % gamin 私有属性值
x01 = app.x01EditField.Value;                 %【x01 - 计算初值】
app.x01 = x01;                                % x01 私有属性值
x02 = app.x02EditField.Value;                 %【x02 - 计算初值】
app.x02 = x02;                                % x02 私有属性值
% App 界面输出结果清零
app.L1EditField.Value = 0;                    %【L1 - 曲柄长度】
app.L2EditField.Value = 0;                    %【L2 - 连杆长度】
app.L3EditField_5.Value = 0;                  %【L3 - 摇杆长度】
app.L4EditField.Value = 0;                    %【L4 - 机架长度】
app.gama1EditField.Value = 0;                 %【gama1 - 最小传动角】
app.gama2EditField.Value = 0;                 %【gama2 - 最小传动角】
% 设计计算
theta = pi * (k - 1)/(k + 1);                 % theta:极位夹角 θ
app.theta = theta;                            % theta 私有属性值
phi = phi * pi/180;                           % 摇杆摆角 φ 弧度值
gamin = gamin * pi/180;                       % 最小传动角 γmin 弧度值
xc2 = l3 * sin(phi/2);                        % xc2
app.xc2 = xc2;                                % xc2 私有属性值
yc2 = l3 * cos(phi/2);                        % yc2:C2 的 yC2 坐标
R = xc2/sin(theta);                           % R
app.R = R;                                    % R 私有属性值
xc1 =- xc2;                                   % C1 点 xC1 坐标
yc1 = yc2;                                    % C1 点 yC1 坐标
xo = 0;                                       % x0
app.xo = xo;                                  % xo 私有属性值
yo = l3 * cos(phi/2) - R * cos(theta);        % y0
app.yo = yo;                                  % yo 私有属性值
% App 界面信息提示对话框
i = menu('请选择设计条件','1 - 直线方程','2 - 曲柄长度','3 - 连杆长度','4 - 机架长度');
switch i                                      % 条件转换语句
case 1                                        % 满足条件 1
% App 界面信息提示对话框
A = inputdlg('请输入直线方程 Ax + By = C 系数 A:参考值 1','设计必要条件');
A = str2num(char(A));                         % 数据类型转换
app.A = A;                                    % A 私有属性值
% App 界面信息提示对话框
B = inputdlg('请输入直线方程 Ax + By = C 系数 B:参考值 1','设计必要条件');
B = str2num(char(B));                         % 数据类型转换
app.B = B;                                    % B 私有属性值
% App 界面信息提示对话框
C = inputdlg('请输入直线方程 Ax + By = C 系数 C:参考值 0','设计必要条件');
C = str2num(char(C));                         % 数据类型转换
app.C = C;                                    % C 私有属性值
x0 = [x01;x02];                               % x0:设计计算初值
% 调私有函数 link_6_CO 求解机构各杆长
```

```
x = fsolve(@link_6_CO,x0);
xa1 = x(1);                                                        % 中间变量
ya1 = x(2);                                                        % 中间变量
l4 = sqrt((xa1 - 0)^2 + (ya1 - 0)^2);                              % l4:机架长度
app.l4 = l4;                                                       % l4 私有属性值
lac1 = sqrt((xa1 - xc1)^2 + (ya1 - yc1)^2);                        % 中间变量
lac2 = sqrt((xa1 - xc2)^2 + (ya1 - yc2)^2);                        % 中间变量
l2 = (lac2 + lac1)/2;                                              % l2:连杆长度
l1 = (lac2 - lac1)/2;                                              % l1:曲柄长度
case 2                                                             % 满足条件 2
 % App 界面信息提示对话框
l1 = inputdlg(' 请输入曲柄长度:参考值 77',' 设计必要条件 ');
l1 = str2num(char(l1)) ;                                           % 数据类型转换
l2 = sqrt(((xc2 - xc1)^2/2 - l1^2 * (1 + cos(theta)))/(1 - cos(theta))); % l2:连杆长度
lac1 = l2 - l1;                                                    % 中间变量
lac2 = l2 + l1;                                                    % 中间变量
alpha = theta - phi/2;                                             % alpha:α,见图 1.1.24
beta = acos((l2 - l1)/(2 * R));                                    % beta:β,见图 1.1.24
gama = beta - alpha;                                               % gama:γ,见图 1.1.24
l4 = sqrt((l2 - l1)^2 + l3^2 - 2 * (l2 - l1) * l3 * cos(gama));    % l4:机架长度
case 3                                                             % 满足条件 3
 % App 界面信息提示对话框
l2 = inputdlg(' 请输入连杆长度:参考值 215',' 设计必要条件 ');
l2 = str2num(char(l2)) ;                                           % 数据类型转换
l1 = sqrt(((xc2 - xc1)^2/2 - l2^2 * (1 - cos(theta)))/(1 + cos(theta))); % l1:曲柄长度
alpha = theta - phi/2;                                             % alpha
beta = acos((l2 - l1)/(2 * R));                                    % beta
gama = beta - alpha;                                               % gama
l4 = sqrt((l2 - l1)^2 + l3^2 - 2 * (l2 - l1) * l3 * cos(gama));    % l4:机架长度
case 4                                                             % 满足条件 4
 % App 界面信息提示对话框
l4 = inputdlg(' 请输入机架长度:参考值 277',' 设计必要条件 ');
l4 = str2num(char(l4));                                            % 数据类型转换
x0 = [x01;x02];                                                    % x0:设计计算初值
 % 调私有函数 link_6_AD 求解机构各杆长
x = fsolve(@link_6_AD,x0);
xa = x(1);                                                         % 中间变量
ya = x(2);                                                         % 中间变量
lac1 = sqrt((xa - xc1)^2 + (ya - yc1)^2);                          % 中间变量
lac2 = sqrt((xa - xc2)^2 + (ya - yc2)^2);                          % 中间变量
l2 = (lac2 + lac1)/2;                                              % l2:连杆长度
l1 = (lac2 - lac1)/2;                                              % l1:曲柄长度
end
 % 验证最小传动角
gama1 = acos((l2^2 + l3^2 - (l4 - l1)^2)/(2 * l2 * l3));           % 见式(1 - 1 - 51)
gama2 = pi - acos((l2^2 + l3^2 - (l4 + l1)^2)/(2 * l2 * l3));      % 见式(1 - 1 - 51)
gama1 = gama11 * 180/pi;                                           % 转成角度值
if gama1 <gamin                                                    % 最小传动角判断
 % App 界面信息提示对话框
h = msgbox(' 最小传动角不满足设计要求 ',' 警示 ');
else
gama2 = gama2 * 180/pi;                                            % 转成角度值
```

```
    if gama2 >90                                        %判断是否满足实际意义
    gama2 = 180 - gama2;                                %赋予符合实际意义的角度
    end
    end
    %私有函数 link_6_CO
    function f = link_6_CO(x)
    R = app.R                                           %R 私有属性值
     xo = app.xo;                                       %xo 私有属性值
    yo = app.yo;                                        %yo 私有属性值
    A = app.A;                                          %A 私有属性值
    B = app.B;                                          %B 私有属性值
    C = app.C;                                          %C 私有属性值
    xa = x(1);                                          %中间变量
    ya = x(2);                                          %中间变量
    f1 = (xa - xo)^2 + (ya - yo)^2 - R^2;               %见式(1-1-44)
    f2 = A * xa + B * ya + C;                           %见式(1-1-45)
    f = [f1;f2];                                        %建立联立方程
    end
    %私有函数 link_6_AD
    function f = link_6_AD(x)
    R = app.R;                                          %R 私有属性值
    xo = app.xo;                                        %xo 私有属性值
    yo = app.yo;                                        %yo 私有属性值
    xa = x(1);                                          %中间变量
    ya = x(2);                                          %中间变量
    f1 = (xa - xo)^2 + (ya - yo)^2 - R^2;               %见式(1-1-44)
    f2 = (xa)^2 + (ya)^2 - l4^2;                        %见式(1-1-50)
    f = [f1;f2];                                        %建立联立方程
    end
    %结果分别写入 App 界面对应的显示框中
    app.L1EditField.Value = l1;                         %【L1 - 曲柄长度】
    app.L2EditField.Value = l2;                         %【L2 - 连杆长度】
    app.L3EditField_5.Value = l3;                       %【L3 - 摇杆长度】
    app.L4EditField.Value = l4;                         %【L4 - 机架长度】
    app.gama1EditField.Value = gama1;                   %【gama1 - 最小传动角】
    app.gama2EditField.Value = gama2;                   %【gama2 - 最小传动角】
end
```

(3)【结束程序】回调函数

```
functionJieSuChengXu(app, event)
   %App 界面信息提示对话框
   sel = questdlg('确认关闭应用程序？','关闭确认','Yes','No','No');
   switch sel
   case'Yes'
   delete(app);                                            %关闭本 App 窗口
   case'No'
   end
end
```

1.2 平面连杆机构分析案例

1.2.1 案例 9：铰链四杆机构运动分析 App 设计

平面铰链四杆机构是平面连杆机构的最基本类型，它的所有运动副都为转动副。图 1.2.1 所示为平面铰链四杆机构。当已知各构件尺寸和曲柄(杆 1)匀速转动且转动角速度为 ω_1，以及曲柄在某个时刻的位置角为 θ_1 时，需要分析其余构件(杆 2、杆 3)的角位移、角速度和角加速度。

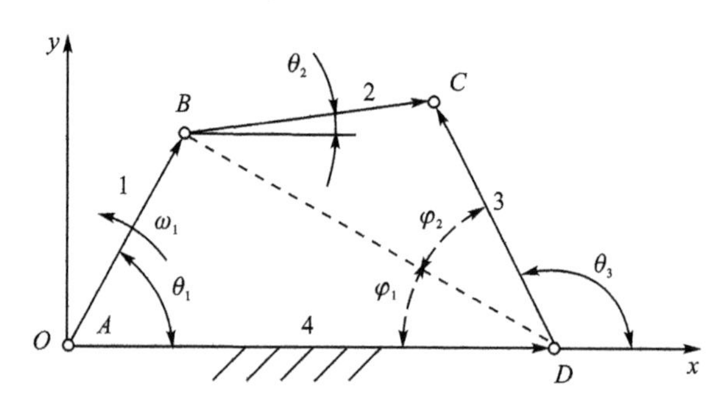

图 1.2.1 平面铰链四杆机构简图

1. 机构的数学分析

为了对平面铰链四杆机构进行运动分析，建立如图 1.2.1 所示的直角坐标系。为建立数学模型，将各构件表示为杆矢，杆矢均用指数形式的复数表示。

(1) 位置分析

通过图 1.2.1 所示机构中存在的封闭图形 $ABCDA$，可建立各杆矢构成的封闭矢量方程：

$$\boldsymbol{l}_1+\boldsymbol{l}_2=\boldsymbol{l}_3+\boldsymbol{l}_4 \tag{1-2-1}$$

将式(1-2-1)用复数形式表示为

$$l_1 e^{i\theta_1}+l_2 e^{i\theta_2}=l_3 e^{i\theta_3}+l_4 \tag{1-2-2}$$

将式(1-2-2)中的虚部和实部分离，得

$$\begin{cases} l_1\cos\theta_1+l_2\cos\theta_2=l_3\cos\theta_3+l_4 \\ l_1\sin\theta_1+l_2\sin\theta_2=l_3\sin\theta_3 \end{cases} \tag{1-2-3}$$

式(1-2-3)为非线性方程组，直接求解比较困难。可借助几何法进行求解，作辅助线 BD，得

$$l_{BD}^2=l_1^2+l_4^2-2l_1l_4\cos\theta_1 \tag{1-2-4}$$

$$\varphi_1=\arcsin\left(\frac{l_1}{l_{BD}}\sin\theta_1\right) \tag{1-2-5}$$

$$\varphi_2=\arccos\left(\frac{l_{BD}^2+l_3^2-l_2^2}{2l_{BD}l_3}\right) \tag{1-2-6}$$

$$\begin{cases} \theta_3=\pi-\varphi_1-\varphi_2 \\ \theta_2=\arcsin\left(\dfrac{l_3\sin\theta_3-l_1\sin\theta_1}{l_2}\right) \end{cases} \tag{1-2-7}$$

(2) 速度分析

将式(1-2-2)对时间 t 求一阶导数,得速度关系式为

$$l_1\omega_1 e^{i\theta_1} + l_2\omega_2 e^{i\theta_2} = l_3\omega_3 e^{i\theta_3} \tag{1-2-8}$$

将式(1-2-8)的虚部和实部分离,得

$$\begin{cases} l_1\omega_1\cos\theta_1 + l_2\omega_2\cos\theta_2 = l_3\omega_3\cos\theta_3 \\ l_1\omega_1\sin\theta_1 + l_2\omega_2\sin\theta_2 = l_3\omega_3\sin\theta_3 \end{cases} \tag{1-2-9}$$

将式(1-2-9)用矩阵形式表示为

$$\begin{bmatrix} -l_2\sin\theta_2 & l_3\sin\theta_3 \\ l_2\cos\theta_2 & -l_3\cos\theta_3 \end{bmatrix} \begin{bmatrix} \omega_2 \\ \omega_3 \end{bmatrix} = \omega_1 \begin{bmatrix} l_1\sin\theta_1 \\ -l_1\cos\theta_1 \end{bmatrix} \tag{1-2-10}$$

求解式(1-2-10)可以得到杆 2 的角速度 ω_2 和杆 3 的角速度 ω_3。

(3) 加速度分析

将式(1-2-2)对时间 t 求二阶导数,得加速度关系式为

$$\begin{bmatrix} -l_2\sin\theta_2 & l_3\sin\theta_3 \\ l_2\cos\theta_2 & -l_3\cos\theta_3 \end{bmatrix} \begin{bmatrix} \alpha_2 \\ \alpha_3 \end{bmatrix} + \begin{bmatrix} -\omega_2 l_2\cos\theta_2 & \omega_3 l_3\cos\theta_3 \\ -\omega_2 l_2\sin\theta_2 & \omega_3 l_3\sin\theta_3 \end{bmatrix} \begin{bmatrix} \omega_2 \\ \omega_3 \end{bmatrix} = \omega_1 \begin{bmatrix} \omega_1 l_1\cos\theta_1 \\ \omega_1 l_1\sin\theta_1 \end{bmatrix} \tag{1-2-11}$$

求解式(1-2-11)可以得到杆 2 的角加速度 α_2 和杆 3 的角加速度 α_3。

2. 案例 9 内容

如图 1.2.1 所示的平面铰链四杆机构,已知:各构件的尺寸分别为 l_1=101.6 mm,l_2=254 mm,l_3=177.8 mm,l_4=304.8 mm;曲柄匀速逆时针转动且角速度 ω_1=250 rad/s。计算杆 2 和杆 3 的角位移、角速度及角加速度。

3. App 窗口设计

铰链四杆机构运动分析 App 窗口,如图 1.2.2 所示。

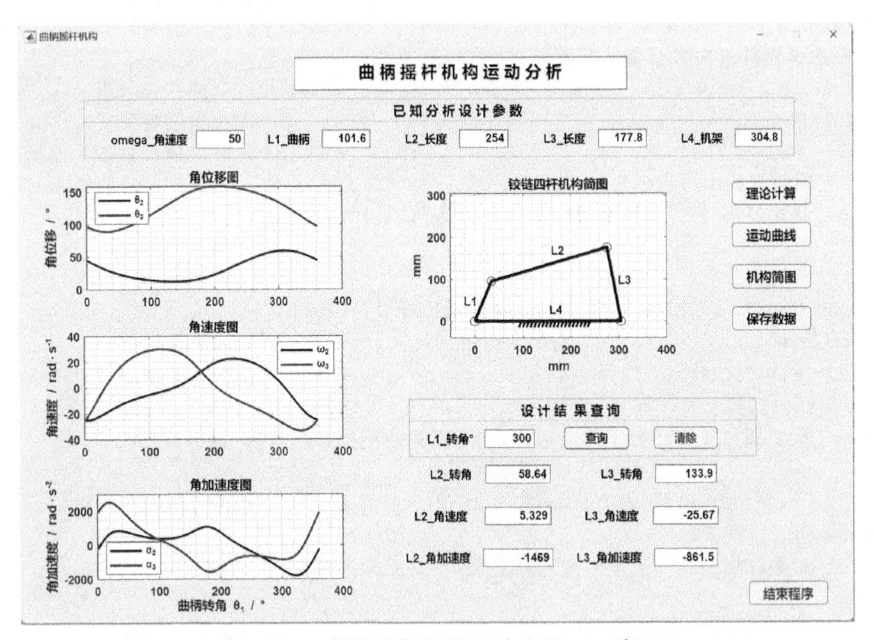

图 1.2.2　铰链四杆机构运动分析 App 窗口

4. App 窗口程序设计(程序 lu_exam_9)

(1) 私有属性创建

```
properties(Access = private)
  %私有属性
  omega1;                                          %omega1:杆 1 角速度 ω1
  alpha1;                                          %alpha1:杆 1 角加速度 α1
  theta22;                                         %theta22:杆 2 角位移 θ2
  theta33;                                         %theta33:杆 3 角位移 θ3
  omega22;                                         %omega22:杆 2 角速度 ω2
  omega33;                                         %omega33:杆 3 角速度 ω3
  alpha22;                                         %alpha22:杆 2 角加速度 α2
  alpha33;                                         %alpha33:杆 3 角加速度 α3
end
```

(2) 设置窗口启动回调函数

```
functionstartupFcn(app, rochker)
  %App 界面功能的初始状态
  app.Button_2.Enable = 'off';                     %屏蔽【保存数据】使能
  app.Button_3.Enable = 'off';                     %屏蔽【运动曲线】使能
  app.Button_4.Enable = 'off';                     %屏蔽【机构简图】使能
  app.Button_6.Enable = 'off';                     %屏蔽【查询】使能
  app.Button_7.Enable = 'off';                     %屏蔽【清除】使能
end
```

(3)【理论计算】回调函数

```
functionLiLunJiSuan(app, event)
  %App 界面已知数据读入
  l_1 = app.L1_EditField.Value;                    %【l_1 - 曲柄】
  l_2 = app.L2_EditField_4.Value;                  %【l_2 - 长度】
  l_3 = app.L3_EditField_4.Value;                  %【l_3 - 长度】
  l_4 = app.L4_EditField.Value;                    %【l_4 - 机架】
  %判断曲柄摇杆机构必要条件是否成立
  x = [l_1 l_2 l_3 l_4];                           %x:组成杆长数组
  z = min(x);                                      %z:找出最短杆
  if l_1~ = z                                      %判断最短杆是否为曲柄
  %App 界面信息提示对话框
  msgbox('最短杆不是 L1! 构不成曲柄摇杆机构','设计提示');
  else
  %App 界面信息提示对话框
  i = inputdlg('L2 = 2,L3 = 3,L4 = 4','输入最长杆号');
  i = cell2sym(i);                                 %数值类型转换
  if x(2) == x(i)&(x(1) + x(2)> = x(3) + x(4))     %是否为曲柄摇杆机构
  %App 界面信息提示对话框
  msgbox('最短杆加最长杆大于其余两杆之和,不是曲柄摇杆机构','设计提示');
  else
  if x(3) == x(i) & (x(1) + x(3)> = x(2) + x(4))   %是否为曲柄摇杆机构
  %App 界面信息提示对话框
  msgbox('最短杆加最长杆大于其余两杆之和,不是曲柄摇杆机构','设计提示');
  else
  if x(1) + x(4)> = x(2) + x(3)                    %是否为曲柄摇杆机构
  %App 界面信息提示对话框
```

```
msgbox('最短杆加最长杆大于其余两杆之和,不是曲柄摇杆机构','设计提示');
else
%App界面功能更改
app.Button_2.Enable='on';                                %开启【保存数据】使能
app.Button_3.Enable='on';                                %开启【运动曲线】使能
app.Button_4.Enable='on';                                %开启【机构简图】使能
app.Button_6.Enable='on';                                %开启【查询】使能
app.Button_7.Enable='on';                                %开启【清除】使能
end
end
end
end
%设计计算
omega1=app.omega_EditField.Value;                       %【omega1_角速度】
app.omega1=omega1;                                       %omega1私有属性值
alpha1=0;                                                %alpha1:α1初始值
hd=pi/180;                                               %hd:角度弧度系数
for n1=1:361                                             %n1:角度θ1
theta1=(n1-1)*hd;                                        %theta1:n1弧度值
%调私有函数crank_rocker计算每一个角度对应的数值
[theta,omega,alpha]=crank_rocker(theta1,omega1,alpha1,l_1,l_2,l_3,l_4);
%计算结果导出
theta22(n1)=theta(1);                                    %l2角位移θ2
app.theta22=theta22;                                     %theta22私有属性值
theta33(n1)=theta(2);                                    %l3角位移θ3
app.theta33=theta33;                                     %theta33私有属性值
omega22(n1)=omega(1);                                    %l2角速度ω2
app.omega22=omega22;                                     %omega22私有属性值
omega33(n1)=omega(2);                                    %l3角速度ω3
app.omega33=omega33;                                     %omega33私有属性值
alpha22(n1)=alpha(1);                                    %l2角加速度α2
app.alpha22=alpha22;                                     %alpha22私有属性值
alpha33(n1)=alpha(2);                                    %l3角加速度α3
app.alpha33=alpha33;                                     %alpha33私有属性值
end
%私有函数crank_rocker
function[theta,omega,alpha]=crank_rocker(theta1,omega1,alpha1,l_1,l_2,l_3,l_4)
%计算从动件的角位移
L=sqrt(l_4*l_4+l_1*l_1-2*l_1*l_4*cos(theta1));          %BD长度,见式(1-2-4)
phi=asin((l_1./L)*sin(theta1));                          %φ1,见式(1-2-5)
beta=acos((-l_2*l_2+l_3*l_3+L*L)/(2*l_3*L));            %φ2,见式(1-2-6)
if beta<0                                                %判断φ2<0
beta=beta+pi;                                            %判断结果成立,φ2+π
end
theta3=pi-phi-beta;                                      %θ3,见式(1-2-7)
theta2=asin((l_3*sin(theta3)-l_1*sin(theta1))/l_2);     %θ2,见式(1-2-7)
theta=[theta2;theta3];                                   %theta:角位移矩阵
%计算从动件的角速度,见式(1-2-10)
A=[-l_2*sin(theta2), l_3*sin(theta3);...
    l_2*cos(theta2), -l_3*cos(theta3)];
B=[l_1*sin(theta1); -l_1*cos(theta1)];
```

```
    omega = A\(omega1 * B);                                  % omega:角速度矩阵
    omega2 = omega(1);                                       % 中间变量
    omega3 = omega(2);                                       % 中间变量
    % 计算从动件的角加速度,见式(1-2-10)和式(1-2-11)
    A = [-l_2 * sin(theta2),   l_3 * sin(theta3);...
        l_2 * cos(theta2), - l_3 * cos(theta3)];
    At = [- omega2 * l_2 * cos(theta2), omega3 * l_3 * cos(theta3);...
        - omega2 * l_2 * sin(theta2), omega3 * l_3 * sin(theta3)];
    B = [l_1 * sin(theta1); - l_1 * cos(theta1)];
    Bt = [omega1 * l_1 * cos(theta1); omega1 * l_1 * sin(theta1)];
    alpha = A\( - At * omega + alpha1 * B + omega1 * Bt);      % alpha:角加速度矩阵
    end
    % App 界面结果显示清零
    app.L1_EditField_2.Value = 0;                             %【L1_转角】
    app.L2_EditField.Value = 0;                               %【L2_转角】
    app.L3_EditField.Value = 0;                               %【L3_转角】
    app.L2_EditField_3.Value = 0;                             %【L2_角速度】
    app.L3_EditField_2.Value = 0;                             %【L3_角速度】
    app.L2_EditField_2.Value = 0;                             %【L2_角加速度】
    app.L3_EditField_3.Value = 0;                             %【L3_角加速度】
end
```

(4)【运动曲线】回调函数

```
functionYunDongQuXian(app, event)
    du = 180/pi;                                              % hd:弧度角度系数
    theta22 = app.theta22;                                    % theta22 私有属性值
    theta33 = app.theta33;                                    % theta33 私有属性值
    omega22 = app.omega22;                                    % omega22 私有属性值
    omega33 = app.omega33;                                    % omega33 私有属性值
    alpha22 = app.alpha22;                                    % alpha22 私有属性值
    alpha33 = app.alpha33;                                    % alpha33 私有属性值
    n1 = [1:361];                                             % 曲柄转角变化范围
    plot(app.UIAxes,n1,theta22 * du,'b',n1,theta33 * du,'r');  % 绘制角位移图
    title(app.UIAxes,' 角位移图 ');                            % 角位移图标题
    ylabel(app.UIAxes,' 角位移 / \circ')                       % 角位移图 y 轴
    legend(app.UIAxes,'\bf\theta_2','\bf\theta_3','location','NorthWest')  % 角位移图图例
    plot(app.UIAxes_5,n1,omega22,'b',n1,omega33,'r')          % 绘制角速度图
    title(app.UIAxes_5,' 角速度图 ');                          % 角速度图标题
    ylabel(app.UIAxes_5,' 角速度 / rad\cdots^{ - 1}')          % 角速度图 y 轴
    legend(app.UIAxes_5,'\bf\omega_2','\bf\omega_3')          % 角速度图图例
    plot(app.UIAxes_6,n1,alpha22,'b',n1,alpha33,'r')          % 绘制角加速度图
    title(app.UIAxes_6,' 角加速度图 ');                        % 角加速度图标题
    xlabel(app.UIAxes_6,' 曲柄转角 \theta_1 / \circ')          % 角加速度 x 轴
    ylabel(app.UIAxes_6,' 角加速度 / rad\cdots^{ - 2}')        % 角加速度 y 轴
    legend(app.UIAxes_6,'\bf\alpha_2','\bf\alpha_3','location','SouthWest') % 角加速度图图例
end
```

(5)【机构简图】回调函数

```
functionjigoujiantu(app, event)
    cla(app.UIAxes_4)                                         % 清除图形
    % 导入 App 界面已知设计参数
    l_1 = app.L1_EditField.Value;                             %【l_1 - 曲柄】
    l_2 = app.L2_EditField_4.Value;                           %【l_2 - 长度】
```

```
    l_3 = app.L3_EditField_4.Value;                                   %【l_3 - 长度】
    l_4 = app.L4_EditField.Value;                                     %【l_4 - 机架】
    theta33 = app.theta33;                                            % theta33 私有属性值
    hd = pi/180;                                                      % hd:角度弧度系数
    x(1) = 0;                                                         % A 点 x 坐标
    y(1) = 0;                                                         % A 点 y 坐标
    x(2) = l_1 * cos(70 * hd);                                        % B 点 x 坐标
    y(2) = l_1 * sin(70 * hd);                                        % B 点 y 坐标
    x(3) = l_4 + l_3 * cos(theta33(71));                              % C 点 x 坐标
    y(3) = l_3 * sin(theta33(71));                                    % C 点 y 坐标
    x(4) = l_4;                                                       % D 点 x 坐标
     y(4) = 0;                                                        % D 点 y 坐标
    x(5) = 0;                                                         % A 点 x 坐标
    y(5) = 0;                                                         % A 点 y 坐标
    % 绘制四杆机构图中的四个铰链圆点
    ball_1 = line(app.UIAxes_4,x(1),y(1),'color','k','marker','o','markersize',8);
    ball_2 = line(app.UIAxes_4,x(2),y(2),'color','k','marker','o','markersize',8);
    ball_3 = line(app.UIAxes_4,x(3),y(3),'color','k','marker','o','markersize',8);
    ball_4 = line(app.UIAxes_4,x(4),y(4),'color','k','marker','o','markersize',8);
    a20 = linspace(0.3 * l_4,0.8 * l_4,20);
    % 绘制机架 l4 杆地面斜线
    fori = 1:19
    a30 = (a20(i) + a20(i + 1))/2;
    line(app.UIAxes_4,[a30,a20(i)],[0, - 0.05 * l_4],'color','k','linestyle','-','linewidth',2);
    end
    % 绘制四杆机构简图
    line(app.UIAxes_4,x,y,'color','b','linewidth',3);                 % 机构简图
    title(app.UIAxes_4,' 铰链四杆机构简图 ');                          % 简图标题
    xlabel(app.UIAxes_4,'mm')                                         % 简图 x 坐标
    ylabel(app.UIAxes_4,'mm') text(app.UIAxes_4,x(2) - 60,y(2) - 50,'\bf\fontsize{12}L1')   % y 坐标
    text(app.UIAxes_4,x(3) - 120,y(3) - 10,'\bf\fontsize{12}L2')      % 简图上标注 L2
    text(app.UIAxes_4,x(3) + 20,y(3) - 80,'\bf\fontsize{12}L3')       % 简图上标注 L3
    text(app.UIAxes_4,l_4/2,25,'\bf\fontsize{12}L4')                  % 简图上标注 L4
    axis(app.UIAxes_4,[ - 50 400  - 40 l_3 + l_2/2]);                 % 简图坐标范围
end
```

(6)【结束程序】回调函数

```
functionJieSuChengXu(app, event)
   % App 界面信息提示对话框
   sel = questdlg(' 确认关闭应用程序？ ',' 关闭确认 ,','Yes','No','No');
   switch sel
   case'Yes'
   delete(app);                                                      % 关闭本 App 窗口
   case'No'
   end
end
```

(7)【保存数据】回调函数

```
functionBaoCunShuJu(app, event)
   t = app.t;                                                        % t 私有属性值
     theta = app.theta;                                              % theta 私有属性值
   [filename,filepath] = uiputfile('* .xls');
   if isequal(filename,0) || isequal(filepath,0)
```

```
    else
    str=[filepath,filename];
    fopen(str);
    xlswrite(str,t,'Sheet1','B1');
    xlswrite(str,theta,'Sheet1','C1');
    fclose('all');
    end
end
```

(8)【查询】回调函数

```
functionchaxun(app, event)
    du=180/pi;                                   % du:弧度角度系数
    theta22=app.theta22;                         % theta22 私有属性值
    theta33=app.theta33;                         % theta33 私有属性值
    omega22=app.omega22;                         % omega22 私有属性值
    omega33=app.omega33;                         % omega33 私有属性值
    alpha22=app.alpha22;                         % alpha22 私有属性值
    alpha33=app.alpha33;                         % alpha33 私有属性值
    t=app.L1_EditField_2.Value;                  %【L1_转角】
    t=round(t);                                  % t:角度取整
    if t >361                                    % t >361°,提示!
    % App 界面信息提示对话框
    msgbox('查询转角不能大于 360°!','友情提示');
    else
    % 找出查询角度对应的数据序号
    i=t;
    % 杆 2 和杆 3 的角位移、角速度、角加速度分别写入 App 界面对应的显示框中
    app.L1_EditField_2.Value=t;                  %【L1_转角】
    app.L2_EditField.Value=theta22(i)*du;        %【L2_转角】
    app.L3_EditField.Value=theta33(i)*du;        %【L3_转角】
    app.L2_EditField_3.Value=omega22(i);         %【L2_角速度】
    app.L3_EditField_2.Value=omega33(i);         %【L3_角速度】
    app.L2_EditField_2.Value=alpha22(i);         %【L2_角加速度】
    app.L3_EditField_3.Value=alpha33(i);         %【L3_角加速度】
    end
end
```

(9)【清除】回调函数

```
functionqingchushuju(app, event)
    % App 界面结果显示清零
    app.L1_EditField_2.Value=0;                  %【L1_转角】
    app.L2_EditField.Value=0;                    %【L2_转角】
    app.L3_EditField.Value=0;                    %【L3_转角】
    app.L2_EditField_3.Value=0;                  %【L2_角速度】
    app.L3_EditField_2.Value=0;                  %【L3_角速度】
    app.L2_EditField_2.Value=0;                  %【L2_角加速度】
    app.L3_EditField_3.Value=0;                  %【L3_角加速度】
end
```

1.2.2 案例 10:铰链四杆机构力分析 App 设计

如图 1.2.3 所示的平面铰链四杆机构的力分析简图。已知各杆件的质心位置和尺寸、各杆件的转动惯量 J 和质量 m、曲柄 1 以角速度 ω_1 进行匀速转动、曲柄的方位角 θ_1 以及杆件 3 的工作负载力矩 M_r,求曲柄上的平衡力矩 M_b 和各运动副中的反力。

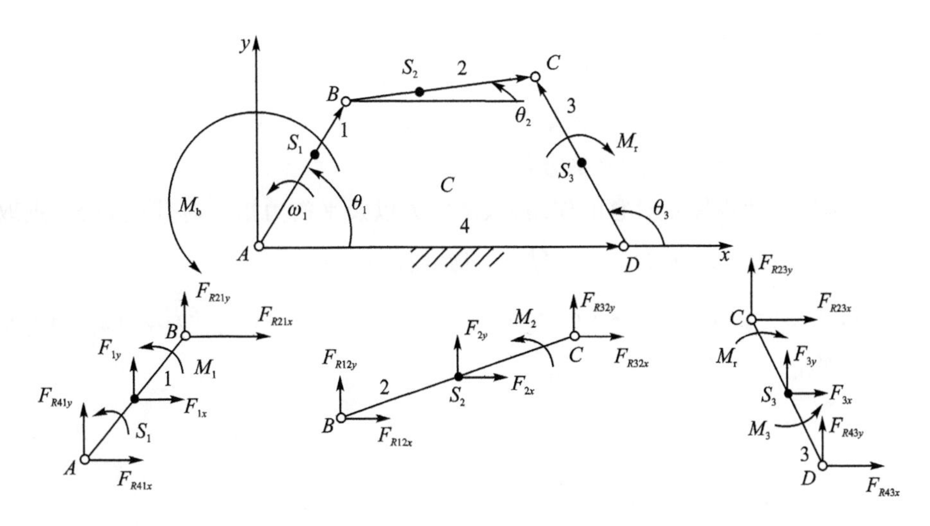

图 1.2.3　平面铰链四杆机构的力分析简图

1. 机构的数学分析

(1) 杆件的惯性力和惯性力矩计算

根据 1.2.1 小节的运动分析解析法,可以求出平面铰链四杆机构各杆件的位移、速度和加速度,进而计算出各杆件质心的加速度。

杆件 1 质心 S_1 的加速度:

$$\begin{cases} a_{S_{1x}} = -l_{AS_1}\omega_1^2\cos\theta_1 \\ a_{S_{1y}} = -l_{AS_1}\omega_1^2\sin\theta_1 \end{cases} \tag{1-2-12}$$

杆件 2 质心 S_2 的加速度:

$$\begin{cases} a_{S_{2x}} = -l_1\omega_1^2\cos\theta_1 - l_{BS_2}(\omega_2^2\cos\theta_2 + \alpha_2\sin\theta_2) \\ a_{S_{2y}} = -l_1\omega_1^2\sin\theta_1 - l_{BS_2}(\omega_2^2\sin\theta_2 - \alpha_2\cos\theta_2) \end{cases} \tag{1-2-13}$$

杆件 3 质心 S_3 的加速度:

$$\begin{cases} a_{S_{3x}} = -l_{DS_3}(\omega_3^2\cos\theta_3 + \alpha_3\sin\theta_3) \\ a_{S_{3y}} = -l_{DS_3}(\omega_3^2\sin\theta_3 - \alpha_3\cos\theta_3) \end{cases} \tag{1-2-14}$$

根据杆件质心的加速度和杆件的角加速度可以确定其惯性力 $\boldsymbol{F}$ 和惯性力矩 $\boldsymbol{M}$:

$$\begin{cases} F_{1x} = -m_1 a_{S_{1x}} \\ F_{1y} = -m_1 a_{S_{1y}} \\ F_{2x} = -m_2 a_{S_{2x}} \\ F_{2y} = -m_2 a_{S_{2y}} \\ F_{3x} = -m_3 a_{S_{3x}} \\ F_{3y} = -m_3 a_{S_{3y}} \\ M_1 = -J_{S_1}\alpha_1 \\ M_2 = -J_{S_2}\alpha_2 \\ M_3 = -J_{S_3}\alpha_3 \end{cases} \tag{1-2-15}$$

(2) 平衡方程的建立

平面铰链四杆机构有 4 个运动副,4 个运动副中的反力都分别分解到 x、y 方向上共 8 个分力,加上待求的平衡力矩共 9 个未知量,至少需列出 9 个方程式联立求解。根据前述的构件力分析解析法,建立各个杆件的力平衡方程。

构件 1 受构件 2 和构件 4 对它的作用力、惯性力以及平衡力矩。对其质心 S_1 点取矩,根据 $\sum M_{S_1}=0,\sum F_x=0,\sum F_y=0$,写出平衡方程为

$$\begin{cases}M_b-F_{R14x}(y_{S_1}-y_A)-F_{R14y}(x_A-x_{S_1})-F_{R12x}(y_{S_1}-y_B)-F_{R12y}(x_B-x_{S_1})=0\\-F_{R14x}-F_{R12x}=-F_{1x}\\-F_{R14y}-F_{R12y}=-F_{1y}\end{cases}\tag{1-2-16}$$

同理,写出构件 2 的平衡方程为

$$\begin{cases}F_{R12x}(y_{S_2}-y_B)+F_{R12y}(x_B-x_{S_2})-F_{R23x}(y_{S_2}-y_C)-F_{R23y}(x_C-x_{S_2})=-M_2\\F_{R12x}-F_{R23x}=-F_{2x}\\F_{R12y}-F_{R23y}=-F_{2y}\end{cases}\tag{1-2-17}$$

同理,写出构件 3 的平衡方程为

$$\begin{cases}F_{R23x}(y_{S_3}-y_C)+F_{R23y}(x_C-x_{S_3})-F_{R34x}(y_{S_3}-y_D)-F_{R34y}(x_D-x_{S_3})=-M_3+M_r\\F_{R23x}-F_{R34x}=-F_{3x}\\F_{R23y}-F_{R34y}=-F_{3y}\end{cases}\tag{1-2-18}$$

将平衡方程中的 9 个方程式联立求解,可以解出机构所需的平衡力矩和各运动副的反力等 9 个未知量。以上 9 个方程式都为线性方程,为便于利用 MATIAB 软件进行编程求解,写成矩阵形式的平衡方程为

$$\boldsymbol{C}\boldsymbol{F}_R=\boldsymbol{D}\tag{1-2-19}$$

式中:$\boldsymbol{C}$ 为系数矩阵;$\boldsymbol{F}_R$ 为未知力列阵;$\boldsymbol{D}$ 为已知力列阵,且分别为

$$\boldsymbol{C}=\begin{bmatrix}1 & -(y_{S_1}-y_A) & -(x_A-x_{S_1}) & -(y_{S_1}-y_B) & -(x_B-x_{S_1})\\0 & -1 & 0 & -1 & 0\\0 & 0 & -1 & 0 & -1\\0 & 0 & 0 & (y_{S_2}-y_B) & (x_B-x_{S_2})\\0 & 0 & 0 & 1 & 0\\0 & 0 & 0 & 0 & 1\\0 & 0 & 0 & 0 & 0\\0 & 0 & 0 & 0 & 0\\0 & 0 & 0 & 0 & 0\end{bmatrix}$$

$$
\left.\begin{matrix}
0 & 0 & 0 & 0 \\
0 & 0 & 0 & 0 \\
0 & 0 & 0 & 0 \\
-(y_{S_2}-y_C) & -(x_C-x_{S_2}) & 0 & 0 \\
-1 & 0 & 0 & 0 \\
0 & -1 & 0 & 0 \\
y_{S_3}-y_C & x_C-x_{S_3} & -(y_{S_3}-y_D) & -(x_D-x_{S_3}) \\
1 & 0 & -1 & 0 \\
0 & 1 & 0 & -1
\end{matrix}\right]
$$

$$
\boldsymbol{F}_R=\begin{bmatrix} M_b \\ F_{R14x} \\ F_{R14y} \\ F_{R12x} \\ F_{R12y} \\ F_{R23x} \\ F_{R23y} \\ F_{R34x} \\ F_{R34y} \end{bmatrix},\quad \boldsymbol{D}=\begin{bmatrix} 0 \\ -F_{1x} \\ -F_{1y} \\ -M_2 \\ -F_{2x} \\ -F_{2y} \\ -M_3+M_r \\ -F_{3x} \\ -F_{3y} \end{bmatrix}
$$

2. 案例 10 内容

如图 1.2.3 所示的平面铰链四杆机构，已知：各杆件的尺寸分别为 $l_1=400$ mm，$l_2=1\ 000$ mm，$l_3=700$ mm，$l_4=1\ 200$ mm；各杆件的质心都在杆中点处，各杆件质量分别为 $m_1=1.2$ kg，$m_2=3$ kg，$m_3=2.2$ kg；各杆件转动惯量分别为 $J_1=0.016\ \text{kg}\cdot\text{m}^2$，$J_2=0.25\ \text{kg}\cdot\text{m}^2$，$J_3=0.09\ \text{kg}\cdot\text{m}^2$；杆件 3 的工作阻力矩(顺时针方向)为 $M_r=100\ \text{N}\cdot\text{m}$，杆件 1 以角速度 $\omega_1=10$ rad/s 进行匀速转动(逆时针)，不计摩擦和其余杆件的外力(外力矩)。求原动杆件 1 上的平衡力矩 M_b 和各运动副中的反力。

3. App 窗口设计

曲柄摇杆机构力和力矩分析 App 窗口，如图 1.2.4 所示。

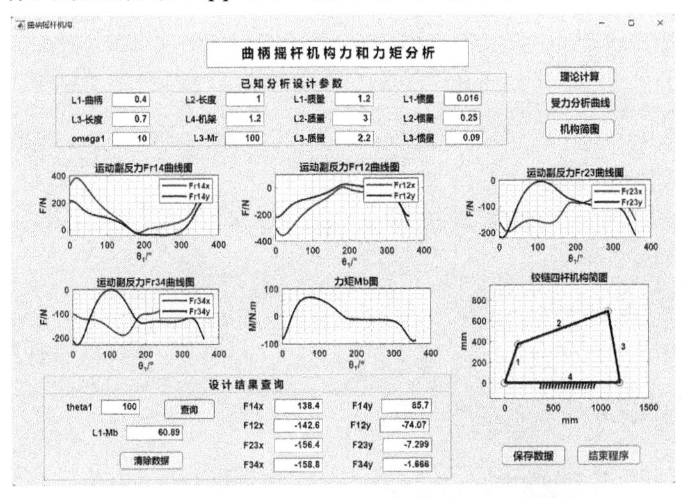

图 1.2.4　曲柄摇杆机构力和力矩分析 App 窗口

4. App 窗口程序设计(程序 lu_exam_10)

(1) 私有属性创建

```
properties(Access = private)
  %私有属性
  l1;                                   %l1:曲柄长度 l1
  l2;                                   %l2:连杆长度 l2
  l3;                                   %l3:摇杆长度 l3
  l4;                                   %l4:机架长度 l4
  omega1;                               %omega1:角速度 ω1
  m1;                                   %m1:l1 质量
  m2;                                   %m2:l2 质量
  m3;                                   %m3:l3 质量
  Js1;                                  %Js1:l1 惯量
  Js2;                                  %Js2:l2 惯量
  Js3;                                  %Js3:l3 惯量
  Mr;                                   %Mr:l3 工作阻力矩
  Mb;                                   %Mb:曲柄的平衡力矩
  Fr14x;                                %Fr14x:反力 FR14x
  Fr14y;                                %Fr14y:反力 FR14y
  Fr12x;                                %Fr12x:反力 FR12x
  Fr12y;                                %Fr12y:反力 FR12y
  Fr23x;                                %Fr23x:反力 FR23x
  Fr23y;                                %Fr23y:反力 FR23y
  Fr34x;                                %Fr34x:反力 FR34x
  Fr34y;                                %Fr34y:反力 FR34y
  theta3;                               %theta3:图 1.2.3 中 θ3
end
```

(2) 设置窗口启动回调函数

```
functionstartupFcn(app, rochker)
  %App 界面功能的初始状态
  app.Button_2.Enable = 'off';          %屏蔽【保存数据】使能
  app.Button_3.Enable = 'off';          %屏蔽【受力分析曲线】使能
  app.Button_4.Enable = 'off';          %屏蔽【机构简图】使能
  app.Button_6.Enable = 'off';          %屏蔽【查询】使能
  app.Button_7.Enable = 'off';          %屏蔽【清除数据】使能
end
```

(3)【理论计算】回调函数

```
functionLiLunJiSuan(app, event)
  %App 界面已知数据读入
  l1 = app.L1EditField.Value;           %【L1 - 曲柄】
  app.l1 = l1;                          %l1 私有属性值
  l2 = app.L2EditField.Value;           %【L2 - 长度】
  app.l2 = l2;                          %l2 私有属性值
  l3 = app.L3EditField.Value;           %【L3 - 长度】
  app.l3 = l3;                          %l3 私有属性值
  l4 = app.L4EditField.Value;           %【L4 - 长度】
  app.l4 = l4;                          %l4 私有属性值
```

```
las1 = l1/2;                                                    % las1:L1 匀质杆质心
lbs2 = l2/2;                                                    % lbs2:L2 匀质杆质心
lds3 = l3/2;                                                    % lbs3:L3 匀质杆质心
omega1 = app.omega1EditField.Value;                             %【omega1】
app.omega1 = omega1;                                            % omega1 私有属性值
m1 = app.L1EditField_2.Value;                                   %【L1 质量】
app.m1 = m1;                                                    % m1 私有属性值
m2 = app.L2EditField_2.Value;                                   %【L2 质量】
app.m2 = m2;                                                    % m2 私有属性值
m3 = app.L3EditField_2.Value;                                   %【L3 质量】
app.m3 = m3;                                                    % m3 私有属性值
Js1 = app.L1EditField_3.Value;                                  %【L1 惯量】
app.Js1 = Js1;                                                  % Js1 私有属性值
Js2 = app.L2EditField_3.Value;                                  %【L2 惯量】
app.Js2 = Js2;                                                  % Js2 私有属性值
Js3 = app.L3EditField_3.Value;                                  %【L3 惯量】
app.Js3 = Js3;                                                  % Js3 私有属性值
Mr = app.L3MrEditField.Value;                                   %【L3 - Mr】
app.Mr = Mr;                                                    % Mr 私有属性值
% 设计计算
g = 10;                                                         % 重力加速度
hd = pi/180;                                                    % hd:角度弧度系数
du = 180/pi;                                                    % du:弧度角度系数
% 曲柄摇杆机构运动计算
for n1 = 1:360                                                  % 角位移 θ1 变化范围
L = sqrt(l4 * l4 + l1 * l1 - 2 * l1 * l4 * cos(n1 * hd));       % L = BD,见式(1-2-4)
phi(n1) = asin((l1/L) * sin(n1 * hd));                          % φ1,见式(1-2-5)
beta(n1) = acos(( - l2 * l2 + l3 * l3 + L * L)/(2 * l3 * L));   % φ2,见式(1-2-6)
if beta(n1)<0                                                   % 判断 φ2 <0
beta(n1) = beta(n1) + pi;                                       % 判断结果成立,φ2 + π
end
theta3(n1) = pi - phi(n1) - beta(n1);                           % θ3,见式(1-2-7)
app.theta3 = theta3;                                            % theta3 私有属性值
theta2(n1) = asin((l3 * sin(theta3(n1)) - l1 * sin(n1 * hd))/l2);   % θ2,见式(1-2-7)
% omega3 表示 L3 角速度 ω3
omega3(n1) = omega1 * (l1 * sin((n1 * hd - theta2(n1))))/(l3 * sin((theta3(n1) - theta2(n1))));
% omega2 表示 L2 角速度 ω2
omega2(n1) = - omega1 * (l1 * sin((n1 * hd - theta3(n1))))/(l2 * sin((theta2(n1) - theta3(n1))));
% alpha3 表示 L3 角加速度 α3
alpha3(n1) = (omega1^2 * l1 * cos((n1 * hd - theta2(n1))) + omega2(n1)^2 * l2 - omega3(n1)^2 * l3 * ...
            cos((theta3(n1) - theta2(n1))))/(l3 * sin((theta3(n1) - theta2(n1))));
% alpha2 表示 L2 角加速度 α2
alpha2(n1) = ( - omega1^2 * l1 * cos((n1 * hd - theta3(n1))) + omega3(n1)^2 * l3 - omega2(n1)^2 * l2 * ...
            cos((theta2(n1) - theta3(n1))))/(l2 * sin((theta2(n1) - theta3(n1))));
% 曲柄摇杆机构力平衡计算
% 计算质心速度(见图 1.2.3 中 S1、S2、S3)
as1x(n1) =- las1 * omega1^2 * cos(n1 * hd);                     % L1 质心 S1 在 x 向加速度
as1y(n1) =- las1 * omega1^2 * sin(n1 * hd);                     % L1 质心 S1 在 y 向加速度
as2x(n1) =- l1 * omega1^2 * cos(n1 * hd) - lbs2 * (alpha2(n1) * ...
        sin(theta2(n1)) + omega2(n1)^2 * cos(theta2(n1)));      % L2 质心 S2 在 x 向加速度
as2y(n1) =- l1 * omega1^2 * sin(n1 * hd) + lbs2 * (alpha2(n1) * ...
        cos(theta2(n1)) - omega2(n1)^2 * sin(theta2(n1)));      % L2 质心 S2 在 y 向加速度
```

```
%L3 质心 S3 在 x 向加速度
as3x(n1) =- lds3 * (cos(theta3(n1)) * omega3(n1)^2 + sin(theta3(n1)) * alpha3(n1));
%L3 质心 S3 在 y 向加速度
as3y(n1) =- lds3 * (sin(theta3(n1)) * omega3(n1)^2 - cos(theta3(n1)) * alpha3(n1));
%计算构件惯性力和惯性力偶矩
F1x(n1) =- as1x(n1) * m1;                          %L1 的 F1x,见图 1.2.3
F1y(n1) =- as1y(n1) * m1;                          %L1 的 F1y,见图 1.2.3
F2x(n1) =- as2x(n1) * m2;                          %L2 的 F2x,见图 1.2.3
F2y(n1) =- as2y(n1) * m2;                          %L2 的 F2y,见图 1.2.3
F3x(n1) =- as3x(n1) * m3;                          %L3 的 F3x,见图 1.2.3
F3y(n1) =- as3y(n1) * m3;                          %L3 的 F3y,见图 1.2.3
M2(n1) =- alpha2(n1) * Js2;                        %L2 合力矩 M2,见图 1.2.3
M3(n1) =- alpha3(n1) * Js3 - Mr;                   %L3 合力矩 M3,见图 1.2.3
%计算各个铰链点坐标,计算各个质心点坐标
xa = 0;                                            %A 点的 x 坐标
ya = 0;                                            %A 点的 y 坐标
xb(n1) = l1 * cos(n1 * hd);                        %B 点的 x 坐标
yb(n1) = l1 * sin(n1 * hd);                        %B 点的 y 坐标
xc(n1) = l4 + l3 * cos(theta3(n1));                %C 点的 x 坐标
yc(n1) = l3 * sin(theta3(n1));                     %C 点的 y 坐标
xd = l4;                                           %D 点的 x 坐标
yd = 0;                                            %D 点的 y 坐标
xs1(n1) = (xb(n1) + xa)/2;                         %L1 质心 S1 的 x 坐标
ys1(n1) = (yb(n1) + ya)/2;                         %L1 质心 S1 的 y 坐标
xs2(n1) = (xb(n1) + xc(n1))/2;                     %L2 质心 S2 的 x 坐标
ys2(n1) = (yb(n1) + yc(n1))/2;                     %L2 质心 S2 的 y 坐标
xs3(n1) = (xc(n1) + xd)/2;                         %L3 质心 S3 的 x 坐标
ys3(n1) = (yc(n1) + yd)/2;                         %L3 质心 S3 的 y 坐标
%组成未知力系数矩阵(见式(1-2-19)中 C)
A = zeros(9);
A(1,1) = 1;A(1,2) =- (ys1(n1) - ya);A(1,3) =- (xa - xs1(n1));
A(1,4) =- (ys1(n1) - yb(n1));A(1,5) =- (xb(n1) - xs1(n1));
A(2,2) =- 1;A(2,4) =- 1;
A(3,3) =- 1;A(3,5) =- 1;
A(4,4) = (ys2(n1) - yb(n1));A(4,5) = (xb(n1) - xs2(n1));
A(4,6) =- (ys2(n1) - yc(n1));A(4,7) =- (xc(n1) - xs2(n1));
A(5,4) = 1;A(5,6) =- 1;
A(6,5) = 1;A(6,7) =- 1;
A(7,6) = (ys3(n1) - yc(n1));A(7,7) = (xc(n1) - xs3(n1));
A(7,8) =- (ys3(n1) - yd);A(7,9) =- (xd - xs3(n1));
A(8,6) = 1;A(8,8) =- 1;
%已知力列阵(见式(1-2-19)中 D)
B = zeros(9,1);
B(1) = 0;
B(2) =- F1x(n1);
B(3) =- F1y(n1) + m1 * g;
B(4) =- M2(n1);
B(5) =- F2x(n1);
B(6) =- F2y(n1) + m2 * g;
B(7) =- M3(n1);
B(8) =- F3x(n1);
```

```
    B(9) =- F3y(n1) + m3 * g;
    % 解线性方程组,求 C(见式(1-2-19)中 F_R)
    C = A\B;
    Mb(n1) = C(1);                              % Mb:曲柄的平衡力矩
    app.Mb = Mb;                                % M_b 私有属性值
    Fr14x(n1) = C(2);                           % F_r14x
    app.Fr14x = Fr14x;                          % Fr14x 私有属性值
    Fr14y(n1) = C(3);                           % F_r14y
    app.Fr14y = Fr14y;                          % Fr14y 私有属性值
    Fr12x(n1) = C(4);                           % F_r12x
    app.Fr12x = Fr12x;                          % Fr12x 私有属性值
    Fr12y(n1) = C(5);                           % F_r12y
    app.Fr12y = Fr12y;                          % Fr12y 私有属性值
    Fr23x(n1) = C(6);                           % F_r23x
    app.Fr23x = Fr23x;                          % Fr23x 私有属性值
    Fr23y(n1) = C(7);                           % F_r23y
    app.Fr23y = Fr23y;                          % Fr23y 私有属性值
    Fr34x(n1) = C(8);                           % F_r34x
    app.Fr34x = Fr34x;                          % Fr34x 私有属性值
    Fr34y(n1) = C(9);                           % F_r34y
    app.Fr34y = Fr34y;                          % Fr34y 私有属性值
    end
    % App 界面功能更改
    app.Button_2.Enable = 'on';                 % 开启【保存数据】使能
    app.Button_3.Enable = 'on';                 % 开启【受力分析曲线】使能
    app.Button_4.Enable = 'on';                 % 开启【机构简图】使能
    app.Button_6.Enable = 'on';                 % 开启【查询】使能
    app.Button_7.Enable = 'on';                 % 开启【清除数据】使能
    % App 界面结果显示清零
    app.theta1EditField.Value = 0;              % 【theta1】
    app.F14xEditField.Value = 0;                % 【F14x】
    app.F14yEditField.Value = 0;                % 【F14y】
    app.F12xEditField.Value = 0;                % 【F12x】
    app.F12yEditField.Value = 0;                % 【F12y】
    app.F23xEditField.Value = 0;                % 【F23x】
    app.F23yEditField.Value = 0;                % 【F23y】
    app.F34xEditField.Value = 0;                % 【F34x】
    app.F34yEditField.Value = 0;                % 【F34y】
    app.L1MbEditField.Value = 0;                % 【L1 - Mb】
end
```

(4)【受力分析曲线】回调函数

```
functionshoulifenxiquxian(app, event)
    Mb = app.Mb;                                % M_b 私有属性值
    Fr14x = app.Fr14x;                          % Fr14x 私有属性值
    Fr14y = app.Fr14y;                          % Fr14y 私有属性值
    Fr12x = app.Fr12x;                          % Fr12x 私有属性值
    Fr12y = app.Fr12y;                          % Fr12y 私有属性值
    Fr23x = app.Fr23x;                          % Fr23x 私有属性值
    Fr23y = app.Fr23y;                          % Fr23y 私有属性值
    Fr34x = app.Fr34x;                          % Fr34x 私有属性值
```

```
    Fr34y = app.Fr34y;                                                     % Fr34y 私有属性值
    n1 = [1:360];                                                          % 曲柄角度 θ1 范围
    plot(app.UIAxes,n1,Fr14x,'r',n1,Fr14y,'b',"LineWidth",2);              % F_R14 曲线图
    title(app.UIAxes,'运动副反力 Fr14 曲线图');                              % F_R14 曲线图标题
    xlabel(app.UIAxes,'\theta_1/\circ')                                    % F_R14 曲线图 x 轴
    ylabel(app.UIAxes,'F/N')                                               % F_R14 曲线图 y 轴
    legend(app.UIAxes,'Fr14x','Fr14y')                                     % F_R14 曲线图例
    plot(app.UIAxes_6,n1,Fr12x,'r',n1,Fr12y,'b',"LineWidth",2);            % F_R12 曲线图
    title(app.UIAxes_6,'运动副反力 Fr12 曲线图');                            % F_R12 曲线图标题
    xlabel(app.UIAxes_6,'\theta_1/\circ')                                  % F_R12 曲线图 x 轴
    ylabel(app.UIAxes_6,'F/N')                                             % F_R12 曲线图 y 轴
    legend(app.UIAxes_6,'Fr12x','Fr12y')                                   % F_R12 曲线图例
    plot(app.UIAxes_3,n1,Fr23x,'r',n1,Fr23y,'b',"LineWidth",2);            % F_R23 曲线图
    title(app.UIAxes_3,'运动副反力 Fr23 曲线图');                            % F_R23 曲线图标题
    xlabel(app.UIAxes_3,'\theta_1/\circ')                                  % F_R23 曲线图 x 轴
    ylabel(app.UIAxes_3,'F/N')                                             % F_R23 曲线图 y 轴
    legend(app.UIAxes_3,'Fr23x','Fr23y')                                   % F_R23 曲线图例
    plot(app.UIAxes_4,n1,Fr34x,'r',n1,Fr34y,'b',"LineWidth",2);            % F_R34 曲线图
    title(app.UIAxes_4,'运动副反力 Fr34 曲线图');                            % F_R34 曲线图标题
    xlabel(app.UIAxes_4,'\theta_1/\circ')                                  % F_R34 曲线图 x 轴
    ylabel(app.UIAxes_4,'F/N')                                             % F_R34 曲线图 y 轴
    legend(app.UIAxes_4,'Fr34x','Fr34y')                                   % F_R34 曲线图例
    plot(app.UIAxes_5,n1,Mb,'b',"LineWidth",2);                            % Mb 曲线图
    title(app.UIAxes_5,'力矩 Mb 图')                                        % Mb 曲线图标题
    xlabel(app.UIAxes_5,'\theta_1/\circ');                                 % Mb 曲线图 x 轴
    ylabel(app.UIAxes_5,'M/N.m')                                           % Mb 曲线图 y 轴
end
```

(5)【机构简图】回调函数

```
functionjigoujiantu(app, event)
    cla(app.UIAxes_7)                                  % 清除图形
    l1 = app.l1;                                       % l1 私有属性值
    l1 = l1 * 1000;                                    % 单位 mm
    l2 = app.l2;                                       % l2 私有属性值
    l2 = l2 * 1000;                                    % 单位 mm
    l3 = app.l3;                                       % l3 私有属性值
    l3 = l3 * 1000;                                    % 单位 mm
    l4 = app.l4;                                       % l4 私有属性值
    l4 = l4 * 1000;                                    % 单位 mm
    theta3 = app.theta3;                               % theta3 私有属性值
    hd = pi/180;                                       % hd:角度弧度系数
    x(1) = 0;                                          % A 点 x 坐标
    y(1) = 0;                                          % A 点 y 坐标
    x(2) = l1 * cos(70 * hd);                          % B 点 x 坐标
    y(2) = l1 * sin(70 * hd);                          % B 点 y 坐标
    x(3) = l4 + l3 * cos(theta3(71));                  % C 点 x 坐标
    y(3) = l3 * sin(theta3(71));                       % C 点 y 坐标
    x(4) = l4;                                         % D 点 x 坐标
    y(4) = 0;                                          % D 点 y 坐标
    x(5) = 0;                                          % A 点 x 坐标
    y(5) = 0;                                          % A 点 y 坐标
```

```
  %绘制四杆机构图中的四个铰链圆点
  ball_1 = line(app.UIAxes_7,x(1),y(1),'color','k','marker','o','markersize',8);
  ball_2 = line(app.UIAxes_7,x(2),y(2),'color','k','marker','o','markersize',8);
  ball_3 = line(app.UIAxes_7,x(3),y(3),'color','k','marker','o','markersize',8);
  ball_4 = line(app.UIAxes_7,x(4),y(4),'color','k','marker','o','markersize',8);
  %绘制机架 l4 杆地面斜线
  a20 = linspace(0.3 * l4,0.8 * l4,20);
  for i = 1:19
  a30 = (a20(i) + a20(i + 1))/2;
  line(app.UIAxes_7,[a30,a20(i)],[0, - 0.05 * l4],'color','k','linestyle','-','linewidth',2);
  end
  %绘制四杆机构简图
  line(app.UIAxes_7,x,y,'color','b','linewidth',3);                 %机构简图
  title(app.UIAxes_7,'铰链四杆机构简图');                          %简图标题
  xlabel(app.UIAxes_7,'mm')                                          %简图 x 轴
  ylabel(app.UIAxes_7,'mm')                                          %简图 y 轴
  %标注机构简图中 1、2、3、4
  text(app.UIAxes_7,x(2) - 80,y(2) - 180,'\bf\fontsize{12} 1')       %标注“1”
  text(app.UIAxes_7,x(3) - 600,y(3) - 120,'\bf\fontsize{12} 2')      %标注“2”
  text(app.UIAxes_7,x(3) + 80,y(3) - 350,'\bf\fontsize{12} 3')       %标注“3”
  text(app.UIAxes_7,l4/2,50,'\bf\fontsize{12} 4')                    %标注“4”
  axis(app.UIAxes_7,[ - 150 1500  - 150 l3 + l2/4]);                  %简图坐标范围
end
```

(6)【结束程序】回调函数

```
functionJieSuChengXu(app, event)
  %App 界面信息提示对话框
  sel = questdlg('确认关闭应用程序？','关闭确认','Yes','No','No');
  switch sel
  case'Yes'
  delete(app);                                                       %关闭本 App 窗口
  case'No'
  end
end
```

(7)【保存数据】回调函数

```
functionBaoCunShuJu(app, event)
  n1 = [1:360];
    Fr14x = app.Fr14x;                                               %Fr14x 私有属性值
  [filename,filepath] = uiputfile('*.xls');
  if isequal(filename,0) || isequal(filepath,0)
  else
  str = [filepath,filename];
  fopen(str);
  xlswrite(str,n1,'Sheet1','B1');
  xlswrite(str,Fr14x,'Sheet1','C1');
  fclose('all');
  end
end
```

(8)【查询】回调函数

```
functionchaxun(app, event)
  Mb = app.Mb;                                                       %Mb 私有属性值
```

```
    Fr14x = app.Fr14x;                                   % F14x 私有属性值
    Fr14y = app.Fr14y;                                   % F14y 私有属性值
    Fr12x = app.Fr12x;                                   % F12x 私有属性值
    Fr12y = app.Fr12y;                                   % F12y 私有属性值
    Fr23x = app.Fr23x;                                   % F23x 私有属性值
    Fr23y = app.Fr23y;                                   % F23y 私有属性值
    Fr34x = app.Fr34x;                                   % F34x 私有属性值
    Fr34y = app.Fr34y;                                   % F34y 私有属性值
    t = app.theta1EditField.Value;                       % 查询【theta1】
    t = round(t);                                        % t:角度取整
    If t >360                                            % t >360°,则提示
     % App 界面信息提示对话框
    msgbox('查询转角不能大于 360°! ','友情提示');
    else
     % 找出查询角度对应的数据序号
    i = t;
     % 设计结果分别写入 App 界面对应的显示框中
    app.theta1EditField.Value = t;                       %【theta1】
    app.F14xEditField.Value = Fr14x(i);                  %【F14x】
    app.F14yEditField.Value = Fr14y(i);                  %【F14y】
    app.F12xEditField.Value = Fr12x(i);                  %【F12x】
    app.F12yEditField.Value = Fr12y(i);                  %【F12y】
    app.F23xEditField.Value = Fr23x(i);                  %【F23x】
    app.F23yEditField.Value = Fr23y(i);                  %【F23y】
    app.F34xEditField.Value = Fr34x(i);                  %【F34x】
    app.F34yEditField.Value = Fr34y(i);                  %【F34y】
    app.L1MbEditField.Value = Mb(i);                     %【L1 - M】
    end
end
```

(9)【清除】回调函数

```
functionqingchushuju(app, event)
   % App 界面结果显示清零
   app.theta1EditField.Value = 0;                    %【theta1】
   app.F14xEditField.Value = 0;                      %【F14x】
   app.F14yEditField.Value = 0;                      %【F14y】
   app.F12xEditField.Value = 0;                      %【F12x】
   app.F12yEditField.Value = 0;                      %【F12y】
   app.F23xEditField.Value = 0;                      %【F23x】
   app.F23yEditField.Value = 0;                      %【F23y】
   app.F34xEditField.Value = 0;                      %【F34x】
   app.F34yEditField.Value = 0;                      %【F34y】
   app.L1MbEditField.Value = 0;                      %【L1 - M】
end
```

1.2.3 案例 11、案例 12:曲柄滑块机构运动和精度分析 App 设计

如图 1.2.5 所示的曲柄滑块机构,是将图 1.2.1 所示的平面铰链四杆机构中的杆 3 演变成滑块 3,杆 3 与机架杆 4 之间转动副演变成滑块 3 与机架 4 之间的移动副,滑块偏距为零。

已知各构件尺寸和曲柄(杆 1)为匀速转动且转动角速度为 ω_1,以及曲柄在某个时刻的位置角为 θ_1,要分析其杆 2、滑块 3 的角位移(位置)、角速度(速度)和角加速度(加速度)。

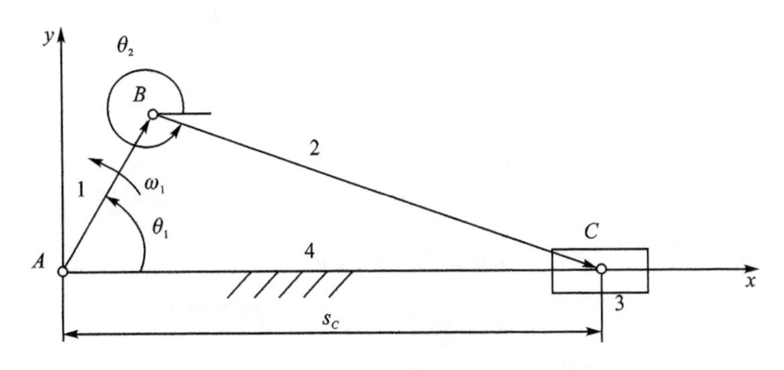

图 1.2.5　曲柄滑块机构简图

1. 机构的数学分析

为了对曲柄滑块机构进行运动分析，建立如图 1.2.5 所示的直角坐标系。为建立数学模型，将各构件表示为杆矢，杆矢均用指数形式的复数表示。

(1) 位置分析

根据图 1.2.5 所示机构中存在的封闭图形 $ABCA$，可建立各杆矢构成的封闭矢量方程为

$$\boldsymbol{l}_1+\boldsymbol{l}_2=\boldsymbol{s}_C \tag{1-2-20}$$

将式(1-2-20)用复数形式表示为

$$l_1 e^{i\theta_1}+l_2 e^{i\theta_2}=s_C \tag{1-2-21}$$

将式(1-2-21)中的虚部和实部分离，整理得

$$\begin{cases}\theta_2=\arcsin\left(\dfrac{-l_1\sin\theta_1}{l_2}\right)\\ s_C=l_1\cos\theta_1+l_2\cos\theta_2\end{cases} \tag{1-2-22}$$

(2) 速度分析

将式(1-2-21)对时间 t 求一阶导数，得速度关系为

$$\mathrm{i}l_1\omega_1 e^{i\theta_1}+\mathrm{i}l_2\omega_2 e^{i\theta_2}=v_C \tag{1-2-23}$$

将式(1-2-23)的虚部和实部分离，得

$$\begin{cases}l_1\omega_1\cos\theta_1+l_2\omega_2\cos\theta_2=0\\ -l_1\omega_1\sin\theta_1-l_2\omega_2\sin\theta_2=v_C\end{cases} \tag{1-2-24}$$

将式(1-2-24)用矩阵形式表示为

$$\begin{bmatrix}l_2\sin\theta_2 & 1\\ -l_2\cos\theta_2 & 0\end{bmatrix}\begin{bmatrix}\omega_2\\ v_C\end{bmatrix}=\omega_1\begin{bmatrix}-l_1\sin\theta_1\\ l_1\cos\theta_1\end{bmatrix} \tag{1-2-25}$$

求解式(1-2-25)可以得到杆 2 的角速度 ω_2 和滑块 3 的线速度 v_C。

(3) 加速度分析

将式(1-2-21)对时间 t 求二阶导数，得加速度关系为

$$\begin{bmatrix}l_2\sin\theta_2 & 1\\ -l_2\cos\theta_2 & 0\end{bmatrix}\begin{bmatrix}\alpha_2\\ a_C\end{bmatrix}+\begin{bmatrix}\omega_2 l_2\cos\theta_2 & 0\\ \omega_2 l_2\sin\theta_2 & 0\end{bmatrix}\begin{bmatrix}\omega_2\\ v_C\end{bmatrix}=\omega_1\begin{bmatrix}-\omega_1 l_1\cos\theta_1\\ -\omega_1 l_1\sin\theta_1\end{bmatrix} \tag{1-2-26}$$

求解式(1-2-26)可以得到杆 2 的角加速度 α_2 和滑块 3 的线加速度 a_C。

2. 案例 11 内容

如图 1.2.5 所示的曲柄滑块机构，已知：各构件的尺寸分别为 $l_1=100$ mm，$l_2=300$ mm；

曲柄匀速逆时针转动且角速度 $\omega_1=10$ rad/s。计算杆 2 的角位移、角速度及角加速度，以及滑块 3 的位移、速度和加速度。

3. App 窗口设计

曲柄滑块机构运动分析 App 窗口，如图 1.2.6 所示。

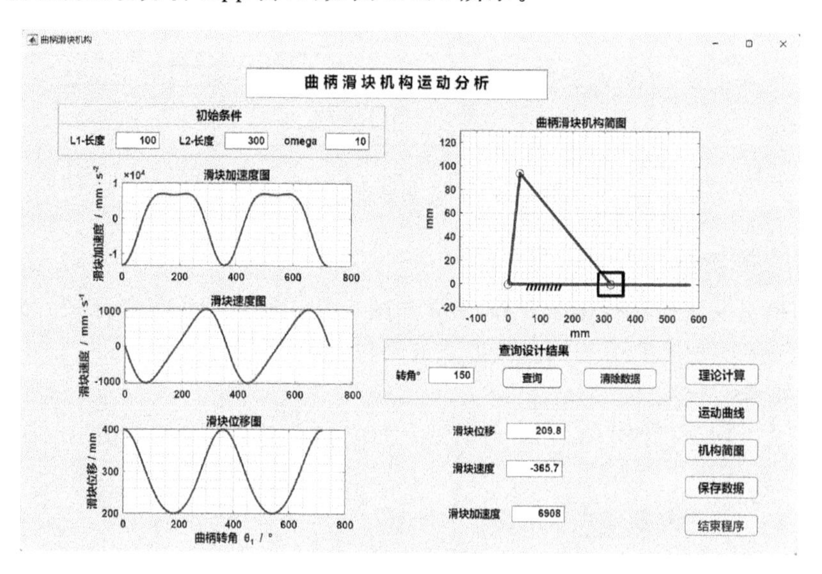

图 1.2.6　曲柄滑块机构运动分析 App 窗口

4. App 窗口程序设计(程序 lu_exam_11)

(1) 私有属性创建

```
properties(Access = private)
  %私有属性
  l1;                                               %l1:杆 1 长度 l1
  l2;                                               %l2:杆 2 长度 l2
  s3;                                               %s3:滑块线位移 sC
  v3;                                               %v3:滑块线速度
  a3;                                               %a3:滑块线加速度
  theta1;                                           %theta1:l1 角位移 θ1
  omega1;                                           %omega1:l1 角速度 ω1
  alpha1;                                           %alpha1:l1 角加速度 α1
  theta2;                                           %theta2:l2 角位移 θ2
  omega2;                                           %omega2:l2 角速度 ω2
  alpha2;                                           %alpha2:l2 角加速度 α2
end
```

(2) 设置窗口启动回调函数

```
functionstartupFcn(app, rochker)
  %App 界面功能的初始状态
  app.Button_2.Enable = 'off';                      %屏蔽【保存数据】使能
  app.Button_3.Enable = 'off';                      %屏蔽【运动曲线】使能
  app.Button_4.Enable = 'off';                      %屏蔽【机构简图】使能
  app.Button_6.Enable = 'off';                      %屏蔽【查询】使能
  app.Button_7.Enable = 'off';                      %屏蔽【清除数据】使能
end
```

(3)【理论计算】回调函数

```
functionLiLunJiSuan(app, event)
    % App 界面已知数据读入
    l1 = app.L1EditField.Value;                                    %【L1 - 长度】
    app.l1 = l1;                                                   % l1 私有属性值
    l2 = app.L2EditField.Value;                                    %【L2 - 长度】
    app.l2 = l2;                                                   % l2 私有属性值
    omega1 = app.omegaEditField.Value;                             %【omega1】
    app.omega1 = omega1;                                           % omega1 私有属性值
    % 设计计算
    alpha1 = 0;                                                    % alpha1:α1 初值
    hd = pi/180;                                                   % hd:角度弧度系数
    % 调用私有函数 slider_crank 计算曲柄滑块机构位移、速度、加速度
    for n1 = 1:720                                                 % n1:θ1 变化范围
    theta1(n1) = (n1 - 1) * hd;                                    % theta1:θ1 弧度值
    app.theta1 = theta1;                                           % theta1 私有属性值
    e = 0;                                                         % e:滑块的偏距
    [theta2(n1),s3(n1),omega2(n1),v3(n1),alpha2(n1),a3(n1)] = slider_crank(theta1(n1),omega1,
alpha1,l1,l2,e);
    end
    theta2 = theta2;                                               % theta2
    app.theta2 = theta2;                                           % theta2 私有属性值
    s3 = s3;                                                       % s3
    app.s3 = s3;                                                   % s3 私有属性值
    omega2 = omega2;                                               % omega2
    app.omega2 = omega2;                                           % omega2 私有属性值
    v3 = v3;                                                       % v3
    app.v3 = v3;                                                   % v3 私有属性值
    alpha2 = alpha2;                                               % alpha2
    app.alpha2 = alpha2;                                           % alpha2 私有属性值
    a3 = a3;                                                       % a3
    app.a3 = a3;                                                   % a3 私有属性值
    % App 界面功能更改
    app.Button_2.Enable = 'on';                                    % 开启【保存数据】使能
    app.Button_3.Enable = 'on';                                    % 开启【运动曲线】使能
    app.Button_4.Enable = 'on';                                    % 开启【机构简图】使能
    app.Button_6.Enable = 'on';                                    % 开启【查询】使能
    app.Button_7.Enable = 'on';                                    % 开启【清除数据】使能
    % App 界面结果显示清零
    app.EditField.Value = 0;                                       %【转角】
    app.EditField_11.Value = 0;                                    %【滑块位移】
    app.EditField_9.Value = 0;                                     %【滑块速度】
    app.EditField_10.Value = 0;                                    %【滑块加速度】
    % 私有函数 slider_crank
    function [theta2,s3,omega2,v3,alpha2,a3] = slider_crank(theta1,omega1,alpha1,l1,l2,e)
    % 计算连杆 L2 的角位移 theta1 和滑块 3 的线位移 s3
    theta2 = asin((e - l1 * sin(theta1))/l2);
    s3 = l1 * cos(theta1) + l2 * cos(theta2);
    % 计算连杆 L2 的角速度 omega2 和滑块 3 的速度 v3,见式(1-2-25)
    A = [l2 * sin(theta2),1; - l2 * cos(theta2),0 ];
    B = [ - l1 * sin(theta1); l1 * cos(theta1)];
```

```
    omega = A\(omega1 * B);                                       % 解速度矩阵
    omega2 = omega(1);                                            % omega2
    v3 = omega(2);                                                % v3
    % 计算连杆 L2 的角加速度 alpha2 和滑块 3 的加速度 a3,见式(1-2-26)
    At = [omega2 * l2 * cos(theta2),0;
          omega2 * l2 * sin(theta2),0];                           % At = dA/dt
    Bt = [ - omega1 * l1 * cos(theta1);
          - omega1 * l1 * sin(theta1)];                           % Bt = dB/dt
    alpha = A\( - At * omega + alpha1 * B + omega1 * Bt);         % 解加速度矩阵
    alpha2 = alpha(1);                                            % alpha3
    a3 = alpha(2);                                                % a3
    end
end
```

(4)【运动曲线】回调函数

```
functionYunDongQuXian(app, event)
    theta1 =  app.theta1;                                         % theta1 私有属性值
    s3 = app.s3;                                                  % s3 私有属性值
    v3 = app.v3;                                                  % v3 私有属性值
    a3 = app.a3;                                                  % a3 私有属性值
    % 运动曲线绘制
    n1 = [1:720];                                                 % n1:角位移 θ1 范围
    du = 180/pi;                                                  % 弧度:角度系数
    % 绘制滑块加速度图
    plot(app.UIAxes,theta1 * du,a3,"LineWidth",2);                % 滑块加速度图
    title(app.UIAxes,'滑块加速度图');                              % 加速度图标题
    ylabel(app.UIAxes,'滑块加速度 / mm\cdots^{ - 2}')              % 加速度图 y 轴
    % 绘制滑块速度图
    plot(app.UIAxes_2,theta1 * du,v3,"LineWidth",2)               % 滑块速度图
    title(app.UIAxes_2,'滑块速度图');                              % 速度图标题
    ylabel(app.UIAxes_2,'滑块速度 / mm\cdots^{ - 1}')              % 速度图 y 轴
    % 绘制滑块位移图
    plot(app.UIAxes_3,theta1 * du,s3,"LineWidth",2)               % 滑块位移图
    title(app.UIAxes_3,'滑块位移图');                              % 位移图标题
    xlabel(app.UIAxes_3,'曲柄转角 \theta_1 / \circ')               % 位移图 x 轴
    ylabel(app.UIAxes_3,'滑块位移 / mm')                           % 位移图 y 轴
end
```

(5)【机构简图】回调函数

```
functionjigoujiantu(app, event)
    cla(app.UIAxes_4)                                             % 清除图形
    l1 = app.l1;                                                  % l1 私有属性值
    l2 = app.l2;                                                  % l2 私有属性值
    s3 = app.s3;                                                  % s3 私有属性值
    hd = pi/180;                                                  % hd:角度弧度系数
    % 机构简图各点坐标值(x(1)...x(10)、y(1)...y(10))
    x(1) = 0;                                                     % A 点坐标
    y(1) = 0;
    x(2) = l1 * cos(70 * hd);                                     % B 点坐标
    y(2) = l1 * sin(70 * hd);
    x(3) = s3(70);                                                % C 点坐标
    y(3) = 0;
    x(4) = s3(70) + 250;
```

```
    y(4) = 0;
    x(5) = 0;
    y(5) = 0;
     x(6) = x(3) - 40;
    y(6) = y(3) + 10;
    x(7) = x(3) + 40;
    y(7) = y(3) + 10;
    x(8) = x(3) + 40;
    y(8) = y(3) - 10;
    x(9) = x(3) - 40;
    y(9) = y(3) - 10;
    x(10) = x(3) - 40;
    y(10) = y(3) + 10;
    %绘制机构简图
    i = 1:5;
    line(app.UIAxes_4,x(i),y(i),'linewidth',3);                     %机构简图
    i = 6:10;
    line(app.UIAxes_4,x(i),y(i),'color','k','linewidth',3);         %绘制滑块图
    title(app.UIAxes_4,'曲柄滑块机构简图');                          %简图标题
    %绘制机架杆地面斜线
    a20 = linspace(0.1 * x(4),0.3 * x(4),10);
    for i = 1:9
    a30 = (a20(i) + a20(i + 1))/2;
    line(app.UIAxes_4,[a30,a20(i)],[0, - 0.01 * x(4)],'color','k','linestyle','-','linewidth',2);
    end
    xlabel(app.UIAxes_4,'mm')                                        %简图x轴
    ylabel(app.UIAxes_4,'mm')                                        %简图y轴
    axis(app.UIAxes_4,[-150 600 -20 130]);                           %坐标范围
    %绘制机构图中的三个铰链圆点
    ball_1 = line(app.UIAxes_4,x(1),y(1),'color','k','marker','o','markersize',8);
    ball_2 = line(app.UIAxes_4,x(2),y(2),'color','k','marker','o','markersize',8);
    ball_3 = line(app.UIAxes_4,x(3),y(3),'color','k','marker','o','markersize',8);
end
```

(6)【结束程序】回调函数

```
functionJieSuChengXu(app, event)
    %App界面信息提示对话框
    sel = questdlg('确认关闭应用程序？','关闭确认','Yes','No','No');
    switch sel
    case'Yes'
    delete(app);                                               %关闭本App窗口
    case'No'
    end
end
```

(7)【保存数据】回调函数

```
functionBaoCunShuJu(app, event)
    theta1 = app.theta1;                                       %theta1私有属性值
    s3 = app.s3;                                               %s3私有属性值
    [filename,filepath] = uiputfile('*.xls');
    if isequal(filename,0) || isequal(filepath,0)
    else
    str = [filepath,filename];
```

```
    fopen(str);
    xlswrite(str,theta1,'Sheet1','B1');
    xlswrite(str,s3,'Sheet1','C1');
    fclose('all');
    end
end
```

(8)【查询】回调函数

```
function chaxun(app, event)
    du = 180/pi;                                    % du:弧度角度系数
    theta1 =  app.theta1;                           % theta1 私有属性值
    s3 = app.s3;                                    % s3 私有属性值
    v3 = app.v3;                                    % v3 私有属性值
    a3 = app.a3;                                    % a3 私有属性值
    t = app.EditField.Value;                        % 查询【转角】
    t = round(t);                                   % t:角度取整
    if t >720                                       % t >720°,则提示
     % App 界面信息提示对话框
    msgbox('查询转角不能大于 720°! ','友情提示');
    else
     % 找出查询角度 t 对应的数据序号
     i = t;
     % 设计结果分别写入 App 界面对应显示框中
    app.EditField.Value = t;                        %【转角】
    app.EditField_11.Value = s3(i);                 %【滑块位移】
    app.EditField_9.Value = v3(i);                  %【滑块速度】
    app.EditField_10.Value = a3(i);                 %【滑块加速度】
    end
end
```

(9)【清除数据】回调函数

```
function qingchushuju(app, event)
    % App 界面结果显示清零
    app.EditField.Value = 0;                        %【转角】
    app.EditField_11.Value = 0;                     %【滑块位移】
    app.EditField_9.Value = 0;                      %【滑块速度】
    app.EditField_10.Value = 0;                     %【滑块加速度】
end
```

5. 案例 12 内容

已知偏置曲柄滑块机构的有关参数:滑块行程 $S_C=800$ mm,曲柄轴心到滑块销心最远水平距离 $P=1\ 200$ mm,偏置距离 $E=30$ mm,长度比 $\lambda=\dfrac{R}{L}=0.2$,曲柄长度 R、连杆长度 L 和偏心距偏差为 $\Delta R=0.06$、$\Delta L=0.12$、$\Delta E=0.01$,曲柄转速 $n=60$ r/min。试确定曲柄长度 R、连杆长度 L 和偏心距系数 $\varepsilon=\dfrac{E}{L}$,计算在曲柄一个运动周期(0~360°)内滑块位移 s、速度 v 和加速度 a 的均值,绘制偏差线图。

6. App 窗口设计

偏置曲柄滑块机构等影响法精度设计 App 窗口,如图 1.2.7 所示。

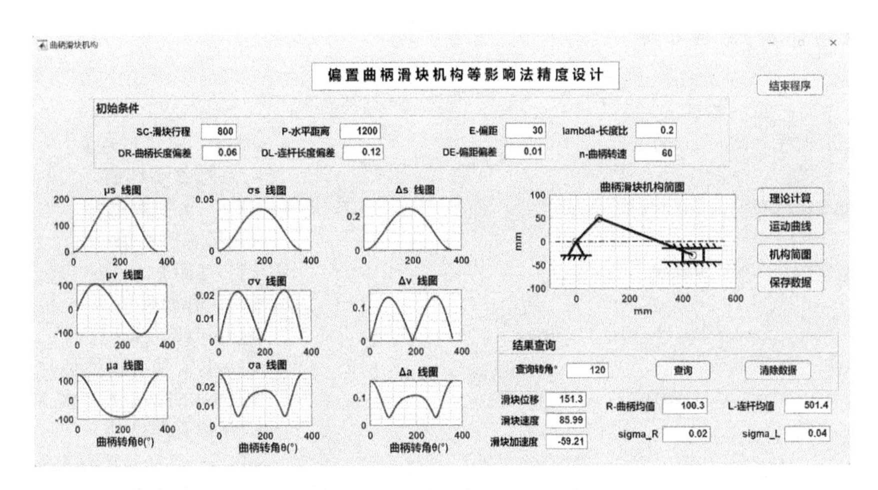

图 1.2.7　偏置曲柄滑块机构等影响法精度设计 App 窗口

7. App 窗口程序设计(程序 lu_exam_12)

(1) 私有属性创建

```
properties(Access = private)
  % 私有属性
  SC;                                        % SC:滑块行程
  P;                                         % P:滑块最远水平距离
  E;                                         % E:滑块偏距
  lambda;                                    % lambda:长度比
  DR;                                        % DR:曲柄长度偏差
  DL;                                        % DL:连杆长度偏差
  DE;                                        % DE:偏距偏差
  n;                                         % n:曲柄转速
  S;                                         % S:滑块位移
  V;                                         % V:滑块速度
  A;                                         % A:滑块加速度
  theta;                                     % theta:曲柄角位移
  CS;                                        % CS:滑块位移标准离差
  CV;                                        % CV:滑块速度标准离差
  CA;                                        % CA:滑块加速度标准离差
  SD;                                        % SD:滑块位移偏差
  VD;                                        % VD:滑块速度偏差
  AD;                                        % AD:滑块加速度偏差
  L;                                         % L:连杆长度均值
  R;                                         % R:曲柄长度均值
  sigma_R;                                   % sigma_R:曲柄标准离差
  sigma_L;                                   % sigma_L:连杆标准离差
end
```

(2) 设置窗口启动回调函数

```
functionstartupFcn(app, rochker)
  % App 界面功能的初始状态
  app.Button_2.Enable = 'off';               % 屏蔽【保存数据】使能
  app.Button_3.Enable = 'off';               % 屏蔽【运动曲线】使能
  app.Button_4.Enable = 'off';               % 屏蔽【机构简图】使能
  app.Button_6.Enable = 'off';               % 屏蔽【查询】使能
  app.Button_7.Enable = 'off';               % 屏蔽【清除数据】使能
end
```

(3)【理论计算】回调函数

```
functionLiLunJiSuan(app, event)
  % App 界面已知数据读入
  SC = app.SCEditField.Value;                    %【SC - 滑块行程】
  app.SC = SC;                                   % SC 私有属性值
  P = app.PEditField.Value;                      %【P - 水平距离】
  app.P = P;                                     % P 私有属性值
  E = app.EEditField.Value;                      %【E 偏距】
  app.E = E;                                     % E 私有属性值
  lambda = app.lambdaEditField.Value;            %【lambda - 长度比】
  app.lambda = lambda;                           % lambda 私有属性值
  DR = app.DREditField.Value;                    %【DR - 曲柄长度偏差】
  app.DR = DR;                                   % DR 私有属性值
  DL = app.DLEditField.Value;                    %【DL - 连杆长度偏差】
  app.DL = DL;                                   % DL 私有属性值
  DE = app.DEEditField.Value;                    %【DE - 偏距偏差】
  app.DE = DE;                                   % DE 私有属性值
  n = app.nEditField.Value;                      %【n - 曲柄转速】
  app.n = n;                                     % n 私有属性值
  % 设计计算
  L = sqrt((P - SC)^2 + E^2)/(1 - lambda);       % L:连杆长度均值
  app.L = L;                                     % L 私有属性值
  R = lambda * L;                                % R:曲柄长度均值
  app.R = R;                                     % R 私有属性值
  sigma_R = DR/3;                                % sigma_R
  app.sigma_R = sigma_R;                         % sigma_R 私有属性值
  sigma_L = DL/3;                                % sigma_L
  app.sigma_L = sigma_L;                         % sigma_L 私有属性值
  sigma_E = DE/3;                                % sigma_E - DE 标准离差
  epsilon = E/L;                                 % epsilon:E/L 之比均值
  W = pi * n/180;                                % W:曲柄角速度 ω1
  % sigma_lambda:曲柄与连杆长度之比的标准离差
  sigma_lambda = sqrt((R * sigma_L)^2 + (L * sigma_R)^2)/L^2;
  % sigma_epsilon:偏心距与连杆长度之比的标准离差
  sigma_epsilon = sqrt((E * sigma_L)^2 + (L * sigma_E)^2)/L^2;
  theta = 0:360;                                 % theta:曲柄角位移
  app.theta = theta;                             % theta 私有属性值
  hd = theta. * pi/180;                          % theta 弧度值
  % 计算滑块位移 S、速度 V、加速度 A 的均值
  S = R. * (1 - cos(hd) - epsilon. * sin(hd) + 0.5. * lambda. * sin(hd).^2);
  app.S = S;                                     % S 私有属性值
  V = R. * W. * (sin(hd) - epsilon. * cos(hd) + 0.5. * lambda. * sin(2. * hd));
  app.V = V;                                     % V 私有属性值
  A = R. * W^2. * (cos(hd) + epsilon. * sin(hd) + lambda. * cos(2. * hd));
  app.A = A;                                     % A 私有属性值
  % 计算滑块位移 CS、速度 CV、加速度 CA 的标准离差
  CS = sqrt((1 - cos(hd) + (0.5. * lambda. * sin(hd) - epsilon). * sin(hd)).^2. * sigma_R^2 + (0.5.
  * (sigma_lambda. * sin(hd)).^2 - sigma_epsilon^2).^2. * (R. * sin(hd)).^2);
  app.CS = CS;                                   % CS 私有属性值
  CV = W. * sqrt((sin(hd) - epsilon. * cos(hd) + 0.5. * lambda. * sin(2. * hd)).^2. * sigma_R^2 +
  (0.5. * (sigma_lambda. * sin(hd)).^2 - (sigma_epsilon. * cos(hd)).^2) * R^2);
  app.CV = CV;                                   % CV 私有属性值
```

```
    CA = W^2. * sqrt((cos(hd) + epsilon. * sin(hd) + lambda. * cos(2. * hd)).^2. * sigma_R^2 + (R. *
    sigma_lambda. * sin(hd)).^2 + (lambda. * sigma_epsilon. * cos(2. * hd)).^2);
    app.CA = CA;                                          % CA 私有属性值
    % 计算滑块位移 S = DS、速度 V = DV、加速度 A = DA 的偏差
    DS = 3. * CS;DV = 3. * CV;DA = 3. * CA;
    % 计算滑块位移、速度、加速度的最大值和最小值
    SM = S + DS;                                          % SM:位移最大值
    SN = S - DS;                                          % SN:位移最小值
    VM = V + DV;                                          % VM:速度最大值
    VN = V - DV;                                          % VN:速度最小值
    AM = A + DA;                                          % AM:加速度最大值
    AN = A - DA;                                          % AN:加速度最大值
    % 计算滑块位移、速度、加速度的差值 SD、VD、AD
    SD = 2. * DS;
    app.SD = SD;                                          % SD 私有属性值
    VD = 2. * DV;
    app.VD = VD;                                          % VD 私有属性值
    AD = 2. * DA;
    app.AD = AD;                                          % AD 私有属性值
    % App 界面功能更改
    app.Button_2.Enable = 'on';                           % 开启【保存数据】使能
    app.Button_3.Enable = 'on';                           % 开启【运动曲线】使能
    app.Button_4.Enable = 'on';                           % 开启【机构简图】使能
    app.Button_6.Enable = 'on';                           % 开启【查询】使能
    app.Button_7.Enable = 'on';                           % 开启【清除数据】使能
    % App 界面结果显示清零
    app.EditField.Value = 0;                              %【查询转角】
    app.EditField_11.Value = 0;                           %【滑块位移】
    app.EditField_9.Value = 0;                            %【滑块速度】
    app.EditField_10.Value = 0;                           %【滑块加速度】
    app.REditField.Value = 0;                             %【R - 曲柄均值】
    app.LEditField.Value = 0;                             %【L - 连杆均值】
    app.sigma_REditField.Value = 0;                       %【sigma_R】
    app.sigma_LEditField.Value = 0;                       %【sigma_L】
end
```

(4)【运动曲线】回调函数

```
functionYunDongQuXian(app, event)
    theta =  app.theta;                                   % theta 私有属性值
    S = app.S;                                            % S 私有属性值
    V = app.V;                                            % V 私有属性值
    A = app.A;                                            % A 私有属性值
    CS = app.CS;                                          % CS 私有属性值
    CV = app.CV;                                          % CV 私有属性值
    CA = app.CA;                                          % CA 私有属性值
    SD = app.SD;                                          % SD 私有属性值
    VD = app.VD;                                          % VD 私有属性值
    AD = app.AD;                                          % AD 私有属性值
    % 绘制滑块位移、速度、加速度的线图
    plot(app.UIAxes,theta,S,"LineWidth",2);               % μs 线图
    title(app.UIAxes,'\bf \mus 线图 ');                   % μs 线图标题
    plot(app.UIAxes_6,theta,V,"LineWidth",2)              % μv 线图
    title(app.UIAxes_6,'\bf \muv 线图 ');                 % μv 线图标题
```

```
    plot(app.UIAxes_12,theta,A,"LineWidth",2)                      %μa 线图
   title(app.UIAxes_12,'\bf \mua 线图 ');                          %μa 线图标题
   xlabel(app.UIAxes_12,'\bf 曲柄转角\theta(°)')                   %x 轴坐标
   %绘制滑块位移、速度、加速度的标准离差线图
   plot(app.UIAxes_5,theta,CS,"LineWidth",2);                      %σs 线图
   title(app.UIAxes_5,'\bf \sigmas 线图 ');                        %σs 线图标题
   plot(app.UIAxes_11,theta,CV,"LineWidth",2)                      %σv 线图
   title(app.UIAxes_11,'\bf \sigmav 线图 ');                       %σv 线图标题
   plot(app.UIAxes_7,theta,CA,"LineWidth",2)                       %σa 线图
   title(app.UIAxes_7,'\bf \sigmaa 线图 ');                        %σa 线图标题
   xlabel(app.UIAxes_7,'\bf 曲柄转角\theta(°)')                    %x 轴坐标
   %绘制滑块位移、速度、加速度的偏差线图
   plot(app.UIAxes_8,theta,SD,"LineWidth",2);                      %Δs 线图
   title(app.UIAxes_8,'\bf \Deltas 线图 ');                        %Δs 线图标题
   plot(app.UIAxes_9,theta,VD,"LineWidth",2)                       %Δv 线图
   title(app.UIAxes_9,'\bf \Deltav 线图 ');                        %Δv 线图标题
   plot(app.UIAxes_10,theta,AD,"LineWidth",2)                      %Δa 线图
   title(app.UIAxes_10,'\bf \Deltaa 线图 ');                       %Δa 线图标题
   xlabel(app.UIAxes_10,'\bf 曲柄转角\theta(°)')                   %x 轴坐标
end
```

(5)【结束程序】回调函数

```
functionJieSuChengXu(app, event)
   %App 界面信息提示对话框
   sel = questdlg('确认关闭应用程序？','关闭确认,','Yes','No','No');
   switch sel
   case'Yes'
   delete(app);                                                    %关闭本 App 窗口
   case'No'
   end
end
```

(6)【保存数据】回调函数

```
functionBaoCunShuJu(app, event)
   CS = app.CS;                                                    %CS 私有属性值
   theta = app.theta;                                              %theta 私有属性值
   [filename,filepath] = uiputfile('*.xls');
   if isequal(filename,0) || isequal(filepath,0)
   else
   str = [filepath,filename];
   fopen(str);
   xlswrite(str,theta,'Sheet1','B1');
   xlswrite(str,CS,'Sheet1','C1');
   fclose('all');
   end
end
```

(7)【查询】回调函数

```
functionchaxun(app, event)
   S = app.S;                                                      %S 私有属性值
   V = app.V;                                                      %V 私有属性值
   A = app.A;                                                      %A 私有属性值
   R = app.R;                                                      %R 私有属性值
   L = app.L;                                                      %L 私有属性值
```

```
    sigma_R = app.sigma_R;                                  % sigma_R 私有属性值
    sigma_L = app.sigma_L;                                  % sigma_L 私有属性值
    t = app.EditField.Value;                                %【查询转角】
    t = round(t);                                           % t:角度取整
    if t > 360                                              % t >360°,则提示
    % App 界面信息提示对话框
    msgbox('查询转角不能大于 360°!','友情提示');
    else
    % 找出查询角度对应的数据序号
    i = t;
    % 设计结果分别写入 App 界面对应的显示框中
    app.EditField.Value = t;                                %【查询转角】
    app.EditField_11.Value = S(i);                          %【滑块位移】
    app.EditField_9.Value = V(i);                           %【滑块速度】
    app.EditField_10.Value = A(i);                          %【滑块加速度】
    app.REditField.Value = R;                               %【R-曲柄均值】
    app.LEditField.Value = L;                               %【L-连杆均值】
    app.sigma_REditField.Value = sigma_R;                   %【sigma_R】
    app.sigma_LEditField.Value = sigma_L;                   %【sigma_L】
    end
end
```

(8)【清除数据】回调函数

```
functionqingchushuju(app, event)
    % App 界面结果显示清零
    app.EditField.Value = 0;                                %【查询转角】
    app.EditField_11.Value = 0;                             %【滑块位移】
    app.EditField_9.Value = 0;                              %【滑块速度】
    app.EditField_10.Value = 0;                             %【滑块加速度】
    app.REditField.Value = 0;                               %【R-曲柄均值】
    app.LEditField.Value = 0;                               %【L-连杆均值】
    app.sigma_REditField.Value = 0;                         %【sigma_R】
    app.sigma_LEditField.Value = 0;                         %【sigma_L】
End
```

(9)【机构简图】回调函数

```
functionjigoujiantu(app, event)
    cla(app.UIAxes_4)                                       % 清除图形
    % 机构三铰链点坐标值
    x1 = 0;                                                 % A 点坐标
    y1 = 0;
    x2 = 100 * cosd(30);                                    % B 点坐标
    y2 = 100 * sind(30);
    x3 = 100 * cosd(30) + 500 * cosd(45);                   % C 点坐标
    y3 =-30;
    % 绘制机构简图
    line(app.UIAxes_4,[x1,x2,x3],[y1,y2,y3],'color','b','linewidth',3);    % 机构简图
    % 绘制机构简图中的 3 个铰链圆点
    ball_1 = line(app.UIAxes_4,x1,y1,'color','k','marker','o','markersize',8);
    ball_2 = line(app.UIAxes_4,x2,y2,'color','k','marker','o','markersize',8);
    ball_3 = line(app.UIAxes_4,x3,y3,'color','k','marker','o','markersize',8);
    line(app.UIAxes_4,[-80,560],[0,0],'color','k','linestyle','-.','linewidth',1);  % 中心点画线
    % 绘制地面斜线 -1
```

```
    a20 = linspace(340,540,9);
    for i = 1:8
    a30 = (a20(i) + a20(i + 1))/2;
    line(app.UIAxes_4,[a30,a20(i)],[ - 15, - 5],'color','k','linestyle','-','linewidth',2);
    line(app.UIAxes_4,[320,550],[ - 15, - 15],'color','k','linestyle','-','linewidth',2);
    end
    %绘制地面斜线 - 2
    fori = 1:8
    a30 = (a20(i) + a20(i + 1))/2;
    line(app.UIAxes_4,[a20(i),a30],[ - 45, - 55],'color','k','linestyle','-','linewidth',2);
    line(app.UIAxes_4,[320,550],[ - 45, - 45],'color','k','linestyle','-','linewidth',2);
    end
    %绘制滑块
    line(app.UIAxes_4,[400,480],[ - 15, - 15],'color','b','linestyle','-','linewidth',3);
    line(app.UIAxes_4,[400,480],[ - 45, - 45],'color','b','linestyle','-','linewidth',3);
    line(app.UIAxes_4,[400,400],[ - 45, - 15],'color','b','linestyle','-','linewidth',3);
    line(app.UIAxes_4,[480,480],[ - 45, - 15],'color','b','linestyle','-','linewidth',3);
    line(app.UIAxes_4,[ - 60,60],[ - 30, - 30],'color','k','linestyle','-','linewidth',2);
    line(app.UIAxes_4,[0, - 30],[0, - 30],'color','b','linestyle','-','linewidth',3);
    line(app.UIAxes_4,[0,30],[0, - 30],'color','b','linestyle','-','linewidth',3);
    %绘制地面斜线 - 3
    a20 = linspace( - 50,50,6);
    for i = 1:5
    a30 = (a20(i) + a20(i + 1))/2;
    line(app.UIAxes_4,[a30,a20(i)],[ - 30, - 40],'color','k','linestyle','-','linewidth',2);
    end
    title(app.UIAxes_4,'曲柄滑块机构简图');                                %机构简图标题
    xlabel(app.UIAxes_4,'mm')                                               %简图 x 轴
    ylabel(app.UIAxes_4,'mm')                                               %简图 y 轴
    axis(app.UIAxes_4,[ - 100 600  - 100 100]);                             %简图坐标范围
end
```

1.2.4 案例 13:曲柄滑块机构力分析 App 设计

图 1.2.8 所示为曲柄滑块机构的力分析简图。已知各杆件质心的位置和尺寸、各杆件的转动惯量 J 和质量 m、曲柄 1 以角速度 ω_1 进行匀速转动、曲柄的方位角 θ_1 以及滑块 3 的工作阻力 F_r,求曲柄 1 上的平衡力矩 M_b 和各运动副中的反力。

1. 机构的数学分析

(1) 杆件的惯性力和惯性力矩计算

根据 1.2.3 小节中介绍的解析法可以求出曲柄滑块机构各杆件的位移、速度和加速度,进而计算出各杆件质心的加速度。

杆件 1 质心 S_1 的加速度为

$$\begin{cases} a_{S_{1x}} = -l_{AS_1}\omega_1^2\cos\theta_1 \\ a_{S_{1y}} = -l_{AS_1}\omega_1^2\sin\theta_1 \end{cases} \tag{1-2-27}$$

杆件 2 质心 S_2 的加速度为

$$\begin{cases} a_{S_{2x}} = -l_1\omega_1^2\cos\theta_1 - l_{BS_2}(\omega_2^2\cos\theta_2 + \alpha_2\sin\theta_2) \\ a_{S_{2y}} = -l_1\omega_1^2\sin\theta_1 - l_{BS_2}(\omega_2^2\sin\theta_2 - \alpha_2\cos\theta_2) \end{cases} \tag{1-2-28}$$

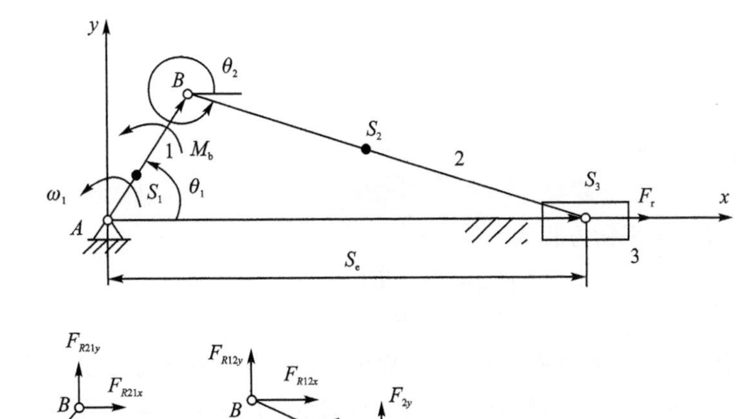

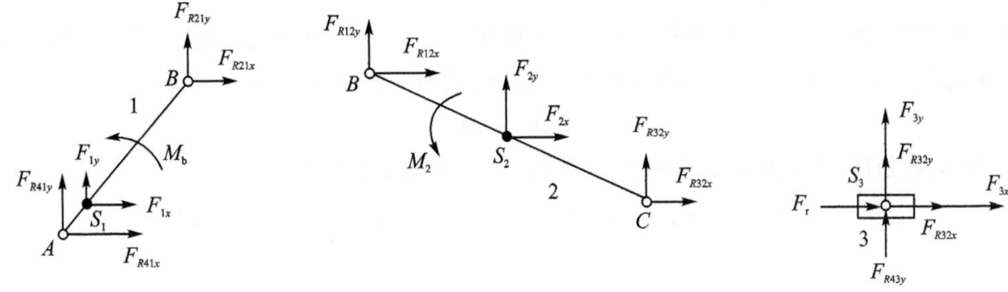

图 1.2.8　曲柄滑块机构的力分析简图

杆件 3 质心 S_3 的加速度为

$$\begin{cases} a_{S_{3x}} = -l_1\omega_1^2\cos\theta_1 - l_2(\omega_2^2\cos\theta_2 + \alpha_2\sin\theta_2) \\ a_{S_{3y}} = 0 \end{cases} \tag{1-2-29}$$

根据杆件质心的加速度和杆件的角加速度可以确定其惯性力 $\boldsymbol{F}$ 和惯性力矩 $\boldsymbol{M}$ 为

$$\begin{cases} F_{1x} = -m_1 a_{S_{1x}} \\ F_{1y} = -m_1 a_{S_{1y}} \\ F_{2x} = -m_2 a_{S_{2x}} \\ F_{2y} = -m_2 a_{S_{2y}} \\ F_{3x} = -m_3 a_{S_{3x}} \\ F_{3y} = -m_3 a_{S_{3y}} \\ M_1 = -J_{S_1}\alpha_1 \\ M_2 = -J_{S_2}\alpha_2 \end{cases} \tag{1-2-30}$$

(2) 平衡方程的建立

曲柄滑块机构有 3 个转动副，这 3 个运动副中的反力分别分解到 x、y 方向共 6 个分力，加上待求的平衡力矩和 1 个移动副中的反力共 8 个未知量，至少需列出 8 个方程式联立求解。根据前述的构件力分析解析法，建立各个杆件的力平衡方程。

构件 1 受构件 2 和构件 4 对它的作用力、惯性力以及平衡力矩。对其质心 S_1 点取矩，根据 $\sum M_{S_1} = 0$，$\sum F_x = 0$，$\sum F_y = 0$，写出平衡方程为

$$\begin{cases} M_b - F_{R12x}(y_{S_1} - y_B) - F_{R12y}(x_B - x_{S_1}) - F_{R14x}(y_{S_1} - y_A) - F_{R14y}(x_A - x_{S_1}) = 0 \\ -F_{R12x} - F_{R14x} = -F_{1x} \\ -F_{R12y} - F_{R14y} = -F_{1y} \end{cases} \tag{1-2-31}$$

同理,写出构件 2 的平衡方程为

$$\begin{cases} F_{R12x}(y_{S_2}-y_B)+F_{R12y}(x_B-x_{S_2})-F_{R23x}(y_{S_2}-y_C)-F_{R23y}(x_C-x_{S_2})=-M_2 \\ F_{R12x}-F_{R23x}=-F_{2x} \\ F_{R12y}-F_{R23y}=-F_{2y} \end{cases} \tag{1-2-32}$$

同理,写出构件 3 的平衡方程为

$$\begin{cases} F_{R23x}=-F_{3x}-F_{\mathrm{r}} \\ F_{R23y}-F_{R34y}=-F_{3y} \end{cases} \tag{1-2-33}$$

将平衡方程中的 8 个方程式联立求解,可以解出机构所需的平衡力矩和各运动副的反力等 8 个未知量。以上 8 个方程式都为线性方程,写成矩阵形式的平衡方程为

$$\boldsymbol{C}\boldsymbol{F}_R=\boldsymbol{D} \tag{1-2-34}$$

式中:$\boldsymbol{C}$ 为系数矩阵;$\boldsymbol{F}_R$ 为未知力列阵;$\boldsymbol{D}$ 为已知力列阵,且分别为

$$\boldsymbol{C}=\begin{bmatrix} 1 & -(y_{S_1}-y_B) & -(x_B-x_{S_1}) & -(y_{S_1}-y_A) & -(x_A-x_{S_1}) & 0 & 0 & 0 \\ 0 & -1 & 0 & -1 & 0 & 0 & 0 & 0 \\ 0 & 0 & -1 & 0 & -1 & 0 & 0 & 0 \\ 0 & (y_{S_2}-y_B) & (x_B-x_{S_2}) & 0 & 0 & -(y_{S_2}-y_C) & -(x_C-x_{S_2}) & 0 \\ 0 & 1 & 0 & 0 & 0 & -1 & 0 & 0 \\ 0 & 0 & 1 & 0 & 0 & 0 & -1 & 0 \\ 0 & 0 & 0 & 0 & 0 & 1 & 0 & 0 \\ 0 & 0 & 0 & 0 & 0 & 0 & 1 & -1 \end{bmatrix}$$

$$\boldsymbol{F}_R=\begin{bmatrix} M_{\mathrm{b}} \\ F_{R12x} \\ F_{R12y} \\ F_{R14x} \\ F_{R14y} \\ F_{R23x} \\ F_{R23y} \\ F_{R34y} \end{bmatrix}, \quad \boldsymbol{D}=\begin{bmatrix} 0 \\ -F_{1x} \\ -F_{1y} \\ -M_2 \\ -F_{2x} \\ -F_{2y} \\ -F_{3x}-F_{\mathrm{r}} \\ -F_{3y} \end{bmatrix}$$

2. 案例 13 内容

如图 1.2.8 所示的曲柄滑块机构,已知:各杆件的尺寸分别为 $l_1=400$ mm,$l_2=1\ 200$ mm,

$l_{AS_1}=200$ mm，$l_{BS_2}=600$ mm；各杆件的质心都在杆的中点处，各杆件的质量分别为 $m_1=1.2$ kg，$m_2=3.6$ kg，$m_3=6$ kg；杆件 2 的转动惯量为 $J_2=0.45$ kg·m^2，滑块 3 的工作阻力为 $F_r=-1\ 000$ N，曲柄 1 以角速度 $\omega_1=10$ rad/s 进行匀速转动（逆时针），不计摩擦和其余杆件的外力（外力矩）。求曲柄上的平衡力矩 M_b 和各运动副中的反力。

3. App 窗口设计

曲柄滑块机构力和力矩分析 App 窗口，如图 1.2.9 所示。

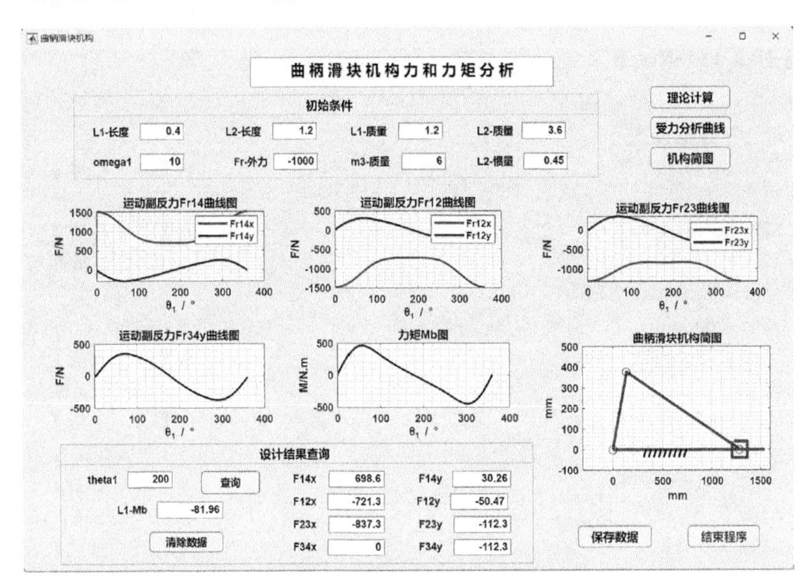

图 1.2.9　曲柄滑块机构力和力矩分析 App 窗口

4. App 窗口程序设计(程序 lu_exam_13)

(1) 私有属性创建

```
properties(Access = private)
  %私有属性
  l1;                                                   %l1:曲柄长度 l1
  l2;                                                   %l2:连杆长度 l2
  omega1;                                               %omega1:l1 角速度 ω1
  m1;                                                   %m1:l1 质量
  m2;                                                   %m2:l2 质量
  m3;                                                   %m3:滑块质量
  J2;                                                   %J2:l2 惯量
  Fr14x;                                                %Fr14x:反力 FR14x
  Fr14y;                                                %Fr14y:反力 FR14y
  Fr12x;                                                %Fr12x:反力 FR12x
  Fr12y;                                                %Fr12y:反力 FR12y
  Fr23x;                                                %Fr23x:反力 FR23x
  Fr23y;                                                %Fr23y:反力 FR23y
  Fr34y;                                                %Fr34y:反力 FR34y
  s3;                                                   %s3:滑块位移
end
```

(2) **设置窗口启动回调函数**

```
functionstartupFcn(app, rochker)
  % App 界面功能的初始状态
  app.Button_2.Enable = 'off';                    % 屏蔽【保存数据】使能
  app.Button_3.Enable = 'off';                    % 屏蔽【受力分析曲线】使能
  app.Button_4.Enable = 'off';                    % 屏蔽【机构简图】使能
  app.Button_6.Enable = 'off';                    % 屏蔽【查询】使能
  app.Button_7.Enable = 'off';                    % 屏蔽【清除数据】使能
end
```

(3) **【理论计算】回调函数**

```
functionLiLunJiSuan(app, event)
  % App 界面已知数据读入
  l1 = app.L1EditField.Value;                     %【L1 - 长度】
  app.l1 = l1;                                    % l1 私有属性值
  l2 = app.L2EditField.Value;                     %【L2 - 长度】
  app.l2 = l2;                                    % l2 私有属性值
  omega1 = app.omega1EditField.Value;             %【omega1】
  app.ome   ga1 = omega1;                         % omega1 私有属性值
  m1 = app.L1EditField_2.Value;                   %【L1 - 质量】
  app.m1 = m1;                                    % m1 私有属性值
  m2 = app.L2EditField_2.Value;                   %【L2 - 质量】
  app.m2 = m2;                                    % m2 私有属性值
  m3 = app.m3EditField.Value;                     %【m3 - 质量】
  app.m3 = m3;                                    % m3 私有属性值
  J2 = app.L2EditField_3.Value;                   %【L2 - 惯量】
  app.J2 = J2;                                    % J2 私有属性值
  Fr = app.FrEditField.Value;                     %【Fr - 外力】
  app.Fr = Fr;                                    % Fr 私有属性值
  % 设计计算
  g = 10;                                         % 重力加速度
  las1 = l1/2;                                    % L1:匀质杆质心
  lbs2 = l2/2;                                    % L2:匀质杆质心
  G1 = m1 * g;                                    % G1:L1 的质量
  G2 = m2 * g;                                    % G2:L2 的质量
  G3 = m3 * g;                                    % G3:滑块的质量
  hd = pi/180;                                    % hd:角度弧度系数
  du = 180/pi;                                    % du:弧度角度系数
  e = 0;                                          % e:滑块偏距
  alpha1 = 0;                                     % alpha1:l1 角加速度初值
  for n1 = 1:360                                  % n1:θ1 变化范围
  theta1(n1) = (n1 - 1) * hd;                     % theta1 弧度值
  % 调用函数 slider_crank 计算曲柄滑块机构位移、速度、加速度
  [theta2(n1),s3(n1),omega2(n1),v3(n1),alpha2(n1),a3(n1)] = slider_crank(theta1(n1),omega1,
alpha1,l1,l2,e);
  % 计算各个质心点加速度
  as1x(n1) = - las1 * cos(theta1(n1)) * omega1^2;  % l1 质心 S1 在 x 向加速度
  as1y(n1) = - las1 * sin(n1 * hd) * omega1^2;     % l1 质心 S1 在 y 向加速度
  % 连杆质心 S2 在 x 向加速度
  as2x(n1) = - l1 * omega1^2 * cos(n1 * hd) - lbs2 * (omega2(n1)^2 * cos(theta2(n1)) + alpha2(n1) *
sin(theta2(n1)));
  % 连杆质心 S2 在 y 向加速度
```

```
        as2y(n1) = - l1 * omega1^2 * sin(n1 * hd) - lbs2 * (omega2(n1)^2 * sin(theta2(n1)) - alpha2(n1) *
cos(theta2(n1)));
        %计算各构件惯性力和惯性力矩
        F1x(n1) = - as1x(n1) * m1;                                   %L1 的 F1x,见图 1.2.8
        F1y(n1) = - as1y(n1) * m1;                                   %L1 的 F1y,见图 1.2.8
        F2x(n1) = - as2x(n1) * m2;                                   %L2 的 F2x,见图 1.2.8
        F2y(n1) = - as2y(n1) * m2;                                   %L2 的 F2y,见图 1.2.8
        F3x(n1) = - a3(n1) * m3;                                     %滑块 F3x,见图 1.2.8
        F3y(n1) = 0;                                                 %滑块 F3y,见图 1.2.8
        FR43x(n1) = Fr;                                              %滑块外力 Fr,见图 1.2.8
        M2(n1) = - alpha2(n1) * J2;                                  %M2,见图 1.2.8
        %计算各个铰链点坐标,计算各个质心点坐标
        xa = 0;                                                      %A 点 x 坐标
        ya = 0;                                                      %A 点 y 坐标
        xs1 = las1 * cos(n1 * hd);                                   %质心 S1 点 x 坐标
        ys1 = las1 * sin(n1 * hd);                                   %质心 S1 点 y 坐标
        xb = l1 * cos(n1 * hd);                                      %B 点 x 坐标
        yb = l1 * sin(n1 * hd);                                      %B 点 y 坐标
        xs2 = xb + lbs2 * cos(theta2(n1));                           %质心 S2 点 x 坐标
        ys2 = yb + lbs2 * sin(theta2(n1));                           %质心 S2 点 y 坐标
        xc = xb + l2 * cos(theta2(n1));                              %C 点 x 坐标
        yc = yb + l2 * sin(theta2(n1));                              %C 点 y 坐标
        %组成未知力系数矩阵(见式(1-2-34)中 C)
        A = zeros(8);
        A(1,1) = 1;A(1,2) =- (ys1 - yb);A(1,3) =- (xb - xs1);A(1,4) =- (ys1 - ya);A(1,5) =- (xa - xs1);
        A(2,2) =- 1;A(2,4) =- 1;
        A(3,3) =- 1;A(3,5) =- 1;
        A(4,2) = (ys2 - yb);A(4,3) = (xb - xs2);A(4,6) =- (ys2 - yc);A(4,7) =- (xc - xs2);
        A(5,2) = 1;A(5,6) =- 1;
        A(6,3) = 1;A(6,7) =- 1;
        A(7,6) = 1;
        A(8,7) = 1;A(8,8) =- 1;
        %已知力列阵(见式(1-2-34)中 D)
        B = zeros(8,1);
        B(2) =- F1x(n1);
        B(3) =- F1y(n1) + G1;
        B(4) =- M2(n1);
        B(5) =- F2x(n1);
        B(6) =- F2y(n1) + G2;
        B(7) =- F3x(n1) + FR43x(n1);
        B(8) =- F3y(n1);
        %解线性方程组,求 C(见式(1-2-34)中 FR)
        C = A\B;
        Mb(n1) = C(1);                                               %Mb
        app.Mb = Mb;                                                 %Mb 私有属性值
        Fr12x(n1) = C(2);                                            %Fr12x
        app.Fr12x = Fr12x;                                           %Fr12x 私有属性值
        Fr12y(n1) = C(3);                                            %Fr12y
        app.Fr12y = Fr12y;                                           %Fr12y 私有属性值
        Fr14x(n1) = C(4);                                            %Fr14x
        app.Fr14x = Fr14x;                                           %Fr14x 私有属性值
```

```
    Fr14y(n1) = C(5);                                        % Fr14y
    app.Fr14y = Fr14y;                                       % Fr14y 私有属性值
    Fr23x(n1) = C(6);                                        % Fr23x
    app.Fr23x = Fr23x;                                       % Fr23x 私有属性值
    Fr23y(n1) = C(7);                                        % Fr23y
    app.Fr23y = Fr23y;                                       % Fr23y 私有属性值
    Fr34y(n1) = C(8);                                        % Fr34y
    app.Fr34y = Fr34y;                                       % Fr34y 私有属性值
    s3 = s3;                                                 % s3
    app.s3 = s3;                                             % s3 私有属性值
    end
    % 私有函数 slider_crank
    function [theta2,s3,omega2,v3,alpha2,a3] = slider_crank(theta1,omega1,alpha1,l1,l2,e)
    % 计算连杆 2 的角位移 theta2 和滑块 3 的线位移 S3
    theta2 = asin((e - l1 * sin(theta1))/l2);                % theta2
    s3 = l1 * cos(theta1) + l2 * cos(theta2);                % s3
    % 计算连杆 2 的角速度 omega2 和滑块 3 的速度 V3
    A = [l2 * sin(theta2),1; - l2 * cos(theta2),0 ];         % A:从动件位置矩阵
    B = [ - l1 * sin(theta1); l1 * cos(theta1)];             % B:原动件位置列阵
    omega = A\(omega1 * B);                                  % omega - 从动件速度
    omega2 = omega(1);                                       % omega2
    v3 = omega(2);                                           % v3
    % 计算连杆 2 的角加速度 alpha2 和滑块 3 的加速度 a3
    At = [omega2 * l2 * cos(theta2),0;
    omega2 * l2 * sin(theta2),0];                            % At = dA/dt
    Bt = [ - omega1 * l1 * cos(theta1);
          - omega1 * l1 * sin(theta1)];                      % Bt = dB/dt
    alpha = A\( - At * omega + alpha1 * B + omega1 * Bt);    % alpha:从动件加速度
    alpha2 = alpha(1);                                       % alpha2
    a3 = alpha(2);                                           % a3
    end
    % App 界面功能更改
    app.Button_2.Enable = 'on';                              % 开启【保存数据】使能
    app.Button_3.Enable = 'on';                              % 开启【受力分析曲线】使能
    app.Button_4.Enable = 'on';                              % 开启【机构简图】使能
    app.Button_6.Enable = 'on';                              % 开启【查询】使能
    app.Button_7.Enable = 'on';                              % 开启【清除数据】使能
    % App 界面结果显示清零
    app.theta1EditField.Value = 0;                           %【theta1】
    app.F14xEditField.Value = 0;                             %【F14x】
    app.F14yEditField.Value = 0;                             %【F14y】
    app.F12xEditField.Value = 0;                             %【F12x】
    app.F12yEditField.Value = 0;                             %【F12y】
    app.F23xEditField.Value = 0;                             %【F23x】
    app.F23yEditField.Value = 0;                             %【F23y】
    app.F34xEditField.Value = 0;                             %【F34x】
    app.F34yEditField.Value = 0;                             %【F34y】
    app.L1MbEditField.Value = 0;                             %【L1 - Mb】
end
```

(4)【受力分析曲线】回调函数

```
functionYunDongQuXian(app, event)
    Mb = app.Mb;                                             % Mb 私有属性值
    Fr14x = app.Fr14x;                                       % Fr14x 私有属性值
    Fr14y = app.Fr14y;                                       % Fr14y 私有属性值
```

```
    Fr12x = app.Fr12x;                                                  % Fr12x 私有属性值
    Fr12y = app.Fr12y;                                                  % Fr12y 私有属性值
    Fr23x = app.Fr23x;                                                  % Fr23x 私有属性值
    Fr23y = app.Fr23y;                                                  % Fr23y 私有属性值
    Fr34y = app.Fr34y;                                                  % Fr34y 私有属性值
    n1 = [1:360];                                                       % n1:θ1 范围
    plot(app.UIAxes,n1,Fr14x,'r',n1,Fr14y,'b',"LineWidth",2)            % Fr14 曲线图
    title(app.UIAxes,'运动副反力 Fr14 曲线图')                           % Fr14 曲线图标题
    xlabel(app.UIAxes,'\theta_1 / \circ')                               % Fr14 曲线图 x 轴
    ylabel(app.UIAxes,'F/N')                                            % Fr14 曲线图 y 轴
    legend(app.UIAxes,'Fr14x','Fr14y')                                  % Fr14 曲线图图例
    plot(app.UIAxes_6,n1,Fr12x,'r',n1,Fr12y,'b',"LineWidth",2)          % Fr12 曲线图
    title(app.UIAxes_6,'运动副反力 Fr12 曲线图');                         % Fr12 曲线图标题
    xlabel(app.UIAxes_6,'\theta_1 / \circ')                             % Fr12 曲线图 x 轴
    ylabel(app.UIAxes_6,'F/N')                                          % Fr12 曲线图 y 轴
    legend(app.UIAxes_6,'Fr12x','Fr12y')                                % Fr12 曲线图图例
    plot(app.UIAxes_3,n1,Fr23x,'r',n1,Fr23y,'b',"LineWidth",2)          % Fr23 曲线图
    title(app.UIAxes_3,'运动副反力 Fr23 曲线图')                         % Fr23 曲线图标题
    xlabel(app.UIAxes_3,'\theta_1 / \circ')                             % Fr23 曲线图 x 轴
    ylabel(app.UIAxes_3,'F/N')                                          % Fr23 曲线图 y 轴
    legend(app.UIAxes_3,'Fr23x','Fr23y')                                % Fr23 曲线图图例
    plot(app.UIAxes_4,n1,Fr34y,'b',"LineWidth",2)                       % Fr34 曲线图
    title(app.UIAxes_4,'运动副反力 Fr34y 曲线图')                        % Fr34 曲线图标题
    xlabel(app.UIAxes_4,'\theta_1 / \circ')                             % Fr34 曲线图 x 轴
    ylabel(app.UIAxes_4,'F/N')                                          % Fr34 曲线图 y 轴
    plot(app.UIAxes_5,n1,Mb,'b',"LineWidth",2)                          % Mb 曲线图
    title(app.UIAxes_5,'力矩 Mb 图')                                     % Mb 曲线图标题
    xlabel(app.UIAxes_5,'\theta_1 / \circ')                             % Mb 曲线图 x 轴
    ylabel(app.UIAxes_5,'M/N.m')                                        % Mb 曲线图 y 轴
end
```

(5)【机构简图】回调函数

```
function jigoujiantu(app, event)
    cla(app.UIAxes_7)                                                   % 清除图形
    l1 = app.l1;                                                        % l1 私有属性值
    l1 = l1 * 1000;                                                     % 单位 mm
    l2 = app.l2;                                                        % l2 私有属性值
    l2 = l2 * 1000;                                                     % 单位 mm
    s3 = app.s3;                                                        % s3 私有属性值
    s3 = s3 * 1000;                                                     % 单位 mm
    hd = pi/180;                                                        % hd:角度弧度系数
    % 绘制机构简图坐标
    x(1) = 0;                                                           % A 点 x 坐标
    y(1) = 0;                                                           % A 点 y 坐标
    x(2) = l1 * cos(70 * hd);                                           % B 点 x 坐标
    y(2) = l1 * sin(70 * hd);                                           % B 点 y 坐标
    x(3) = s3(70);                                                      % S3 点 x 坐标
    y(3) = 0;                                                           % S3 点 y 坐标
    x(4) = s3(70) + 250;                                                % S3 + 250 点 x 坐标
    y(4) = 0;                                                           % S3 + 250 点 y 坐标
    x(5) = 0;                                                           % A 点 x 坐标
    y(5) = 0;                                                           % A 点 y 坐标
```

```
    %绘制滑块坐标
    x(6) = x(3) - 60;
    y(6) = y(3) + 40;
    x(7) = x(3) + 80;
    y(7) = y(3) + 40;
    x(8) = x(3) + 80;
    y(8) = y(3) - 40;
    x(9) = x(3) - 80;
    y(9) = y(3) - 40;
    x(10) = x(3) - 80;
    y(10) = y(3) + 40;
    %绘制机构简图
    i = 1:5;
    line(app.UIAxes_7,x(i),y(i),'linewidth',3)                          %机构简图
    i = 6:10;
    line(app.UIAxes_7,x(i),y(i),'linewidth',3)                          %机构滑块
    title(app.UIAxes_7,'曲柄滑块机构简图')                                %简图标题
    %绘制机构简图中地面斜线
    a20 = linspace(0.2 * x(4),0.5 * x(4),10);
    fori = 1:9
    a30 = (a20(i) + a20(i + 1))/2;
    line(app.UIAxes_7,[a30,a20(i)],[0, - 0.025 * x(4)],'color','k','linestyle','-','linewidth',2)
    end
    xlabel(app.UIAxes_7,'mm')                                           %机构简图 x 轴
    ylabel(app.UIAxes_7,'mm')                                           %机构简图 y 轴
    axis(app.UIAxes_7,[- 300 l1 + l2  - 100 l1 + 100])                  %简图坐标范围
    %绘制机构简图中的 3 个铰链圆点
    ball_1 = line(app.UIAxes_7,x(1),y(1),'color','k','marker','o','markersize',8);
    ball_2 = line(app.UIAxes_7,x(2),y(2),'color','k','marker','o','markersize',8);
    ball_3 = line(app.UIAxes_7,x(3),y(3),'color','k','marker','o','markersize',8);
end
```

(6)【结束程序】回调函数

```
functionJieSuChengXu(app, event)
    %App 界面信息提示对话框
    sel = questdlg('确认关闭应用程序？','关闭确认,','Yes','No','No');
    switch sel
    case'Yes'
    delete(app);                                                    %关闭本 App 窗口
    case'No'
    end
end
```

(7)【保存数据】回调函数

```
functionBaoCunShuJu(app, event)
    t = app.t;                                                      %t 私有属性值
    theta = app.theta;                                              %theta 私有属性值
    [filename,filepath] = uiputfile('*.xls');
    if isequal(filename,0) || isequal(filepath,0)
    else
    str = [filepath,filename];
    fopen(str);
    xlswrite(str,t,'Sheet1','B1');
```

```
  xlswrite(str,theta,'Sheet1','C1');
  fclose('all');
  end
end
```

(8)【查询】回调函数

```
functionchaxun(app, event)
  Mb = app.Mb;                                        % Mb 私有属性值
  Fr14x = app.Fr14x;                                  % F14x 私有属性值
  Fr14y = app.Fr14y;                                  % F14y 私有属性值
  Fr12x = app.Fr12x;                                  % F12x 私有属性值
  Fr12y = app.Fr12y;                                  % F12y 私有属性值
  Fr23x = app.Fr23x;                                  % F23x 私有属性值
  Fr23y = app.Fr23y;                                  % F23y 私有属性值
  Fr34y = app.Fr34y;                                  % F34y 私有属性值
  t = app.theta1EditField.Value;                      % 查询【theta1】
  t = round(t);                                       % t:角度取整
  if t >360                                           % t >360°,则提示
  % App 界面信息提示对话框
  msgbox('查询转角不能大于 360°!','友情提示');
  else
  % 找出查询角度对应的数据序号
  i = t;
  % 设计结果分别写入 App 界面对应的显示框中
  app.theta1EditField.Value = t;                      %【theta1】
  app.F14xEditField.Value = Fr14x(i);                 %【Fr14x】
  app.F14yEditField.Value = Fr14y(i);                 %【Fr14y】
  app.F12xEditField.Value = Fr12x(i);                 %【Fr12x】
  app.F12yEditField.Value = Fr12y(i);                 %【Fr12y】
  app.F23xEditField.Value = Fr23x(i);                 %【Fr23x】
  app.F23yEditField.Value = Fr23y(i);                 %【Fr23y】
  app.F34xEditField.Value = 0;                        %【Fr34x】
  app.F34yEditField.Value = Fr34y(i);                 %【Fr34y】
  app.L1MbEditField.Value = Mb(i);                    %【L1 - Mb】
  end
end
```

(9)【清除】回调函数

```
functionqingchushuju(app, event)
% App 界面结果显示清零
  app.theta1EditField.Value = 0;                      %【theta1】
  app.F14xEditField.Value = 0;                        %【Fr14x】
  app.F14yEditField.Value = 0;                        %【Fr14y】
  app.F12xEditField.Value = 0;                        %【Fr12x】
  app.F12yEditField.Value = 0;                        %【Fr12y】
  app.F23xEditField.Value = 0;                        %【Fr23x】
  app.F23yEditField.Value = 0;                        %【Fr23y】
  app.F34xEditField.Value = 0;                        %【Fr34x】
  app.F34yEditField.Value = 0;                        %【Fr34y】
  app.L1MbEditField.Value = 0;                        %【L1 - Mb】
end
```

1.2.5 案例 14：曲柄滑块机构等效动力学 App 设计

1. 机构等效动力学模型的建立

为使得等效动力学模型与其具有相同的动力学效果，建立如图 1.2.10 所示的等效动力学模型。

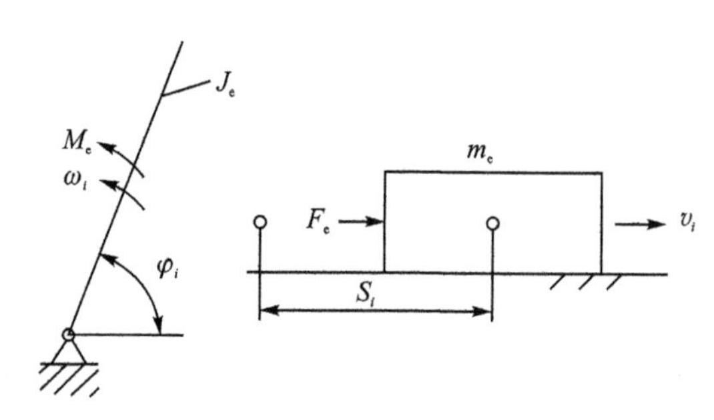

图 1.2.10 等效动力学模型

(1) 等效力 $\boldsymbol{F}_e$ 和等效力矩 $\boldsymbol{M}_e$

机械系统中移动构件的作用力要转换为等效力 $\boldsymbol{F}_e$；绕着定轴转动构件的作用力矩要转化为等效力矩 $\boldsymbol{M}_e$。转化过程中功率要相等，等效力 $\boldsymbol{F}_e$ 和等效力矩 $\boldsymbol{M}_e$ 分别为

$$\boldsymbol{F}_e=\sum_{i=1}^{n}\left[\boldsymbol{F}_i\cos\alpha_i\left(\frac{v_i}{v}\right)\pm\boldsymbol{M}_i\left(\frac{\omega_i}{v}\right)\right] \tag{1-2-35}$$

$$\boldsymbol{M}_e=\sum_{i=1}^{n}\left[\boldsymbol{F}_i\cos\alpha_i\left(\frac{v_i}{\omega}\right)\pm\boldsymbol{M}_i\left(\frac{\omega_i}{\omega}\right)\right] \tag{1-2-36}$$

由式(1-2-35)和式(1-2-36)可知：

① 等效力 $\boldsymbol{F}_e$ 和等效力矩 $\boldsymbol{M}_e$ 与各构件外力 $\boldsymbol{F}_i$ 和外力矩 $\boldsymbol{M}_i$ 有关，还与各构件和等效构件的速度比值有关。等效力 $\boldsymbol{F}_e$ 和等效力矩 $\boldsymbol{M}_e$ 可能是常数，也可能是机构位置的函数。

② 等效力 $\boldsymbol{F}_e$ 和等效力矩 $\boldsymbol{M}_e$ 与各构件的真实速度无关。可以在不知道原机械系统中各构件真实运动的情况下求出等效力 $\boldsymbol{F}_e$ 和等效力矩 $\boldsymbol{M}_e$。

(2) 等效质量 m_e 和等效转动惯量 J_e

原机械系统中所有的构件的质量 m 和转动惯量 J 都要转换到等效构件中的等效质量 m_e 和等效转动惯量量 J_e 上。转换过程中动能要相等，等效质量 m_e 和等效转动惯量 J_e 分别为

$$m_e=\sum_{i=1}^{n}\left[m_i\left(\frac{v_{S_i}}{v}\right)^2+J_{S_i}\left(\frac{\omega_i}{v}\right)^2\right] \tag{1-2-37}$$

$$J_e=\sum_{i=1}^{n}\left[m_i\left(\frac{v_{S_i}}{\omega}\right)^2+J_{S_i}\left(\frac{\omega_i}{\omega}\right)^2\right] \tag{1-2-38}$$

由式(1-2-37)和式(1-2-38)可知：

① 等效质量 m_e 和等效转动惯量 J_e 与各构件的质量 m 和转动惯量 J 有关，还与各构件和等效构件的速度比值的平方有关。等效质量 m_e 和等效转动惯量 J_e 可能是常数，也可能是机构位置的函数。

② 等效质量 m_e 和等效转动惯量 J_e 与各构件的真实速度无关。可以在不知道原机械系统中各构件真实运动的情况下求出等效质量 m_e 和等效转动惯量 J_e。

2. 案例 14 内容

如图 1.2.11 所示的偏置曲柄滑块机构，已知：曲柄的长度和质量分别为 $l_1=0.2$ m，$m_1=1.2$ kg；连杆的长度和质量分别为 $l_2=0.5$ m，$m_2=5$ kg；滑块的质量 $m_3=10$ kg；曲柄对铰链点 A 的转动惯量 $J_1=3\ \mathrm{kg\cdot m^2}$，连杆对质心 S_2 的转动惯量 $J_{S_2}=0.15\ \mathrm{kg\cdot m^2}$，连杆质心 S_2 到铰链点 B 的距离 $l_{BS_2}=0.2$ m，偏置距离 $e=0.05$ m。计算以曲柄为等效构件时的等效转动惯量 J_e 及其导数 $\dfrac{\mathrm{d}J_e}{\mathrm{d}\varphi_1}$ 随转角 φ_1 的变化规律。

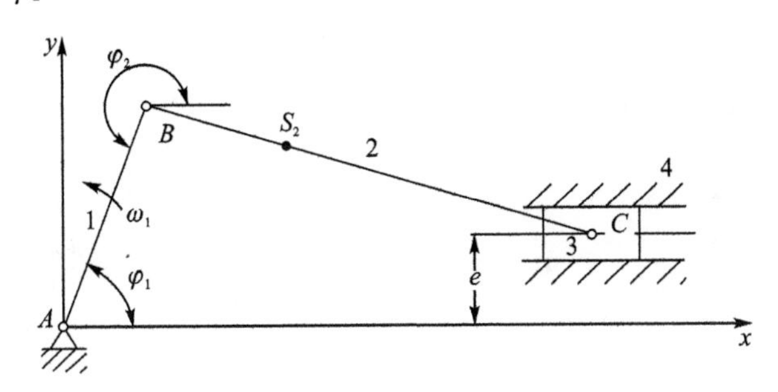

图 1.2.11　曲柄滑块机构

3. App 窗口设计

曲柄滑块等效转动惯量的计算 App 窗口，如图 1.2.12 所示。

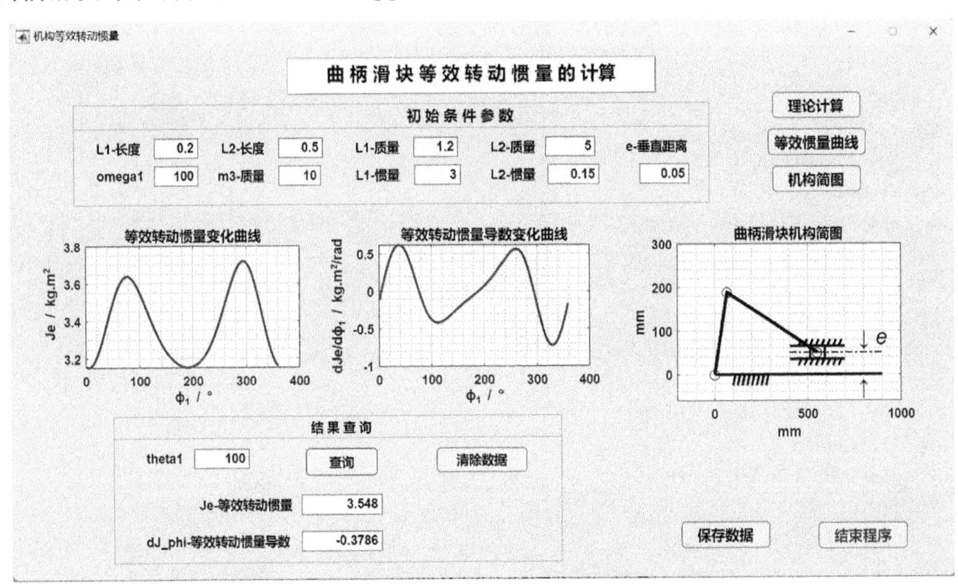

图 1.2.12　曲柄滑块等效转动惯量的计算 App 窗口

4. App 窗口程序设计(程序 lu_exam_14)

(1) 私有属性创建

```
properties(Access = private)
   %私有属性
   l1;                                                    %l1:杆 1 长度 l1
   l2;                                                    %l2:杆 2 长度 l2
```

```
    omega1;                                          %omega1:角速度ω1
    m1;                                              %m1:l1 质量
    m2;                                              %m2:l2 质量
    m3;                                              %m3:滑块质量
    J1;                                              %J1:l1 惯量
    J2;                                              %J2:l2 惯量
    e;                                               %e:滑块偏距
    Je;                                              %Je:等效转动惯量
    d_Je_phi;                                        %d_Je_phi:Je 导数
    s3;                                              %s3:滑块位移
end
```

(2) 设置窗口启动回调函数

```
functionstartupFcn(app, rochker)
    %App 界面功能的初始状态
    app.Button_2.Enable = 'off';                      %屏蔽【保存数据】使能
    app.Button_3.Enable = 'off';                      %屏蔽【等效惯量曲线】使能
    app.Button_4.Enable = 'off';                      %屏蔽【机构简图】使能
    app.Button_6.Enable = 'off';                      %屏蔽【查询】使能
    app.Button_7.Enable = 'off';                      %屏蔽【清除数据】使能
end
```

(3)【理论计算】回调函数

```
functionLiLunJiSuan(app, event)
    %App 界面已知数据读入
    l1 = app.L1EditField.Value;                      %【L1 长度】
    app.l1 = l1;                                     %l1 私有属性值
    l2 = app.L2EditField.Value;                      %【L2 长度】
    app.l2 = l2;                                     %l2 私有属性值
    m1 = app.L1EditField_2.Value;                    %【L1 - 质量】
    app.m1 = m1;                                     %m1 私有属性值
    m2 = app.L2EditField_2.Value;                    %【L2 - 质量】
    app.m2 = m2;                                     %m2 私有属性值
    m3 = app.m3EditField.Value;                      %【m3 - 质量】
    app.m3 = m3;                                     %m3 私有属性值
    omega1 = app.omega1EditField.Value;              %【omega1】
    app.omega1 = omega1;                             %omega1 私有属性值
    J1 = app.L1EditField_3.Value;                    %【L1 - 惯量】
    app.J1 = J1;                                     %J1 私有属性值
    J2 = app.L2EditField_3.Value;                    %【L2 - 惯量】
    app.J2 = J2;                                     %J2 私有属性值
    e = app.eEditField.Value;                        %【e - 偏置距离】
    app.e = e;                                       %e 私有属性值
    %设计计算
    alpha1 = 0;                                      %alpha1:l1 角加速度
    lbs2 = 0.2;                                      %lbs2:B 点到S2 距离
    hd = pi/180;                                     %hd:弧度角度系数
    du = 180/pi;                                     %角度:弧度系数
    forn1 = 1:360                                    %n1:θ1 变化范围
    theta1(n1) = (n1 - 1) * hd;                      %theta1:n1 的弧度
    %调用私有函数 slider_crank 计算曲柄滑块机构位移、速度、加速度
    [theta2(n1),s3(n1),omega2(n1),v3(n1),alpha2(n1),a3(n1)] = slider_crank(theta1(n1),omega1,
alpha1,l1,l2,e);
```

```
    end
    v2x =- (l1 * sin(theta1)). * omega1 - (lbs2 * sin(theta2)). * omega2/2; % S2 的 x 方向速度
    v2y = (l1 * cos(theta1)). * omega1 + (lbs2 * cos(theta2)). * omega2/2;  % S2 的 y 方向速度
    v2 = sqrt(v2x. * v2x + v2y. * v2y);                                    % v2:m2 质心速度
    % 求等效转动惯量 Je(见式(1 - 2 - 38))
    Je = J1 + J2 * (omega2./omega1).^2 + m2 * (v2./omega1).^2 + m3 * (v3./omega1).^2;
    app.Je = Je;                                                           % Je 私有属性值
    d_Je = diff(Je);                                                       % d_Je
    d_phi = pi/180;                                                        % 中间变量
    d_Je_phi = d_Je/d_phi;                                                 % d_Je_phi
    app.d_Je_phi = d_Je_phi;                                               % d_Je_phi 私有属性值
    s3 = s3;                                                               % s3
    app.s3 = s3;                                                           % s3 私有属性值
    % 私有函数 slider_crank
    function[theta2,s3,omega2,v3,alpha2,a3] = slider_crank(theta1,omega1,alpha1,l1,l2,e)
    % 计算连杆 2 的角位移 theta1 和滑块 3 的线位移 s3
    theta2 = asin((e - l1 * sin(theta1))/l2);
    s3 = l1 * cos(theta1) + l2 * cos(theta2);
    % 计算连杆 2 的角速度 omega2 和滑块 3 的速度 v3
    A = [l2 * sin(theta2),1; - l2 * cos(theta2),0 ];                       % A:从动件位置矩阵
    B = [ - l1 * sin(theta1); l1 * cos(theta1)];                           % B:原动件位置矩阵
    omega = A\(omega1 * B);                                                % 从动件速度矩阵解
    omega2 = omega(1);                                                     % omega2
    v3 = omega(2);                                                         % v3
    % 计算连杆 2 的角加速度 alpha2 和滑块 3 的加速度 a3
    At = [omega2 * l2 * cos(theta2),0;
    omega2 * l2 * sin(theta2),0];                                          % At = dA/dt
    Bt = [ - omega1 * l1 * cos(theta1);
    - omega1 * l1 * sin(theta1)];                                          % Bt = dB/dt
    alpha = A\( - At * omega + alpha1 * B + omega1 * Bt);                  % 从动件加速度矩阵解
    alpha2 = alpha(1);                                                     % alpha2
    a3 = alpha(2);                                                         % a3
    end
    % App 界面功能更改
    app.Button_2.Enable = 'on';                                            % 开启【保存数据】使能
    app.Button_3.Enable = 'on';                                            % 开启【等效惯量曲线】使能
    app.Button_4.Enable = 'on';                                            % 开启【机构简图】使能
    app.Button_6.Enable = 'on';                                            % 开启【查询】使能
    app.Button_7.Enable = 'on';                                            % 开启【清除数据】使能
    % App 界面结果显示清零
    app.theta1EditField.Value = 0;                                         % 【theta1】
    app.JeEditField.Value = 0;                                             % 【Je - 等效转动惯量】
    app.dJ_phiEditField.Value = 0;                                       % 【Je_phi - 等效转动惯量导数】
end
```

(4)【等效惯量曲线】回调函数

```
functionYunDongQuXian(app, event)
    Je = app.Je;                                                 % Je 私有属性值
    d_Je_phi = app.d_Je_phi;                                     % d_Je_phi 私有属性值
    n1 = [1:360];                                                % n1:角度 θ1 变化范围
    plot(app.UIAxes,n1,Je,"LineWidth",2);                        % 绘制等效转动惯量变化曲线图
    title(app.UIAxes,'等效转动惯量变化曲线');                    % 等效转动惯量变化曲线图标题
```

```
    xlabel(app.UIAxes,'\phi_1 / \circ')                          % 等效转动惯量变化曲线图 x 轴
    ylabel(app.UIAxes,' Je / kg.m^2')                            % 等效转动惯量变化曲线图 y 轴
    n1 = [1:359];                                                % n1:角度 θ1 变化范围
    plot(app.UIAxes_6,n1,d_Je_phi,"LineWidth",2);                % 绘制等效转动惯量导数变化曲线图
    title(app.UIAxes_6,' 等效转动惯量导数变化曲线 ');             % 等效转动惯量导数变化曲线图标题
    xlabel(app.UIAxes_6,'\phi_1 / \circ')                        % 等效转动惯量导数变化曲线图 x 轴
    ylabel(app.UIAxes_6,'dJe/d\phi_1 / kg.m^2/rad')              % 等效转动惯量导数变化曲线图 y 轴
end
```

(5)【机构简图】回调函数

```
functionJiGouJianTu(app, event)
    cla(app.UIAxes_7)                                            % 清除图形
    l1 = app.l1;                                                 % l1 私有属性值
    l1 = l1 * 1000;                                              % 单位转换
    l2 = app.l2;                                                 % l2 私有属性值
    l2 = l2 * 1000;                                              % 单位转换
    s3 = app.s3;                                                 % s3 私有属性值
    s3 = s3 * 1000;                                              % 单位转换
    hd = pi/180;                                                 % hd:角度弧度系数
    % 绘制机构简图坐标
    x(1) = 0;                                                    % A 点坐标
    y(1) = 0;
    x(2) = l1 * cos(70 * hd);                                    % B 点坐标
    y(2) = l1 * sin(70 * hd);
    x(3) = s3(70);                                               % C 点 x 坐标
    e = app.e;                                                   % e 私有属性值
    y(3) = e * 1000;                                             % C 点 y 坐标
    % 绘制滑块简图坐标
    x(4) = x(3) - 40;
    y(4) = y(3) + 15;
    x(5) = x(3) + 40;
    y(5) = y(3) + 15;
    x(6) = x(3) + 40;
    y(6) = y(3) - 15;
    x(7) = x(3) - 40;
    y(7) = y(3) - 15;
    x(8) = x(3) - 40;
    y(8) = y(3) + 15;
    % 机构简图
    i = 1:3;
    line(app.UIAxes_7,x(i),y(i),'color','b','linewidth',3);
    line(app.UIAxes_7,[0,900],[0,0],'color','k','linewidth',2);
    % 绘制机构简图中的 3 个铰链圆点
    ball_1 = line(app.UIAxes_7,x(1),y(1),'color','k','marker','o','markersize',8);
    ball_2 = line(app.UIAxes_7,x(2),y(2),'color','k','marker','o','markersize',8);
    ball_3 = line(app.UIAxes_7,x(3),y(3),'color','k','marker','o','markersize',8);
    % 绘制滑块简图
    i = 4:8;
    line(app.UIAxes_7,x(i),y(i),'color','b','linewidth',2);
    line(app.UIAxes_7,[x(3) - 150,x(3) + 150],[y(3) - 15,y(3) - 15],'color','b','linewidth',2);
    line(app.UIAxes_7,[x(3) - 150,x(3) + 150],[y(3) + 15,y(3) + 15],'color','b','linewidth',2);
    line(app.UIAxes_7,[400,900],[50,50],'color','k','linewidth',1,'linestyle','-.');
    % 简图上标注偏心距 e
```

```
    HA = 'HorizontalAlignment';
    VA = 'VerticalAlignment';
    text(app.UIAxes_7,850,50,'\downarrow{\ite}', HA,'center',VA,'baseline','FontSize',24)
    text(app.UIAxes_7,800,0,'\uparrow', HA,'center',VA,'top','FontSize',24)
    %绘制滑块地面斜线
    a20 = linspace(450,700,9);
    fori = 1:8
    a30 = (a20(i) + a20(i + 1))/2;
    line(app.UIAxes_7,[a30,a20(i)],[y(3) - 15,y(3) - 30],'color','k','linestyle','-','linewidth',2);
    end
    fori = 1:8
    a30 = (a20(i) + a20(i + 1))/2;
    line(app.UIAxes_7,[a20(i),a30],[y(3) + 15,y(3) + 30],'color','k','linestyle','-','linewidth',2);
    end
    a20 = linspace(100,300,9);
    fori = 1:8
    a30 = (a20(i) + a20(i + 1))/2;
    line(app.UIAxes_7,[a30,a20(i)],[0,0 - 25],'color','k','linestyle','-','linewidth',2);
    end
    title(app.UIAxes_7,'曲柄滑块机构简图');                      %机构简图标题
    xlabel(app.UIAxes_7,'mm')                                    %机构简图 x 轴
    ylabel(app.UIAxes_7,'mm')                                    %机构简图 y 轴
    axis(app.UIAxes_7,[-200 1000 -60 300]);                      %简图坐标范围
end
```

(6)【结束程序】回调函数

```
functionJieSuChengXu(app, event)
    % App 界面信息提示对话框
    sel = questdlg('确认关闭应用程序？','关闭确认,','Yes','No','No');
    switchsel
    case'Yes'
    delete(app);                                                 %关闭本 App 窗口
    case'No'
    end
end
```

(7)【保存数据】回调函数

```
functionBaoCunShuJu(app, event)
    t = app.t;                                                   %t 私有属性值
    theta = app.theta;                                           %theta 私有属性值
    [filename,filepath] = uiputfile('*.xls');
    if isequal(filename,0) || isequal(filepath,0)
    else
    str = [filepath,filename];
    fopen(str);
    xlswrite(str,t,'Sheet1','B1');
    xlswrite(str,theta,'Sheet1','C1');
    fclose('all');
    end
end
```

(8)【查询】回调函数

```
functionchaxun(app, event)
    Je = app.Je;                                                 %Je 私有属性值
```

```
    d_Je_phi = app.d_Je_phi;                                    %d_Je_phi 私有属性值
    t = app.theta1EditField.Value;                              %查询【theta1】
    t = round(t);                                               %t:角度取整
    ift >359                                                    %t >359°,则提示
     %App 界面信息提示对话框
    msgbox('查询转角不能大于 359°!','友情提示');
    else
     %找出查询角度对应的数据序号
    i = t;
     %设计结果分别写入 App 界面对应的显示框中
    app.theta1EditField.Value = t;                              %【theta1】
    app.JeEditField.Value = Je(i); %                            %【Je-等效转动惯量】
    app.dJ_phiEditField.Value = d_Je_phi(i);                    %【dJ_phi-等效转动惯量导数】
    end
end
```

(9)【清除数据】回调函数

```
functionqingchushuju(app, event)
   %App 界面结果显示清零
   app.theta1EditField.Value = 0;                               %【theta1】
   app.JeEditField.Value = 0;                                   %【Je-等效转动惯量】
   app.dJ_phiEditField.Value = 0;                               %【dJ_phi-等效转动惯量导数】
end
```

1.2.6 案例15、案例16:导杆机构运动分析 App 设计

图 1.2.13 所示为导杆滑块机构,是将图 1.2.1 所示的平面铰链四杆机构中的杆 2 演变成滑块 2,杆 2 与导杆 3 之间的转动副演变成滑块 2 与导杆 3 之间的移动副。已知各构件尺寸和曲柄(杆 1)为匀速转动且转动角速度为 ω_1,以及曲柄在某个时刻的位置角为 θ_1,要分析其滑块 2、导杆 3 的位置(角位移)、速度(角速度)和加速度(角加速度)。

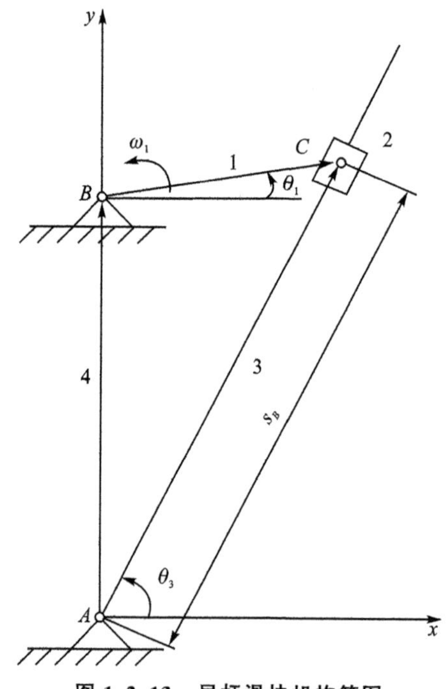

图 1.2.13 导杆滑块机构简图

1. 机构的数学分析

为了对导杆滑块机构进行运动分析，建立如图 1.2.13 的直角坐标系。为建立数学模型，将各构件表示为杆矢，杆矢均用指数形式的复数表示。

(1) 位置分析

在图 1.2.13 所示机构中，存在的封闭图形 $ABCA$，可建立各杆矢构成的封闭矢量方程为

$$\boldsymbol{l}_4+\boldsymbol{l}_1=\boldsymbol{s}_B \tag{1-2-39}$$

将式(1-2-39)用复数形式表示为

$$l_4\mathrm{e}^{\mathrm{i}\frac{\pi}{2}}+l_1\mathrm{e}^{\mathrm{i}\theta_1}=s_B\mathrm{e}^{\mathrm{i}\theta_3} \tag{1-2-40}$$

将式(1-2-40)中的虚部和实部分离，整理得

$$\begin{cases}\theta_3=\arccos\left(\dfrac{l_1\cos\theta_1}{s_B}\right)\\ s_B=\sqrt{(l_1\cos\theta_1)^2+(l_4+l_1\sin\theta_1)^2}\end{cases} \tag{1-2-41}$$

(2) 速度分析

将式(1-2-40)对时间 t 求一阶导数，得速度关系为

$$\mathrm{i}l_1\omega_1\mathrm{e}^{\mathrm{i}\theta_1}=\mathrm{i}s_B\omega_3\mathrm{e}^{\mathrm{i}\theta_3}+v_{23}\mathrm{e}^{\mathrm{i}\theta_3} \tag{1-2-42}$$

将式(1-2-42)的虚部和实部分离，得

$$\begin{cases}l_1\omega_1\cos\theta_1=v_{23}\sin\theta_3+s_B\omega_3\cos\theta_3\\ -l_1\omega_1\sin\theta_1=v_{23}\cos\theta_3-s_B\omega_3\sin\theta_3\end{cases} \tag{1-2-43}$$

将式(1-2-40)用矩阵形式表示为

$$\begin{bmatrix}\cos\theta_3 & -s_B\sin\theta_3\\ \sin\theta_3 & s_B\cos\theta_3\end{bmatrix}\begin{bmatrix}v_{23}\\ \omega_3\end{bmatrix}=\omega_1 l_1\begin{bmatrix}-\sin\theta_1\\ \cos\theta_1\end{bmatrix} \tag{1-2-44}$$

求解式(1-2-44)可以得到导杆 3 的角速度 ω_3 和滑块 2 相对于导杆 3 的速度 v_{23}。

(3) 加速度分析

将式(1-2-40)对时间 t 求二阶导数，得加速度关系为

$$\begin{bmatrix}\cos\theta_3 & -s_B\sin\theta_3\\ \sin\theta_3 & s_B\cos\theta_3\end{bmatrix}\begin{bmatrix}a_{23}\\ \alpha_3\end{bmatrix}+\begin{bmatrix}-\omega_3\sin\theta_3 & -v_{23}\sin\theta_3-s_3\omega_3\cos\theta_3\\ \omega_3\cos\theta_3 & v_{23}\cos\theta_3-s_3\omega_3\sin\theta_3\end{bmatrix}\begin{bmatrix}v_{23}\\ \omega_3\end{bmatrix}=-\omega_1^2 l_1\begin{bmatrix}\cos\theta_1\\ \sin\theta_1\end{bmatrix} \tag{1-2-45}$$

求解式(1-2-45)可以得到导杆 3 的角加速度 α_3 和滑块 2 相对于导杆 3 的加速度 a_{23}。

(4) 当主动件为导杆 $\boldsymbol{l}_3$ 时，$\boldsymbol{l}_4$ 为机架，曲柄 $\boldsymbol{l}_1$ 为从动件，滑块为 $\boldsymbol{l}_2$

机构的尺度系数 λ 为

$$\lambda=\frac{l_4}{l_1} \tag{1-2-46}$$

机构的压力角 α 为

$$\alpha=\sin^{-1}(\lambda\cos\theta_3) \tag{1-2-47}$$

2. 案例 15 内容

如图 1.2.13 所示的导杆滑块机构，已知：各构件的尺寸分别为 $l_1=120$ mm，$l_4=380$ mm。曲柄(杆 1)以匀速逆时针转动且角速度 $\omega_1=1$ rad/s，计算导杆 3 的角位移、角速度及角加速度，以及滑块 2 在导杆 3 的位移、速度和加速度。

3. App 窗口设计

导杆机构运动分析 App 窗口，如图 1.2.14 所示。

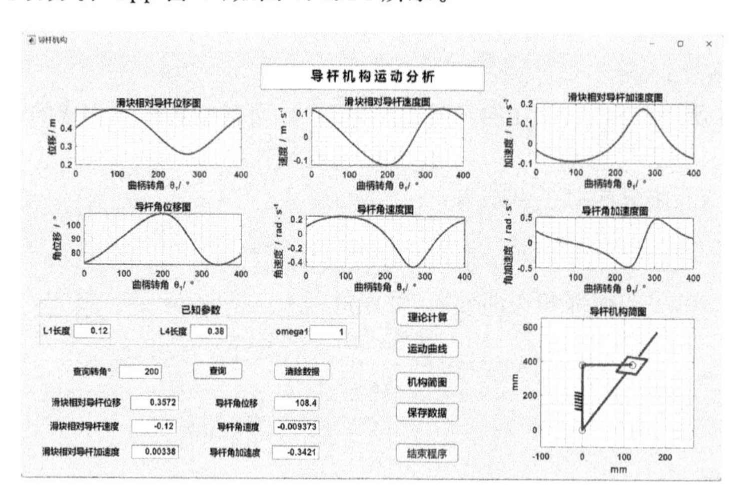

图 1.2.14　导杆机构运动分析 App 窗口

4. App 窗口程序设计(程序 lu_exam_15)

(1) 私有属性创建

```
properties(Access = private)
  %私有属性
  l1;                                            %l1:曲柄长度 l1
  l4;                                            %l4:机架长度 l4
  omega1;                                        %omega1:角速度 ω1
  theta1;                                        %theta1:角位移 θ1
  theta3;                                        %theta3:角位移 θ3
  s3;                                            %s3:滑块相对于 CB 杆位移
  omega3;                                        %omega3:角速度 ω3
  v23;                                           %v23:滑块 2 速度
  alpha1;                                        %alpha1:角加速度 α1
  alpha3;                                        %alpha3:角加速度 α3
  a2;                                            %a2:滑块 2 加速度
end
```

(2) 设置窗口启动回调函数

```
functionstartupFcn(app, rochker)
  %App 界面功能的初始状态
  app.Button_2.Enable = 'off';                   %屏蔽【保存数据】使能
  app.Button_3.Enable = 'off';                   %屏蔽【运动曲线】使能
  app.Button_4.Enable = 'off';                   %屏蔽【机构简图】使能
  app.Button_6.Enable = 'off';                   %屏蔽【查询】使能
  app.Button_7.Enable = 'off';                   %屏蔽【清除数据】使能
end
```

(3) 【理论计算】回调函数

```
functionLiLunJiSuan(app, event)
  %App 界面已知数据读入
  l1 = app.L1EditField.Value;                    %【L1 长度】
  app.l1 = l1;                                   %l1 私有属性值
```

```
        l4 = app.L4EditField.Value;                                      %【L4 长度】
        app.l4 = l4;                                                     % l4 私有属性值
        omega1 = app.omega1EditField.Value;                              %【omega1】
        app.omega1 = omega1;                                             % omega1 私有属性值
        alpha1 = 0;                                                      % alpha1:l1 角加速度初值
        app.alpha1 = alpha1;                                             % alpha1 私有属性值
        hd = pi/180;                                                     % hd:角度弧度系数
        du = 180/pi;                                                     % du:弧度-角度系数
        % 调用私有函数 leader 计算导杆机构位移、角速度、角加速度
        for n1 = 1:400                                                   % θ1 变化范围
        theta1(n1) = n1 * hd;                                            % theta1 弧度值
        app.theta1 = theta1;                                             % theta1 私有属性值
        [theta3(n1),s3(n1),omega3(n1),v23(n1),alpha3(n1),a2(n1)] = leader(theta1(n1),omega1,al-
pha1,l1,l4);
        end
        theta3 = theta3;                                                 % theta3:角位移 θ3
        app.theta3 = theta3;                                             % theta3 私有属性值
        s3 = s3;                                                         % s3:滑块相对于 CB 杆位移
        app.s3 = s3;                                                     % s3 私有属性值
        omega3 = omega3;                                                 % omega3:角速度 ω3
        app.omega3 = omega3;                                             % omega3 私有属性值
        v23 = v23;                                                       % v23:滑块 2 速度
        app.v23 = v23;;                                                  % v23 私有属性值
        alpha3 = alpha3;                                                 % alpha3:角加速度 α3
        app.alpha3 = alpha3;                                             % alpha3 私有属性值
        a2 = a2;                                                         % a2:滑块 2 加速度
        app.a2 = a2;                                                     % a2 私有属性值
        % App 界面功能更改
        app.Button_2.Enable = 'on';                                      % 开启【保存数据】使能
        app.Button_3.Enable = 'on';                                      % 开启【运动曲线】使能
        app.Button_4.Enable = 'on';                                      % 开启【机构简图】使能
        app.Button_6.Enable = 'on';                                      % 开启【查询】使能
        app.Button_7.Enable = 'on';                                      % 开启【清除数据】使能
        % App 界面结果显示清零
        app.EditField.Value = 0;                                         %【查询转角】
        app.EditField_2.Value = 0;                                       %【滑块相对导杆位移】
        app.EditField_10.Value = 0;                                      %【滑块相对导杆速度】
        app.EditField_12.Value = 0;                                      %【滑块相对导杆加速度】
        app.EditField_9.Value = 0;                                       %【导杆角位移】
        app.EditField_11.Value = 0;                                      %【导杆角速度】
        app.EditField_13.Value = 0;                                      %【导杆角加速度】
        % 私有函数 leader
        function [theta3,s3,omega3,v23,alpha3,a2] = leader(theta1,omega1,alpha1,l1,l4)
        % 计算角位移和线位移
        s3 = sqrt((l1 * cos(theta1)) * (l1 * cos(theta1)) + ...
              (l4 + l1 * sin(theta1)) * (l4 + l1 * sin(theta1)));        % s3
        theta3 = acos((l1 * cos(theta1))/s3);                            % theta3
        % 计算角速度和线速度,见式(1-2-44)
        A = [sin(theta3),s3 * cos(theta3);                               % A:从动件位置矩阵
            - cos(theta3),s3 * sin(theta3)];
        B = [l1 * cos(theta1);l1 * sin(theta1)];                         % B:原动件位置矩阵
        omega = A\(omega1 * B);                                          % 求解速度矩阵
        v23 = omega(1);                                                  % v23
```

```
        omega3 = omega(2);                                         % omega3
        % 计算角加速度和加速度,见式(1-2-45)
        A = [sin(theta3),s3 * cos(theta3);...
         cos(theta3), - s3 * sin(theta3)];
        At = [omega3 * cos(theta3),(v23 * cos(theta3) - s3 * omega3 * sin(theta3));...
         - omega3 * sin(theta3),( - v23 * sin(theta3) - s3 * omega3 * cos(theta3))];
        Bt = [ - l1 * omega1 * sin(theta1); - l1 * omega1 * cos(theta1)];
        alpha = A\( - At * omega + omega1 * Bt);                   % 求解加速度矩阵
        a2 = alpha(1);                                             % a2
        alpha3 = alpha(2);                                         % alpha3
        end
    end
```

(4)【运动曲线】回调函数

```
    functionYunDongQuXian(app, event)
        du = 180/pi;                                               % du:弧度角度系数
        theta1 = app.theta1;                                       % theta1 私有属性值
        theta3 = app.theta3;                                       % theta3 私有属性值
        s3 = app.s3;                                               % s3 私有属性值
        omega3 = app.omega3;                                       % omega3 私有属性值
        v23 = app.v23;                                             % v23 私有属性值
        alpha3 = app.alpha3;                                       % alpha3 私有属性值
        a2 = app.a2;                                               % a2 私有属性值
        n1 = [1:400];                                              % θ1 变化范围
        plot(app.UIAxes,n1,s3,"LineWidth",2);                      % 绘制滑块相对导杆位移图
        title(app.UIAxes,'滑块相对导杆位移图');                    % 滑块相对导杆位移图标题
        xlabel(app.UIAxes,'曲柄转角 \theta_1/ \circ')              % 滑块相对导杆位移图 x 轴
        ylabel(app.UIAxes,'位移 / m')                              % 滑块相对导杆位移图 y 轴
        plot(app.UIAxes_3,n1,v23,"LineWidth",2)                    % 绘制滑块相对导杆速度图
        title(app.UIAxes_3,'滑块相对导杆速度图');                  % 滑块相对导杆速度图标题
        xlabel(app.UIAxes_3,'曲柄转角 \theta_1/ \circ')            % 滑块相对导杆速度图 x 轴
        ylabel(app.UIAxes_3,'速度 / m\cdots^{ - 1}')               % 滑块相对导杆速度图 y 轴
        plot(app.UIAxes_5,n1,a2,"LineWidth",2)                     % 绘制滑块相对导杆加速度图
        title(app.UIAxes_5,'滑块相对导杆加速度图');                % 滑块相对导杆加速度图标题
        xlabel(app.UIAxes_5,'曲柄转角 \theta_1/ \circ')            % 滑块相对导杆加速度图 x 轴
        ylabel(app.UIAxes_5,'加速度 / m\cdots^{ - 2}')             % 滑块相对导杆加速度图 y 轴
        plot(app.UIAxes_7,n1,theta3 * du,"LineWidth",2)            % 绘制导杆角位移图
        title(app.UIAxes_7,'导杆角位移图');                        % 导杆角位移图标题
        xlabel(app.UIAxes_7,'曲柄转角 \theta_1/ \circ')            % 导杆角位移图 x 轴
        ylabel(app.UIAxes_7,'角位移 / \circ')                      % 导杆角位移图 y 轴
        plot(app.UIAxes_2,n1,omega3,"LineWidth",2)                 % 绘制导杆角速度图
        title(app.UIAxes_2,'导杆角速度图');                        % 导杆角速度图标题
        xlabel(app.UIAxes_2,'曲柄转角 \theta_1/ \circ')            % 导杆角速度图 x 轴
        ylabel(app.UIAxes_2,'角速度 / rad\cdots^{ - 1}')           % 导杆角速度图 y 轴
        plot(app.UIAxes_6,n1,alpha3,"LineWidth",2)                 % 绘制导杆角加速度图
        title(app.UIAxes_6,'导杆角加速度图');                      % 导杆角加速度图标题
        xlabel(app.UIAxes_6,'曲柄转角 \theta_1/ \circ')            % 导杆角加速度图 x 轴
        ylabel(app.UIAxes_6,'角加速度 / rad\cdots^{ - 2}')         % 导杆角加速度图 y 轴
    end
```

(5)【机构简图】回调函数

```
    functionjigoujiantu(app, event)
        cla(app.UIAxes_4)                                          % 清空图形
```

```
l1 = app.l1;                                                        % l1 私有属性值
l4 = app.l4;                                                        % l4 私有属性值
s3 = app.s3;                                                        % s3 私有属性值
theta3 = app.theta3;                                                % theta3 私有属性值
theta1 = app.theta1;                                                % theta1 私有属性值
%导杆机构简图坐标
l3 = 0.6;                                                           % l3:绘图辅助变量
n1 = 1;                                                             % n1:位置辅助变量
x(1) = (s3(n1) * 1000 - 50) * cos(theta3(n1));
y(1) = (s3(n1) * 1000 - 50) * sin(theta3(n1));
x(2) = 0;
y(2) = 0;
x(3) = 0;
y(3) = l4 * 1000;
x(4) = 0;
y(4) = l4 * 1000;
x(5) = l1 * 1000 * cos(theta1(n1));
y(5) = l1 * 1000 * sin(theta1(n1)) + l4 * 1000;
x(6) = (s3(n1) * 1000 + 50) * cos(theta3(n1));
y(6) = (s3(n1) * 1000 + 50) * sin(theta3(n1));
x(7) = l3 * 1000 * cos(theta3(n1));
y(7) = l3 * 1000 * sin(theta3(n1));
x(10) = (s3(n1) * 1000 - 50) * cos(theta3(n1));
y(10) = (s3(n1) * 1000 - 50) * sin(theta3(n1));
x(11) = x(10) + 25 * cos(pi/2 - theta3(n1));
y(11) = y(10) - 25 * sin(pi/2 - theta3(n1));
x(12) = x(11) + 90 * cos(theta3(n1));
y(12) = y(11) + 90 * sin(theta3(n1));
x(13) = x(12) - 50 * cos(pi/2 - theta3(n1));
y(13) = y(12) + 50 * sin(pi/2 - theta3(n1));
x(14) = x(10) - 25 * cos(pi/2 - theta3(n1));
y(14) = y(10) + 25 * sin(pi/2 - theta3(n1));
x(15) = x(10);
y(15) = y(10);
%绘制导杆机构简图
i = 1:5;
line(app.UIAxes_4,x(i),y(i),'linewidth',3);
i = 6:7;
line(app.UIAxes_4,x(i),y(i),'linewidth',3);
i = 10:15;
line(app.UIAxes_4,x(i),y(i),'linewidth',3);
%绘制机构简图中的 3 个铰链圆点
ball_1 = line(app.UIAxes_4,x(4),y(4),'color','k','marker','o','markersize',8);
ball_2 = line(app.UIAxes_4,x(2),y(2),'color','k','marker','o','markersize',8);
ball_3 = line(app.UIAxes_4,x(5),y(5),'color','k','marker','o','markersize',8);
%绘制滑块地面符号斜线
a20 = linspace(0.3 * l4 * 1000,0.6 * l4 * 1000,7);
for i = 1:6
a30 = (a20(i) + a20(i + 1))/2;
line(app.UIAxes_4,[0, - 0.05 * l4 * 1000],[a20(i),a30],'color','k','linestyle','-','linewidth',2);
end
title(app.UIAxes_4,'导杆机构简图');                                   %导杆机构简图标题
xlabel(app.UIAxes_4,'mm');                                          %机构简图 x 轴
```

```
  ylabel(app.UIAxes_4,'mm');                                          %机构简图 y 轴
  axis(app.UIAxes_4,[-100 l1*1000+150 -100 (l1+l4)*1000+150]);      %简图坐标范围
end
```

(6)【结束程序】回调函数

```
functionJieSuChengXu(app, event)
  %App 界面信息提示对话框
  sel = questdlg('确认关闭应用程序？','关闭确认,','Yes','No','No');
  switch sel
  case'Yes'
   delete(app);                                                       %关闭本 App 窗口
  case'No'
  end
end
```

(7)【保存数据】回调函数

```
functionBaoCunShuJu(app, event)
  t = app.t;                                                          %t 私有属性值
    theta = app.theta;                                                %theta 私有属性值
  [filename,filepath] = uiputfile('*.xls');
  if isequal(filename,0) || isequal(filepath,0)
  else
  str = [filepath,filename];
  fopen(str);
  xlswrite(str,t,'Sheet1','B1');
  xlswrite(str,theta,'Sheet1','C1');
  fclose('all');
  end
end
```

(8)【查询】回调函数

```
functionchaxun(app, event)
  du = 180/pi;                                  %du:弧度角度系数
  theta1 = app.theta1;                          %theta1 私有属性值
  theta3 = app.theta3;                          %theta3 私有属性值
  s3 = app.s3;                                  %s3 私有属性值
  omega3 = app.omega3;                          %omega3 私有属性值
  v23 = app.v23;                                %v23 私有属性值
  alpha3 = app.alpha3;                          %alpha3 私有属性值
  a2 = app.a2;                                  %a2 私有属性值
  t = app.EditField.Value;                      %【查询转角】
  t = round(t);                                 %t:角度取整
  if t >400                                     %t >400°,则提示
  %App 界面信息提示对话框
  msgbox('查询转角不能大于 400°！','友情提示');
  else
  %找出查询角度对应的数据序号
  i = t;
  %设计结果分别写入 App 界面对应的显示框中
  app.EditField.Value = t;                      %【查询转角】
  app.EditField_2.Value = s3(i);                %【滑块相对导杆位移】
  app.EditField_10.Value = v23(i);              %【滑块相对导杆速度】
  app.EditField_12.Value = a2(i);               %【滑块相对导杆加速度】
  app.EditField_9.Value = theta3(i) * du;       %【导杆角位移】
  app.EditField_11.Value = omega3(i);           %【导杆角速度】
  app.EditField_13.Value = alpha3(i);           %【导杆角加速度】
```

```
    end
end
```

(9)【清除数据】回调函数

```
functionqingchushuju(app, event)
    % App 界面结果显示清零
    app.EditField.Value = 0;                    %【查询转角】
    app.EditField_2.Value = 0;                  %【滑块相对导杆位移】
    app.EditField_10.Value = 0;                 %【滑块相对导杆速度】
    app.EditField_12.Value = 0;                 %【滑块相对导杆加速度】
    app.EditField_9.Value = 0;                  %【导杆角位移】
    app.EditField_11.Value = 0;                 %【导杆角速度】
    app.EditField_13.Value = 0;                 %【导杆角加速度】
end
```

5. 案例 16 内容

如图 1.2.13 所示的导杆滑块机构,假设:l_1 与 l_3 互换,θ_1 与 θ_3 互换,即导杆为主动件 l_1,曲柄为从动件 l_3。已知:主动件导杆 l_1转速 $n=200$ r/min,机构尺度系数 $\lambda=0.5$,机构许用压力角$[\alpha]=45°$。试分析从动件曲柄 l_3 的角速度和角加速度,以及机构的压力角和传动比的变化规律。

6. App 窗口设计

转动导杆机构运动分析 App 窗口,如图 1.2.15 所示。

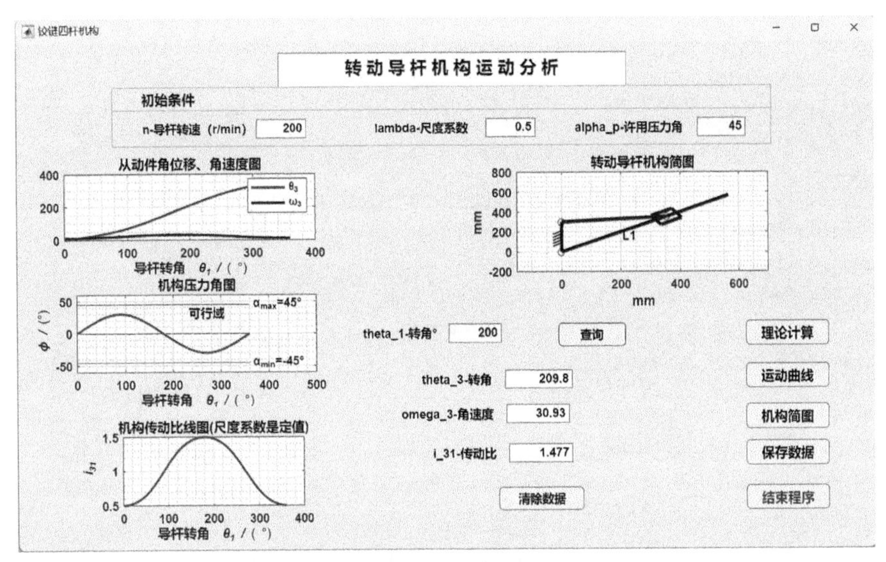

图 1.2.15 转动导杆机构运动分析 App 窗口

7. App 窗口程序设计(程序 lu_exam_16)

(1) 私有属性创建

```
properties(Access = private)
    % 私有属性
    lambda;                                     % lambda:尺度系数
    alpha_p;                                    % alpha_p:许用压力角
    n;                                          % n:主动件杆 3 转速
    phi_3;                                      % phi_3:从动件杆 1 角位移 θ3
```

```
    omega_3;                                        % omega3:从动件杆 1 角速度 ω3
    phi_1;                                          % phi_1:主动件杆 3 角位移 θ1
    omega_1;                                        % omega1:主动件杆 3 角速度 ω1
    alpha;                                          % alpha:机构压力角
    i_31;                                           % i_31:机构传动比
end
```

(2) 设置窗口启动回调函数

```
functionstartupFcn(app, rochker)
    % App 界面功能的初始状态
    app.Button_2.Enable = 'off';                    % 屏蔽【保存数据】使能
    app.Button_3.Enable = 'off';                    % 屏蔽【运动曲线】使能
    app.Button_4.Enable = 'off';                    % 屏蔽【机构简图】使能
    app.Button_6.Enable = 'off';                    % 屏蔽【查询】使能
    app.Button_7.Enable = 'off';                    % 屏蔽【清除数据】使能
end
```

(3)【理论计算】回调函数

```
functionLiLunJiSuan(app, event)
    % App 界面已知数据读入
    lambda = app.lambdaEditField.Value;             %【lambda - 尺度系数】
    app.lambda = lambda;                            % lambda 私有属性值
    alpha_p = app.alpha_pEditField.Value;           %【alpha_p - 许用压力角】
    app.alpha_p = alpha_p;                          % alpha_p 私有属性值
    n = app.nrminEditField.Value;                   %【n - 导杆转速】
    app.n = n;                                      % n 私有属性值
    omega_1 = n * pi/30;                            % 导杆角速度 ω1
    hd = pi/180;                                    % hd:角度弧度系数
    du = 180/pi;                                    % du:弧度角度系数
    for phi_1 = 1:360                               % phi_1
    phi_3(phi_1) = phi_1 - asin(lambda * sin(phi_1 * hd)) * du;  % phi_3
    app.phi_3 = phi_3;                              % phi_3 私有属性值
    omega_3_z = lambda * cos(phi_1 * hd);           % 中间变量
    omega_3_m = sqrt(1 - lambda^2 * sin(phi_1 * hd)^2);  % 中间变量
    omega_3(phi_1) = omega_1 * (1 - omega_3_z/omega_3_m);  % 杆 1 角速度 ω3
    app.omega_3 = omega_3;                          % omega_3 私有属性值
    i_31(phi_1) = omega_3(phi_1)/omega_1;           % i_31:机构传动比
    app.i_31 = i_31;                                % i_31 私有属性值
    alpha(phi_1) = asin(lambda * sin(phi_1 * hd)) * du;  % alpha:机构压力角
    app.alpha = alpha;                              % alpha 私有属性值
    end
    % App 界面功能更改
    app.Button_2.Enable = 'on';                     % 开启【保存数据】使能
    app.Button_3.Enable = 'on';                     % 开启【运动曲线】使能
    app.Button_4.Enable = 'on';                     % 开启【机构简图】使能
    app.Button_6.Enable = 'on';                     % 开启【查询】使能
    app.Button_7.Enable = 'on';                     % 开启【清除数据】使能
    % App 界面结果显示清零
    app.theta_3EditField.Value = 0;                 %【theta_3 - 转角】
    app.theta_1EditField.Value = 0;                 %【theta_1 - 转角】
    app.omega_1EditField.Value = 0;                 %【omega_1 - 角速度】
    app.i_31EditField.Value = 0;                    %【1_31 - 传动比】
end
```

(4)【运动曲线】回调函数

```
functionYunDongQuXian(app, event)
  theta_1 = app.phi_3;                                              % phi_3 私有属性值
  omega_1 = app.omega_3;                                            % omega_3 私有属性值
  alpha = app.alpha;                                                % alpha 私有属性值
  alpha_p = app.alpha_p;                                            % alpha_p 私有属性值
  i_31 = app.i_31;                                                  % i_31 私有属性值
  % 绘制“从动件角位移、角速度图”“机构压力角图”
  % 绘制“机构传动比线图”
  n1 = [1:360];                                                     % 杆 1 角度变化范围
  plot(app.UIAxes,n1,theta_1,'r',n1,omega_1,'b',"LineWidth",2);     % 从动件角位移、角速度图
  title(app.UIAxes,' 从动件角位移、角速度图 ');                         % 从动件角位移、角速度图标题
  xlabel(app.UIAxes,' 导杆转角 \it \theta_1 / \rm( °)')              % 从动件角位移、角速度图 x 轴
  legend(app.UIAxes,'\theta_3','\omega_3')                          % 从动件角位移、角速度图图例
  plot(app.UIAxes_2,n1,alpha,"LineWidth",2)                         % 机构压力角图
  xlabel(app.UIAxes_2,' 导杆转角 \it \theta_1 / \rm( °)')            % 压力角图 x 轴
  title(app.UIAxes_2,' 机构压力角图 ');                                % 压力角图标题
  ylabel(app.UIAxes_2,'\it \phi / \rm(°)')                          % 压力角图 y 轴
  % 机构压力角图中的辅助线
  line(app.UIAxes_2,[0,360],[alpha_p,alpha_p]);
  text(app.UIAxes_2,365,45,'\bf\fontsize{12}\alpha_{max} = 45°');
  line(app.UIAxes_2,[0,360],[0,0]);
  line(app.UIAxes_2,[0,360],[ - alpha_p, - alpha_p]);
  axis(app.UIAxes_2,[0 500  - 60 60])
  text(app.UIAxes_2,365, - 45,'\bf\fontsize{12}\alpha_{min} =  - 45°');
  text(app.UIAxes_2,230,30,'\bf\fontsize{12}可行域 ');
  plot(app.UIAxes_3,n1,i_31,"LineWidth",2)                          % 机构传动比线图
  title(app.UIAxes_3,' 机构传动比线图(尺度系数是定值)');                   % 传动比线图标题
  xlabel(app.UIAxes_3,' 导杆转角 \it \theta_1 / \rm( °)')            % 传动比线图 x 轴
  ylabel(app.UIAxes_3,'\it i_{31}')                                 % 传动比线图 y 轴
end
```

(5)【机构简图】回调函数

```
functionShuZiFangzhen(app, event)
  cla(app.UIAxes_4)                                                     % 清空图形
  % 导杆机构简图坐标
  x1 = 0;y1 = 0;
  x2 = 0;y2 = 300;
  x3 = 800 * cosd(45);y3 = 800 * sind(45);
  x4 = 500 * cosd(45);y4 = 500 * sind(45);
  % 绘制导杆机构简图
  line(app.UIAxes_4,[x1,x2],[y1,y2],'color','b','linewidth',3);
  line(app.UIAxes_4,[x1,x3],[y1,y3],'color','b','linewidth',3);
  line(app.UIAxes_4,[x2,x4],[y2,y4],'color','b','linewidth',3);
  % 绘制机构简图中的 3 个铰链圆点
  ball_1 = line(app.UIAxes_4,x1,y1,'color','k','marker','o','markersize',6);
  ball_2 = line(app.UIAxes_4,x2,y2,'color','k','marker','o','markersize',6);
  ball_3 = line(app.UIAxes_4,x4,y4,'color','k','marker','o','markersize',6);
  % 绘制机构简图滑块
  line(app.UIAxes_4,[300,335],[360,270],'color','b','linewidth',3);
  line(app.UIAxes_4,[300,300 + 100 * cosd(45)],[360,360 + 100 * sind(45)],'color','b','linewidth',3);
  line(app.UIAxes_4,[335,335 + 100 * cosd(45)],[270,270 + 100 * sind(45)],'color','b','linewidth',3);
```

```
    line(app.UIAxes_4,[300 + 100 * cosd(45),335 + 100 * cosd(45)],[360 + 100 * sind(45),270 + 100 *
sind(45)],'color','b','linewidth',3);
    % 绘制机构简图地面斜线
    a20 = linspace(0.1 * 300,0.6 * 300,6);
    for i = 1:5
    a30 = (a20(i) + a20(i + 1))/2;
    line(app.UIAxes_4,[0, - 30],[240 - a20(i),220 - a30],'color','k','linestyle','-','linewidth',1);
    end
    title(app.UIAxes_4,'转动导杆机构简图');                          % 导杆机构简图标题
    text(app.UIAxes_4,200,150,'\bf\fontsize{12}L1')                  % 简图上标注 L1
    xlabel(app.UIAxes_4,'mm')                                        % 简图 x 轴
    ylabel(app.UIAxes_4,'mm')                                        % 简图 y 轴
    axis(app.UIAxes_4,[ - 150 700  - 200 800]);                      % 简图坐标范围
  end
```

(6)【结束程序】回调函数

```
  function JieSuChengXu(app, event)
    % App 界面信息提示对话框
    sel = questdlg('确认关闭应用程序？','关闭确认,','Yes','No','No');
    switch sel
    case'Yes'
    delete(app);                                                     % 关闭本 App 窗口
    case'No'
    end
  end
```

(7)【保存数据】回调函数

```
  functionBaoCunShuJu(app, event)
    t = app.t;                                                         % t 私有属性值
    theta = app.theta;                                                 % theta 私有属性值
    [filename,filepath] = uiputfile('*.xls');
    if isequal(filename,0) || isequal(filepath,0)
    else
    str = [filepath,filename];
    fopen(str);
    xlswrite(str,t,'Sheet1','B1');
    xlswrite(str,theta,'Sheet1','C1');
    fclose('all');
    end
  end
```

(8)【查询】回调函数

```
  functionchaxun(app, event)
    theta_1 = app.phi_3;                                             % phi_3 私有属性值
    omega_1 = app.omega_3;                                           % omega_3 私有属性值
    i_31 = app.i_31;                                                 % i_31 私有属性值
    du = 180/pi;                                                     % du - 弧度角度系数
    t = app.theta_3EditField.Value;                                  % 查询【theta_1 - 转角】
    t = round(t);                                                    % t:角度取整
    if t >360                                                        % t >360°,则提示
    % App 界面信息提示对话框
    msgbox('查询转角不能大于 360°!','友情提示');
    else
```

```
    %找出查询角度对应的数据序号
    i = t;
    %杆 2 和杆 3 的角位移、角速度、角加速度分别写入 App 界面对应的显示框中
    app.theta_3EditField.Value = t;                          %【theta_1 - 转角】
    app.theta_1EditField.Value = theta_1(i);                 %【theta_3 - 转角】
    app.omega_1EditField.Value = omega_1(i);                 %【omega_3 - 角速度】
    app.i_31EditField.Value = i_31(i);                       %【i_31 - 传动比】
    end
end
```

(9)【清除数据】回调函数

```
functionqingchushuju(app, event)
    % App 界面结果显示清零
    app.theta_3EditField.Value = 0;                          %【theta_1 - 转角】
    app.theta_1EditField.Value = 0;                          %【theta_3 - 转角】
    app.omega_1EditField.Value = 0;                          %【omega_3 - 角速度】
    app.i_31EditField.Value = 0;                             %【i_31 - 传动比】
end
```

1.2.7 案例 17：导杆机构力分析 App 设计

图 1.2.16 所示为导杆滑块机构的力分析简图。已知各杆件的质心位置和尺寸、各杆件的转动惯量 J 和质量 m、原动杆件 1 以角速度 ω_1 进行匀速转动、原动杆件 1 的方位角 θ_1 以及杆件 3 的工作阻力矩 M_r，求原动杆件 1 上的平衡力矩 M_b 和各运动副中的反力。

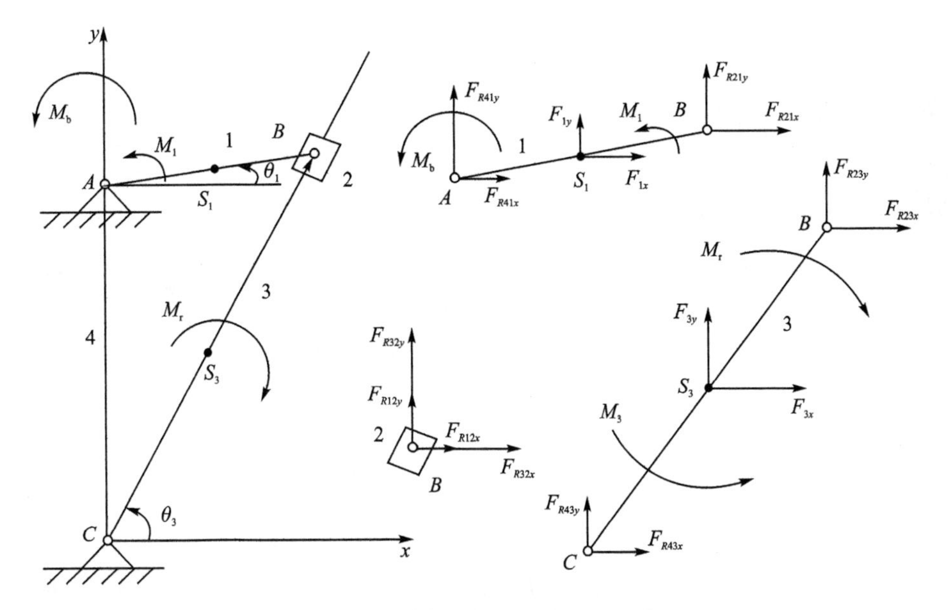

图 1.2.16 导杆滑块机构的力分析简图

1. 机构的数学分析

(1) 杆件的惯性力和惯性力矩计算

杆件 1 质心 S_1 的加速度为

$$\begin{cases} a_{S_{1x}} = -l_{AS_1}\omega_1^2\cos\theta_1 \\ a_{S_{1y}} = -l_{AS_1}\omega_1^2\sin\theta_1 \end{cases} \tag{1-2-48}$$

杆件 3 质心 S_3 的加速度为

$$\begin{cases} a_{S_{3x}} = -l_{CS_3}(\omega_3^2 \cos\theta_3 + \alpha_3 \sin\theta_3) \\ a_{S_{3y}} = -l_{CS_3}(\omega_3^2 \sin\theta_3 - \alpha_3 \cos\theta_3) \end{cases} \tag{1-2-49}$$

根据杆件质心的加速度和杆件的角加速度，可以确定其惯性力 $\boldsymbol{F}$ 和惯性力矩 $\boldsymbol{M}$ 为

$$\begin{cases} F_{1x} = -m_1 a_{S_{1x}} \\ F_{1y} = -m_1 a_{S_{1y}} \\ F_{3x} = -m_3 a_{S_{3x}} \\ F_{3y} = -m_3 a_{S_{3y}} \\ M_3 = -J_{S_3} \alpha_3 \end{cases} \tag{1-2-50}$$

(2) 平衡方程的建立

曲柄滑块机构有 4 个低副，4 个运动副中的反力都分别分解到 x、y 方向上共 8 个分力，加上待求的平衡力矩共有 9 个未知量，至少需列出 9 个方程式才能联立求解。根据前述的构件力分析解析法，建立各个杆件的力平衡方程。

构件 1 受构件 2 和构件 4 对它的作用力、惯性力以及平衡力矩。对其质心 S_1 点取矩，根据 $\sum M_{S_1} = 0$，$\sum F_x = 0$，$\sum F_y = 0$，写出平衡方程为

$$\begin{cases} M_b - F_{R12x}(y_{S_1} - y_B) - F_{R12y}(x_B - x_{S_1}) - F_{R14x}(y_{S_1} - y_A) - F_{R14y}(x_A - x_{S_1}) = 0 \\ -F_{R12x} - F_{R14x} = -F_{1x} \\ -F_{R12y} - F_{R14y} = -F_{1y} \end{cases} \tag{1-2-51}$$

同理，写出滑块 2 的平衡方程为

$$\begin{cases} F_{R12x} - F_{R23x} = 0 \\ F_{R12y} - F_{R23y} = 0 \end{cases} \tag{1-2-52}$$

根据几何约束条件，对滑块 2 可以写出下列方程作为补充方程：

$$F_{R23x} \cos\theta_3 + F_{R23y} \sin\theta_3 = 0 \tag{1-2-53}$$

同理，写出构件 3 的平衡方程为

$$\begin{cases} F_{R23x} - F_{R34x} = -F_{3x} \\ -F_{R34y} + F_{R23y} = -F_{3y} \\ F_{R23x}(y_{S_3} - y_B) + F_{R23y}(x_B - x_{S_3}) - F_{R34x}(y_{S_3} - y_C) - F_{R34y}(x_C - x_{S_3}) = -M_3 + M_r \end{cases} \tag{1-2-54}$$

将平衡方程中的 9 个方程式联立求解，可以解出机构所需的平衡力矩和各运动副的反力等 9 个未知量。以上 9 个方程式都为线性方程，为便于利用 MATLAB 软件进行编程求解，写成矩阵形式的平衡方程为

$$\boldsymbol{C}\boldsymbol{F}_R = \boldsymbol{D} \tag{1-2-55}$$

式中：$\boldsymbol{C}$ 为系数矩阵，$\boldsymbol{F}_R$ 为未知力列阵，$\boldsymbol{D}$ 为已知力列阵，且分别为

$$
\boldsymbol{C}=\begin{bmatrix}
-1 & 0 & -1 & 0 & 0 & 0 & 0 & 0 & 0\\
0 & -1 & 0 & -1 & 0 & 0 & 0 & 0 & 0\\
-(y_{S_1}-y_A) & -(x_A-x_{S_1}) & -(y_{S_1}-y_B) & -(x_B-x_{S_1}) & 0 & 0 & 0 & 0 & 1\\
0 & 0 & 1 & 0 & -1 & 0 & 0 & 0 & 0\\
0 & 0 & 0 & 1 & 0 & -1 & 0 & 0 & 0\\
0 & 0 & 0 & 0 & \cos\theta_3 & \sin\theta_3 & 0 & 0 & 0\\
0 & 0 & 0 & 0 & 1 & 0 & -1 & 0 & 0\\
0 & 0 & 0 & 0 & 0 & 1 & 0 & -1 & 0\\
0 & 0 & 0 & 0 & y_{S_3}-y_B & x_B-x_{S_3} & -(y_{S_3}-y_C) & -(x_C-x_{S_3}) & 0
\end{bmatrix}
$$

$$
\boldsymbol{F}_R=\begin{bmatrix} F_{R14x}\\ F_{R14y}\\ F_{R12x}\\ F_{R12y}\\ F_{R23x}\\ F_{R23y}\\ F_{R34x}\\ F_{R34y}\\ M_{\mathrm{b}} \end{bmatrix},\quad
\boldsymbol{D}=\begin{bmatrix} -F_{1x}\\ -F_{1y}\\ 0\\ 0\\ 0\\ 0\\ -F_{3x}\\ -F_{3y}\\ -M_3+M_{\mathrm{r}} \end{bmatrix}
$$

2. 案例 17 内容

如图 1.2.16 所示的导杆滑块机构，各杆件的尺寸分别为 $l_{AB}=400$ mm，$l_{AC}=1\ 000$ mm，$l_{CD}=1\ 600$ mm。杆件 AB 的质心在 A 点，杆件 3 的质心在 S_3 点，杆件 3 的质量 $m_3=10$ kg，绕 S_3 点的转动惯量为 $J_3=2.2\ \mathrm{kg\cdot m^2}$。杆件 3 的工作阻力矩为 $M_{\mathrm{r}}=-100\ \mathrm{N\cdot m}$，杆件 1 以角速度 $\omega_1=10$ rad/s 进行匀速转动（逆时针），不计摩擦和其余杆件的外力（外力矩），求原动杆件 1 上的平衡力矩 M_{b} 和各运动副中的反力。

3. App 窗口设计

导杆机构力和力矩分析 App 窗口，如图 1.2.17 所示。

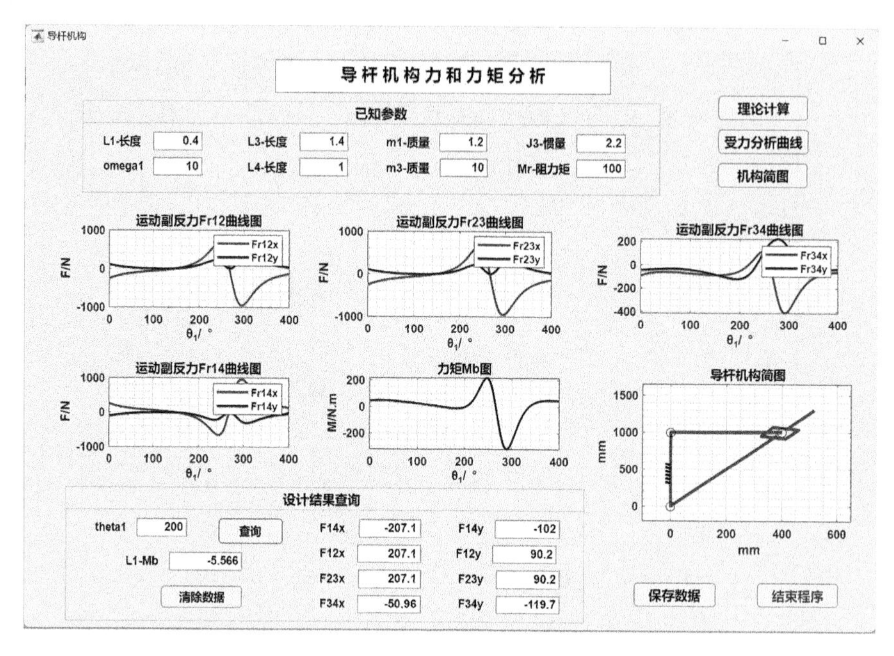

图 1.2.17 导杆机构力和力矩分析 App 窗口

4. App 窗口程序设计(程序 lu_exam_17)

(1) 私有属性创建

```
properties(Access = private)
  % 私有属性
  l1;                              % l1:AB 长度 l1
  l3;                              % l3:CD 长度 l3
  l4;                              % l4:AC 长度 l4
  omega1;                          % omega1:l1 角速度 ω1
  m1;                              % m1:l1 质量
  m3;                              % m3:l3 质量
  J3;                              % J3:l3 绕 S3 点转动惯量
   Mr;                             % Mr:工作阻力
  FR;                              % FR:见式(1-2-55)中 FR
  Fr14x;                           % Fr14x:反力 FR14x
  Fr14y;                           % Fr14y:反力 FR14y
  Fr12x;                           % Fr12x:反力 FR12x
  Fr12y;                           % Fr12y:反力 FR12y
  Fr23x;                           % Fr23x:反力 FR23x
  Fr23y;                           % Fr23y:反力 FR23y
  Fr34x;                           % Fr34x:反力 FR34x
  Fr34y;                           % Fr34y:反力 FR34y
  Mb;                              % Mb:l1 平衡力矩
  s3;                              % s3:滑块 2 相对 CD 杆位移
  theta1;                          % theta1:l1 角位移 θ1
  theta3;                          % theta3:l3 角位移 θ3
end
```

(2) 设置窗口启动回调函数

```
functionstartupFcn(app, rochker)
  % App 界面功能的初始状态
  app.Button_2.Enable = 'off';                     % 屏蔽【保存数据】使能
  app.Button_3.Enable = 'off';                     % 屏蔽【受力分析曲线】使能
  app.Button_4.Enable = 'off';                     % 屏蔽【机构简图】使能
  app.Button_6.Enable = 'off';                     % 屏蔽【查询】使能
  app.Button_7.Enable = 'off';                     % 屏蔽【清除数据】使能
end
```

(3)【理论计算】回调函数

```
functionLiLunJiSuan(app, event)
  % App 界面已知数据读入
  l1 = app.L1EditField.Value;                      %【L1 - 长度】
  app.l1 = l1;                                     % l1 私有属性值
  l3 = app.L3EditField.Value;                      %【L3 - 长度】
  app.l3 = l3;                                     % l3 私有属性值
  l4 = app.L4EditField.Value;                      %【L4 - 质量】
  app.l4 = l4;                                     % l4 私有属性值
  omega1 = app.omega1EditField.Value;              %【omega1】
  app.omega1 = omega1;                             % omega1 私有属性值
  m1 = app.m1EditField.Value;                      %【m1 - 质量】
  app.m1 = m1;                                     % m1 私有属性值
  m3 = app.m3EditField.Value;                      %【m3 - 质量】
  app.m3 = m3;                                     % m3 私有属性值
  J3 = app.J3EditField.Value;                      %【J3 - 惯量】
  app.J3 = J3;                                     % J3 私有属性值
  Mr = app.MrEditField.Value;                      %【Mr - 阻力矩】
  app.Mr = Mr;                                     % Mr 私有属性值
  % 设计计算
  g = 9.8;                                         % 重力加速度
  G1 = m1 * g;                                     % G1:m1 质量
  G3 = m3 * g;                                     % G3:m3 质量
  hd = pi/180;                                     % hd:角度弧度系数
  du = 180/pi;                                     % du:弧度角度系数
  % 计算构件的角速度及速度
  for n1 = 1:400                                   % n1:θ1 变化范围
  theta1(n1) = n1 * hd;                            % theta1 弧度值
  s3(n1) = sqrt((l1 * cos(theta1(n1))) * (l1 * cos(theta1(n1))) + ...
      (l4 + l1 * sin(theta1(n1))) * (l4 + l1 * sin(theta1(n1))));% s3
  theta3(n1) = acos((l1 * cos(theta1(n1)))/s3(n1));   % theta3
  end
  app.s3 = s3;                                     % s3 私有属性值
  app.theta1 = theta1;                             % theta1 私有属性值
  app.theta3 = theta3;                             % theta3 私有属性值
  % 计算构件的角速度及速度,见式(1-2-44)
  for n1 = 1:400                                   % n1:θ1 变化范围
  A = [sin(theta3(n1)),s3(n1) * cos(theta3(n1));   % A:从动件位置矩阵
      - cos(theta3(n1)),s3(n1) * sin(theta3(n1))];
  B = [l1 * cos(theta1(n1));l1 * sin(theta1(n1))];   % B:原动件位置矩阵
  omega = A\(omega1 * B);                          % omega:角速度矩阵解
  v2(n1) = omega(1);                               % v2:滑块 2 的速度
  omega3(n1) = omega(2);                           % omega3:角速度 ω3
  % 计算构件的角加速度及加速度,见式(1-2-45)
```

```
A = [sin(theta3(n1)),s3(n1) * cos(theta3(n1));                  % A:从动件位置矩阵
     cos(theta3(n1)), - s3(n1) * sin(theta3(n1))];
At = [omega3(n1) * cos(theta3(n1)),(v2(n1) * cos(theta3(n1)) - s3(n1) * omega3(n1) * sin(theta3(n1)));
- omega3(n1) * sin(theta3(n1)),( - v2(n1) * sin(theta3(n1)) - s3(n1) * omega3(n1) * cos(theta3(n1)))];
Bt = [ - l1 * omega1 * sin(theta1(n1)); - l1 * omega1 * cos(theta1(n1))];
alpha = A\( - At * omega + omega1 * Bt);                        % alpha:加速度矩阵解
a2(n1) = alpha(1);                                              % a2:滑块 2 加速度
alpha3(n1) = alpha(2);                                          % alpha3:角加速度 α3
end
% 导杆机构力平衡计算
for n1 = 1:400                                                  % n1:θ1 变化范围
% 计算各个铰链点坐标
xa = 0;                                                         % A 点 x 坐标
ya = l4;                                                        % A 点 y 坐标
xb(n1) = l1 * cos(theta1(n1));                                  % B 点 x 坐标
yb(n1) = l4 + l1 * sin(theta1(n1));                             % B 点 y 坐标
xc = 0;                                                         % C 点 x 坐标
yc = 0;                                                         % C 点 y 坐标
% 计算各个质心点坐标
xs3(n1) = l3 * cos(theta3(n1))/2;                               % S3 匀质杆质心 x 坐标
ys3(n1) = l3 * sin(theta3(n1))/2;                               % S3 匀质杆质心 y 坐标
% 计算各个质心点加速度:S3 质心的 x 向加速度 a3x、y 向加速度 a3y
a3x(n1) = - l3 * (alpha3(n1) * sin(theta3(n1)) + omega3(n1)^2 * cos(theta3(n1)))/2;
a3y(n1) = l3 * (alpha3(n1) * cos(theta3(n1)) - omega3(n1)^2 * sin(theta3(n1)))/2;
% 计算各构件惯性力和惯性力矩
F3x(n1) =- m3 * a3x(n1); F3y(n1) =- 1m3 * a3y(n1);              % S3 质心 x 向惯性力
Mf3(n1) =- 1J3 * alpha3(n1);                                    % S3 质心惯性力矩
% 未知力系数矩阵,见式(1-2-55)
C = zeros(9);
C(1,1) =- 1l;               C(1,3) =- 1l;
C(2,2) =- 1l;               C(2,4) =- 1l;
C(3,3) = yb(n1) - ya;       C(3,4) = xa - xb(n1);          C(3,9) = 1;
C(4,3) = 1;                 C(4,5) =- 1l;
C(5,4) = 1;                 C(5,6) =- 1l;
C(6,5) = cos(theta3(n1)); C(6,6) = sin(theta3(n1));
C(7,5) = 1;                 C(7,7) =- 1l;
C(8,6) = 1;                 C(8,8) =- 1l;
C(9,5) = ys3(n1) - yb(n1); C(9,6) = xb(n1) - xs3(n1);
C(9,7) =- 1(ys3(n1) - yc); C(9,8) =- 1(xc - xs3(n1));       C(9,9) = 0;
% 已知力列阵,见式(1-2-55)
D = [0;G1;0;0;0;0; - F3x(n1); - F3y(n1) + G3;Mr - Mf3(n1)];
% 求未知力列阵,见式(1-2-55)
FR = inv(C) * D;                                          % FR 未知力列阵解,见式(1-2-55)
app.FR = FR;                                              % FR 私有属性值
Fr14x(n1) = FR(1);                                        % Fr14x
app.Fr14x = Fr14x;                                        % Fr14x 私有属性值
Fr14y(n1) = FR(2);                                        % Fr14y
app.Fr14y = Fr14y;                                        % Fr14y 私有属性值
Fr12x(n1) = FR(3);                                        % Fr12x
app.Fr12x = Fr12x;                                        % Fr12x 私有属性值
Fr12y(n1) = FR(4);                                        % Fr12y
app.Fr12y = Fr12y;                                        % Fr12y 私有属性值
```

```
    Fr23x(n1) = FR(5);                                    % Fr23x
    app.Fr23x = Fr23x;                                    % Fr23x 私有属性值
    Fr23y(n1) = FR(6);                                    % Fr23y
    app.Fr23y = Fr23y;                                    % Fr23y 私有属性值
    Fr34x(n1) = FR(7);                                    % Fr34x
    app.Fr34x = Fr34x;                                    % Fr34x 私有属性值
    Fr34y(n1) = FR(8);                                    % Fr34y
    app.Fr34y = Fr34y;                                    % Fr34y 私有属性值
    Mb(n1) = FR(9);                                       % Mb:l1 平衡力矩
    app.Mb = Mb;                                          % Mb 私有属性值
    end
    % App 界面功能更改
    app.Button_2.Enable = 'on';                           % 开启【保存数据】使能
    app.Button_3.Enable = 'on';                           % 开启【受力分析曲线】使能
    app.Button_4.Enable = 'on';                           % 开启【机构简图】使能
    app.Button_6.Enable = 'on';                           % 开启【查询】使能
    app.Button_7.Enable = 'on';                           % 开启【清除数据】使能
    % App 界面结果显示清零
    app.theta1EditField.Value = 0;                        % 【theta1】
    app.F14xEditField.Value = 0;                          % 【F14x】
    app.F14yEditField.Value = 0;                          % 【F14y】
    app.F12xEditField.Value = 0;                          % 【F12x】
    app.F12yEditField.Value = 0;                          % 【F12y】
    app.F23xEditField.Value = 0;                          % 【F23x】
    app.F23yEditField.Value = 0;                          % 【F23y】
    app.F34xEditField.Value = 0;                          % 【F34x】
    app.F34yEditField.Value = 0;                          % 【F34y】
    app.L1MbEditField.Value = 0;                          % 【L1 - Mb】
end
```

(4)【受力分析曲线】回调函数

```
functionYunDongQuXian(app, event)
    FR = app.FR;                                          % FR 私有属性值
    Fr14x = app.Fr14x;                                    % Fr14x 私有属性值
    Fr14y = app.Fr14y;                                    % Fr14y 私有属性值
    Fr12x = app.Fr12x;                                    % Fr12x 私有属性值
    Fr12y = app.Fr12y;                                    % Fr12y 私有属性值
    Fr23x = app.Fr23x;                                    % Fr23x 私有属性值
    Fr23y = app.Fr23y;                                    % Fr23y 私有属性值
    Fr34x = app.Fr34x;                                    % Fr34x 私有属性值
    Fr34y = app.Fr34y;                                    % Fr34y 私有属性值
    Mb = app.Mb;                                          % Mb 私有属性值
    n1 = [1:400];                                         % n1:角度 θ1 变化范围
    % 绘制运动副反力 Fr12 曲线图
    plot(app.UIAxes,n1,Fr12x(n1),'r',n1,Fr12y(n1),'b',"LineWidth",2);
    title(app.UIAxes,' 运动副反力 Fr12 曲线图 ');         % 运动副反力 Fr12 曲线图标题
    xlabel(app.UIAxes,'\theta_1/ \circ')                  % 运动副反力 Fr12 曲线 x 轴
    ylabel(app.UIAxes,'F/N')                              % 运动副反力 Fr12 曲线 y 轴
    legend(app.UIAxes,'Fr12x','Fr12y')                    % 运动副反力 Fr12 曲线图例
    % 绘制运动副反力 Fr23 曲线图
    plot(app.UIAxes_6,n1,Fr23x(n1),'r',n1,Fr23y(n1),'b',"LineWidth",2);
    title(app.UIAxes_6,' 运动副反力 Fr23 曲线图 ');       % 运动副反力 Fr23 曲线图标题
```

```
    xlabel(app.UIAxes_6,'\theta_1/ \circ')                          %运动副反力 Fr23 曲线图 x 轴
    ylabel(app.UIAxes_6,'F/N')                                      %运动副反力 Fr23 曲线图 y 轴
    legend(app.UIAxes_6,'Fr23x','Fr23y')                            %运动副反力 Fr23 曲线图图例
    %绘制运动副反力 Fr34 曲线图
    plot(app.UIAxes_3,n1,Fr34x(n1),'r',n1,Fr34y(n1),'b',"LineWidth",2);
    title(app.UIAxes_3,'运动副反力 Fr34 曲线图');                    %运动副反力 Fr34 曲线图标题
    xlabel(app.UIAxes_3,'\theta_1/ \circ')                          %运动副反力 Fr34 曲线图 x 轴
    ylabel(app.UIAxes_3,'F/N')                                      %运动副反力 Fr34 曲线图 y 轴
    legend(app.UIAxes_3,'Fr34x','Fr34y')                            %运动副反力 Fr34 曲线图图例
    %绘制运动副反力 Fr14 曲线图
    plot(app.UIAxes_4,n1,Fr14x(n1),'r',n1,Fr14y(n1),'b',"LineWidth",2);
    title(app.UIAxes_4,'运动副反力 Fr14 曲线图');                    %运动副反力 Fr14 曲线图标题
    xlabel(app.UIAxes_4,'\theta_1/ \circ')                          %运动副反力 Fr14 曲线图 x 轴
    ylabel(app.UIAxes_4,'F/N')                                      %运动副反力 Fr14 曲线图 y 轴
    legend(app.UIAxes_4,'Fr14x','Fr14y')                            %运动副反力 Fr14 曲线图图例
    %绘制力矩 Mb 图
    plot(app.UIAxes_5,n1,Mb(n1),'b',"LineWidth",2);
    title(app.UIAxes_5,'力矩 Mb 图')                                 %力矩 Mb 图标题
    xlabel(app.UIAxes_5,'\theta_1/ \circ');                         %力矩 Mb 图 x 轴
    ylabel(app.UIAxes_5,'M/N.m')                                    %力矩 Mb 图 y 轴
end
```

(5)【机构简图】回调函数

```
functionjigoujiantu(app, event)
    cla(app.UIAxes_7)                                               %清除图形
    l1 = app.l1;                                                    %l1 私有属性值
    l3 = app.l3;                                                    %l3 私有属性值
    l4 = app.l4;                                                    %l4 私有属性值
    s3 = app.s3;                                                    %s3 私有属性值
    theta3 = app.theta3;                                            %theta3 私有属性值
    theta1 = app.theta1;                                            %theta1 私有属性值
    %绘制导杆机构简图坐标
    n1 = 1;
    x(1) = (s3(n1) * 1000 - 50) * cos(theta3(n1));                 %B 点坐标
    y(1) = (s3(n1) * 1000 - 50) * sin(theta3(n1));
    x(2) = 0;                                                       %C 点坐标
    y(2) = 0;
    x(3) = 0;                                                       %A 点坐标
    y(3) = l4 * 1000;
    x(4) = 0;
    y(4) = l4 * 1000;
    x(5) = l1 * 1000 * cos(theta1(n1));
    y(5) = l1 * 1000 * sin(theta1(n1)) + l4 * 1000;
    x(6) = (s3(n1) * 1000 + 50) * cos(theta3(n1));
    y(6) = (s3(n1) * 1000 + 50) * sin(theta3(n1));
    x(7) = l3 * 1000 * cos(theta3(n1));
    y(7) = l3 * 1000 * sin(theta3(n1));
    x(10) = (s3(n1) * 1000 - 80) * cos(theta3(n1));
    y(10) = (s3(n1) * 1000 - 80) * sin(theta3(n1));
    x(11) = x(10) + 45 * cos(pi/2 - theta3(n1));
    y(11) = y(10) - 45 * sin(pi/2 - theta3(n1));
    x(12) = x(11) + 130 * cos(theta3(n1));
```

```
    y(12) = y(11) + 130 * sin(theta3(n1));
    x(13) = x(12) - 100 * cos(pi/2 - theta3(n1));
    y(13) = y(12) + 100 * sin(pi/2 - theta3(n1));
    x(14) = x(10) - 50 * cos(pi/2 - theta3(n1));
    y(14) = y(10) + 50 * sin(pi/2 - theta3(n1));
    x(15) = x(10);
    y(15) = y(10);
    %绘制导杆机构简图
    i = 1:5;
    line(app.UIAxes_7,x(i),y(i),'linewidth',3);
    i = 6:7;
    line(app.UIAxes_7,x(i),y(i),'linewidth',3);
    i = 10:15;
    line(app.UIAxes_7,x(i),y(i),'linewidth',3);
    %绘制导杆机构简图中的 3 个铰链圆点
    ball_1 = line(app.UIAxes_7,x(4),y(4),'color','k','marker','o','markersize',8);
    ball_2 = line(app.UIAxes_7,x(2),y(2),'color','k','marker','o','markersize',8);
    ball_3 = line(app.UIAxes_7,x(5),y(5),'color','k','marker','o','markersize',8);
    %绘制导杆机构简图中地面斜线
    a20 = linspace(0.3 * 14 * 1000,0.6 * 14 * 1000,7);
    for i = 1:6
    a30 = (a20(i) + a20(i + 1))/2;
    line(app.UIAxes_7,[0, - 0.02 * 14 * 1000],[a20(i),a30],'color','k','linestyle','-','linewidth',2);
    end
    title(app.UIAxes_7,' 导杆机构简图 ');                                    %导杆机构简图标题
    xlabel(app.UIAxes_7,' mm');                                             %机构简图标题 x 轴
    ylabel(app.UIAxes_7,'mm');                                              %机构简图标题 y 轴
    axis(app.UIAxes_7,[ - 100 11 * 1000 + 250  - 200 (11 + 14) * 1000 + 250]);  %机构简图坐标范围
end
```

(6)【结束程序】回调函数

```
functionJieSuChengXu(app, event)
    %App 界面信息提示对话框
    sel = questdlg(' 确认关闭应用程序？',' 关闭确认,','Yes','No','No');
    switch sel
    case'Yes'
    delete(app);                                                   %关闭本 App 窗口
    case'No'
    end
end
```

(7)【保存数据】回调函数

```
functionBaoCunShuJu(app, event)
    t = app.t;                                                     %t 私有属性值
    theta = app.theta;                                             %theta 私有属性值
    [filename,filepath] = uiputfile(' * .xls');
    if isequal(filename,0) || isequal(filepath,0)
    else
    str = [filepath,filename];
    fopen(str);
    xlswrite(str,t,'Sheet1','B1');
    xlswrite(str,theta,'Sheet1','C1');
    fclose('all');
    end
end
```

(8)【查询】回调函数

```
functionchaxun(app, event)
  Mb = app.Mb;                                    % Mb 私有属性值
  Fr14x = app.Fr14x;                              % F14x 私有属性值
  Fr14y = app.Fr14y;                              % F14y 私有属性值
  Fr12x = app.Fr12x;                              % F12x 私有属性值
  Fr12y = app.Fr12y;                              % F12y 私有属性值
  Fr23x = app.Fr23x;                              % F23x 私有属性值
  Fr23y = app.Fr23y;                              % F23y 私有属性值
  Fr34x = app.Fr34x;                              % F34x 私有属性值
  Fr34y = app.Fr34y;                              % F34y 私有属性值
  t = app.theta1EditField.Value;                  % 查询【theta1】
  t = round(t);                                   % 角度取整
  if t >360                                       % t >360°,则提示
   % App 界面信息提示对话框
  msgbox('查询转角不能大于 360°! ','友情提示');
  else
   % 找出查询角度对应的数据序号
  i = t;
   % 设计结果分别写入 App 界面对应的显示框中
  app.theta1EditField.Value = t;                  %【theta1】
  app.F14xEditField.Value = Fr14x(i);             %【Fr14x】
  app.F14yEditField.Value = Fr14y(i);             %【Fr14y】
  app.F12xEditField.Value = Fr12x(i);             %【Fr12x】
  app.F12yEditField.Value = Fr12y(i);             %【Fr12y】
  app.F23xEditField.Value = Fr23x(i);             %【Fr23x】
  app.F23yEditField.Value = Fr23y(i);             %【Fr23y】
  app.F34xEditField.Value = Fr34x(i);             %【Fr34x】
  app.F34yEditField.Value = Fr34y(i);             %【Fr34y】
  app.L1MbEditField.Value = Mb(i);                %【L1 - Mb】
  end
end
```

(9)【清除】回调函数

```
functionqingchushuju(app, event)
   % App 界面结果显示清零
  app.theta1EditField.Value = 0;                  %【theta1】
  app.F14xEditField.Value = 0;                    %【Fr14x】
  app.F14yEditField.Value = 0;                    %【Fr14y】
  app.F12xEditField.Value = 0;                    %【Fr12x】
  app.F12yEditField.Value = 0;                    %【Fr12y】
  app.F23xEditField.Value = 0;                    %【F23x】
  app.F23yEditField.Value = 0;                    %【F23y】
  app.F34xEditField.Value = 0;                    %【F34x】
  app.F34yEditField.Value = 0;                    %【F34y】
  app.L1MbEditField.Value = 0;                    %【L1 - Mb】
end
```

1.2.8 案例 18:六杆机构运动分析 App 设计

平面六杆机构实际上是由一个平面四杆机构和一个二级杆组组合而成的。平面四杆机构与二级杆组的连接形式多种多样,所以平面六杆机构的类型非常多,应用也很广泛。如图 1.2.18 所示

的牛头刨床的主运动机构是平面六杆机构，它是在一个导杆滑块机构(平面四杆机构)上组合一个二级杆组(两杆三副)。

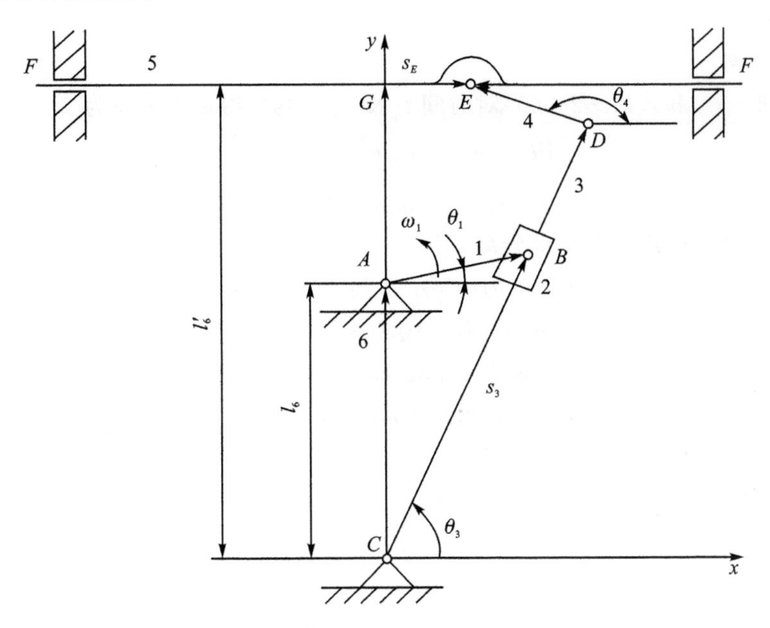

图 1.2.18　牛头刨床主运动机构简图

已知各构件尺寸，曲柄(杆1)匀速转动且转动角速度为 ω_1，以及曲柄在某个时刻的位置角为 θ_1，要分析其余杆件的位置(角位移)、速度(角速度)和加速度(角加速度)。

1. 机构的数学分析

为了对牛头刨床主运动机构进行运动分析，建立如图1.2.18所示的直角坐标系。为建立数学模型，将各构件表示为杆矢，杆矢均用指数形式的复数表示。

(1) 位置分析

机构中除曲柄和机架(杆 AC)之外，有4个活动构件。为分析4个活动构件的运动参数，需建立两个封闭矢量方程。

根据图1.2.18机构中存在的封闭图形 $ABCA$，可建立各杆矢构成的封闭矢量方程为

$$\boldsymbol{l}_6+\boldsymbol{l}_1=\boldsymbol{s}_3 \tag{1-2-56}$$

将式(1-2-56)用复数形式表示为

$$l_6\mathrm{e}^{\mathrm{i}\frac{\pi}{2}}+l_1\mathrm{e}^{\mathrm{i}\theta_1}=s_3\mathrm{e}^{\mathrm{i}\theta_3} \tag{1-2-57}$$

将式(1-2-57)中的虚部和实部分离，整理得

$$\begin{cases}\theta_3=\arccos\left(\dfrac{l_1\cos\theta_1}{s_3}\right)\\ s_3=\sqrt{(l_1\cos\theta_1)^2+(l_6+l_1\sin\theta_1)^2}\end{cases} \tag{1-2-58}$$

根据图1.2.18机构中存在的封闭图形 $CDEGC$，可建立各杆矢构成的封闭矢量方程为

$$\boldsymbol{l}_3+\boldsymbol{l}_4=\boldsymbol{l}'_6+\boldsymbol{s}_E \tag{1-2-59}$$

将式(1-2-59)用复数形式表示为

$$l_3\mathrm{e}^{\mathrm{i}\theta_3}+l_4\mathrm{e}^{\mathrm{i}\theta_4}=l'_6\mathrm{e}^{\mathrm{i}\frac{\pi}{2}}+s_E \tag{1-2-60}$$

将式(1-2-60)中的虚部和实部分离，整理得

$$\begin{cases}\theta_4 = \arcsin \dfrac{l_6' - l_3 \sin \theta_3}{l_4} \\ s_E = l_3 \cos \theta_3 + l_4 \cos \theta_4\end{cases} \tag{1-2-61}$$

(2) 速度分析

将式(1-2-57)和式(1-2-60)对时间 t 求一阶导数，得速度关系为

$$\begin{cases}\mathrm{i} l_1 \omega_1 \mathrm{e}^{\mathrm{i}\theta_1} = v_{23} \mathrm{e}^{\mathrm{i}\theta_3} + \mathrm{i} s_3 \omega_3 \mathrm{e}^{\mathrm{i}\theta_3} \\ \mathrm{i} l_3 \omega_3 \mathrm{e}^{\mathrm{i}\theta_3} + \mathrm{i} l_4 \omega_4 \mathrm{e}^{\mathrm{i}\theta_4} = v_E\end{cases} \tag{1-2-62}$$

将式(1-2-62)的虚部和实部分离，得

$$\begin{cases}l_1 \omega_1 \cos \theta_1 = v_{23} \sin \theta_3 + s_3 \omega_3 \cos \theta_3 \\ -l_1 \omega_1 \sin \theta_1 = v_{23} \cos \theta_3 - s_3 \omega_3 \sin \theta_3 \\ l_3 \omega_3 \cos \theta_3 + l_4 \omega_4 \cos \theta_4 = 0 \\ -l_3 \omega_3 \sin \theta_3 - l_4 \omega_4 \sin \theta_4 = v_E\end{cases} \tag{1-2-63}$$

将式(1-2-63)用矩阵形式表示为

$$\begin{bmatrix}\cos \theta_3 & -s_3 \sin \theta_3 & 0 & 0 \\ \sin \theta_3 & s_3 \cos \theta_3 & 0 & 0 \\ 0 & -l_3 \sin \theta_3 & -l_4 \sin \theta_4 & -1 \\ 0 & l_3 \cos \theta_3 & l_4 \cos \theta_4 & 0\end{bmatrix} \begin{bmatrix}v_{23} \\ \omega_3 \\ \omega_4 \\ v_E\end{bmatrix} = \omega_1 \begin{bmatrix}-l_1 \sin \theta_1 \\ l_1 \cos \theta_1 \\ 0 \\ 0\end{bmatrix} \tag{1-2-64}$$

求解式(1-2-64)可以得到导杆 3(杆 CD)的角速度 ω_3、杆件 4(杆 DE)的角速度 ω_4、刨头 5 上 E 点的线速度 v_E、滑块 B 相对于导杆 3 的速度 v_{23}。

(3) 加速度分析

将式(1-2-57)和式(1-2-60)对时间 t 求二阶导数，得加速度关系为

$$\begin{bmatrix}\cos \theta_3 & -s_3 \sin \theta_3 & 0 & 0 \\ \sin \theta_3 & s_3 \cos \theta_3 & 0 & 0 \\ 0 & -l_3 \sin \theta_3 & -l_4 \sin \theta_4 & -1 \\ 0 & l_3 \cos \theta_3 & l_4 \cos \theta_4 & 0\end{bmatrix} \begin{bmatrix}a_{23} \\ \alpha_3 \\ \alpha_4 \\ a_E\end{bmatrix} =$$

$$-\begin{bmatrix}-\omega_3 \sin \theta_3 & -v_{23} \sin \theta_3 - s_3 \omega_3 \cos \theta_3 & 0 & 0 \\ \omega_3 \cos \theta_3 & v_{23} \cos \theta_3 - s_3 \omega_3 \sin \theta_3 & 0 & 0 \\ 0 & -l_3 \omega_3 \cos \theta_3 & -l_4 \omega_4 \cos \theta_4 & 0 \\ 0 & -l_3 \omega_3 \sin \theta_3 & -l_4 \omega_4 \sin \theta_4 & 0\end{bmatrix} \begin{bmatrix}v_{23} \\ \omega_3 \\ \omega_4 \\ v_E\end{bmatrix} + \omega_1 \begin{bmatrix}-l_1 \omega_1 \cos \theta_1 \\ -l_1 \omega_1 \sin \theta_1 \\ 0 \\ 0\end{bmatrix} \tag{1-2-65}$$

求解式(1-2-65)可以得到导杆 3(杆 CD)的角加速度 α_3、杆件 4(杆 DE)的角加速度 α_4、刨头 5 上 E 点的线加速度 a_E、滑块 B 相对于导杆 3 的线加速度 a_{23}。

2. 案例 18 内容

如图 1.2.18 所示的牛头刨床主运动机构，已知：各构件的尺寸分别为 $l_1 = 125$ mm，$l_3 = 600$ mm，$l_4 = 150$ mm，$l_6 = 275$ mm，$l_6' = 575$ mm，曲柄以匀速逆时针转动且角速度 $\omega_1 = 1$ rad/s。计算该机构中各从动件的角位移、角速度和角加速度以及刨头 5 上 E 点的位置、速度和加速度。

3. App 窗口设计

六杆机构运动分析 App 窗口，如图 1.2.19 所示。

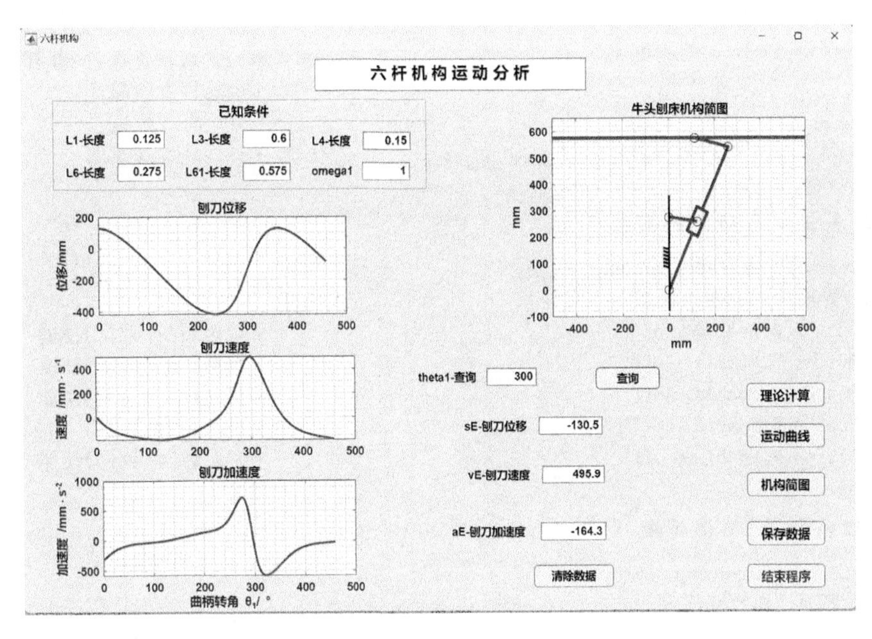

图 1.2.19　六杆机构运动分析 App 窗口

4. App 窗口程序设计(程序 lu_exam_18)

(1) 私有属性创建

```
properties(Access = private)
  %私有属性
  l1;                                   %l1:杆 l1
  l3;                                   %l3:杆 l3
  l4;                                   %l4:杆 l4
  l6;                                   %l6:杆 l6
  l61;                                  %l61:杆 l6'
  omega1;                               %omega1:角速度 ω1
  alpha1;                               %alpha1:角加速度 α1
  theta1;                               %theta1:角位移 θ1
  theta3;                               %theta3:角位移 θ3
  theta31;                              %theta31:角位移 θ3
  theta4;                               %theta4:角位移 θ4
  theta41;                              %theta41:角位移 θ4
  omega3;                               %omega3:角速度 ω3
  omega31;                              %omega31:角速度 ω3
  omega4;                               %omega4:角速度 ω4
  omega41;                              %omega41:角速度 ω4
  alpha3;                               %alpha3:角加速度 α3
  alpha31;                              %alpha31:角加速度 α3
  alpha4;                               %alpha4:角加速度 α4
  alpha41;                              %alpha41:角加速度 α4
  s3;                                   %s3:滑块 2 相对 CD 杆位移
  s31;                                  %s31:滑块 2 相对 CD 杆位移
  v2;                                   %v2:滑块 2 相对 CD 杆速度
  v21;                                  %v21:滑块 2 相对 CD 杆速度
```

```
    a2;                                                   % a2:滑块 2 相对 CD 杆加速度
    a21;                                                  % a21:滑块 2 相对 CD 杆加速度
    sE1;                                                  % sE1:杆 5 位移
    vE1;                                                  % vE1:杆 5 速度
    aE1;                                                  % aE1:杆 5 加速度
end
```

(2) 设置窗口启动回调函数

```
functionstartupFcn(app, rochker)
    % App 界面功能的初始状态
    app.Button_2.Enable = 'off';                          % 屏蔽【保存数据】使能
    app.Button_3.Enable = 'off';                          % 屏蔽【运动曲线】使能
    app.Button_4.Enable = 'off';                          % 屏蔽【机构简图】使能
    app.Button_6.Enable = 'off';                          % 屏蔽【查询】使能
    app.Button_7.Enable = 'off';                          % 屏蔽【清除数据】使能
end
```

(3)【理论计算】回调函数

```
functionLiLunJiSuan(app, event)
    % App 界面已知数据读入
    l1 = app.L1EditField.Value;                           %【L1 - 长度】
    app.l1 = l1;                                          % l1 私有属性值
    l3 = app.L3EditField.Value;                           %【L3 - 长度】
    app.l3 = l3;                                          % l3 私有属性值
    l4 = app.L4EditField.Value;                           %【L4 - 长度】
    app.l4 = l4;                                          % l4 私有属性值
    l6 = app.L6EditField.Value;                           %【L6 - 长度】
    app.l6 = l6;                                          % l6 私有属性值
    l61 = app.L61EditField.Value;                         %【L61 - 长度】
    app.l61 = l61;                                        % l61 私有属性值
    omega1 = app.omega1EditField.Value;                   %【omega1】
    app.omega1 = omega1;                                  % omega1 私有属性值
    % 设计计算
    alpha1 = 0;                                           % α1 初始值为 0
    hd = pi/180;                                          % hd:角度弧度系数
    du = 180/pi;                                          % du:弧度角度系数
    % 调用私有函数 six_bar 计算每一个角度 θ1 对应的位移、速度和加速度
    for n1 = 1:459;                                       % n1:角度 θ1 范围
    theta1(n1) =- 12 * pi + 5.8119 + (n1 - 1) * hd;       % theta1 弧度值
    app.theta1 = theta1;                                  % theta1 私有属性值
    ll = [l1,l3,l4,l6,l61];                               % ll:组成杆长数组
    % 调私有函数 six_bar
    [theta,omega,alpha] = six_bar(theta1(n1),omega1,alpha1,ll);
    s31(n1) = theta(1);                                   % s31
    app.s31 = s31;                                        % s31 私有属性值
    sE1(n1) = theta(4);                                   % sE1
    app.sE1 = sE1;                                        % sE1 私有属性值
    vE1(n1) = omega(4);                                   % vE1
    app.vE1 = vE1;                                        % vE1 私有属性值
    aE1(n1) = alpha(4);                                   % aE1
    app.aE1 = aE1;                                        % aE1 私有属性值
    theta31(n1) = theta(2);                               % theta31
    app.theta31 = theta31;                                % theta31 私有属性值
```

```
theta41(n1) = theta(3);                                    % theta41
app.theta41 = theta41;                                     % theta41 私有属性值
v21(n1) = omega(1);                                        % v21
app.v21 = v21;                                             % v21 私有属性值
omega31(n1) = omega(2);                                    % omega31
app.omega31 = omega31;                                     % omega31 私有属性值
omega41(n1) = omega(3);                                    % omega41
app.omega41 = omega41;                                     % omega41 私有属性值
a21(n1) = alpha(1);                                        % a21
app.a21 = a21;                                             % a21 私有属性值
alpha31(n1) = alpha(2);                                    % alpha31
app.alpha31 = alpha31;                                     % alpha31 私有属性值
alpha41(n1) = alpha(3);                                    % alpha41
app.alpha41 = alpha41;                                     % alpha41 私有属性值
end
% App 界面功能更改
app.Button_2.Enable = 'on';                                % 开启【保存数据】使能
app.Button_3.Enable = 'on';                                % 开启【运动曲线】使能
app.Button_4.Enable = 'on';                                % 开启【机构简图】使能
app.Button_6.Enable = 'on';                                % 开启【查询】使能
app.Button_7.Enable = 'on';                                % 开启【清除数据】使能
% App 界面结果显示清零
app.theta1EditField.Value = 0;                             %【theta1 - 查询】
app.sEEditField.Value = 0;                                 %【sE - 刨刀位移】
app.vEEditField.Value = 0;                                 %【vE - 刨刀速度】
app.aEEditField.Value = 0;                                 %【aE - 刨刀加速度】
% 私有函数 six_bar
function [theta,omega,alpha] = six_bar(theta1,omega1,alpha1,l1);
% 注:l1 = [l1,l3,l4,l6,l61]
l1 = l1(1);
l3 = l1(2);
l4 = l1(3);
l6 = l1(4);
l61 = l1(5);
% 计算角位移和线位移
s3  = sqrt((l1 * cos(theta1)) * (l1 * cos(theta1)) + ...
        (l6 + l1 * sin(theta1)) * (l6 + l1 * sin(theta1)));   % s3
theta3  = acos((l1 * cos(theta1 ))/s3 );                   % theta3
theta4  = pi - asin((l61 - l3 * sin(theta3 ))/l4);         % theta4
sE  = l3 * cos(theta3 ) + l4 * cos(theta4 );               % sE:刨刀位移
theta(1) = s3;                                             % 中间变量
theta(2) = theta3;                                         % 中间变量
theta(3) = theta4;                                         % 中间变量
theta(4) = sE;                                             % 中间变量
% 计算角速度和线速度(A、B 矩阵见式(1-2-64))
A = [sin(theta3 ),s3  * cos(theta3 ),0,0;
    - cos(theta3 ),s3  * sin(theta3 ),0,0;
    0,l3 * sin(theta3 ),l4 * sin(theta4 ),1;
    0,l3 * cos(theta3 ),l4 * cos(theta4 ),0];
B = [l1 * cos(theta1 );l1 * sin(theta1 );0;0];
omega = A\(omega1 * B);                                    % 速度矩阵求解
v2  = omega(1);                                            % v2
```

```
        omega3 = omega(2);                                          % omega3
        omega4 = omega(3);                                          % omega4
        vE = omega(4);                                              % vE:刨刀速度
       % 计算角加速度和加速度（A、At、Bt 矩阵见式(1-2-65))
        A = [sin(theta3 ),s3 * cos(theta3 ),0,0;
            cos(theta3 ),- s3 * sin(theta3 ),0,0;
            0,l3 * sin(theta3 ),l4 * sin(theta4 ),1;
            0,l3 * cos(theta3 ),l4 * cos(theta4 ),0];
        At = [omega3 * cos(theta3 ),(v2 * cos(theta3 ) - s3 * omega3 * sin(theta3 )),0,0;
            - omega3 * sin(theta3 ),( - v2 * sin(theta3 ) - s3 * omega3 * cos(theta3 )),0,0;
            0,l3 * omega3 * cos(theta3 ),l4 * omega4 * cos(theta4 ),0;
            0, - l3 * omega3 * sin(theta3 ), - l4 * omega4 * sin(theta4 ),0];
        Bt = [ - l1 * omega1 * sin(theta1 ); - l1 * omega1 * cos(theta1 );0;0];
        alpha = A\( - At * omega + omega1 * Bt);                    % 加速度矩阵求解
        a2 = alpha(1);                                              % a2
        alpha3 = alpha(2);                                          % alpha3
        alpha4 = alpha(3);                                          % alpha4
        aE = alpha(4);                                              % aE:刨刀加速度
        end
    end
```

(4)【运动曲线】回调函数

```
    functionYunDongQuXian(app, event)
        du = 180/pi;                                                % du:弧度角度系数
        sE1 = app.sE1;                                              % sE1 私有属性值
        sE1 = sE1 * 1000;                                           % 单位为 mm
        vE1 = app.vE1 * 1000;                                       % vE1 私有属性值
        aE1 = app.aE1 * 1000;                                       % aE1 私有属性值
        t = 1:459;                                                  % t:角度 θ1 范围
        plot(app.UIAxes,t,sE1,"LineWidth",2)                        % 绘制刨刀位移图
        title(app.UIAxes,'刨刀位移');                               % 刨刀位移图标题
        ylabel(app.UIAxes,'位移/mm')                                % 刨刀位移图 y 轴
        plot(app.UIAxes_2,t,vE1,"LineWidth",2)                      % 绘制刨刀速度图
        title(app.UIAxes_2,'刨刀速度');                             % 刨刀速度图标题
        ylabel(app.UIAxes_2,'速度 /mm\cdots^{ - 1}')                % 刨刀速度图 y 轴
        plot(app.UIAxes_3,t,aE1,"LineWidth",2)                      % 绘制刨刀加速度图
        title(app.UIAxes_3,'刨刀加速度');                           % 刨刀加速度图标题
        xlabel(app.UIAxes_3,'曲柄转角 \theta_1/ \circ')             % 刨刀加速度图 x 轴
        ylabel(app.UIAxes_3,'加速度 /mm\cdots^{ - 2}')              % 刨刀加速度图 y 轴
    end
```

(5)【机构简图】回调函数

```
    functionjigoujiantu(app, event)
        cla(app.UIAxes_4)                                           % 清除图形
        s31 = app.s31;                                              % s31 私有属性值
        theta1 = app.theta1;                                        % theta1 私有属性值
        theta31 = app.theta31;                                      % theta31 私有属性值
        theta41 = app.theta41;                                      % theta41 私有属性值
        l1 = app.l1;                                                % l1 私有属性值
        l3 = app.l3;                                                % l3 私有属性值
        l4 = app.l4;                                                % l4 私有属性值
        l6 = app.l6;                                                % l6 私有属性值
        l61 = app.l61;                                              % l61 私有属性值
```

```
%绘制牛头刨床机构简图坐标
n1 = 20;
x(1) = 0;                                                           %C 点坐标
y(1) = 0;
x(2) = (s31(n1) * 1000 - 50) * cos(theta31(n1));                    %B 点坐标
y(2) = (s31(n1) * 1000 - 50) * sin(theta31(n1));
x(3) = 0;                                                           %A 点坐标
y(3) = l6 * 1000;
x(4) = l1 * 1000 * cos(theta1(n1));
y(4) = s31(n1) * 1000 * sin(theta31(n1));
x(5) = (s31(n1) * 1000 + 50) * cos(theta31(n1));
y(5) = (s31(n1) * 1000 + 50) * sin(theta31(n1));
x(6) = l3 * 1000 * cos(theta31(n1));
y(6) = l3 * 1000 * sin(theta31(n1));
x(7) = l3 * 1000 * cos(theta31(n1)) + l4 * 1000 * cos(theta41(n1));
y(7) = l3 * 1000 * sin(theta31(n1)) + l4 * 1000 * sin(theta41(n1));
x(8) = l3 * 1000 * cos(theta31(n1)) + l4 * 1000 * cos(theta41(n1)) - 900;
y(8) = l61 * 1000;
x(9) = l3 * 1000 * cos(theta31(n1)) + l4 * 1000 * cos(theta41(n1)) + 600;
y(9) = l61 * 1000;
x(10) = (s31(n1) * 1000 - 50) * cos(theta31(n1));
y(10) = (s31(n1) * 1000 - 50) * sin(theta31(n1));
x(11) = x(10) + 25 * cos(pi/2 - theta31(n1));
y(11) = y(10) - 25 * sin(pi/2 - theta31(n1));
x(12) = x(11) + 100 * cos(theta31(n1));
y(12) = y(11) + 100 * sin(theta31(n1));
x(13) = x(12) - 50 * cos(pi/2 - theta31(n1));
y(13) = y(12) + 50 * sin(pi/2 - theta31(n1));
x(14) = x(10) - 25 * cos(pi/2 - theta31(n1));
y(14) = y(10) + 25 * sin(pi/2 - theta31(n1));
x(15) = x(10);
y(15) = y(10);
x(16) = 0;
y(16) =- 180;
x(17) = 0;
y(17) = l6 * 1000 + 80;
%绘制牛头刨床机构简图
k = 1:2;
line(app.UIAxes_4,x(k),y(k),'linewidth',3);
k = 3:4;
line(app.UIAxes_4,x(k),y(k),'linewidth',3);
k = 5:9;
line(app.UIAxes_4,x(k),y(k),'linewidth',3);
k = 10:15;
line(app.UIAxes_4,x(k),y(k),'linewidth',3);
k = 16:17;
line(app.UIAxes_4,x(k),y(k),'linewidth',2,'color','k');
%绘制牛头刨床机构简图中的 5 个铰链圆点
ball_1 = line(app.UIAxes_4,x(1),y(1),'color','k','marker','o','markersize',8);
ball_2 = line(app.UIAxes_4,x(3),y(3),'color','k','marker','o','markersize',8);
ball_3 = line(app.UIAxes_4,x(4),y(4),'color','k','marker','o','markersize',8);
ball_4 = line(app.UIAxes_4,x(6),y(6),'color','k','marker','o','markersize',8);
```

```
    ball_5 = line(app.UIAxes_4,x(7),y(7),'color','k','marker','o','markersize',8);
    %绘制地面符号斜线
    a20 = linspace(0.3 * 16 * 1000,0.6 * 16 * 1000,7);
    for i = 1:6
    a30 = (a20(i) + a20(i + 1))/2;
    line(app.UIAxes_4,[0, - 0.1 * 16 * 1000],[a20(i),a30],'color','k','linestyle','-','linewidth',2);
    end
    title(app.UIAxes_4,'牛头刨床机构简图');                %牛头刨床机构简图标题
    xlabel(app.UIAxes_4,'mm')                              %牛头刨床机构简图 x 轴
    ylabel(app.UIAxes_4,'mm')                              %牛头刨床机构简图 y 轴
    axis (app.UIAxes_4,[-500 600 -100 650]);               %牛头刨床机构简图坐标范围
end
```

(6)【结束程序】回调函数

```
functionJieSuChengXu(app, event)
    %App 界面信息提示对话框
    sel = questdlg('确认关闭应用程序？','关闭确认','Yes','No','No');
    switch sel
    case'Yes'
    delete(app);                                           %关闭本 App 窗口
    case'No'
    end
end
```

(7)【保存数据】回调函数

```
functionBaoCunShuJu(app, event)
    t = app.t;                                             %t 私有属性值
    theta = app.theta;                                     %theta 私有属性值
    [filename,filepath] = uiputfile('*.xls');
    if isequal(filename,0) || isequal(filepath,0)
    else
    str = [filepath,filename];
    fopen(str);
    xlswrite(str,t,'Sheet1','B1');
    xlswrite(str,theta,'Sheet1','C1');
    fclose('all');
    end
end
```

(8)【查询】回调函数

```
functionchaxun(app, event)
    du = 180/pi;                                           %du:弧度角度系数
    sE1 = app.sE1 * 1000;                                  %sE1 私有属性值
    vE1 = app.vE1 * 1000;                                  %vE1 私有属性值
    aE1 = app.aE1 * 1000;                                  %aE1 私有属性值
    t = app.theta1EditField.Value;                         %【theta1 - 查询】
    t = round(t);                                          %t:角度取整
    if t >459                                              %t >459°,则提示
    %App 界面信息提示对话框
    msgbox('查询转角不能大于 459°！','友情提示');
    else
    %找出查询角度对应的数据序号
    i = t;
```

```
    %设计计算结果分别写入 App 界面对应的显示框中
    app.theta1EditField.Value = t;                          %【theta1 - 查询】
    app.sEEditField.Value = sE1(i);                         %【sE - 刨刀位移】
    app.vEEditField.Value = vE1(i);                         %【vE - 刨刀速度】
    app.aEEditField.Value = aE1(i);                         %【aE - 刨刀加速度】
  end
end
```

(9)【清除数据】回调函数

```
functionqingchushuju(app, event)
    %App 界面结果显示清零
    app.theta1EditField.Value = 0;                          %【theta1 - 查询】
    app.sEEditField.Value = 0;                              %【sE - 刨刀位移】
    app.vEEditField.Value = 0;                              %【vE - 刨刀速度】
    app.aEEditField.Value = 0;                              %【aE - 刨刀加速度】
end
```

1.2.9　案例 19：六杆机构力分析 App 设计

如图 1.2.20 所示的平面六杆机构中，已知各杆件的质心位置和尺寸、各杆件的转动惯量 J 和质量 m、原动杆件 1 以角速度 ω_1 进行匀速转动、原动杆件 1 的方位角 θ_1 以及构件 5 的工作阻力 F_r，求原动杆件 1 上的平衡力矩 M_b 和各运动副中的反力。

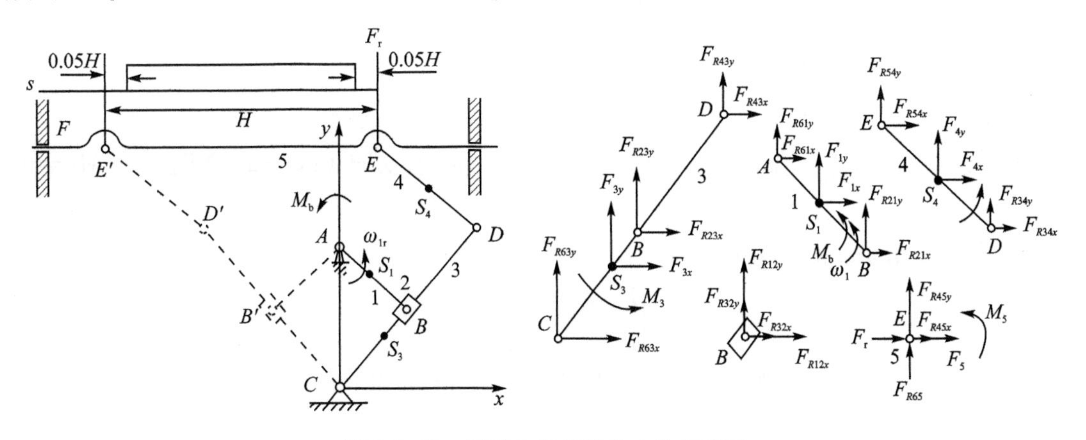

图 1.2.20　平面六杆机构的力分析简图

1. 机构的数学分析

(1) 杆件的惯性力和惯性力矩计算

杆件 1 质心 S_1 的加速度为

$$\begin{cases} a_{S_{1x}} = -l_{AS_1}\omega_1^2\cos\theta_1 \\ a_{S_{1y}} = -l_{AS_1}\omega_1^2\sin\theta_1 \end{cases} \tag{1-2-66}$$

杆件 3 质心 S_3 的加速度为

$$\begin{cases} a_{S_{3x}} = -l_{CS_3}(\omega_3^2\cos\theta_3 + \alpha_3\sin\theta_3) \\ a_{S_{3y}} = -l_{CS_3}(\omega_3^2\sin\theta_3 - \alpha_3\cos\theta_3) \end{cases} \tag{1-2-67}$$

杆件 4 质心 S_4 的加速度为

$$\begin{cases} a_{S_{4x}} = -l_3(\omega_3^2\cos\theta_3 + \alpha_3\sin\theta_3) - l_{CS_4}(\omega_4^2\cos\theta_4 + \alpha_4\sin\theta_4) \\ a_{S_{4y}} = -l_3(\omega_3^2\sin\theta_3 - \alpha_3\cos\theta_3) - l_{CS_4}(\omega_4^2\sin\theta_4 - \alpha_4\cos\theta_4) \end{cases} \tag{1-2-68}$$

根据杆件质心的加速度和杆件的角加速度可以确定其惯性力 $\boldsymbol{F}$ 和惯性力矩 $\boldsymbol{M}$：

$$\begin{cases} F_{1x} = -m_1 a_{S_{1x}} \\ F_{1y} = -m_1 a_{S_{1y}} \\ F_{3x} = -m_3 a_{S_{3x}} \\ F_{3y} = -m_3 a_{S_{3y}} \\ F_{4x} = -m_4 a_{S_{4x}} \\ F_{4y} = -m_4 a_{S_{4y}} \\ F_5 = -m_5 a_E \\ M_3 = -J_{S_3}\alpha_3 \\ M_4 = -J_{S_4}\alpha_4 \end{cases} \tag{1-2-69}$$

(2) 平衡方程的建立

根据前述的构件力分析解析法，建立各个杆件的力平衡方程。

构件 1 受构件 2 和机架 6 对它的作用力和平衡力矩。对其质心 S_1 点取矩，根据 $\sum M_{S_1} = 0$，$\sum F_x = 0$，$\sum F_y = 0$，写出平衡方程为

$$\begin{cases} -F_{R16x} - F_{R12x} = -F_{1x} \\ -F_{R16y} - F_{R12y} = -F_{1y} \\ -F_{R16x}(y_{S_1} - y_A) - F_{R16y}(x_A - x_{S_1}) - (y_{S_1} - y_B)F_{R12x} - (x_B - x_{S_1})F_{R12y} + M_b = 0 \end{cases} \tag{1-2-70}$$

同理，写出滑块 2 的平衡方程为

$$\begin{cases} F_{R12x} - F_{R23x} = 0 \\ F_{R12y} - F_{R23y} = 0 \end{cases} \tag{1-2-71}$$

根据几何约束条件，对滑块 2 可以写出下列方程作为补充方程：

$$F_{R23x}\cos\theta_3 + F_{R23y}\sin\theta_3 = 0 \tag{1-2-72}$$

同理，写出滑块 3 的平衡方程为

$$\begin{cases} -F_{R36x} - F_{R34x} + F_{R23x} = -F_{3x} \\ -F_{R36y} - F_{R34y} + F_{R23y} = -F_{3y} \\ -(y_{S_3} - y_C)F_{R36x} - (x_C - x_{S_3})F_{R36y} + (y_{S_3} - y_B)F_{R23x} + (x_B - x_{S_3})F_{R23y} - \\ (y_{S_3} - y_D)F_{R34x} - (x_D - x_{S_3})F_{R34y} = -M_3 \end{cases} \tag{1-2-73}$$

同理，写出滑块 4 的平衡方程为

$$\begin{cases} F_{R34x} - F_{R45x} = -F_{4x} \\ F_{R34y} - F_{R45y} = -F_{4y} \\ (y_{S_4} - y_D)F_{R34x} + (x_D - x_{S_4})F_{R34y} - (y_{S_4} - y_E)F_{R45x} - (x_E - x_{S_4})F_{R45y} = -M_4 \end{cases} \tag{1-2-74}$$

由于导路对构件 5 只产生一个垂直反力，把其反力向质心 S_5 简化得反力 F_{R65} 和反力矩 M_5，x_{35} 为构件 5 的质心 S_5 到 E 点的距离。构件 5 切削工件时受到切削阻力(向左运动时)，写出构件 5 的平衡方程为

$$\begin{cases} F_{R45x} = -F_5 - F_r \\ F_{R45y} - F_{R56} = 0 \\ F_{R45} x_{S_5} + M_5 = 0 \end{cases} \tag{1-2-75}$$

以上 15 个方程式都为线性方程，为便于利用 MATLAB 软件进行编程求解，写成矩阵形式的平衡方程如下：

$$\boldsymbol{C F}_R = \boldsymbol{D} \tag{1-2-76}$$

式中：$\boldsymbol{C}$ 为系数矩阵，$\boldsymbol{F}_R$ 为未知力列阵，$\boldsymbol{D}$ 为已知力列阵，且分别为

$$\boldsymbol{C} = \left[\begin{array}{ccccccccccccccc}
0 & -1 & 0 & -1 & 0 & 0 & 0 & 0 & 0 & 0 & 0 & 0 & 0 & 0 & 0 \\
0 & 0 & -1 & 0 & -1 & 0 & 0 & 0 & 0 & 0 & 0 & 0 & 0 & 0 & 0 \\
1 & y_A - y_{S_1} & x_{S_1} - x_A & y_B - y_{S_1} & x_{S_1} - x_B & 0 & 0 & 0 & 0 & 0 & 0 & 0 & 0 & 0 & 0 \\
0 & 0 & 0 & 1 & 0 & -1 & 0 & 0 & 0 & 0 & 0 & 0 & 0 & 0 & 0 \\
0 & 0 & 0 & 0 & 1 & 0 & -1 & 0 & 0 & 0 & 0 & 0 & 0 & 0 & 0 \\
0 & 0 & 0 & 0 & 0 & \cos\theta_3 & \sin\theta_3 & 0 & 0 & 0 & 0 & 0 & 0 & 0 & 0 \\
0 & 0 & 0 & 0 & 0 & 1 & 0 & -1 & 0 & -1 & 0 & 0 & 0 & 0 & 0 \\
0 & 0 & 0 & 0 & 0 & 0 & 1 & 0 & -1 & 0 & -1 & 0 & 0 & 0 & 0 \\
0 & 0 & 0 & 0 & 0 & y_{S_3} - y_B & x_B - x_{S_3} & y_C - y_{S_3} & x_{S_3} - x_C & y_D - y_{S_3} & x_{S_3} - x_D & 0 & 0 & 0 & 0 \\
0 & 0 & 0 & 0 & 0 & 0 & 0 & 0 & 0 & 1 & 0 & -1 & 0 & 0 & 0 \\
0 & 0 & 0 & 0 & 0 & 0 & 0 & 0 & 0 & 0 & 1 & 0 & -1 & 0 & 0 \\
0 & 0 & 0 & 0 & 0 & 0 & 0 & 0 & 0 & y_{S_4} - y_D & x_D - x_{S_4} & y_E - y_{S_4} & x_{S_4} - x_E & 0 & 0 \\
0 & 0 & 0 & 0 & 0 & 0 & 0 & 0 & 0 & 0 & 0 & 1 & 0 & 0 & 0 \\
0 & 0 & 0 & 0 & 0 & 0 & 0 & 0 & 0 & 0 & 0 & 0 & 1 & -1 & 0 \\
0 & 0 & 0 & 0 & 0 & 0 & 0 & 0 & 0 & 0 & 0 & 0 & x_{S_5} & 0 & 1
\end{array}\right]$$

$$
\boldsymbol{F}_R=\begin{bmatrix} M_b \\ F_{R16x} \\ F_{R16y} \\ F_{R12x} \\ F_{R12y} \\ F_{R23x} \\ F_{R23y} \\ F_{R36x} \\ F_{R36y} \\ F_{R34x} \\ F_{R34y} \\ F_{R45x} \\ F_{R45y} \\ F_{R56} \\ M_5 \end{bmatrix}, \quad \boldsymbol{D}=\begin{bmatrix} -F_{1x} \\ -F_{1y} \\ 0 \\ 0 \\ 0 \\ 0 \\ -F_{3x} \\ -F_{3y} \\ -M_3 \\ -F_{4x} \\ -F_{4y} \\ -M_4 \\ -F_5-F_r \\ 0 \\ 0 \end{bmatrix}
$$

2. 案例 19 内容

如图 1.2.20 所示的平面六杆机构,已知:各杆件的尺寸分别为 $l_1=125$ mm,$l_3=600$ mm,$l_4=150$ mm,$l_6=275$ mm,$l_6'=575$ mm;各杆件的质心都在杆中点处,杆件 3、4、5 的质量分别为 $m_3=20$ kg,$m_4=3$ kg ,$m_5=62$ kg;杆件 3 和杆件 4 的转动惯量分别为 $J_3=0.12$ kg·m^2,$J_4=0.000\,25$ kg·m^2;杆件 5 的工作阻力 $F_r=-5\,880$ N;杆件 1 以角速度 $\omega_1=1$ rad/s 进行匀速转动(逆时针),不计摩擦和其余杆件的外力(外力矩)。求原动杆件 1 上的平衡力矩 M_b 和各运动副中的反力。

3. App 窗口设计

六杆机构力和力矩分析 App 窗口,如图 1.2.21 所示。

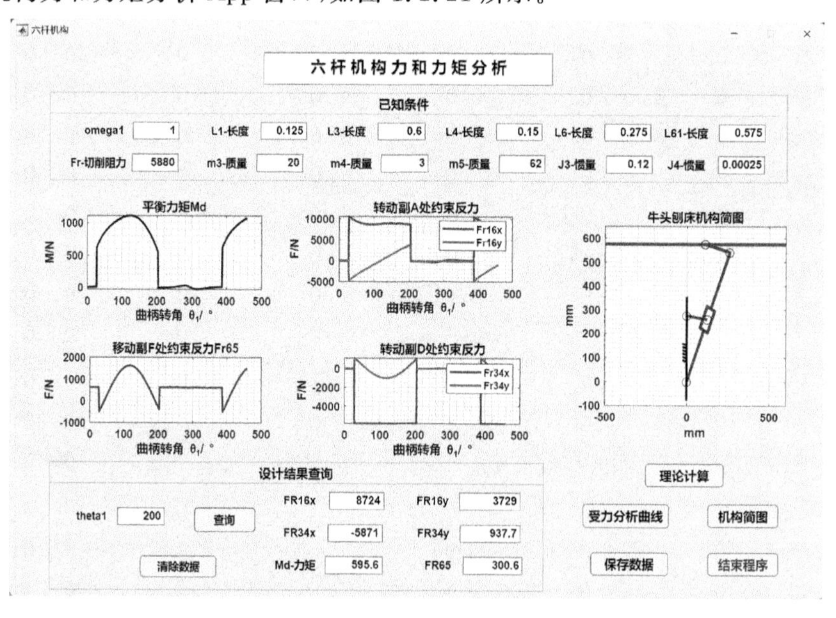

图 1.2.21　六杆机构力和力矩分析 App 窗口

4. App 窗口程序设计(程序 lu_exam_19)

(1) 私有属性创建

```
properties(Access = private)
    % 私有属性
    l1;                                         % l1:杆 l1
    l3;                                         % l3:杆 l3
    l4;                                         % l4:杆 l4
    l6;                                         % l6:杆 l6
    l61;                                        % l61:杆 l6'
    omega1;                                     % omega1:角速度 ω1
    m3;                                         % m3:杆 l3 质量
    m4;                                         % m4:杆 l4 质量
    m5;                                         % m5:杆 l5 质量
    J3;                                         % J3:杆 l3 转动惯量
    J4;                                         % J4:杆 l4 转动惯量
    Fr;                                         % Fr:切削阻力
    Md;                                         % Md:杆
    FR;                                         % FR:见式(1-2-76)FR
    FR16x;                                      % FR16x:反力 FR16x
    FR16y;                                      % FR16y:反力 FR16y
    FR34x;                                      % FR34x:反力 FR34x
    FR34y;                                      % FR34y:反力 FR34y
    FR65;                                       % FR65:杆 l5 上约束反力 FR65
    M5;                                         % M5:杆 l5 上反力偶矩
    s31;                                        % s31:滑块相对于 CD 杆位移
    theta1;                                     % theta1:角位移 θ1
    theta31;                                    % theta31:角位移 θ3
    theta41;                                    % theta41:角位移 θ4
end
```

(2) 设置窗口启动回调函数

```
functionstartupFcn(app, rochker)
    % App 界面功能的初始状态
    app.Button_2.Enable = 'off';                % 屏蔽【保存数据】使能
    app.Button_3.Enable = 'off';                % 屏蔽【受力分析曲线】使能
    app.Button_4.Enable = 'off';                % 屏蔽【机构简图】使能
    app.Button_6.Enable = 'off';                % 屏蔽【查询】使能
    app.Button_7.Enable = 'off';                % 屏蔽【清除数据】使能
end
```

(3)【理论计算】回调函数

```
functionLiLunJiSuan(app, event)
    % App 界面已知数据读入
    l1 = app.L1EditField.Value;                 %【L1 - 长度】
    app.l1 = l1;                                % l1 私有属性值
    l3 = app.L3EditField.Value;                 %【L3 - 长度】
    app.l3 = l3;                                % l3 私有属性值
    l4 = app.L4EditField.Value;                 %【L4 - 长度】
    app.l4 = l4;                                % l4 私有属性值
    l6 = app.L6EditField.Value;                 %【L6 - 长度】
```

```
app.l6 = l6;                                          % l6 私有属性值
l61 = app.L61EditField.Value;                         %【L61 - 长度】
app.l61 = l61;                                        % l61 私有属性值
omega1 = app.omega1EditField.Value;                   %【omega1】
app.omega1 = omega1;                                  % omega1 私有属性值
m4 = app.m4EditField.Value;                           %【m4 - 质量】
app.m4 = m4;                                          % m4 私有属性值
m3 = app.m3EditField.Value;                           %【m3 - 质量】
app.m3 = m3;                                          % m3 私有属性值
m5 = app.m5EditField.Value;                           %【m5 - 质量】
app.m5 = m5;                                          % m5 私有属性值
J3 = app.J3EditField_2.Value;                         %【J3 - 惯量】
app.J3 = J3;                                          % J3 私有属性值
J4 = app.J4EditField.Value;                           %【J4 - 惯量】
app.J4 = J4;                                          % J4 私有属性值
Fr = app.FrEditField.Value;                           %【Fr - 切削阻力】
app.Fr = Fr;                                          % Fr 私有属性值
% 设计计算
g = 9.8;                                              % 重力加速度
G4 = m4 * g;                                          % G4:m4 质量
G3 = m3 * g;                                          % G3:m3 质量
G5 = m5 * g;                                          % G5:m5 质量
hd = pi/180;                                          % hd:角度弧度系数
du = 180/pi;                                          % du:弧度角度系数
H = 0.5454;                                           % 刨刀行程
sEmax = 0.1283;                                       % 刨刀往复行程最大值
sEmin =- 10.4171;                                     % 刨刀往复行程最小值
% 计算构件的位移及角位移
for n1 = 1:459                                        % n1:角位移 θ1 范围
theta1(n1) =- 12 * pi + 5.8119 + n1 * hd;             % theta1 弧度值
app.theta1(n1) = theta1(n1);                          % theta1 私有属性值
s3(n1) = sqrt((l1 * cos(theta1(n1))) * (l1 * cos(theta1(n1))) + ...
  (l6 + l1 * sin(theta1(n1))) * (l6 + l1 * sin(theta1(n1))));   % s3:滑块相对于 CD 杆位移
theta3(n1) = acos((l1 * cos(theta1(n1)))/s3(n1));     % theta3:角位移 θ3
theta4(n1) = pi - asin((l61 - l3 * sin(theta3(n1)))/l4);   % theta4:角位移 θ4
sE(n1) = l3 * cos(theta3(n1)) + l4 * cos(theta4(n1)); % sE:l5 的位移
s31(n1) = s3(n1);                                     % s31
app.s31 = s31;                                        % s31 私有属性值
theta31(n1) = theta3(n1);                             % theta31
app.theta31 = theta31;                                % theta31 私有属性值
theta41(n1) = theta4(n1);                             % theta41
app.theta41 = theta41;                                % theta41 私有属性值
end
% 计算构件的角速度及速度(A、B 矩阵见式(1-2-64))
for n1 = 1:459                                        % n1:角位移 θ1 范围
A = [sin(theta3(n1)),s3(n1) * cos(theta3(n1)),0,0;
    - cos(theta3(n1)),s3(n1) * sin(theta3(n1)),0,0;
    0,l3 * sin(theta3(n1)),l4 * sin(theta4(n1)),1;
    0,l3 * cos(theta3(n1)),l4 * cos(theta4(n1)),0];
B = [l1 * cos(theta1(n1));l1 * sin(theta1(n1));0;0];
omega = A\(omega1 * B);                               % 速度矩阵求解
v2(n1) = omega(1);                                    % v2
```

```
    omega3(n1) = omega(2);                                  % omega3
    omega4(n1) = omega(3);                                  % omega4
    vE(n1) = omega(4);                                      % vE
    % 计算构件的角加速度及加速度(A、At、Bt 矩阵见式(1-2-65))
    A = [sin(theta3(n1)),s3(n1) * cos(theta3(n1)),0,0;
        cos(theta3(n1)), - s3(n1) * sin(theta3(n1)),0,0;
        0,l3 * sin(theta3(n1)),l4 * sin(theta4(n1)),1;
        0,l3 * cos(theta3(n1)),l4 * cos(theta4(n1)),0];
    At = [omega3(n1) * cos(theta3(n1)),(v2(n1) * cos(theta3(n1)) - s3(n1) * omega3(n1) * sin
(theta3(n1))),0,0;
        - omega3(n1) * sin(theta3(n1)),( - v2(n1) * sin(theta3(n1)) - s3(n1) * omega3(n1) * cos
(theta3(n1))),0,0;
        0,l3 * omega3(n1) * cos(theta3(n1)),l4 * omega4(n1) * cos(theta4(n1)),0;
        0, - l3 * omega3(n1) * sin(theta3(n1)), - l4 * omega4(n1) * sin(theta4(n1)),0];
    Bt = [ - l1 * omega1 * sin(theta1(n1)); - l1 * omega1 * cos(theta1(n1));0;0];
    alpha = A\( - At * omega + omega1 * Bt);                % 加速度矩阵求解
    a2(n1) = alpha(1);                                      % a2
    alpha3(n1) = alpha(2);                                  % alpha3
    alpha4(n1) = alpha(3);                                  % alpha4
    aE(n1) = alpha(4);                                      % aE
    end
    % 机构力平衡计算
    for n1 = 1:459                                          % n1:角位移 θ1 范围
    % 计算各个铰链点坐标
    xa = 0;                                                 % A 点坐标
    ya = l6;
    xb(n1) = l1 * cos(theta1(n1));                          % B 点坐标
    yb(n1) = l6 + l1 * sin(theta1(n1));
    xc = 0;                                                 % C 点坐标
    yc = 0;
    xd(n1) = l3 * cos(theta3(n1));                          % D 点坐标
    yd(n1) = l3 * sin(theta3(n1));
    xe(n1) = sE(n1);                                        % E 点坐标
    ye = l61;
    % 计算各个质心点坐标
    xs3(n1) = (xc + xd(n1))/2;                              % S3 点 x 坐标
    ys3(n1) = (yc + yd(n1))/2;                              % S3 点 y 坐标
    xs4(n1) = (xd(n1) + xe(n1))/2;                          % S4 点 x 坐标
    ys4(n1) = (yd(n1) + ye)/2;                              % S4 点 y 坐标
    xs5 = 0.15;                                             % E 点与 S5 之间距离
    % 计算各个质心点加速度 a3x、a3y、adx、ady、a4x、a4y、a5
    a3x(n1) =- l13 * (alpha3(n1) * sin(theta3(n1)) + omega3(n1)^2 * cos(theta3(n1)))/2;
    a3y(n1) = l3 * (alpha3(n1) * cos(theta3(n1)) - omega3(n1)^2 * sin(theta3(n1)))/2;
    adx =- l13 * (alpha3(n1) * sin(theta3(n1)) + omega3(n1)^2 * cos(theta3(n1)));
    ady = l3 * (alpha3(n1) * cos(theta3(n1)) - omega3(n1)^2 * sin(theta3(n1)));
    a4x(n1) =  adx - l4 * (alpha4(n1) * sin(theta4(n1)) + omega4(n1)^2 * cos(theta4(n1)))/2;
    a4y(n1) =  ady + l4 * (alpha4(n1) * cos(theta4(n1)) - omega4(n1)^2 * sin(theta4(n1)))/2;
    a5(n1) = aE(n1);
    % 计算各构件惯性力和惯性力矩
    F3x(n1) =- lm3 * a3x(n1);                               % F3x 惯性力
    F3y(n1) =- lm3 * a3y(n1);                               % F3y 惯性力
    F4x(n1) =- lm4 * a4x(n1);                               % F4x 惯性力
```

```
        F4y(n1) =- 1m4 * a4y(n1);                                      % F4y 惯性力
        F5(n1) =- 1m5 * a5(n1);                                        % F5 惯性力
        Mf3(n1) =- 1J3 * alpha3(n1);                                   % Mf3 惯性力矩
        Mf4(n1) =- 1J4 * alpha4(n1);                                   % Mf4 惯性力矩
        %未知力系数矩阵(见式(1-2-76)中的C)
        xya = zeros(15);
        xya(1,2) =- 11;
        xya(1,4) =- 11;
        xya(2,3) =- 11;
        xya(2,5) =- 11;
        xya(3,1) = 1;
        xya(3,4) = yb(n1) - ya;
        xya(3,5) = xa - xb(n1);
        xya(4,4) = 1;
        xya(4,6) =- 11;
        xya(5,5) = 1;
        xya(5,7) =- 11;
        xya(6,6) = cos(theta3(n1));
        xya(6,7) = sin(theta3(n1));
        xya(7,6) = 1;
        xya(7,8) =- 11;
        xya(7,10) =- 11;
        xya(8,7) = 1;
        xya(8,9) =- 11;
        xya(8,11) =- 11;
        xya(9,6) = ys3(n1) - yb(n1);
        xya(9,7) = xb(n1) - xs3(n1);
        xya(9,8) =- 1(ys3(n1) - yc);
        xya(9,9) =- 1(xc - xs3(n1));
        xya(9,10) = yd(n1) - ys3(n1);
        xya(9,11) = xs3(n1) - xd(n1);
        xya(10,10) = 1;
        xya(10,12) =- 11;
        xya(11,11) = 1;
        xya(11,13) =- 11;
        xya(12,10) = ys4(n1) - yd(n1);
        xya(12,11) = xd(n1) - xs4(n1);
        xya(12,12) = ye - ys4(n1);
        xya(12,13) = xs4(n1) - xe(n1);
        xya(13,12) = 1;
        xya(14,13) = 1;
        xya(14,14) =- 11;
        xya(15,13) = xs5;
        xya(15,15) = 1;
        %已知力列阵(见式(1-2-76)中的D)
        if vE(n1) < 0&sE(n1) > = (sEmin + 0.05 * H)&sE(n1) < = (sEmax - 0.05 * H)
        D = [0;0;0;0;0;0; - F3x(n1); - F3y(n1) + G3; - Mf3(n1); - F4x(n1); - F4y(n1) + G4; - Mf4(n1); - Fr -
        F5(n1);G5;0;];
        else
        D = [0;0;0;0;0;0; - F3x(n1); - F3y(n1) + G3; - Mf3(n1); - F4x(n1); - F4y(n1) + G4; - Mf4(n1); -
F5(n1);G5;0;];
        end
```

```
    %求未知力列阵(见式(1-2-76)中的 F_R)
    FR = inv(xya) * D;                                  %求解未知力列阵 F_R
    app.FR = FR;                                        %FR 私有属性值
    Md(n1) = FR(1);                                     %Md:平衡力矩 M_d
    app.Md = Md;                                        %Md 私有属性值
    FR16x(n1) = FR(2);                                  %FR16x
    app.FR16x = FR16x;                                  %FR16x 私有属性值
    FR16y(n1) = FR(3);                                  %FR16y
    app.FR16y = FR16y;                                  %FR16y 私有属性值
    FR34x(n1) = FR(10);                                 %FR34x
    app.FR34x = FR34x;                                  %FR34x 私有属性值
    FR34y(n1) = FR(11);                                 %FR34y
    app.FR34y = FR34y;                                  %FR34y 私有属性值
    FR65(n1) = FR(14);                                  %FR65
    app.FR65 = FR65;                                    %FR65 私有属性值
    M5(n1) = FR(15);                                    %M5
    app.M5 = M5;                                        %M5 私有属性值
    end
    %App 界面功能更改
    app.Button_2.Enable = 'on';                         %开启【保存数据】使能
    app.Button_3.Enable = 'on';                         %开启【受力分析曲线】使能
    app.Button_4.Enable = 'on';                         %开启【机构简图】使能
    app.Button_6.Enable = 'on';                         %开启【查询】使能
    app.Button_7.Enable = 'on';                         %开启【清除数据】使能
    %App 界面结果显示清零
    app.theta1EditField.Value = 0;                      %【theta1】
    app.FR16xEditField.Value = 0;                       %【FR16x】
    app.FR16yEditField.Value = 0;                       %【FR16y】
    app.FR34xEditField.Value = 0;                       %【FR34x】
    app.FR34yEditField.Value = 0;                       %【FR34y】
    app.FR65EditField.Value = 0;                        %【FR65】
    app.MdEditField.Value = 0;                          %【Md-力矩】
end
```

(4)【受力分析曲线】回调函数

```
functionYunDongQuXian(app, event)
    FR = app.FR;                                        %FR 私有属性值
    Md = app.Md;                                        %Md 私有属性值
    FR16x = app.FR16x;                                  %FR16x 私有属性值
    FR16y = app.FR16y;                                  %FR16y 私有属性值
    FR34x = app.FR34x;                                  %FR34x 私有属性值
    FR34y = app.FR34y;                                  %FR34y 私有属性值
    FR65 =- 1app.FR65;                                  %FR65 私有属性值
    M5 = app.M5;                                        %M5 私有属性值
    t = 1:459;                                          %t:角位移 θ_1 范围
    plot(app.UIAxes,t,Md,'b',"LineWidth",2);            %绘制平衡力矩 Md 曲线
    title(app.UIAxes,'平衡力矩 Md');                    %平衡力矩 M_d 标题
    xlabel(app.UIAxes,'曲柄转角 \theta_1/ \circ')       %平衡力矩 M_d x 轴
    ylabel(app.UIAxes,'M/N')                            %平衡力矩 M_d y 轴
    plot(app.UIAxes_6,t,FR16x,t,FR16y,"LineWidth",2);   %绘制转动副 A 处约束反力曲线
    title(app.UIAxes_6,'转动副 A 处约束反力');          %转动副 A 处约束反力曲线标题
    xlabel(app.UIAxes_6,'曲柄转角 \theta_1/ \circ')     %转动副 A 处约束反力曲线 x 轴
```

```
    ylabel(app.UIAxes_6,'F/N')                              %转动副 A 处约束反力曲线 y 轴
    legend(app.UIAxes_6,'Fr16x','Fr16y')                    %转动副 A 处约束反力曲线图例
    plot(app.UIAxes_4,t,FR65,"LineWidth",2);                %绘制转动副 F 处约束反力曲线
    title(app.UIAxes_4,'移动副 F 处约束反力 Fr65');          %转动副 F 处约束反力标题
    xlabel(app.UIAxes_4,'曲柄转角 \theta_1/ \circ')          %转动副 F 处约束反力曲线 x 轴
    ylabel(app.UIAxes_4,'F/N')                              %转动副 F 处约束反力曲线 y 轴
    plot(app.UIAxes_5,t,FR34x,t,FR34y,"LineWidth",2);       %绘制转动副 D 处约束反力曲线
    title(app.UIAxes_5,'转动副 D 处约束反力 ');              %转动副 D 处约束反力曲线标题
    xlabel(app.UIAxes_5,'曲柄转角 \theta_1/ \circ')          %转动副 D 处约束反力曲线 x 轴
    ylabel(app.UIAxes_5,'F/N')                              %转动副 D 处约束反力曲线 y 轴
    legend(app.UIAxes_5,'Fr34x','Fr34y')                    %转动副 D 处约束反力曲线图例
end
```

(5)【机构简图】回调函数

```
functionjigoujiantu(app, event)
    cla(app.UIAxes_7)                                       %清除图形
    s31 = app.s31;                                          %s31 私有属性值
    theta1 = app.theta1;                                    %theta1 私有属性值
    theta31 = app.theta31;                                  %theta31 私有属性值
    theta41 = app.theta41;                                  %theta41 私有属性值
    l1 = app.l1;                                            %l1 私有属性值
    l3 = app.l3;                                            %l3 私有属性值
    l4 = app.l4;                                            %l4 私有属性值
    l6 = app.l6;                                            %l6 私有属性值
    l61 = app.l61;                                          %l61 私有属性值
    %牛头刨床机构简图坐标
    n1 = 20;
    x(1) = 0;                                               %C 点坐标
    y(1) = 0;
    x(2) = (s31(n1) * 1000 - 50) * cos(theta31(n1));       %B 点坐标
    y(2) = (s31(n1) * 1000 - 50) * sin(theta31(n1));
    x(3) = 0;                                               %A 点坐标
    y(3) = l6 * 1000;
    x(4) = l1 * 1000 * cos(theta1(n1));
    y(4) = s31(n1) * 1000 * sin(theta31(n1));
    x(5) = (s31(n1) * 1000 + 50) * cos(theta31(n1));
    y(5) = (s31(n1) * 1000 + 50) * sin(theta31(n1));
    x(6) = l3 * 1000 * cos(theta31(n1));
    y(6) = l3 * 1000 * sin(theta31(n1));
    x(7) = l3 * 1000 * cos(theta31(n1)) + l4 * 1000 * cos(theta41(n1));
    y(7) = l3 * 1000 * sin(theta31(n1)) + l4 * 1000 * sin(theta41(n1));
    x(8) = l3 * 1000 * cos(theta31(n1)) + l4 * 1000 * cos(theta41(n1)) - 900;
    y(8) = l61 * 1000;
    x(9) = l3 * 1000 * cos(theta31(n1)) + l4 * 1000 * cos(theta41(n1)) + 600;
    y(9) = l61 * 1000;
    x(10) = (s31(n1) * 1000 - 50) * cos(theta31(n1));
    y(10) = (s31(n1) * 1000 - 50) * sin(theta31(n1));
    x(11) = x(10) + 25 * cos(pi/2 - theta31(n1));
    y(11) = y(10) - 25 * sin(pi/2 - theta31(n1));
    x(12) = x(11) + 100 * cos(theta31(n1));
    y(12) = y(11) + 100 * sin(theta31(n1));
    x(13) = x(12) - 50 * cos(pi/2 - theta31(n1));
    y(13) = y(12) + 50 * sin(pi/2 - theta31(n1));
```

```
    x(14) = x(10) - 25 * cos(pi/2 - theta31(n1));
    y(14) = y(10) + 25 * sin(pi/2 - theta31(n1));
    x(15) = x(10);
    y(15) = y(10);
    x(16) = 0;
    y(16) =- 180;
    x(17) = 0;
    y(17) = 16 * 1000 + 80;
    %绘制牛头刨床机构简图
    k = 1:2;
    line(app.UIAxes_7,x(k),y(k),'linewidth',3);
    k = 3:4;
    line(app.UIAxes_7,x(k),y(k),'linewidth',3);
    k = 5:9;
    line(app.UIAxes_7,x(k),y(k),'linewidth',3);
    k = 10:15;
    line(app.UIAxes_7,x(k),y(k),'linewidth',3);
    k = 16:17;
    line(app.UIAxes_7,x(k),y(k),'linewidth',2,'color','k');
    %绘制机构简图中的 5 个铰链圆点
    ball_1 = line(app.UIAxes_7,x(1),y(1),'color','k','marker','o','markersize',8);
    ball_2 = line(app.UIAxes_7,x(3),y(3),'color','k','marker','o','markersize',8);
    ball_3 = line(app.UIAxes_7,x(4),y(4),'color','k','marker','o','markersize',8);
    ball_4 = line(app.UIAxes_7,x(6),y(6),'color','k','marker','o','markersize',8);
    ball_5 = line(app.UIAxes_7,x(7),y(7),'color','k','marker','o','markersize',8);
    %绘制机构简图中地面斜线
    a20 = linspace(0.3 * 16 * 1000,0.6 * 16 * 1000,7);
    for i = 1:6
    a30 = (a20(i) + a20(i + 1))/2;
    line(app.UIAxes_7,[0, - 0.1 * 16 * 1000],[a20(i),a30],'color','k','linestyle','-','linewidth',2);
    end
    title(app.UIAxes_7,'牛头刨床机构简图');                    %机构简图标题
    xlabel(app.UIAxes_7,'mm')                                 %机构简图 x 轴
    ylabel(app.UIAxes_7,'mm')                                 %机构简图 y 轴
    axis (app.UIAxes_7,[-500 600 -100 650]);                  %机构简图坐标范围
end
```

(6)【结束程序】回调函数

```
functionJieSuChengXu(app, event)
    %App 界面信息提示对话框
    sel = questdlg('确认关闭应用程序？','关闭确认,','Yes','No','No');
    switch sel
    case'Yes'
    delete(app);                                              %关闭本 App 窗口
    case'No'
    end
end
```

(7)【保存数据】回调函数

```
functionBaoCunShuJu(app, event)
    t = app.t;                                                %t 私有属性值
    theta = app.theta;                                        %theta 私有属性值
    [filename,filepath] = uiputfile('*.xls');
```

```
    if isequal(filename,0) || isequal(filepath,0)
    else
    str = [filepath,filename];
    fopen(str);
    xlswrite(str,t,'Sheet1','B1');
    xlswrite(str,theta,'Sheet1','C1');
    fclose('all');
    end
end
```

(8)【查询】回调函数

```
functionchaxun(app, event)
    Md = app.Md;                                          % Md 私有属性值
    FR16x = app.FR16x;                                    % FR16x 私有属性值
    FR16y = app.FR16y;                                    % FR16y 私有属性值
    FR34x = app.FR34x;                                    % FR34x 私有属性值
    FR34y = app.FR34y;                                    % FR34y 私有属性值
    FR65 = app.FR65;                                      % FR65 私有属性值
    t = app.theta1EditField.Value;                        % 查询【theta1】
    t = round(t);                                         % t:角度取整
    if t > 459                                            % t >459°,则提示
    % App 界面信息提示对话框
    msgbox('查询转角不能大于 459°! ','友情提示');
    else
    % 找出查询角度对应的数据序号
    i = t;
    % 设计计算分别写入 App 界面对应的显示框中
    app.theta1EditField.Value = t;                        %【theta1】
    app.FR16xEditField.Value = FR16x(i);                  %【FR16x】
    app.FR16yEditField.Value = FR16y(i);                  %【FR16y】
    app.FR34xEditField.Value = FR34x(i);                  %【FR34x】
    app.FR34yEditField.Value = FR34y(i);                  %【FR34y】
    app.FR65EditField.Value = FR65(i);                    %【FR65】
    app.MdEditField.Value = Md(i);                        %【Md - 力矩】
    end
end
```

(9)【清除】回调函数

```
functionqingchushuju(app, event)
    % App 界面结果显示清零
    app.theta1EditField.Value = 0;                        %【theta1】
    app.FR16xEditField.Value = 0;                         %【FR16x】
    app.FR16yEditField.Value = 0;                         %【FR16y】
    app.FR34xEditField.Value = 0;                         %【FR34x】
    app.FR34yEditField.Value = 0;                         %【FR34y】
    app.FR65EditField.Value = 0;                          %【FR65】
    app.MdEditField.Value = 0;                            %【Md - 力矩】
end
```

1.2.10 案例 20:双滑块机构运动分析 App 设计

1. 案例 20 内容

图 1.2.22 所示为双滑块机构,滑杆 AB 以等速度 V 向上运动,初始位置时摇杆 OC 水平。

摇杆 OC 绕 O 点转动，距离 $OD=l$。研究 OC 杆的运动规律并设计 App。

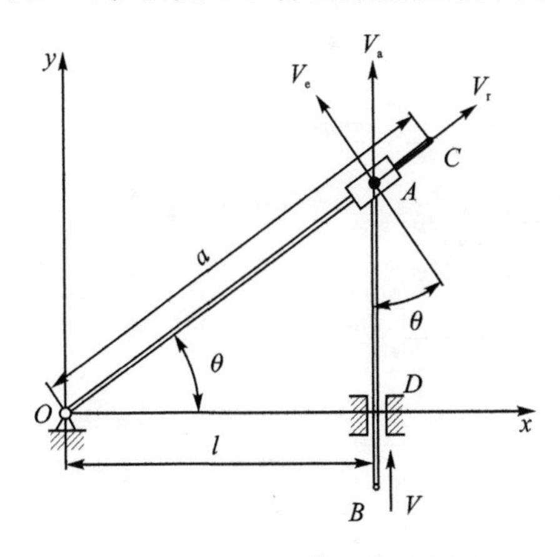

图 1.2.22　双滑块运动示意图

2. 机构的数学分析

在图 1.2.22 中，设 OC 杆与 x 轴正方向之间的夹角为 θ。以 A 为动点、OC 为动系，速度矢量关系如下：

$$\boldsymbol{V}_a=\boldsymbol{V}_e+\boldsymbol{V}_r \tag{1-2-77}$$

其中，已知 $V_a=V$，且 $V_e=\dfrac{l\dot{\theta}}{\cos\theta}$。将式(1-2-77)向 V_e 方向投影得

$$V_e=V_a\cos\theta \tag{1-2-78}$$

将 V_e、V_a 代入式(1-2-78)得

$$\dot{\theta}=\frac{\cos^2\theta}{l}V \tag{1-2-79}$$

对式(1-2-79)求导数得

$$\ddot{\theta}=-\frac{\sin 2\theta\cos^2\theta}{l^2}V^2 \tag{1-2-80}$$

设 $\boldsymbol{y}_1=\boldsymbol{\theta}$，$\boldsymbol{y}_2=\dot{\boldsymbol{\theta}}$，$\boldsymbol{y}_3=\boldsymbol{y}_A$，$\boldsymbol{y}_4=\dot{\boldsymbol{y}}_A$，定义一个含有 4 个列向量的矩阵为

$$\boldsymbol{y}=[\boldsymbol{y}_1\quad \boldsymbol{y}_2\quad \boldsymbol{y}_3\quad \boldsymbol{y}_4] \tag{1-2-81}$$

运动变量 $\boldsymbol{y}$ 微分方程表达式为

$$\frac{\mathrm{d}y_1}{\mathrm{d}t}=y_2$$

$$\frac{\mathrm{d}y_2}{\mathrm{d}t}=-\frac{\sin 2y_1\cos^2 y_1}{l^2}V^2$$

$$\frac{\mathrm{d}y_3}{\mathrm{d}t}=y_4$$

$$\frac{\mathrm{d}y_4}{\mathrm{d}t}=0$$

3. App 窗口设计

双滑块机构运动分析 App 窗口，如图 1.2.23 所示。

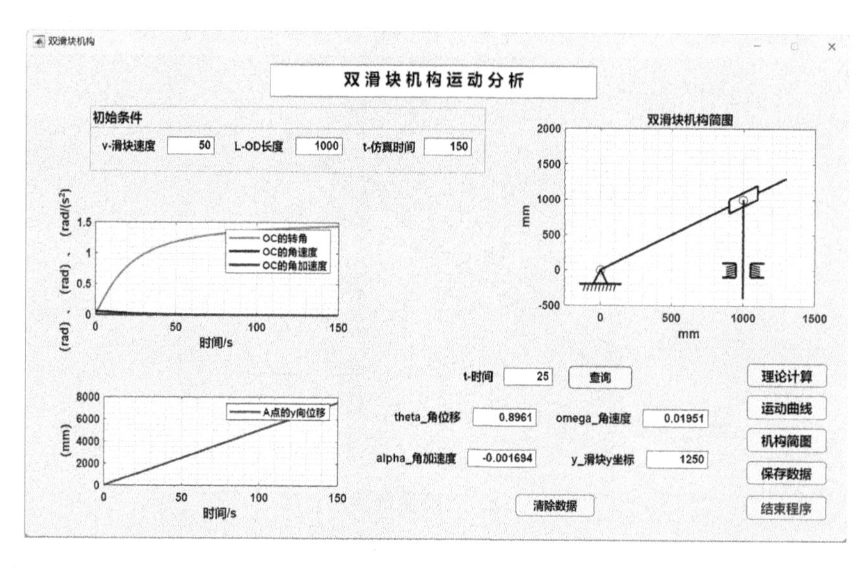

图 1.2.23　双滑块机构运动分析 App 窗口

4. App 窗口程序设计(程序 lu_exam_20)

(1) 私有属性创建

```
properties(Access = private)
 %私有属性
   v;                                                    %v:滑块速度 V
   t;                                                    %t:仿真时间
   l;                                                    %l:OD 长度 l
   y;                                                    %y:滑块运动矩阵 y
   t1;                                                   %t1:y 对应的时间向量
end
```

(2) 设置窗口启动回调函数

```
functionstartupFcn(app, rochker)
   %App 界面功能的初始状态
   app.Button_2.Enable = 'off';                          %屏蔽【保存数据】使能
   app.Button_3.Enable = 'off';                          %屏蔽【运动曲线】使能
   app.Button_4.Enable = 'off';                          %屏蔽【机构简图】使能
   app.Button_6.Enable = 'off';                          %屏蔽【查询】使能
   app.Button_7.Enable = 'off';                          %屏蔽【清除数据】使能
end
```

(3)【理论计算】回调函数

```
functionLiLunJiSuan(app, event)
   %App 界面已知数据读入
   v = app.vEditField.Value;                             %【v-滑块速度】
   app.v = v;                                            %v 私有属性值
   l = app.L4EditField.Value;                            %【L-OD 长度】
   app.l = l;                                            %l 私有属性值
   t = app.tEditField.Value;                             %【t-仿真时间】
   app.t = t;                                            %t 私有属性值
   %设计计算
   y0 = [0,v/l,0,v];                                     %y0:运动变量初值 y0
   %建立微分方程句柄 F
```

```
    F = @(t,y)[y(2);(-sin(2*y(1))*cos(y(1))^2*v^2)/(l^2); y(4); 0];
    %微分方程求解,求出运动变量矩阵y,同时返回时间向量t1
    [t1,y] = ode45(F,[0:0.01:t],y0);
    app.t1 = t1;                                          %t1 私有属性值
    arfa =- lv^2*sin(2*y(:,1)).*cos(y(:,1).^2)/(l^2);
    y = [y,arfa];                                          %y:滑块运动矩阵y
     app.y = y;                                            %y私有属性值
    y1 = y(:,3);                                           %中间变量
    x2 = 4*l*cos(y(:,1));                                  %中间变量
    y2 = 4*l*sin(y(:,1));                                  %中间变量
    %App界面功能更改
    app.Button_2.Enable = 'on';                            %开启【保存数据】使能
    app.Button_3.Enable = 'on';                            %开启【运动曲线】使能
    app.Button_4.Enable = 'on';                            %开启【机构简图】使能
    app.Button_6.Enable = 'on';                            %开启【查询】使能
    app.Button_7.Enable = 'on';                            %开启【清除数据】使能
    %App界面结果显示清零
    app.tEditField_2.Value = 0;                            %【t-时间】
    app.theta_EditField.Value = 0;                         %【theta_角位移】
    app.y_EditField.Value = 0;                             %【y_滑块y坐标】
    app.omega_EditField.Value = 0;                         %【omega_角速度】
    app.alpha_EditField.Value = 0;                         %【alpha_角加速度】
end
```

(4)【运动曲线】回调函数

```
functionYunDongQuXian(app, event)
    t1 = app.t1;                                           %t1 私有属性值
    y = app.y;                                             %y私有属性值
    %绘制OC杆角位移、角速度、角加速度曲线
    plot(app.UIAxes_3,t1,y(:,1),'g',t1,y(:,2),'b',t1,y(:,5),'r',"LineWidth",2)
    xlabel(app.UIAxes_3,'时间/s')                           %曲线x轴
    ylabel(app.UIAxes_3,'(rad)、(rad)、(rad/(s^2))')         %曲线y轴
    legend(app.UIAxes_3,'OC的转角','OC的角速度','OC的角加速度')   %曲线图例
    %绘制A点y向位移曲线
    plot(app.UIAxes_5,t1,y(:,3),"LineWidth",2);
    xlabel(app.UIAxes_5,'时间/s');                          %曲线x轴
    ylabel(app.UIAxes_5,'(mm)');                           %曲线x轴
    legend(app.UIAxes_5,'A点的y向位移');                     %曲线图例
end
```

(5)【机构简图】回调函数

```
functionShuZiFangzhen(app, event)
    cla(app.UIAxes_4)                                      %清除图形
    l = app.l;                                             %l私有属性值
    %机构简图坐标
    x(1) = 0;                                              %O点坐标
    y(1) = 0;
    x(2) = l-100;                                          %A点坐标
    y(2) = (l-100)*tand(45);
    x3 = l;
    y3 = l;
    x31 = l;
    y31 =- 1400;
```

```
    %绘制双滑块机构简图
    line(app.UIAxes_4,x,y,'color','b','linewidth',2);
    ball_1 = line(app.UIAxes_4,x(1),y(1),'color','k','marker','o','markersize',8);
    ball_2 = line(app.UIAxes_4,l,l,'color','k','marker','o','markersize',8);
    line(app.UIAxes_4,[1100,1300],[1100,1300 * tand(45)],'color','b','linewidth',2);
    line(app.UIAxes_4,[x3,x31],[y3,y31],'color','b','linewidth',2);
    line(app.UIAxes_4,[850,950],[100,100],'color','b','linewidth',2);
    line(app.UIAxes_4,[950,950],[100, - 100],'color','b','linewidth',2);
    line(app.UIAxes_4,[850,950],[ - 100, - 100],'color','b','linewidth',2);
    line(app.UIAxes_4,[1050,1150],[ - 100, - 100],'color','b','linewidth',2);
    line(app.UIAxes_4,[1050,1050],[ - 100,100],'color','b','linewidth',2);
    line(app.UIAxes_4,[1050,1150],[100,100],'color','b','linewidth',2);
    line(app.UIAxes_4,[0, - 50],[0, - 200],'color','b','linewidth',2);
    line(app.UIAxes_4,[0,50],[0, - 200],'color','b','linewidth',2);
    line(app.UIAxes_4,[ - 150,150],[ - 200, - 200],'color','b','linewidth',2);
    line(app.UIAxes_4,[900,1100],[(l - 100) * tand(45) + 100,(l + 100) * tand(45) + 100],'color',
'b','linewidth',2);
    line(app.UIAxes_4,[900,1100],[(l - 100) * tand(45) - 100,(l + 100) * tand(45) - 100],'color',
'b','linewidth',2);
    line(app.UIAxes_4,[l - 100,l - 100],[l,l - 200],'color','b','linewidth',2);
    line(app.UIAxes_4,[l + 100,l + 100],[l,l + 200],'color','b','linewidth',2);
    %绘制机构简图中地面斜线
    a20 = linspace(0.1 * 300,0.9 * 300,10);
    for i = 1:9
    a30 = (a20(i) + a20(i + 1))/2;
    line(app.UIAxes_4,[ - 150 + a30, - 150 + a20(i)],[ - 200, - 300],'color','k','linestyle',' - ',
'linewidth',1);
    end
    a20 = linspace(0.1 * 200,0.9 * 200,6);
    for i = 1:5
    a30 = (a20(i) + a20(i + 1))/2;
    line(app. UIAxes_4, [950, 880], [100 - a20 (i), 100 - a30 - 20], 'color', 'k', 'linestyle', ' - ',
'linewidth',1);
    end
    a20 = linspace(0.1 * 200,0.9 * 200,6);
    for i = 1:5
    a30 = (a20(i) + a20(i + 1))/2;
    line(app. UIAxes_4, [1050, 1120], [100 - a20 (i), 100 - a30 - 20], 'color', 'k', 'linestyle', ' - ',
'linewidth',1);
    end
    title(app.UIAxes_4,' 双滑块机构简图 ');                %机构简图标题
    xlabel(app.UIAxes_4,'mm')                              %机构简图 x 轴
    ylabel(app.UIAxes_4,'mm')                              %机构简图 y 轴
    axis(app.UIAxes_4,[ - 250 1500  - 500 2000]);          %简图坐标范围
  end
```

(6)【结束程序】回调函数

```
  functionJieSuChengXu(app, event)
    %App 界面信息提示对话框
    sel = questdlg(' 确认关闭应用程序? ',' 关闭确认,','Yes','No','No');
    switch sel
    case'Yes'
    delete(app);                                        %关闭本 App 窗口
```

```
    case'No'
    end
end
```

(7)【保存数据】回调函数

```
functionBaoCunShuJu(app, event)
    t = app.t;                                                  %t私有属性值
    theta = app.theta;                                          %theta私有属性值
    [filename,filepath] = uiputfile('*.xls');
    if isequal(filename,0) || isequal(filepath,0)
    else
    str = [filepath,filename];
    fopen(str);
    xlswrite(str,t,'Sheet1','B1');
    xlswrite(str,theta,'Sheet1','C1');
    fclose('all');
    end
end
```

(8)【查询】回调函数

```
functionchaxun(app, event)
    t = app.t;                                                  %t私有属性值
    t1 = app.t1;                                                %t1私有属性值
    y = app.y;                                                  %y私有属性值
    t2 = app.tEditField_2.Value;                                %查询【t-时间】
    if t2 >t                                                    %t2 >t,则提示
     %App界面信息提示对话框
    msgbox('查询时间不能大于仿真时间!','友情提示');
    else
     %找出查询角度对应的数据序号
    t2 = round(t2,2);                                           %圆整数据长度
    t1 = round(t1,2);                                           %圆整数据长度
    i = find(t2 == t1);                                         %查询精度0.01 s
     %设计计算结果分别写入App界面对应的显示框中
    app.theta_EditField.Value = y(i,1);                         %【theta_角位移】
    app.y_EditField.Value = y(i,3);                             %【y_滑块y坐标】
    app.omega_EditField.Value = y(i,2);                         %【omega_角速度】
    app.alpha_EditField.Value = y(i,5);                         %【alpha_角加速度】
    end
end
```

(9)【清除数据】回调函数

```
functionqingchushuju(app, event)
    %App界面结果显示清零
    app.tEditField_2.Value = 0;                                 %【t-时间】
    app.theta_EditField.Value = 0;                              %【theta_角位移】
    app.y_EditField.Value = 0;                                  %【y_滑块y坐标】
    app.omega_EditField.Value = 0;                              %【omega_角速度】
    app.alpha_EditField.Value = 0;                              %【alpha_角加速度】
end
```

1.2.11 案例 21：放大机构运动分析 App 设计

1. 案例 21 内容

在图 1.2.24 所示的放大机构中，杆Ⅰ和杆Ⅱ分别以速度 $\boldsymbol{v}_1$ 和 $\boldsymbol{v}_2$ 沿着箭头方向运动，其位移分别以 x 和 y 表示。如杆Ⅱ和杆Ⅲ平行，其间距为 a，试分析机构的运动（其中初始位移 $x_B=0.1a$）。

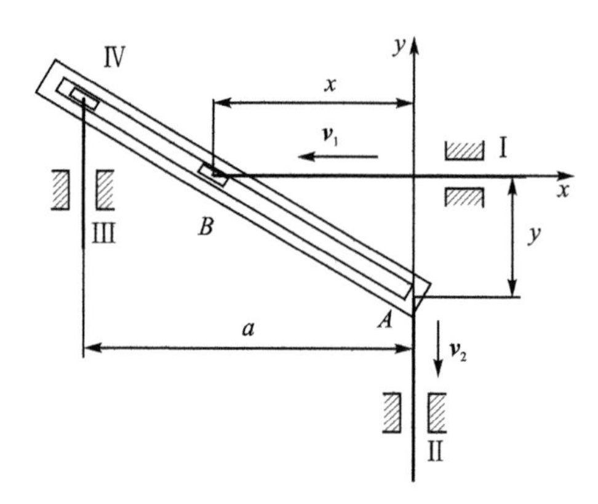

图 1.2.24　放大机构示意图

2. 机构的数学分析

杆Ⅳ与 x 轴正方向的夹角为 θ。一方面，以 B 为动点、杆Ⅳ为动系，运用点的速度合成定理；另一方面，取杆Ⅳ为研究对象，以 A 点为基点，运用基点法研究与 B 重合的杆Ⅳ上的 B' 点速度，可得如图 1.2.25 所示的速度分解图，则有

$$\boldsymbol{v}_1=\boldsymbol{v}_2+\boldsymbol{v}_{B'A}+\boldsymbol{v}_{\mathrm{r}} \tag{1-2-82}$$

式中：$\boldsymbol{v}_2+\boldsymbol{v}_{B'A}$ 是用基点法求解的 B' 点的速度，同时它又是动点 B 的牵连点的速度，即牵连速度。$v_{B'A}=v_2\sin\left(\theta-\dfrac{\pi}{2}\right)-v_1\cos\left(\theta-\dfrac{\pi}{2}\right)$，进一步整理得杆Ⅳ的角速度为

$$\omega=\frac{v_2\sin\left(\theta-\dfrac{\pi}{2}\right)-v_1\cos\left(\theta-\dfrac{\pi}{2}\right)}{\sqrt{x^2+y^2}} \tag{1-2-83}$$

两端同时对时间求导数得杆Ⅳ的角加速度为

$$\alpha=\frac{v_2\cos\left(\theta-\dfrac{\pi}{2}\right)\omega+v_1\sin\left(\theta-\dfrac{\pi}{2}\right)\omega}{\sqrt{x^2+y^2}}-\frac{(2xv_1+2yv_2)\left[v_2\sin\left(\theta-\dfrac{\pi}{2}\right)-v_1\cos\left(\theta-\dfrac{\pi}{2}\right)\right]}{2(x^2+y^2)^{\frac{3}{2}}} \tag{1-2-84}$$

一方面，以 C 为动点、杆Ⅳ为动系，运用点的速度合成定理；另一方面，取杆Ⅳ为研究对象，以 A 点为基点，运用基点法研究与 C 重合的杆Ⅳ上的 C' 点速度，可得如图 1.2.26 所示的速度分解图，则有

$$\boldsymbol{v}_C=\boldsymbol{v}_2+\boldsymbol{v}_{C'A}+\boldsymbol{v}_{\mathrm{r}} \tag{1-2-85}$$

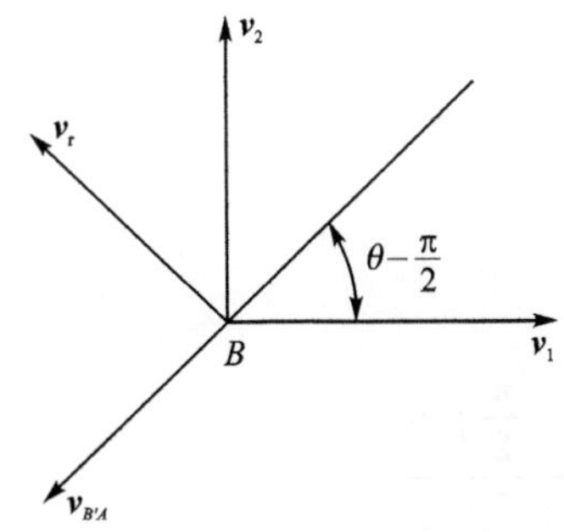

图 1.2.25　*B* 点速度综合分析示意图

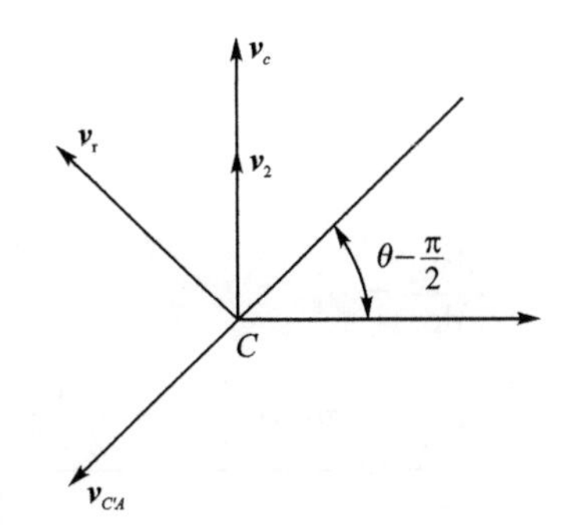

图 1.2.26　*C* 点速度综合分析示意图

式中：$v_{C'A}=\dfrac{a}{(-x)}v_{B'A}$，将上式向 $v_{C'A}$ 方向分解，则可求出 C 点速度为

$$v_C=v_2+\frac{a}{x}v_2-\frac{av_1\cos\left(\theta-\dfrac{\pi}{2}\right)}{x\sin\left(\theta-\dfrac{\pi}{2}\right)} \tag{1-2-86}$$

两端同时对时间求导数得 C 点的加速度为

$$a_C=\frac{av_1\cos\left(\theta-\dfrac{\pi}{2}\right)\left[v_1\sin\left(\theta-\dfrac{\pi}{2}\right)+x\cos\left(\theta-\dfrac{\pi}{2}\right)\omega\right]}{x^2\sin^2\left(\theta-\dfrac{\pi}{2}\right)}-\frac{av_1v_2}{x^2}+\frac{av_1\omega\sin\left(\theta-\dfrac{\pi}{2}\right)}{x\sin\left(\theta-\dfrac{\pi}{2}\right)} \tag{1-2-87}$$

设 $\boldsymbol{y}_1=\boldsymbol{x}_B$，$\boldsymbol{y}_2=\dot{\boldsymbol{x}}_B$，$\boldsymbol{y}_3=\boldsymbol{y}_A$，$\boldsymbol{y}_4=\dot{\boldsymbol{y}}_A$，$\boldsymbol{y}_5=\boldsymbol{y}_C$，$\boldsymbol{y}_6=\dot{\boldsymbol{y}}_C$，$\boldsymbol{y}_7=\boldsymbol{\theta}$，$\boldsymbol{y}_8=\dot{\boldsymbol{\theta}}$，定义一个含有 8 个列向量的矩阵为

$$\boldsymbol{y}=[\boldsymbol{y}_1\quad \boldsymbol{y}_2\quad \boldsymbol{y}_3\quad \boldsymbol{y}_4\quad \boldsymbol{y}_5\quad \boldsymbol{y}_6\quad \boldsymbol{y}_7\quad \boldsymbol{y}_8] \tag{1-2-88}$$

运动变量 $\boldsymbol{y}$ 的微分表达式为

$$\frac{\mathrm{d}y_1}{\mathrm{d}t}=y_2$$

$$\frac{\mathrm{d}y_2}{\mathrm{d}t}=0$$

$$\frac{\mathrm{d}y_3}{\mathrm{d}t}=y_4$$

$$\frac{\mathrm{d}y_4}{\mathrm{d}t}=0$$

$$\frac{\mathrm{d}y_5}{\mathrm{d}t}=y_6$$

$$\frac{\mathrm{d}y_6}{\mathrm{d}t}=\frac{av_1\cos\left(y_7-\dfrac{\pi}{2}\right)\left[v_1\sin\left(y_7-\dfrac{\pi}{2}\right)+y_1\cos\left(y_7-\dfrac{\pi}{2}\right)y_8\right]}{y_1^2\sin^2\left(y_7-\dfrac{\pi}{2}\right)}-$$

$$\frac{av_1v_2}{y_1^2}+\frac{av_1y_8\sin\left(y_7-\frac{\pi}{2}\right)}{y_1\sin\left(y_7-\frac{\pi}{2}\right)}$$

$$\frac{\mathrm{d}y_7}{\mathrm{d}t}=y_8$$

$$\frac{\mathrm{d}y_8}{\mathrm{d}t}=\frac{v_2\cos\left(y_7-\frac{\pi}{2}\right)y_8+v_1\sin\left(y_7-\frac{\pi}{2}\right)y_8}{\sqrt{y_1^2+y_3^2}}-$$

$$\frac{(2y_1v_1+2y_3v_2)\left[v_2\sin\left(y_7-\frac{\pi}{2}\right)-v_1\cos\left(y_7-\frac{\pi}{2}\right)\right]}{2(y_1^2+y_3^2)^{\frac{3}{2}}}$$

初始值设定为

$$\boldsymbol{y}_0=[-0.1a \quad v_1 \quad 0 \quad v_2 \quad 0 \quad -9v_2 \quad \pi \quad v_2/(0.1a)]$$

3. App 窗口设计

放大机构运动分析 App 窗口，如图 1.2.27 所示。

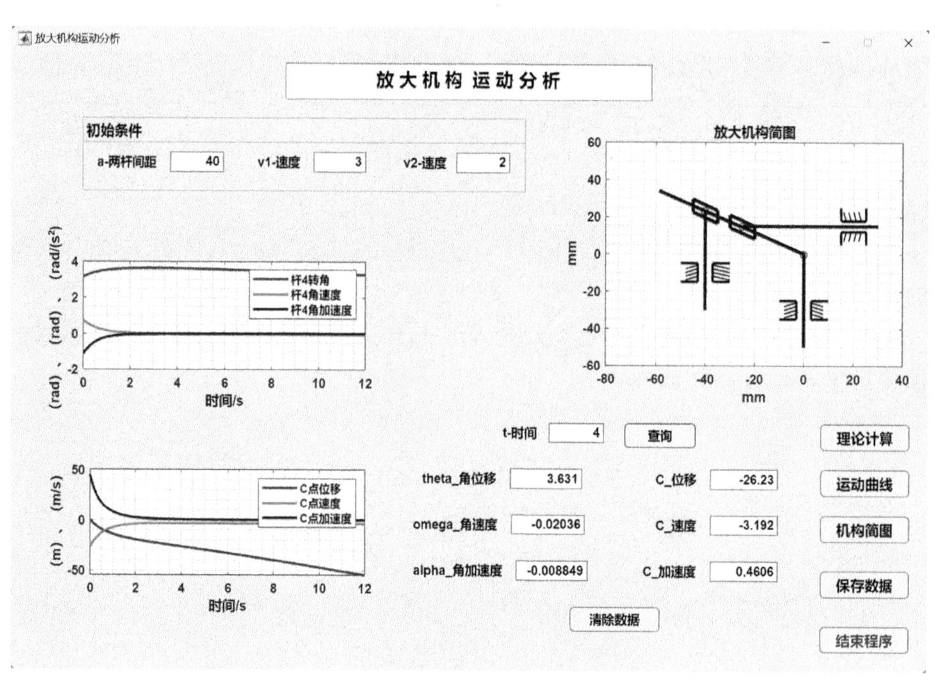

图 1.2.27　放大机构运动分析 App 窗口

4. App 窗口程序设计(程序 lu_exam_21)

(1) 私有属性创建

```
properties(Access = private)
   % 私有属性
  a;                                                          % a:杆Ⅱ、杆Ⅲ间距
  v1;                                                         % v1:杆Ⅰ速度
  v2;                                                         % v2:杆Ⅱ速度
```

```
    y;                                              % y:运动矩阵 y
    t1;                                             % t1:与 y 对应的时间向量
    tfinal;                                         % tfinal:仿真时间
    l;                                              % 中间变量
end
```

(2) 设置窗口启动回调函数

```
functionstartupFcn(app, rochker)
    % App 界面功能的初始状态
    app.Button_2.Enable = 'off';                    % 屏蔽【保存数据】使能
    app.Button_3.Enable = 'off';                    % 屏蔽【运动曲线】使能
    app.Button_4.Enable = 'off';                    % 屏蔽【机构简图】使能
    app.Button_6.Enable = 'off';                    % 屏蔽【查询】使能
    app.Button_7.Enable = 'off';                    % 屏蔽【清除数据】使能
end
```

(3)【理论计算】回调函数

```
functionLiLunJiSuan(app, event)
    % App 界面已知数据读入
    a = app.aEditField.Value;                       %【a - 两杆间距】
    app.a = a;                                      % a 私有属性值
    v1 = app.v1EditField.Value;                     %【v1 - 速度】
    v1 =- 1v1;
    app.v1 = v1;                                    % v1 私有属性值
    v2 = app.v2EditField.Value;                     %【v2 - 速度】
    v2 =- 1v1;
    app.v2 = v2;                                    % v2 私有属性值
    % 设计计算
    l = sqrt(1 + v2^2/v1^2) * a;                    % l:滑块 C 位置
    app.l = l;                                      % l 私有属性值
    tfinal =- 10.9 * a/v1;                          % tfinal 仿真时间(x_B = 0.1a)
    app.tfinal = tfinal;                            % tfinal 私有属性值
    y0 = [ - 0.1 * a,v1,0,v2,0, - 9 * v2,pi,v2/(0.1 * a)];   % y0:运动变量初值 y0
    % 建立微分方程句柄 F,见式(1 - 2 - 88)
    F = @(t,y)[y(2);0;y(4);0;y(6);...
          - (a * v1 * v2)/(y(1)^2) + (a * v1 * y(8) * sin(y(7) - pi/2))/(y(1) * sin(y(7) - pi/2)) + ...
      (a * v1 * cos(y(7) - pi/2) * (v1 * sin(y(7) - pi/2) + y(1) * y(8) * cos(y(7)) - pi/2))/(y(1)^2 *
sin(y(7) - pi/2)^2);...
          y(8);...
          (v2 * cos(y(7) - pi/2) * y(8) + v1 * sin(y(7) - pi/2) * y(8))/(sqrt(y(1)^2 + y(3)^2)) + ...
      (2 * (y(1) * v1 + 2 * y(3) * v2) * (v1 * cos(y(7) - pi/2) - v2 * sin(y(7) - pi/2))/(2 * (y(1)^2 +
y(3)^2)^1.5))];
    [t1,y] = ode45(F,[0:0.01:tfinal],y0);           % 解微分方程
    app.t1 = t1;                                    % t1 私有属性值
    xd = l * cos(y(:,7));                           % xd:滑块 x 方向位移
    yd = y(:,3) + l * sin(y(:,7));                  % yd:滑块 y 方向位移
    % 见式(1 - 2 - 84)
    arfa = (v2 * cos(y(:,7) - pi/2). * y(:,8) + v1 * sin(y(:,7) - pi/2). * y(:,8))./(sqrt(y(:,1).^2 +
y(:,3).^2)) + ...
          (2 * y(:,1) * v1 + 2 * y(:,3) * v2). * (v1 * cos(y(:,7) - pi/2) - v2 * sin(y(:,7) - pi/2))./(2 *
(y(:,1).^2 + y(:,3).^2).^1.5);
    % 见式(1 - 2 - 87)
```

```
      ac =- 1(a * y(:,2) * v2)./(y(:,1).^2) + (a * v1 * y(:,8). * sin(y(:,7) - pi/2))./(y(:,1). *
sin(y(:,7) - pi/2)) + ...
          (a * v1 * cos(y(:,7) - pi/2). * (v1 * sin(y(:,7) - pi/2) + y(:,1). * y(:,8). * cos(y(:,7) -
pi/2)))./(y(:,1).^2. * sin(y(:,7) - pi/2).^2);
      y = [y,ac,arfa];                                          % y:运动变量矩阵
      app.y = y;                                                % y 私有属性值
      % App 界面功能更改
      app.Button_2.Enable = 'off';                              % 开启【保存数据】使能
      app.Button_3.Enable = 'off';                              % 开启【运动曲线】使能
      app.Button_4.Enable = 'off';                              % 开启【机构简图】使能
      app.Button_6.Enable = 'off';                              % 开启【查询】使能
      app.Button_7.Enable = 'off';                              % 开启【清除数据】使能
      % App 界面结果显示清零
      app.tEditField_2.Value = 0;                               %【t - 时间】
      app.theta_EditField.Value = 0;                            %【theta_角位移】
      app.omega_EditField.Value = 0;                            %【omega_角速度】
      app.alpha_EditField.Value = 0;                            %【alpha_角加速度】
      app.C_EditField.Value = 0;                                %【C_位移】
      app.C_EditField_2.Value = 0;                              %【C_速度】
      app.C_EditField_3.Value = 0;                              %【C_加速度】
    end
```

(4)【运动曲线】回调函数

```
    functionYunDongQuXian(app, event)
      t1 = app.t1;                                              % t1 私有属性值
      y = app.y;                                                % y 私有属性值
      % 绘制杆 IV 转角、杆 IV 角速度、杆 IV 角加速度曲线
      plot(app.UIAxes_3,t1,y(:,7),'r',t1,y(:,8),'g',t1,y(:,10),'b',"LineWidth",2)
      xlabel(app.UIAxes_3,'时间/s')                              % 曲线 x 轴
      ylabel(app.UIAxes_3,'(rad)、(rad)、(rad/(s^2))')            % 曲线 y 轴
      legend(app.UIAxes_3,'杆 4 转角 ','杆 4 角速度 ','杆 4 角加速度 ')   % 曲线图例
      % 绘制杆 C 点位移、C 点速度、C 点加速度曲线
      plot(app.UIAxes_5,t1,y(:,5),'r',t1,y(:,6),'g',t1,y(:,9),'b',"LineWidth",2);
      xlabel(app.UIAxes_5,'时间/s');                             % 曲线 x 轴
      ylabel(app.UIAxes_5,'(m)、(m/s)');                         % 曲线 x 轴
      legend(app.UIAxes_5,'C 点位移 ','C 点速度 ','C 点加速度 ');  % 曲线图例
    end
```

(5)【机构简图】回调函数

```
    functionShuZiFangzhen(app, event)
      cla(app.UIAxes_4)                                         % 清除图形
      a = app.a;                                                % a 私有属性值
      v1 = app.v1;                                              % v1 私有属性值
      v2 = app.v2;                                              % v2 私有属性值
      l = app.l;                                                % l 私有属性值
      % 机构简图坐标
      x(1) = 0;                                                 % A 点坐标
      y(1) =- 150;
      x(2) = 0;
      y(2) = 0;
      x(3) = 1.2 * l * cosd(150);                               % B 点坐标
      y(3) = 1.2 * l * sind(150);
      x4 =- 1a;
```

```
y4 =- 130;
x5 =- 1a;                                                   %C 点坐标
y5 = a * tand(30);
x6 = 30;
y6 = 15;
x7 =- 125;
y7 = 15;
%绘制机构简图中的 3 个铰链圆点
ball_1 = line(app.UIAxes_4,x(2),y(2),'color','k','marker','o','markersize',6);
ball_2 = line(app.UIAxes_4, - a,23.09,'color','k','marker','o','markersize',6);
ball_3 = line(app.UIAxes_4,x7,y7,'color','k','marker','o','markersize',6);
%绘制机构简图
line(app.UIAxes_4,x,y,'color','b','linewidth',3);
line(app.UIAxes_4,[x4,x5],[y4,y5],'color','b','linewidth',3);
line(app.UIAxes_4,[x6,x7],[y6,y7],'color','b','linewidth',3);
line(app.UIAxes_4,[ - 50, - 43],[ - 5, - 5],'color','k','linewidth',2);
line(app.UIAxes_4,[ - 50, - 43],[ - 15, - 15],'color','k','linewidth',2);
line(app.UIAxes_4,[ - 43, - 43],[ - 5, - 15],'color','k','linewidth',2);
line(app.UIAxes_4,[ - 30, - 37],[ - 5, - 5],'color','k','linewidth',2);
line(app.UIAxes_4,[ - 30, - 37],[ - 15, - 15],'color','k','linewidth',2);
line(app.UIAxes_4,[ - 37, - 37],[ - 5, - 15],'color','k','linewidth',2);
line(app.UIAxes_4,[ - 3, - 10],[ - 25, - 25],'color','k','linewidth',2);
line(app.UIAxes_4,[ - 3, - 10],[ - 35, - 35],'color','k','linewidth',2);
line(app.UIAxes_4,[ - 3, - 3],[ - 25, - 35],'color','k','linewidth',2);
line(app.UIAxes_4,[3,10],[ - 25, - 25],'color','k','linewidth',2);
line(app.UIAxes_4,[3,10],[ - 35, - 35],'color','k','linewidth',2);
line(app.UIAxes_4,[3,3],[ - 25, - 35],'color','k','linewidth',2);
line(app.UIAxes_4,[15,25],[18,18],'color','k','linewidth',2);
line(app.UIAxes_4,[15,15],[18,25],'color','k','linewidth',2);
line(app.UIAxes_4,[25,25],[18,25],'color','k','linewidth',2);
line(app.UIAxes_4,[15,25],[12,12],'color','k','linewidth',2);
line(app.UIAxes_4,[15,15],[12,5],'color','k','linewidth',2);
line(app.UIAxes_4,[25,25],[12,5],'color','k','linewidth',2);
line(app.UIAxes_4,[ - 30, - 30],[14,21],'color','b','linewidth',3);
line(app.UIAxes_4,[ - 20, - 20],[8,14],'color','b','linewidth',3);
line(app.UIAxes_4,[ - 30, - 20],[21,15],'color','b','linewidth',3);
line(app.UIAxes_4,[ - 30, - 20],[14,8],'color','b','linewidth',3);
line(app.UIAxes_4,[ - 45, - 45],[22.5,29.5],'color','b','linewidth',3);
line(app.UIAxes_4,[ - 35, - 35],[16.5,23.5],'color','b','linewidth',3);
line(app.UIAxes_4,[ - 45, - 35],[29.5,23.5],'color','b','linewidth',3);
line(app.UIAxes_4,[ - 45, - 35],[22.5,16.5],'color','b','linewidth',3);
%绘制机构简图中地面斜线
a20 = linspace(0.1 * 10,0.9 * 10,5);
for i = 1:4
a30 = (a20(i) + a20(i + 1))/2;
line(app.UIAxes_4,[ - 43, - 48],[ - 5 - a20(i), - 6 - a30],'color','k','linestyle','-','linewidth',1);
end
a20 = linspace(0.1 * 10,0.9 * 10,5);
for i = 1:4
a30 = (a20(i) + a20(i + 1))/2;
line(app.UIAxes_4,[ - 37, - 30],[ - 5 - a20(i), - 6 - a30],'color','k','linestyle','-','linewidth',1);
end
a20 = linspace(0.1 * 10,0.9 * 10,5);
```

```
    for i = 1:4
    a30 = (a20(i) + a20(i + 1))/2;
    line(app.UIAxes_4,[-3,-8],[-25 - a20(i),-26 - a30],'color','k','linestyle','-','linewidth',1);
    end
    a20 = linspace(0.1 * 10,0.9 * 10,5);
    for i = 1:4
    a30 = (a20(i) + a20(i + 1))/2;
    line(app.UIAxes_4,[3,8],[-25 - a20(i),-26 - a30],'color','k','linestyle','-','linewidth',1);
    end
    a20 = linspace(0.1 * 10,0.9 * 10,5);
    for i = 1:4
    a30 = (a20(i) + a20(i + 1))/2;
    line(app.UIAxes_4,[15 + a20(i),15 + a30],[7,12],'color','k','linestyle','-','linewidth',1);
    end
    a20 = linspace(0.1 * 10,0.9 * 10,5);
    for i = 1:4
    a30 = (a20(i) + a20(i + 1))/2;
    line(app.UIAxes_4,[15 + a20(i),15 + a30],[23,18],'color','k','linestyle','-','linewidth',1);
    end
    title(app.UIAxes_4,'放大机构简图');                                 %机构简图标题
    xlabel(app.UIAxes_4,'mm')                                          %机构简图 x 轴
    ylabel(app.UIAxes_4,'mm')                                          %机构简图 y 轴
    axis(app.UIAxes_4,[-80 40 -60 60]);                                %简图坐标范围
end
```

(6)【结束程序】回调函数

```
functionJieSuChengXu(app, event)
    %App 界面信息提示对话框
    sel = questdlg('确认关闭应用程序?','关闭确认,','Yes','No','No');
    switch sel
    case'Yes'
    delete(app);                                                      %关闭本 App 窗口
    case'No'
    end
end
```

(7)【保存数据】回调函数

```
functionBaoCunShuJu(app, event)
    t = app.t;                                                        %t 私有属性值
    theta = app.theta;                                                %theta 私有属性值
    [filename,filepath] = uiputfile('*.xls');
    if isequal(filename,0) || isequal(filepath,0)
    else
    str = [filepath,filename];
    fopen(str);
    xlswrite(str,t,'Sheet1','B1');
    xlswrite(str,theta,'Sheet1','C1');
    fclose('all');
    end
end
```

(8)【查询】回调函数

```
functionchaxun(app, event)
    tfinal = app.tfinal;                                              %tfinal 私有属性值
```

```
    t1 = app.t1;                                              % t1 私有属性值
    y = app.y;                                                % y 私有属性值
    t2 = app.tEditField_2.Value;                              % 查询【t - 时间】
    if t2 > tfinal                                            % t2 > tfinal,则提示
     % App 界面信息提示对话框
    msgbox('查询时间不能大于仿真时间!','友情提示');
    else
     % 找出查询角度对应的数据序号
    t2 = round(t2,2);                                         % 圆整数据长度
    t1 = round(t1,2);                                         % 圆整数据长度
    i = find(t2 == t1);                                       % 查询精度 0.01 s
     % 杆 2 和杆 3 的角位移、角速度、角加速度分别写入 App 界面对应的显示框中
    app.theta_EditField.Value = y(i,7);                       %【theta_角位移】
    app.omega_EditField.Value = y(i,8);                       %【omega_角速度】
    app.alpha_EditField.Value = y(i,10);                      %【alpha_角加速度】
    app.C_EditField.Value = y(i,5);                           %【C_位移】
    app.C_EditField_2.Value = y(i,6);                         %【C_速度】
    app.C_EditField_3.Value = y(i,9);                         %【C_加速度】
    end
end
```

(9)【清除数据】回调函数

```
functionqingchushuju(app, event)
   % App 界面结果显示清零
   app.tEditField_2.Value = 0;                                %【t - 时间】
   app.theta_EditField.Value = 0;                             %【theta_角位移】
   app.omega_EditField.Value = 0;                             %【omega_角速度】
   app.alpha_EditField.Value = 0;                             %【alpha_角加速度】
   app.C_EditField.Value = 0;                                 %【C_位移】
   app.C_EditField_2.Value = 0;                               %【C_速度】
   app.C_EditField_3.  Value = 0;                             %【C_加速度】
end
```

1.2.12　案例 22：刨床机构运动分析 App 设计

1. 案例 22 内容

在图 1.2.28 所示的刨床机构中，已知曲柄 $O_1A=r$，以匀角速度 ω 转动，$b=4r$，$O_1O_2=\sqrt{3}r$，试分析 BC 杆和 C 点运动规律。

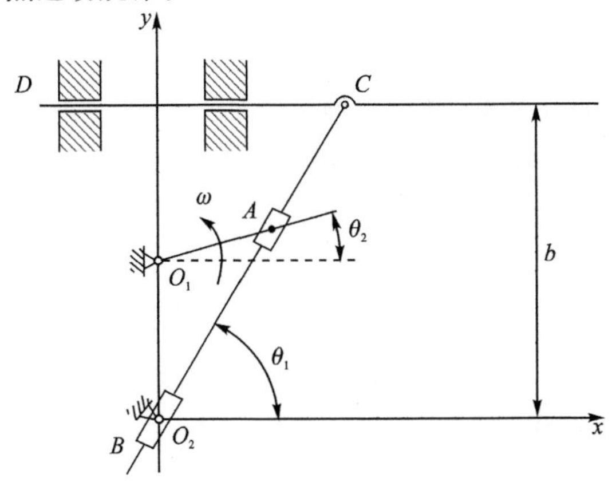

图 1.2.28　刨床机构结构简图

2. 机构的数学分析

图 1.2.28 中,杆 BC 与 x 轴正方向的夹角为 θ_1,杆 O_1A 与轴 x 正方向的夹角为 θ_2。以 A 为动点、杆 BC 为动系,运用点合成运动的速度合成定理,对 BC 杆以 O_2'(杆 BC 上与 O_2 重合点)为基点,运用刚体平面运动速度合成定理研究与 A 重合的杆 BC 上的 A' 点速度,可得如图 1.2.29 所示的速度分解图。

速度矢量关系如下:

$$\boldsymbol{V}_A=\boldsymbol{V}_{A'O_2'}+\boldsymbol{V}_{O_2'}+\boldsymbol{V}_r \tag{1-2-89}$$

将式(1-2-89)向 $\boldsymbol{V}_{A'O_2'}$ 方向投影得

$$V_A\cos(\theta_1-\theta_2)=V_{A'O_2'} \tag{1-2-90}$$

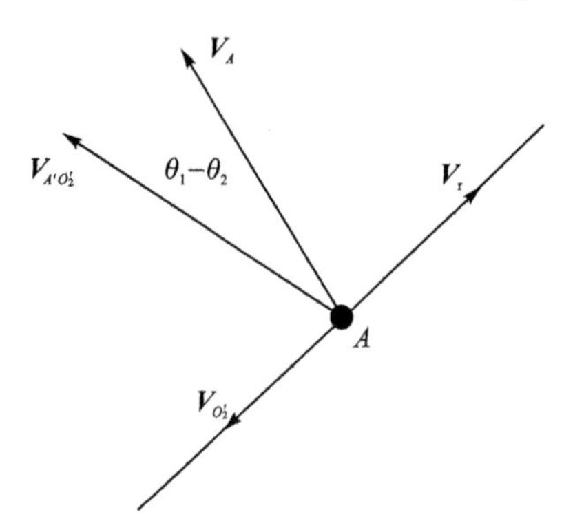

图 1.2.29　A 点速度综合分析示意图

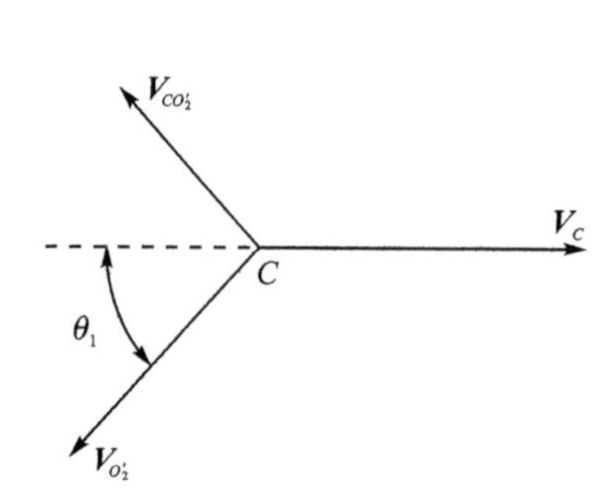

图 1.2.30　C 点速度合成示意图

其中:$V_A=r\omega$,$V_{A'O_2'}=A'O'_2\omega_{BC}$,所以可以得到 BC 杆的角速度为

$$\omega_{BC}=\frac{\cos(\theta_1-\theta_2)}{\sqrt{4+2\sqrt{3}\sin\theta_2}}\omega \tag{1-2-91}$$

此处 $A'O_2'$ 杆长的计算应用了余弦定理。将式(1-2-84)两边对时间求导数,得 BC 杆的角加速度为

$$\alpha_{BC}=-\frac{\sin(\theta_1-\theta_2)\,\omega\,(\omega_{BC}-\omega)}{\sqrt{4+2\sqrt{3}\sin\theta_2}}-\frac{\sqrt{3}\cos\theta_2\cos(\theta_1-\theta_2)\,\omega^2}{(4+2\sqrt{3}\sin\theta_2)^{\frac{3}{2}}} \tag{1-2-92}$$

以 O_2' 为基点,用基点法研究 C 点的速度,可得如图 1.2.30 所示的速度分解图,则有

$$V_C=-\frac{b\omega_{BC}}{\sin^2\theta_1} \tag{1-2-93}$$

将式(1-2-93)两边对时间求导数,得 C 点的角加速度为

$$\alpha_C=\frac{2b\cos\theta_1\omega_{BC}}{\sin^3\theta_1}+\frac{b\omega(\omega_{BC}-\omega)\sin(\theta_1-\theta_2)}{\sin^2\theta_1\sqrt{4+2\sqrt{3}\sin\theta_2}}+\frac{\sqrt{3}b\cos\theta_2\cos(\theta_1-\theta_2)\,\omega^2}{\sin^2\theta_1(4+2\sqrt{3}\sin\theta_2)^{\frac{3}{2}}} \tag{1-2-94}$$

设 $\boldsymbol{y}_1=\boldsymbol{\theta}_1$,$\boldsymbol{y}_2=\dot{\boldsymbol{\theta}}_1$,$\boldsymbol{y}_3=\boldsymbol{\theta}_2$,$\boldsymbol{y}_4=\dot{\boldsymbol{\theta}}_2$,$\boldsymbol{y}_5=\boldsymbol{x}_C$,$\boldsymbol{y}_6=\dot{x}_C$,定义一个含有 6 个列向量的矩阵为

$$\boldsymbol{y}=[\boldsymbol{y}_1\quad \boldsymbol{y}_2\quad \boldsymbol{y}_3\quad \boldsymbol{y}_4\quad \boldsymbol{y}_5\quad \boldsymbol{y}_6] \tag{1-2-95}$$

运动变量 $\boldsymbol{y}$ 的微分表达式如下:

$$\frac{\mathrm{d}y_1}{\mathrm{d}t}=y_2$$

$$\frac{dy_2}{dt}=-y_4(y_2-y_4)\frac{\sin(y_1-y_3)}{\sqrt{4+2\sqrt{3}\sin y_3}}-\frac{\sqrt{3}\cos y_3\cos(y_1-y_3)y_4^2}{(4+2\sqrt{3}\sin y_3)^{\frac{3}{2}}}$$

$$\frac{dy_3}{dt}=y_4$$

$$\frac{dy_4}{dt}=0$$

$$\frac{dy_5}{dt}=y_6$$

$$\frac{dy_6}{dt}=\frac{2b\cos y_1 y_2^2}{\sin^3 y_1}+\frac{by_4(y_2-y_4)\sin(y_1-y_3)}{\sin^2 y_1\sqrt{4+2\sqrt{3}\sin y_3}}+\frac{\sqrt{3}b\cos y_3\cos(y_1-y_3)y_4^2}{\sin^2 y_1(4+2\sqrt{3}\sin y_3)^{\frac{3}{2}}}$$

初始值设定为

$$\boldsymbol{y}_0=[\pi/3 \quad \omega/4 \quad 0 \quad \omega \quad b/\sqrt{3} \quad -(b\omega)/3]$$

3. App 窗口设计

刨床机构运动分析 App 窗口，如图 1.2.31 所示。

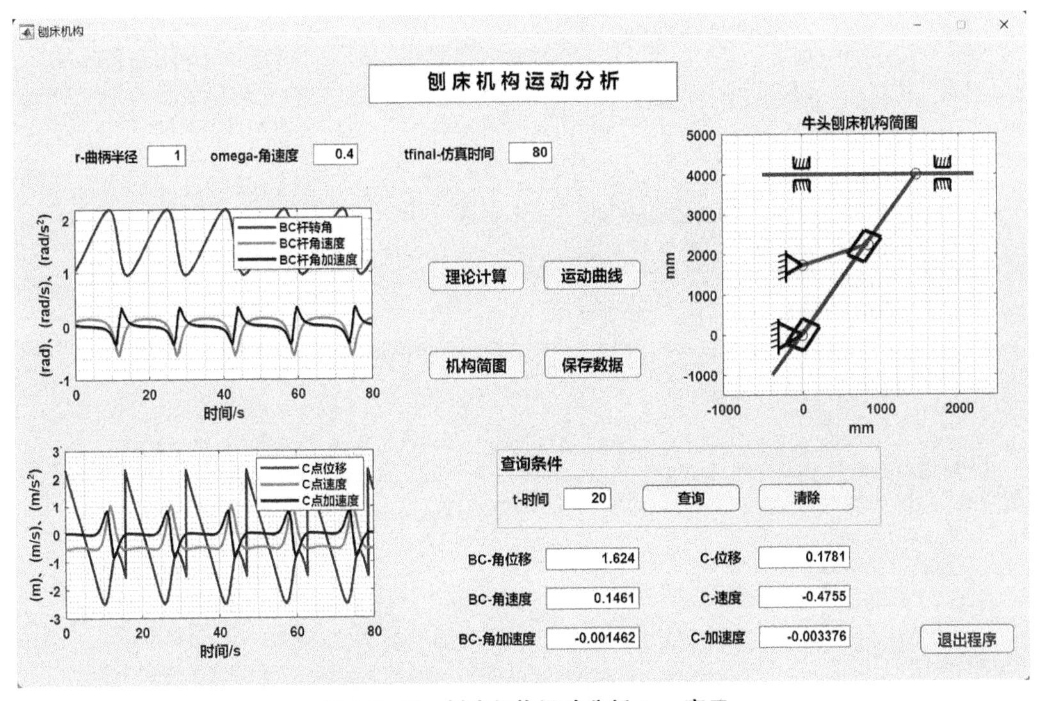

图 1.2.31　刨床机构运动分析 App 窗口

4. App 窗口程序设计(程序 lu_exam_22)

(1) 私有属性创建

```
properties(Access = private)
  %私有属性
  y;                                           %y:运动矩阵y
  t;                                           %t:时间向量
  r;                                           %r:曲柄 O1A 长度(半径)
  omega;                                       %omega:曲柄角速度
```

```
    tfinal;                                                             % tfinal:仿真时间
    b;                                                                  % b:图 1.2.28 中 b
end
```

(2) 设置窗口启动回调函数

```
functionstartupFcn(app, ydx11)
    % App 界面功能的初始状态
    app.Button_2.Enable = 'off';                                        % 屏蔽【运动曲线】使能
    app.Button_3.Enable = 'off';                                        % 屏蔽【机构简图】使能
    app.Button_4.Enable = 'off';                                        % 屏蔽【保存数据】使能
    app.Button_6.Enable = 'off';                                        % 屏蔽【查询】使能
    app.Button_7.Enable = 'off';                                        % 屏蔽【清除】使能
end
```

(3)【理论计算】回调函数

```
functionLiLunJiSuan(app, event)
 % App 界面已知数据读入
    r = app.rEditField.Value;                                           %【r - 曲柄半径】
    app.r = r;                                                          % r 私有属性值
    omega = app.omegaEditField.Value;                                   %【omega - 角速度】
    app.omega = omega;                                                  % omega 私有属性值
    tfinal = app.tfinalEditField.Value;                                 %【tfinal - 仿真时间】
    app.tfinal = tfinal;                                                % tfinal 私有属性值
    % 设计计算
    b = 4 * r;                                                          % b:已知高度
    app.b = b;                                                          % b 私有属性值
    tbz = 2 * pi/omega;                                                 % tbz:求解时间
    y0 = [pi/3,omega/4,0,omega,b/sqrt(3), - (b * omega)/3];             % y0:初始条件
    % 调用私有函数 ydx11fun 求解微分方程
    [t1,y1] = ode45(@ydx11fun,[0:0.01:tbz],y0);
    n = fix(tfinal/tbz);                                                % 判断 tfinal = tbz?
    if n == 1                                                           % 如果 tfinal = tbz
    y = y1;                                                             % y = y1
    t = t1;                                                             % t = t1
    y0 = [pi/3,omega/4,2 * pi,omega,b/sqrt(3), - (b * omega)/3];        % y0:初始条件
    % 调用私有函数 ydx11fun 求解微分方程,求解区间[tbz:0.01:tfinal]
    [t2,y2] = ode45(@ydx11fun,[tbz:0.01:tfinal],y0);
    y = [y;y2(2:end,:)];                                                % y:运动向量
    t = [t;t2(2:end)];                                                  % t:时间向量
    app.y = y;                                                          % y 私有属性值
    app.t = t;                                                          % t 私有属性值
    elseif n >1                                                         % 如果 tfinal≠tbz
    y = y1;                                                             % y = y1
    t = t1;                                                             % t = t1
    for i = 1:n - 1                                                     % 求解区间变化
    y0 = [pi/3,omega/4,2 * i * pi,omega,b/sqrt(3), - (b * omega)/3];    % y0:初始条件
    % 调用私有函数 ydx11fun 求解微分方程,求解区间[i * tbz:0.01:(i + 1) * tfinal]
    [t2,y2] = ode45(@ydx11fun,[i * tbz:0.01:(i + 1) * tbz],y0);
    y = [y;y2(2:end,:)];                                                % y:运动向量
    t = [t;t2(2:end)];                                                  % t:时间向量
    end
    y0 = [pi/3,omega/4,2 * n * pi,omega,b/sqrt(3), - (b * omega)/3];    % y0:初始条件
```

```
    % 调用私有函数 ydx11fun 求解微分方程,求解区间[n * tbz:0.01:tfinal]
    [t3,y3] = ode45(@ydx11fun,[n * tbz:0.01:tfinal],y0);
    y = [y;y3(2:end,:)];                                          % y:运动向量
    t = [t;t3(2:end)];                                            % t:时间向量
    app.y = y;                                                    % y 私有属性值
    app.t = t;                                                    % t 私有属性值
    else
    y0 = [pi/3,omega,0,omega/4,b/sqrt(3), - (b * omega)/3];       % y0:初始条件
    % 调用私有函数 ydx11fun 求解微分方程,求解区间[0:0.01:tbz]
    [t,y] = ode45(@ydx11fun,[0:0.01:tbz],y0);
    app.y = y;                                                    % y 私有属性值
    app.t = t;                                                    % t 私有属性值
    end
    % 见式(1-2-92)
    arfa =- 1(y(:,4). * sin(y(:,1) - y(:,3)). * (y(:,2) - y(:,4)))./sqrt(4 + 2 * sqrt(3) * sin(y(:,3))) - ...
        sqrt(3) * cos(y(:,3)). * cos(y(:,1) - y(:,3)). * y(:,4).^2./(4 + 2 * sqrt(3) * sin(y(:,3))).^(3/2);
    % 见式(1-2-94)
    ac = (b * y(:,4). * sin(y(:,1) - y(:,3)). * (y(:,2) - y(:,4)))./sqrt(4 + 2 * sqrt(3) * sin(y(:,
3))). * (sin(y(:,1)).^2) + ...
        (sqrt(3) * b * cos(y(:,1) - y(:,3)). * cos(y(:,3)). * y(:,4).^2)./(sin(y(:,1)).^2. * ...
        (4 + 2 * sqrt(3) * sin(y(:,3))).^(3/2)) + (2 * b * cos(y(:,1)). * y(:,2).^2)./sin(y(:,1)).^3;
    app.t = t;                                                    % t 私有属性值
    y = [y,arfa,ac];                                              % y:运动向量
    app.y = y;                                                    % y 私有属性值
    % App 界面功能更改
    app.Button_2.Enable = 'on';                                   % 开启【运动曲线】使能
    app.Button_3.Enable = 'on';                                   % 开启【机构简图】使能
    app.Button_4.Enable = 'on';                                   % 开启【保存数据】使能
    app.Button_6.Enable = 'on';                                   % 开启【查询】使能
    app.Button_7.Enable = 'on';                                   % 开启【清除】使能
    % App 界面结果显示清零
    app.tEditField.Value = 0;                                     % 【t - 时间】
    app.BCEditField.Value = 0;                                    % 【BC - 角位移】
    app.BCEditField_2.Value = 0;                                  % 【BC - 角速度】
    app.BCEditField_3.Value = 0;                                  % 【BC - 角加速度】
    app.CEditField.Value = 0;                                     % 【C - 位移】
    app.CEditField_2.Value = 0;                                   % 【C - 速度】
    app.CEditField_3.Value = 0;                                   % 【C - 加速度】
    % 私有函数 ydx11fun,见式(1-2-95)
    function ydot = ydx11fun(t,y,flag,b,omega)
    b = app.b;
    ydot = [y(2);
          - (y(4) * sin(y(1) - y(3)) * (y(2) - y(4)))/sqrt(4 + 2 * sqrt(3) * sin(y(3))) - ...
          (sqrt(3) * cos(y(3)) * cos(y(1) - y(3)) * y(4)^2)/((4 + 2 * sqrt(3) * sin(y(3)))^1.5);
          y(4);
          0;
          y(6);
          (2 * b * cos(y(1)) * y(2)^2)/sin(y(1))^3 + ...
        (b * y(4) * sin(y(1) - y(3)) * (y(2) - y(4)))/(sqrt(4 + 2 * sqrt(3) * sin(y(3)))) * (sin(y
(1))^2) + ...
      (sqrt(3) * b * cos(y(3)) * cos(y(1) - y(3)) * y(4)^2)/((4 + 2 * sqrt(3) * sin(y(3)))^1.5 * (sin
(y(1)))^2)];
      end
  end
```

(4)【保存数据】回调函数

```
functionBaoCunShuJu(app, event)
  t = app.t;                                                    %t 私有属性值
  y = app.y;                                                    %y 私有属性值
  [filename,filepath] = uiputfile('*.xls');
  if isequal(filename,0) || isequal(filepath,0)
  else
  str = [filepath,filename];
  fopen(str);
  xlswrite(str,t,'Sheet1','B1');
  xlswrite(str,y,'Sheet1','C1');
  fclose('all');
  end
end
```

(5)【退出程序】回调函数

```
functionTuiChu(app, event)
  %App 界面信息提示对话框
  sel = questdlg('确认关闭应用程序?','关闭确认,','Yes','No','No');
  switch sel
  case'Yes'
  delete(app);                                                  %关闭本 App 窗口
  case'No'
  end
end
```

(6)【运动曲线】回调函数

```
functionYunDongQuXian(app, event)
  t = app.t;                                                    %t 私有属性值
  y = app.y;                                                    %y 私有属性值
  cla(app.UIAxes)                                               %清除图形
  %绘制 BC 杆转角、BC 杆角速度、BC 杆角加速度曲线
  plot(app.UIAxes,t,y(:,1),'r',t,y(:,2),'g',t,y(:,7),'b',"LineWidth",2)
  xlabel(app.UIAxes,'时间/s');                                  %曲线 x 轴
  ylabel(app.UIAxes,'(rad)、(rad/s)、(rad/s^2)');               %曲线 y 轴
  legend(app.UIAxes,'BC 杆转角','BC 杆角速度','BC 杆角加速度');   %曲线图例
  cla(app.UIAxes_2)                                             %图形清零
  %绘制 C 位移、C 点速度、C 点加速度曲线
  plot(app.UIAxes_2,t,y(:,5),'r',t,y(:,6),'g',t,y(:,8),'b',"LineWidth",2)
  xlabel(app.UIAxes_2,'时间/s');                                %曲线 x 轴
  ylabel(app.UIAxes_2,'(m)、(m/s)、(m/s^2)');                   %曲线 y 轴
  legend(app.UIAxes_2,'C 点位移','C 点速度','C 点加速度');        %曲线图例
end
```

(7)【机构简图】回调函数

```
functionJiGouJianTu(app, event)
  cla(app.UIAxes_3)                                             %清除图形
  r = app.r * 1000;                                             %r 私有属性值
  %绘制机构简图
  x1 = 0;                                                       %O2 点坐标
  y1 = 0;
  y2 = 4 * r;                                                   %C 点坐标
  x2 = y2 * tand(20);
```

```
x21 =- 1380;
y21 =- 11000;
line(app.UIAxes_3,[x1,x2,x21],[y1,y2,y21],'linewidth',3);
x3 =- 1500;
y3 = 4 * r;
x4 = 2200;
y4 = 4 * r;
line(app.UIAxes_3,[x3,x4],[y3,y4],'linewidth',3);
x5 = 5;
y5 = 1732;
x6 = 850;
y6 = 2250;
line(app.UIAxes_3,[x5,x6],[y5,y6],'linewidth',3);
line(app.UIAxes_3,[ - 100,100],[4000 - 150,4000 - 150],'color','k','linewidth',2);
line(app.UIAxes_3,[ - 100, - 100],[4000 - 150,4000 - 450],'color','k','linewidth',2);
line(app.UIAxes_3,[100,100],[4000 - 150,4000 - 450],'color','k','linewidth',2);
line(app.UIAxes_3,[ - 100,100],[4000 + 150,4000 + 150],'color','k','linewidth',2);
line(app.UIAxes_3,[ - 100, - 100],[4000 + 150,4000 + 450],'color','k','linewidth',2);
line(app.UIAxes_3,[100,100],[4000 + 150,4000 + 450],'color','k','linewidth',2);
line(app.UIAxes_3,[1700,1900],[4000 - 150,4000 - 150],'color','k','linewidth',2);
line(app.UIAxes_3,[1700,1700],[4000 - 150,4000 - 450],'color','k','linewidth',2);
line(app.UIAxes_3,[1900,1900],[4000 - 150,4000 - 450],'color','k','linewidth',2);
line(app.UIAxes_3,[1700,1900],[4000 + 150,4000 + 150],'color','k','linewidth',2);
line(app.UIAxes_3,[1700,1700],[4000 + 150,4000 + 450],'color','k','linewidth',2);
line(app.UIAxes_3,[1900,1900],[4000 + 150,4000 + 450],'color','k','linewidth',2);
line(app.UIAxes_3,[ - 200,0],[ - 200,400],'color','b','linewidth',3);
line(app.UIAxes_3,[20,220],[ - 400,200],'color','b','linewidth',3);
line(app.UIAxes_3,[0,220],[400,200],'color','b','linewidth',3);
line(app.UIAxes_3,[ - 220,20],[ - 220, - 400],'color','b','linewidth',3);
line(app.UIAxes_3,[800,580],[2600,1980],'color','b','linewidth',3);
line(app.UIAxes_3,[800,1020],[1800,2420],'color','b','linewidth',3);
line(app.UIAxes_3,[800,1020],[2600,2420],'color','b','linewidth',3);
line(app.UIAxes_3,[580,800],[1980,1800],'color','b','linewidth',3);
line(app.UIAxes_3,[0, - 200],[1732,1500],'color','b','linewidth',3);
line(app.UIAxes_3,[0, - 200],[1732,2000],'color','b','linewidth',3);
line(app.UIAxes_3,[ - 200, - 200],[2100,1300],'color','k','linewidth',2);
line(app.UIAxes_3,[ - 300, - 300],[400, - 500],'color','k','linewidth',2);
line(app.UIAxes_3,[0, - 300],[0,300],'color','b','linewidth',3);
line(app.UIAxes_3,[0, - 300],[0, - 350],'color','b','linewidth',3);
%绘制机构简图中地面斜线
a20 = linspace(0.1 * 800,800,6);
for i = 1:5
a30 = (a20(i) + a20(i + 1))/2;
line(app.UIAxes_3,[ - 300, - 400],[a30 - 400,a20(i) - 400],'color','k','linestyle','-','linewidth',1);
end
a20 = linspace(0.1 * 800,800,6);
for i = 1:5
a30 = (a20(i) + a20(i + 1))/2;
line(app.UIAxes_3,[ - 200, - 300],[2100 - a20(i),2100 - a30],'color','k','linestyle','-','linewidth',1);
end
a20 = linspace(0.1 * 200,200,5);
for i = 1:4
```

```
    a30 = (a20(i) + a20(i + 1))/2;
    line(app.UIAxes_3,[ - 100 + a20(i), - 100 + a30],[4150,4400],'color','k','linestyle','-','linewidth',1);
    end
    a20 = linspace(0.1 * 200,200,5);
    for i = 1:4
    a30 = (a20(i) + a20(i + 1))/2;
    line(app.UIAxes_3,[ - 100 + a20(i), - 100 + a30],[3850,3600],'color','k','linestyle','-','linewidth',1);
    end
    a20 = linspace(0.1 * 200,200,5);
    for i = 1:4
    a30 = (a20(i) + a20(i + 1))/2;
    line(app.UIAxes_3,[1700 + a20(i),1700 + a30],[4150,4400],'color','k','linestyle','-','linewidth',1);
    end
    a20 = linspace(0.1 * 200,200,5);
    for i = 1:4
    a30 = (a20(i) + a20(i + 1))/2;
    line(app.UIAxes_3,[1700 + a20(i),1700 + a30],[3850,3600],'color','k','linestyle','-','linewidth',1);
    end
    % 绘制机构简图中的 4 个铰链圆点
    ball_1 = line(app.UIAxes_3,x1,y1,'color','k','marker','o','markersize',8);
    ball_2 = line(app.UIAxes_3,1456,4 * r,'color','k','marker','o','markersize',8);
    ball_3 = line(app.UIAxes_3,850,2250,'color','k','marker','o','markersize',8);
    ball_4 = line(app.UIAxes_3,5,1732,'color','k','marker','o','markersize',8);
    title(app.UIAxes_3,' 牛头刨床机构简图 ');                        % 机构简图标题
    xlabel(app.UIAxes_3,'mm')                                       % 机构简图 x 轴
    ylabel(app.UIAxes_3,'mm')                                       % 机构简图 y 轴
    axis (app.UIAxes_3,[ - 1000 2500  - 1500 5000]);                 % 构简图坐标范围
    end
```

(8)【查询】回调函数

```
functionchaxun(app, event)
    y = app.y;                                                  % y 私有属性值
    t = app.t;                                                  % t 私有属性值
    tt = app.tEditField.Value;                                  % 查询【t - 时间】
    monit = app.tfinalEditField.Value;                          %【tfinal - 仿真时间】
    if tt > = monit                                             % tt > tfinal,则提示
    % App 界面信息提示对话框
    msgbox(' 查询时间不能大于等于仿真时间! ',' 友情提示 ');
    else
    a = find(t > = tt);                                         % 查找查询对应的 t
    i = a(1);                                                   % 中间变量
    ii = a(1) - 1;                                              % 中间变量
    m = (tt - t(ii))/(t(i) - t(ii));                            % 中间变量
    n = 1 - m;                                                  % 中间变量
    % 设计计算结果分别写入 App 界面对应的显示框中
    app.BCEditField.Value = m * y(i,1) + n * y(ii,1);           %【BC - 角位移】
    app.BCEditField_2.Value = m * y(i,2) + n * y(ii,2);         %【BC - 角速度】
    app.BCEditField_3.Value = m * y(i,7) + n * y(ii,7);         %【BC - 角加速度】
    app.CEditField.Value = m * y(i,5) + n * y(ii,5);            %【C - 位移】
    app.CEditField_2.Value = m * y(i,6) + n * y(ii,6);          %【C - 速度】
    app.CEditField_3.Value = m * y(i,8) + n * y(ii,8);          %【C - 加速度】
    end
end
```

(9)【清除】回调函数

```
functionqingchu(app, event)
  % App 界面结果显示清零
  app.tEditField.Value = 0;                      %【t - 时间】
  app.BCEditField.Value = 0;                     %【BC - 角位移】
  app.BCEditField_2.Value = 0;                   %【BC - 角速度】
  app.BCEditField_3.Value = 0;                   %【BC - 角加速度】
  app.CEditField.Value = 0;                      %【C - 位移】
  app.CEditField_2.Value = 0;                    %【C - 速度】
  app.CEditField_3.Value = 0;                    %【C - 加速度】
end
```

第 2 章

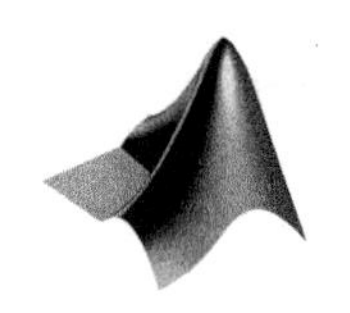

凸轮传动机构App设计案例

2.1 凸轮传动机构运动规律

2.1.1 凸轮从动件的运动规律

图 2.1.1 所示为对心尖顶直动推杆运动规律图。r_0 为凸轮基圆半径，s 为推杆位移。凸轮轮廓由 AB、BC、CD 和 DA 四段曲线组成。AB 段为推程段，推杆从最低位置 A 被推到最高位置 B'，与其对应的凸轮转角 δ_0 称为推程运动角；BC 段是以凸轮中心 O 为圆心的圆弧，推

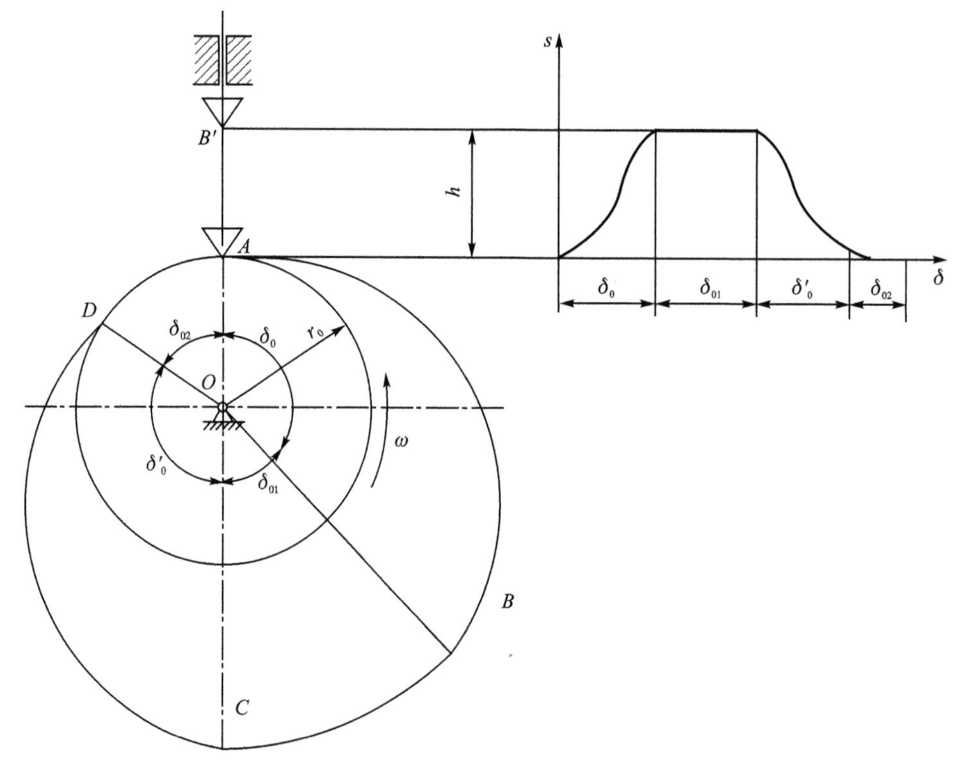

图 2.1.1　凸轮从动件运动规律简图

杆处于最高位置而静止不动，是凸轮轮廓的远休止段，与之对应的凸轮转角 δ_{01} 称为远休止角；CD 段是其回程部分，推杆由最高位置回到最低位置，该部分凸轮转角称为回程运动角 δ_0'；DA 段也是以凸轮为中心 O 为圆心的圆弧，推杆将在最低位置静止不动，是凸轮轮廓的近休止段，与之对应的凸轮转角 δ_{02} 称为近休止角。

推杆常用的运动规律（见表 2.1.1）主要有以下四种：

① 等速运动（直线运动）规律，就是推杆做等速运动。

② 等加速等减速运动（抛物线运动）规律，就是推杆做等加速等减速运动。一般等加速段和等减速段的时间相等。

③ 余弦加速度运动（简谐运动）规律。推杆运动时，其加速度按余弦规律变化。

④ 正弦加速度运动（摆线运动）规律。推杆运动时，其加速度按正弦规律变化。

表 2.1.1　推杆常用运动规律的运动方程

<table>
<tr><th rowspan="2">运动规律</th><th colspan="2">运动方程</th><th rowspan="2">运动特性</th></tr>
<tr><th>推　程</th><th>回　程</th></tr>
<tr><td>等速运动</td><td>$s=h\delta/\delta_0$
$v=h\omega/\delta_0$
$a=0$
$0\leqslant\delta\leqslant\delta_0$</td><td>$s=h(1-\delta/\delta_0')$
$v=-h\omega/\delta_0'$
$a=0$
$0\leqslant\delta\leqslant\delta_0'$</td><td>推杆速度 v 为常数，加速度 a 为零。开始和终止瞬间加速度理论上无穷大，使凸轮产生刚性冲击</td></tr>
<tr><td rowspan="4">等加速等减速运动</td><td colspan="2">等加速运动段</td><td rowspan="4">推杆在行程中先做等加速运动，后做等减速运动。推杆在运动开始、中点和运动结束位置产生有限量的加速度突变，使凸轮产生柔性冲击</td></tr>
<tr><td>$s=2h\delta^2/\delta_0^2$
$v=4h\omega\delta/\delta_0^2$
$a=4h\omega^2/\delta_0^2$
$0\leqslant\delta\leqslant\delta_0/2$</td><td>$s=h-2h\delta^2/\delta_0'^2$
$v=-4h\omega\delta/\delta_0'^2$
$a=-4h\omega^2/\delta_0'^2$
$0\leqslant\delta\leqslant\delta_0'/2$</td></tr>
<tr><td colspan="2">等减速运动段</td></tr>
<tr><td>$s=h-2h(\delta_0-\delta)^2/\delta_0^2$
$v=4h\omega(\delta_0-\delta)/\delta_0^2$
$a=-4h\omega^2/\delta_0^2$
$\delta_0/2\leqslant\delta\leqslant\delta_0$</td><td>$s=2h(\delta_0'-\delta)^2/\delta_0'^2$
$v=-4h\omega(\delta_0'-\delta)/\delta_0'^2$
$a=4h\omega^2/\delta_0'^2$
$\delta_0'/2\leqslant\delta\leqslant\delta_0'$</td></tr>
<tr><td>余弦加速度运动</td><td>$s=\frac{h}{2}\left[1-\cos\left(\frac{\pi\delta}{\delta_0}\right)\right]$
$v=\frac{\pi h\omega}{2\delta_0}\sin\left(\frac{\pi\delta}{\delta_0}\right)$
$a=\frac{\pi^2 h\omega^2}{2\delta_0^2}\cos\left(\frac{\pi\delta}{\delta_0}\right)$
$0\leqslant\delta\leqslant\delta_0$</td><td>$s=\frac{h}{2}\left[1+\cos\left(\frac{\pi\delta}{\delta_0'}\right)\right]$
$v=-\frac{\pi h\omega}{2\delta_0'}\sin\left(\frac{\pi\delta}{\delta_0'}\right)$
$a=-\frac{\pi^2 h\omega^2}{2\delta_0'^2}\cos\left(\frac{\pi\delta}{\delta_0'}\right)$
$0\leqslant\delta\leqslant\delta_0'$</td><td>推杆速度按余弦函数规律变化。推杆在运动开始和结束时产生有限量的加速度突变，使凸轮产生柔性冲击</td></tr>
</table>

续表 2.1.1

运动规律	运动方程		运动特性
	推　程	回　程	
正弦加速度运动	$s=h\left[\frac{\delta}{\delta_0}-\frac{1}{2\pi}\sin\left(\frac{2\pi\delta}{\delta_0}\right)\right]$ $v=\frac{h\omega}{\delta_0}\left[1-\cos\left(\frac{2\pi\delta}{\delta_0}\right)\right]$ $a=\frac{2\pi h\omega^2}{\delta_0^2}\sin\left(\frac{2\pi\delta}{\delta_0}\right)$ $0\leqslant\delta\leqslant\delta_0$	$s=h\left[1-\frac{\delta}{\delta_0'}+\frac{1}{2\pi}\sin\left(\frac{2\pi\delta}{\delta_0'}\right)\right]$ $v=\frac{h\omega}{\delta_0'}\left[\cos\left(\frac{2\pi\delta}{\delta_0'}\right)-1\right]$ $a=-\frac{2\pi h\omega^2}{\delta_0'^2}\sin\left(\frac{2\pi\delta}{\delta_0'}\right)$ $0\leqslant\delta\leqslant\delta_0'$	推杆速度按正弦函数规律变化。推杆在整个运动过程中没有加速度突变，因而不产生冲击

2.1.2　四种推杆运动规律的 MATLAB 子函数

1. 等速运动规律 MATLAB 子函数

(1) 等速推程运动规律

```
%等速推程运动子函数,见表 2.1.1
function[s1,v1,a1,delta_1] = Dengsu_tuicheng(delta01,h,omega)
delta_1 = linspace(0,delta01,round(delta01));                    %delta_1:线性分度
s1 = h * delta_1/delta01;                                        %s1:推程
v1 = h * omega/(delta01 * pi/180) * ones(1,length(delta_1));     %v1:推程
a1 = zeros(1,length(delta_1)). * ones(1,length(delta_1));        %a1:推程
```

(2) 等速回程运动规律

```
%等速回程运动子函数,见表 2.1.1
function[s3,v3,a3,delta_3] = Dengsu_huicheng(delta01,deltax01,delta02,h,omega)
%delta_3 - 线性分度
delta_3 = linspace(delta01 + deltax01 + 1,delta01 + deltax01 + delta01,round(delta02));
s3 = h * (1 - (delta_3 - (delta01 + deltax01))/deltax02);        %s3:回程
v3 =- 1h * omega/(delta02 * pi/180) * ones(1,length(delta_3));   %v3:回程
a3 = zeros(1,length(delta02)). * ones(1,length(delta_3));        %a3:回程
```

2. 等加速等减速运动规律 MATLAB 子函数

(1) 等加速等减速推程运动规律

```
%等加速等减速推程运动子函数,见表 2.1.1
function[s1,v1,a1,delta_1] = Dengjia_Dengjian_tuicheng(delta01,h,omega)
delta1 = linspace(0,delta01/2,round(delta01/2));                        %delta1:线性分度
s01 = 2 * h * delta1.^2/delta01^2;                                      %s01:推程
v01 = (4 * h * omega. * delta1. * pi/180)/(delta01 * pi/180)^2;         %v01:推程
a01 = 4 * h * omega^2/(delta01 * pi/180)^2 * ones(1,length(delta1));    %a01:推程
delta2 = linspace(delta01/2 + 1,delta01,round(delta01/2));              %delta2:线性分度
s02 = h - 2 * h * (delta01 - delta2).^2/delta01^2;                      %s02:推程
v02 = 4 * h * omega. * (delta01 - delta2) * pi/180/(delta01 * pi/180)^2; %v02:推程
a02 =- 14 * h * omega^2/(delta01 * pi/180)^2 * ones(1,length(delta2));  %a02:推程
s1 = [s01,s02];                                                         %s1:输出
v1 = [v01,v02];                                                         %v1:输出
a1 = [a01,a02];                                                         %a1:输出
delta_1 = [delta1,delta2];                                              %delta_1:输出
```

(2) 等加速等减速回程运动规律

```
%等加速等减速回程运动子函数,见表 2.1.1
function[s3,v3,a3,delta_3] = Dengjia_Dengjian_huicheng(delta01,deltax01,delta02,h,omega)
%delta1 - 线性分度
delta1 = linspace(delta01 + deltax01 + 1,delta01 + deltax01 + delta02/2,round(delta02/2));
s01 = h - 2 * h * (delta1 - delta01 - deltax01).^2/delta02^2;                    %s01:回程
v01 =- 1(4 * h * omega. * (delta1 - delta01 - deltax01). * pi/180)/(delta02 * pi/180)^2;    %v01:回程
a01 =- 14 * h * omega^2/(delta02 * pi/180)^2 * ones(1,length(delta1));          %a01:回程
%delta2 - 线性分度
delta2 = linspace(delta01 + deltax01 + delta02/2 + 1,delta01 + deltax01 + delta02,round(delta02/2));
s02 = 2 * h * ((delta01 + deltax01 + delta02) - delta2).^2/delta02^2;            %s02:回程
v02 =- 14 * h * omega. * (delta01 + deltax01 + delta02 - delta2) * pi/180/(delta02 * pi/180)^2;
                                                                                 %v02:回程
a02 = 4 * h * omega^2/(delta02 * pi/180)^2 * ones(1,length(delta2));            %a02:回程
s3 = [s01,s02];                                                                  %s3:输出
v3 = [v01,v02];                                                                  %v3:输出
a3 = [a01,a02];                                                                  %a3:输出
delta_3 = [delta1,delta2];                                                       %delta_3:输出
```

3. 余弦加速度运动规律 MATLAB 子函数

(1) 余弦推程运动规律

```
%余弦推程运动子函数,见表 2.1.1
function[s1,v1,a1,delta_1] = Yuxian_tuicheng(delta01,h,omega)
delta_1 = linspace(0,delta01,round(delta01));                                    %delta_1:线性分度
s1 = h * (1 - cos(pi * delta_1/delta01))/2;                                      %s1:推程
v1 = pi * h * omega * sin(pi * delta_1./delta01)/(2 * delta01 * pi/180);         %v1:推程
a1 = pi^2 * h * omega^2 * cos(pi * delta_1./delta01)/(2 * (delta01 * pi/180)^2)%a1:推程
```

(2) 余弦回程运动规律

```
%余弦回程运动子函数,见表 2.1.1
function[s3,v3,a3,delta_3] = Yuxian_huicheng(delta01,deltax01,delta02,h,omega)
%delta_3 - 线性分度
delta_3 = linspace(delta01 + deltax01 + 1,delta01 + deltax01 + delta02,round(delta02));
angle = pi * (delta_3 - (delta01 + deltax01))/delta02;                           %angle:中间变量
s3 = h * (1 + cos(angle))/2;                                                     %s3:回程
v3 =- 1pi * h * omega * sin(angle)/(2 * delta02 * pi/180);                       %v3:回程
a3 =- 1pi^2 * h * omega^2 * cos(angle)/(2 * (delta02 * pi/180)^2);               %a3 - 回程
```

4. 正弦加速度运动规律 MATLAB 子函数

(1) 正弦推程运动规律

```
%正弦推程运动子函数,见表 2.1.1
function[s1,v1,a1,delta_1] = Zhengxian_tuicheng(delta01,h,omega)
delta_1 = linspace(0,delta01,round(delta01));                                    %delta_1:线性分度
angle = 2 * pi * delta_1/delta01;                                                %angle:中间变量
s1 = h * (delta_1/delta01 - sin(angle)/(2 * pi));                                %s1:推程
v1 = omega * h * (1 - cos(angle))/(delta01 * pi/180);                            %v1:推程
a1 = 2 * pi * h * omega^2 * sin(angle)/(delta01 * pi/180)^2;                     %a1:推程
```

(2) 正弦回程运动规律

```
%正弦回程运动子函数,见表 2.1.1
function[s3,v3,a3,delta_3] = Zhengxian_huicheng(delta01,deltax01,delta02,h,omega)
%delta_3 - 线性分度
delta_3 = linspace(delta01 + deltax01 + 1,delta01 + deltax01 + delta02,round(delta02));
```

```
angle = 2 * pi * (delta_3 - (delta01 + deltax01))/delta02;                        % angle:中间变量
s3 = h * (1 - (delta_3 - (delta01 + deltax01))/delta02 + sin(angle)/(2 * pi));   % s3:回程
v3 = h * omega * (cos(angle) - 1)/(delta02 * pi/180);                              % v3:回程
a3 =- 12 * pi * h * omega^2 * sin(angle)/(delta02 * pi/180)^2;                     % a3:回程
```

2.2 凸轮传动机构运动和压力角设计案例

2.2.1 案例23：偏置直动滚子推杆盘形凸轮机构运动 App 设计

1. 机构的数学分析

图 2.2.1 所示为偏置直动滚子推杆盘形凸轮机构。已知：凸轮基圆半径 r_0，滚子半径 r_r，偏心距 e，推杆的运动规律 $s=s(\delta)$，凸轮以匀角速度 ω 逆时针回转。图中 B 点的直角坐标表示为

$$\begin{cases} x=(s_0+s)\sin\delta+e\cos\delta \\ y=(s_0+s)\cos\delta-e\sin\delta \end{cases} \tag{2-2-1}$$

式中：
$$s_0=\sqrt{r_0^2-e^2}$$

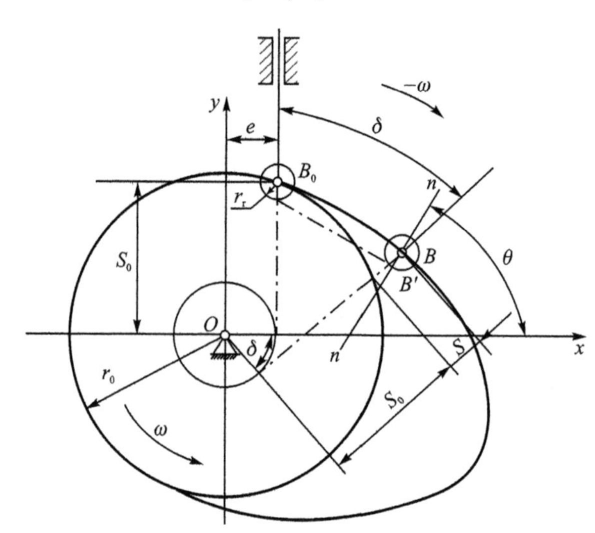

图 2.2.1　偏置直动滚子推杆盘形凸轮机构原理图

实际轮廓线上 B' 的直角坐标为

$$\begin{cases} x'=x\mp r_r\cos\theta \\ y'=y\mp r_r\sin\theta \end{cases} \tag{2-2-2}$$

式中："−"用于内等距曲线，"+"用于外等距曲线。

理论轮廓线上 B 点处法线 $n-n$ 的斜率 $\tan\theta$ 为

$$\tan\theta=\frac{\mathrm{d}x/\mathrm{d}\delta}{-\mathrm{d}y/\mathrm{d}\delta} \tag{2-2-3}$$

2. 案例 23 内容

在图 2.2.1 中，已知直动滚子从动件凸轮机构中的凸轮以等角速度逆时针方向转动，转速 $n=50$ r/min，推程时，推杆以正弦加速度运动，推程运动角为 90°，升程 $h=16$ mm，远休止角

为 90°；回程时，推杆以余弦加速度运动，回程运动角为 60°，近休止角为 120°。滚子半径 r_t = 10 mm，基圆半径 r_0 = 50 mm，推杆采用右偏置形式，偏心距 e = 6 mm。

3. App 窗口设计

偏置直动滚子推杆盘形凸轮机构设计 App 窗口，如图 2.2.2 所示。

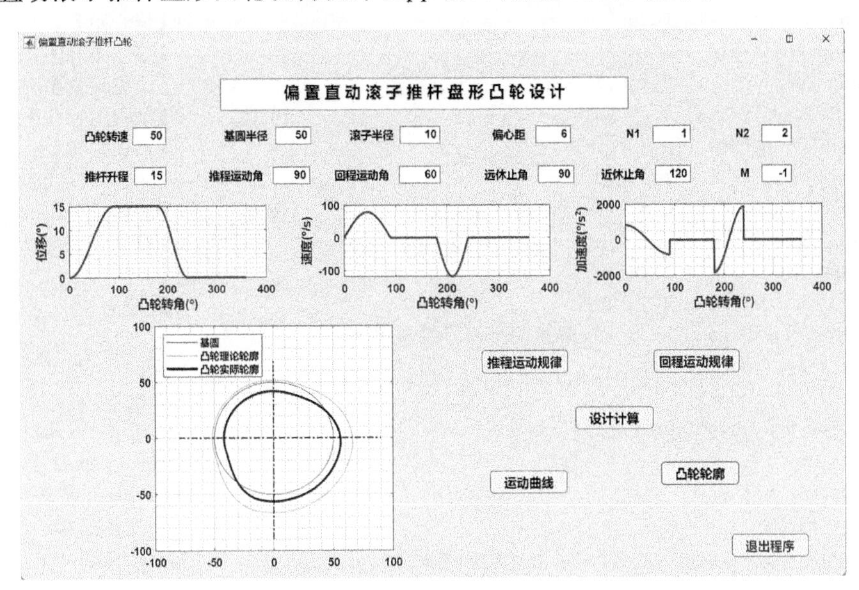

图 2.2.2　偏置直动滚子推杆盘形凸轮机构设计 App 窗口（注：M、N1、N2 含义见程序中）

4. App 窗口程序设计（程序 lu_exam_23）

(1) 私有属性创建

```
properties(Access = private)
  %私有属性
  delta;                                      %delta:凸轮转角
  s;                                          %s:推杆位移
  v;                                          %v:推杆摆动角速度
  a;                                          %a:推杆摆动角加速度
  x0;                                         %x0:凸轮理论轮廓坐标
  y0;                                         %y0:凸轮理论轮廓坐标
  x;                                          %x:凸轮实际轮廓坐标
  y;                                          %y:凸轮实际轮廓坐标
  angle1;                                     %angle1:推程压力角
  angle2;                                     %angle2:回程压力角
  rou0;                                       %rou0:凸轮轮廓曲率半径
  index1;                                     %index1:推程规律
  index3;                                     %index3:回程规律
end
```

(2) 设置窗口启动回调函数

```
functionstartupFcn(app, baidongtuidan)
  %App 界面功能的初始状态
  app.Button_2.Enable = 'off';               %屏蔽【凸轮轮廓】使能
  app.Button_3.Enable = 'off';               %屏蔽【运动曲线】使能
  app.Button.Enable = 'off';                 %屏蔽【设计计算】使能
  app.Button_6.Enable = 'off';               %屏蔽【回程运动规律】使能
end
```

(3)【设计计算】回调函数

```
functionShejiJiSuan(app, event)
  % App 界面已知数据读入
  r0 = app.EditField_10.Value;                                      %【基圆半径】
  h = app.EditField_11.Value;                                       %【推杆升程】
  e = app.EditField_12.Value;                                       %【偏心距】
  rt = app.EditField_13.Value;                                      %【滚子半径】
  n = app.EditField_14.Value;                                       %【凸轮转速】
  delta01 = app.EditField_6.Value;                                  %【推程运动角】
  deltax01 = app.EditField_7.Value;                                 %【远休止角】
  delta02 = app.EditField_8.Value;                                  %【回程运动角】
  deltax02 = app.EditField_9.Value;                                 %【近休止角】
  M = app.MEditField.Value;                                         %【M】
  N1 = app.N1EditField_2.Value;                                     %【N1】
  N2 = app.N2EditField_2.Value;                                     %【N2】
  % 调用私有函数 cam_zhidong 求解直动推杆凸轮轮廓及运动规律
  index1 = app.index1;                                              % index1:推程运动规律
  index3 = app.index3;                                              % index3:回程运动规律
  [delta,s,v,a,x0,y0,x,y,angle1,angle2,rou0] = cam_zhidong(r0,h,delta01,deltax01,...
                                   delta02,deltax02,e,rt,n,M,index1,index3,N1,N2);
  app.delta = delta;                                                % delta:凸轮转角
  app.s = s;                                                        % s:推杆位移
  app.v = v;                                                        % v:推杆摆动角速度
  app.a = a;                                                        % a:推杆摆动角加速度
  app.x0 = x0;                                                      % x0:凸轮理论轮廓坐标
  app.y0 = y0;                                                      % y0:凸轮理论轮廓坐标
  app.x = x;                                                        % x:凸轮实际轮廓坐标
  app.y = y;                                                        % y:凸轮实际轮廓坐标
  app.angle1 = angle1;                                              % angel1:推程压力角
  app.angle2 = angle2;                                              % angel2:回程压力角
  app.rou0 = rou0;                                                  % rou0:凸轮轮廓曲率半径
  % 私有函数 cam_zhidong
  function[delta,s,v,a,x0,y0,x,y,angle1,angle2,rou0] = cam_zhidong(r0,h,delta01,deltax01,...
                                   delta02,deltax02,e,rt,n,M,index1,index3,N1,N2)
  % 程序参数详解
  % r0:基圆半径,h:行程,
  % delta01:推程运动角,deltax01:远休止角
  % delta02:回程运动角,deltax02:近休止角
  % e:偏心距,rt:滚子半径,n:凸轮转速(r/min)
  % index1:推程运动规律标号,11:等速运动规律,12:等加速等减速运动规律
  % 13:余弦加速度运动规律,14:正弦加速度运动规律
  % index3:回程运动规律标号,32:等加速等减速运动规律
  % 33:余弦加速度运动规律,34:正弦加速度运动规律
  % M 的取值:当用于计算内等距曲线时,M =- 1
  % 当用于计算外等距曲线时,M = 1
  % N1 的取值:凸轮逆时针转动,N1 = 1;反之,N1 =- 1
  % N2 的取值:推杆偏距 e 位于 y 轴的右侧,N2 = 1;反之,N2 =- 1
  % 输出参数:
  % delta:凸轮转角,s:推杆位移,v:推杆速度
  % a:推杆角速度,angle1:推程压力角,angle2:回程压力角
  % rou0:凸轮轮廓曲率半径,(x0,y0):凸轮机构理论轮廓坐标
  % (x,y):凸轮机构实际轮廓坐标
```

```
omega = 2 * pi * n/60;                                          % omega:转速 n 的角速度
switch index1                                                   % index1:推程运动规律
case1
% 调用私有函数 Dengsu_tuicheng
[s1,v1,a1,delta_1] = Dengsu_tuicheng(delta01,h,omega);
case 2
% 调用私有函数 Dengjia_Dengjian_tuicheng
[s1,v1,a1,delta_1] = Dengjia_Dengjian_tuicheng(delta01,h,omega);
case 3
% 调用私有函数 Yuxian_tuicheng
[s1,v1,a1,delta_1] = Yuxian_tuicheng(delta01,h,omega);
case 4
% 调用私有函数 Zhengxian_tuicheng
[s1,v1,a1,delta_1] = Zhengxian_tuicheng(delta01,h,omega);
end
switch index3                                                   % index3:推程运动规律
case 1
% 调用私有函数 Dengjia_Dengjian_huicheng
[s3,v3,a3,delta_3] = Dengjia_Dengjian_huicheng(delta01,deltax01,delta02,h,omega);
case 2
% 调用私有函数 Yuxian_huicheng
[s3,v3,a3,delta_3] = Yuxian_huicheng(delta01,deltax01,delta02,h,omega);
case 3
% 调用私有函数 Zhengxian_huicheng
[s3,v3,a3,delta_3] = Zhengxian_huicheng(delta01,deltax01,delta02,h,omega);
end
[s2,v2,a2,delta_2] = Yuanxiu(delta01,deltax01,h);               % 调用私有函数 Yuanxiu
[s4,v4,a4,delta_4] = Jinxiu(delta01,deltax01,delta02,deltax02); % 调用私有函数 jinxiu
delta = [delta_1,delta_2,delta_3,delta_4];                      % delta:凸轮转角矩阵
s = [s1,s2,s3,s4];                                              % s:推杆位移矩阵
v = [v1,v2,v3,v4];                                              % v:推杆速度矩阵
a = [a1,a2,a3,a4];                                              % a:推杆加速度矩阵
% 计算滚子直动从动件盘形凸轮机构理论轮廓坐标
s0 = sqrt(r0^2 + e^2);
x0 = (s0 + s). * sin(N1 * delta. * pi/180) + N2 * e. * cos(N1 * delta. * pi/180);
y0 = (s0 + s). * cos(N1 * delta. * pi/180) - N2 * e. * sin(N1 * delta. * pi/180);
% 计算滚子直动从动件盘形凸轮机构实际轮廓坐标
dx_delta = (v./omega - N1 * N2 * e). * sin(N1 * delta. * pi/180) + N1 * (s0 + s). * cos(N1 * delta. * pi/180);
dy_delta = (v./omega - N1 * N2 * e). * cos(N1 * delta. * pi/180) - N1 * (s0 + s). * sin(N1 * delta. * pi/180);
if rt == 0
x = x0;
y = y0;
else
A = sqrt(dx_delta.^2 + dy_delta.^2);
x = x0 - N1 * M * rt * dy_delta./A;
y = y0 + N1 * M * rt * dx_delta./A;
end
% 推程压力角
rs1 = s0 + s1;
angle1 = abs(atan((v1./omega - N1 * N2 * e)./rs1));
% 回程压力角
rs2 = s0 + s3;
angle2 = abs(atan((v3./omega - N1 * N2 * e)./rs2));
```

```
    %凸轮轮廓曲率半径
    ddx_delta = (a./omega^2. - s0 - s). * sin(N1 * delta. * pi/180) + (2 * v./omega - N1 * N2 * e). *
N1. * cos(N1 * delt  a. * pi/180);
    ddy_delta = (a./omega^2. - s0 - s). * cos(N1 * delta. * pi/180) - (2 * v./omega - N1 * N2 * e). *
N1. * sin(N1 * delta. * pi/180);
    A = (dx_delta.^2 + dy_delta.^2).^1.5;
    B = dx_delta. * ddy_delta - dy_delta. * ddx_delta;
    rou = A./B;
    rou0 = abs(rou + M * rt);
    end
    %私有函数 Dengsu_tuicheng:等速推程运动规律
    function[s1,v1,a1,delta_1] = Dengsu_tuicheng(delta01,h,omega)
    %输入参数:delta01:推程运动角,h:推程,omega:凸轮角速度
    %输出参数:s1:推杆位移,v1:推杆速度, a1:推杆加速度,delta_1:凸轮转角
    delta_1 = linspace(0,delta01,round(delta01));
    s1 = h * delta_1/delta01;
    v1 = h * omega/(delta01 * pi/180) * ones(1,length(delta_1));
    a1 = zeros(1,length(delta_1)). * ones(1,length(delta_1));
    end
    %私有函数 Dengjia_Dengjian_tuicheng:等加速等减速推程运动规律
    function[s1,v1,a1,delta_1] = Dengjia_Dengjian_tuicheng(delta01,h,omega)
    %输入参数:delta01:推程运动角,h:推程,omega:凸轮角速度
    %输出参数:s1:推杆位移,v1:推杆速度, a1:推杆角速度,delta_1:凸轮转动角度
    %计算推程等加速运动规律
    delta1 = linspace(0,delta01/2,round(delta01/2));
    s01 = 2 * h * delta1.^2/delta01^2;
    v01 = (4 * h * omega. * delta1. * pi/180)/(delta01 * pi/180)^2;
    a01 = 4 * h * omega^2/(delta01 * pi/180)^2 * ones(1,length(delta1));
    %计算推程等减速运动规律
    delta2 = linspace(delta01/2 + 1,delta01,round(delta01/2));
    s02 = h - 2 * h * (delta01 - delta2).^2/delta01^2;
    v02 = 4 * h * omega. * (delta01 - delta2) * pi/180/(delta01 * pi/180)^2;
    a02 =- 14 * h * omega^2/(delta01 * pi/180)^2 * ones(1,length(delta2));
    s1 = [s01,s02];
    v1 = [v01,v02];
    a1 = [a01,a02];
    delta_1 = [delta1,delta2];
    end
    %私有函数 Yuxian_tuicheng:余弦推程运动规律
    function[s1,v1,a1,delta_1] = Yuxian_tuicheng(delta01,h,omega)
    %输入参数:delta01:推程运动角,h:推程,omega:凸轮角速度
    %输出参数:s1:推杆位移,v1:推杆速度, a1:推杆角速度,delta_1:凸轮转动角度
    %计算推程运动规律
    delta_1 = linspace(0,delta01,round(delta01));
    s1 = h * (1 - cos(pi * delta_1/delta01))/2;
    v1 = pi * h * omega * sin(pi * delta_1./delta01)/(2 * delta01 * pi/180);
    a1 = pi^2 * h * omega^2 * cos(pi * delta_1./delta01)/(2 * (delta01 * pi/180)^2);
    end
    %私有函数 Zhengxian_tuicheng:正弦推程运动规律
    function[s1,v1,a1,delta_1] = Zhengxian_tuicheng(delta01,h,omega)
    %输入参数:delta01:推程运动角,h:推程,omega:凸轮角速度
    %输出参数:s1:推杆位移,v1:推杆速度, a1:推杆角速度,delta_1:凸轮转动角度
    %计算推程运动规律
```

```
delta_1 = linspace(0,delta01,round(delta01));
angle = 2 * pi * delta_1/delta01;
s1 = h * (delta_1/delta01 - sin(angle)/(2 * pi));
v1 = omega * h * (1 - cos(angle))/(delta01 * pi/180);
a1 = 2 * pi * h * omega^2 * sin(angle)/(delta01 * pi/180)^2;
end
 % 私有函数 Dengjia_Dengjian_huicheng:等加速等减速回程运动规律
function[s3,v3,a3,delta_3] = Dengjia_Dengjian_huicheng(delta01,deltax01,delta02,h,omega)
 % 输入参数:delta01:推程运动角,deltax01:远休止角
 % delta02:回程运动角,h:推程,omega:凸轮角速度
 % 输出参数:s3:推杆位移,v3:推杆速度, a3:推杆角速度,delta_3:凸轮转动角度
 % 计算回程等加速运动规律
delta1 = linspace(delta01 + deltax01 + 1,delta01 + deltax01 + delta02/2,round(delta02/2));
s01 = h - 2 * h * (delta1 - delta01 - deltax01).^2/delta02^2;
v01 =- 1(4 * h * omega. * (delta1 - delta01 - deltax01). * pi/180)/(delta02 * pi/180)^2;
a01 =- 14 * h * omega^2/(delta02 * pi/180)^2 * ones(1,length(delta1));
 % 计算回程等减速运动规律
delta2 = linspace(delta01 + deltax01 + delta02/2 + 1,delta01 + deltax01 + delta02,round(delta02/2));
s02 = 2 * h * ((delta01 + deltax01 + delta02) - delta2).^2/delta02^2;
v02 =- 14 * h * omega. * (delta01 + deltax01 + delta02 - delta2) * pi/180/(delta02 * pi/180)^2;
a02 = 4 * h * omega^2/(delta02 * pi/180)^2 * ones(1,length(delta2));
s3 = [s01,s02];
v3 = [v01,v02];
a3 = [a01,a02];
delta_3 = [delta1,delta2];
end
 % 私有函数 Yuxian_huicheng:余弦回程运动规律
function[s3,v3,a3,delta_3] = Yuxian_huicheng(delta01,deltax01,delta02,h,omega)
 % 输入参数:delta01:推程运动角,deltax01:远休止角
 % deltax02:回程运动角,h:推程,omega:凸轮角速度
 % 输出参数:s3:推杆位移,v3:推杆速度, a3:推杆角速度,delta_3:凸轮转动角度
 % 计算回程运动规律
delta_3 = linspace(delta01 + deltax01 + 1,delta01 + deltax01 + delta02,round(delta02));
angle = pi * (delta_3 - (delta01 + deltax01))/delta02;
s3 = h * (1 + cos(angle))/2;
v3 =- 1pi * h * omega * sin(angle)/(2 * delta02 * pi/180);
a3 =- 1pi^2 * h * omega^2 * cos(angle)/(2 * (delta02 * pi/180)^2);
end
 % 私有函数 Zhengxian_huicheng:正弦回程运动规律
function[s3,v3,a3,delta_3] = Zhengxian_huicheng(delta01,deltax01,delta02,h,omega)
 % 输入参数:delta01:推程运动角,deltax01:远休止角
 % delta02:回程运动角,h:回程,omega:凸轮角速度
 % 输出参数:s3:推杆位移,v3:推杆速度, a3:推杆角速度,delta_3:凸轮转动角度
 % 计算回程运动规律
delta_3 = linspace(delta01 + deltax01 + 1,delta01 + deltax01 + delta02,round(delta02));
angle = 2 * pi * (delta_3 - (delta01 + deltax01))/delta02;
s3 = h * (1 - (delta_3 - (delta01 + deltax01))/delta02 + sin(angle)/(2 * pi));
v3 = h * omega * (cos(angle) - 1)/(delta02 * pi/180);
a3 =- 12 * pi * h * omega^2 * sin(angle)/(delta02 * pi/180)^2;
end
 % 私有函数 Yuanxiu:远休止规律
function[s2,v2,a2,delta_2] = Yuanxiu(delta01,deltax01,h)
 % 输入参数:delta01:推程运动角,deltax01:远休止角,h:推程
```

```
    %输出参数:s2:推杆位移,v2:推杆速度, a2:推杆加速度,delta_2:凸轮转角
    delta_2 = linspace(delta01,delta01 + deltax01,round(deltax01));
    s2 = h * ones(1,length(delta_2));
    v2 = 0 * ones(1,length(delta_2));
    a2 = 0 * ones(1,length(delta_2));
    end
    %私有函数 Jinxiu:近休止规律
    function[s4,v4,a4,delta_4] = Jinxiu(delta01,deltax01,delta02,deltax02)
    %输入参数:delta01:推程运动角,deltax01:远休止角
    %delta02:回程运动角,deltax02:近休止角
    %输出参数:s4:推杆位移,v4:推杆速度, a4:推杆加速度,delta_4:凸轮转角
    delta_4 = linspace(delta01 + deltax01 + delta02,delta01 + deltax01 + delta02 + deltax02,round(deltax02))
    s4 = 0 * ones(1,length(delta_4));
    v4 = 0 * ones(1,length(delta_4));
    a4 = 0 * ones(1,length(delta_4));
    end
    %App 界面功能更改
    app.Button_2.Enable = 'on';                              %开启【凸轮轮廓】使能
    app.Button_3.Enable = 'on';                              %开启【运动曲线】使能
end
```

(4)【运动曲线】回调函数

```
functionYunDongQuXian(app, event)
    a1 = app.delta;                                          %a1:delta 私有属性值
    a2 = app.s;                                              %a2:s 私有属性值
    a3 = app.v;                                              %a3:v 私有属性值
    a4 = app.a;                                              %a4:a 有属性值
    %绘制曲线图
    plot(app.UIAxes,a1,a2,"LineWidth",2)                     %s 位移曲线图
    xlabel(app.UIAxes,'凸轮转角(^o)');                       %s 位移曲线图 x 轴
    ylabel(app.UIAxes,'位移(^o)');                           %s 位移曲线图 y 轴
    plot(app.UIAxes_2,a1,a3,"LineWidth",2)                   %v 速度曲线图
    xlabel(app.UIAxes_2,'凸轮转角(^o)');                     %v 速度曲线图 x 轴
    ylabel(app.UIAxes_2,'速度(^o/s)');                       %v 速度曲线图 y 轴
    plot(app.UIAxes_3,a1,a4,"LineWidth",2)                   %a 加速度曲线图
    xlabel(app.UIAxes_3,'凸轮转角(^o)');                     %a 加速度曲线图 x 轴
    ylabel(app.UIAxes_3,'加速度(^o/s^2)');                   %a 加速度曲线图 y 轴
end
```

(5)【推程运动规律】回调函数

```
functionTuichengguilv(app, event)
%凸轮曲线推程运动规律选择
    i = menu('请选择推程条件','1-等速运动','2-等加等减运动','3-余弦运动','4-正弦运动');
    app.index1 = i;                                          %index1 私有属性值
    app.Button_6.Enable = 'on';                              %开启"回程运动规律"使能
end
```

(6)【凸轮轮廓】回调函数

```
functionTuLunLunKuo(app, event)
    a1 = app.delta;                                          %a1:delta 私有属性值
    a2 = app.x0;                                             %a2:x0 私有属性值
    a3 = app.y0;                                             %a3:y0 私有属性值
    a4 = app.x;                                              %a4:x 私有属性值
    a5 = app.y;                                              %a5:y 私有属性值
    r0 = app.EditField_10.Value;                             %【基圆半径】
    %绘制凸轮曲线
```

```
    plot(app.UIAxes_4,r0 * cos(a1 * pi/180),r0. * sin(a1 * pi/180),'r',a2,a3,'g')    %绘制基圆理论轮廓
    line(app.UIAxes_4,a4,a5,'color','b','linewidth',2);                              %绘制凸轮实际轮廓
    line(app.UIAxes_4,[-80,90],[0,0],'color','k','linestyle','-.','linewidth',1); %绘制 x 中心线
    line(app.UIAxes_4,[0,0],[-90,70],'color','k','linestyle','-.','linewidth',1); %绘制 y 中心线
    legend(app.UIAxes_4,'基圆','凸轮理论轮廓','凸轮实际轮廓','Location','NorthWest')  %图例
    axis(app.UIAxes_4,[-100 100 -100 100]);                                          %图形坐标范围
end
```

(7)【退出】回调函数

```
functionTuiChu(app, event)
    % App 界面信息提示对话框
    sel = questdlg('确认关闭应用程序？','关闭确认,','Yes','No','No');
    switch sel
    case'Yes'
    delete(app);                                                   %关闭本 App 窗口
    case'No'
    end
end
```

(8)【回程运动规律】回调函数

```
functionHuichengguilv(app, event)
    %凸轮曲线回程运动规律选择
    i = menu('请选择回程条件','1-等加等减运动','2-余弦运动','3-正弦运动');
    app.index3 = i;                                           % index3 私有属性值
    app.Button.Enable = 'on';                                 %开启【设计计算】使能
end
```

2.2.2　案例 24：凸轮机构最大压力角及其位置 App 设计

1. 凸轮压力角的数学分析

图 2.2.3 所示为偏置直动式凸轮运动压力角，凸轮的基圆半径 r_0，偏置距离 e，推杆的行程 h，推杆的推程运动角 δ_0，从动件以余弦加速度规律运动，试求凸轮机构的最大压力角 $\alpha_{\max}$ 及其所在的位置。

根据图 2.2.3 所示的几何关系，凸轮机构的压力角 α 可按下式计算：

$$\alpha = \arctan\left(\frac{\mathrm{d}s/\mathrm{d}\varphi - e}{s+\sqrt{r_0^2-e^2}}\right) \tag{2-2-4}$$

推杆按余弦加速度规律运动的位移 s 可按下式计算：

$$s=\frac{h}{2}\left[1-\cos\left(\frac{\pi}{\varphi_0}\varphi\right)\right] \tag{2-2-5}$$

推杆的位移 s 对 φ 求导得

$$\frac{\mathrm{d}s}{\mathrm{d}\varphi}=\frac{\pi h}{2\varphi_0}\sin\left(\frac{\pi}{\varphi_0}\varphi\right) \tag{2-2-6}$$

根据式(2-2-5)和式(2-2-6)可知，位移 s 和 $\mathrm{d}s/\mathrm{d}\varphi$ 都是 φ 的函数。压力角 α 中的变量为位移 s 和 $\mathrm{d}s/\mathrm{d}\varphi$，故凸轮机构的压力角 α 是 φ 的函数，即

$$\alpha = f(\varphi) \tag{2-2-7}$$

在凸轮的基圆半径为 r_0、偏置距离为 e、推杆的行程为 h、推杆的推程运动角为 δ_0 的条件下，求凸轮机构的最大压力角 $\alpha_{\max}$ 及其所在的位置，按照一般求最小极值的方法，建立优化设计模型。

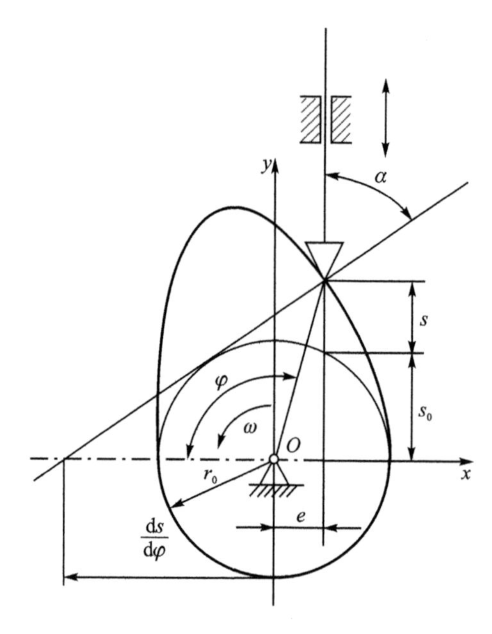

图 2.2.3 凸轮最大压力角计算

设计变量：
$$x=\varphi \tag{2-2-8}$$
目标函数：
$$\min f(\varphi)=-\arctan\left(\frac{ds/d\varphi-e}{s+\sqrt{r_0^2-e^2}}\right) \tag{2-2-9}$$
约束条件：
$$0\leqslant\varphi\leqslant\varphi_0 \tag{2-2-10}$$

2. 案例 24 内容

在图 2.2.3 中，推杆（从动机）为尖顶推杆，凸轮的基圆半径 $r_0=40$ mm，偏置距离 $e=2$，推杆的行程 $h=20$ mm，推杆的推程运动角 $\varphi_0=90°$，从动件以余弦加速度规律运动，试求凸轮机构的最大压力角 $\alpha_{\max}$ 及其对应的凸轮转角 φ 的位置。

3. App 窗口设计

偏置直动盘形凸轮最大压力角计算 App 窗口，如图 2.2.4 所示。

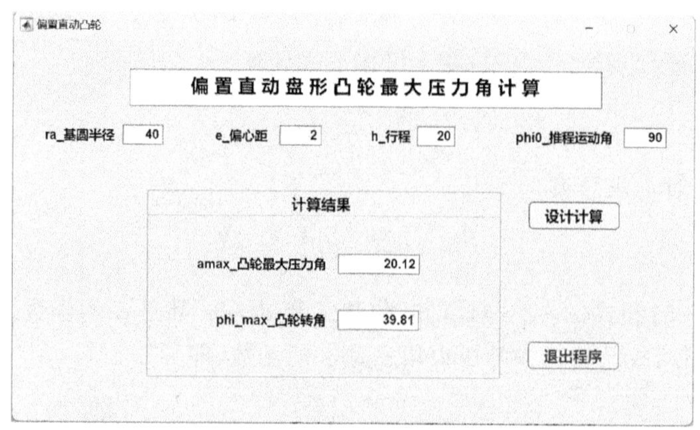

图 2.2.4 偏置直动盘形凸轮最大压力角计算 App 窗口

4. App 窗口程序设计(程序 lu_exam_24)

(1) 私有属性创建

```
properties(Access = private)
  %私有属性
  ra;                                        %ra:凸轮基圆半径
  e;                                         %e:偏心距
  h;                                         %h:推杆行程
  phi0;                                      %phi0:推程运动角
end
```

(2)【设计计算】回调函数

```
functionShejiJiSuan(app, event)
  %App 界面已知数据读入
  app.ra = app.ra_EditField.Value;           %【ra_基圆半径】
  app.h = app.h_EditField.Value;             %【h_行程】
  app.e = app.e_EditField.Value;             %【e_偏心距】
  app.phi0 = app.phi0_EditField.Value;       %【phi0_推程运动角】
  %设计计算
  lambda = 0.618;                            %lambda 黄金分割比
  h0 = 0.1;                                  %初始计算步长
  %调用搜索私有函数 searchhe 和目标私有函数 ff 来确定搜索区间
  [a,b] = search(h0);
  %黄金分割法优化计算 α1,α2 和函数值 y1,y2,确定最优步长 α
  a1 = b - lambda * (b - a);
  y1 = ff(a1);
  a2 = a + lambda * (b - a);
  y2 = ff(a2);
  while abs(b - a)> = 1e - 5
  if y1 > = y2
  a = a1;
  a1 = a2;
  y1 = y2;
  a2 = a + lambda * (b - a);
  y2 = ff(a2);
  else
  b = a2;
  a2 = a1;
  y2 = y1;
  a1 = b - lambda * (b - a);
  y1 = ff(a1);
  end
  alpha = (a + b)/2;
  end
  y =- 1ff(alpha) * 180/pi;                  %y:凸轮最大压力角
  alpha = alpha * 180/pi;                    %alpha:最大压力角对应转角
  %设计计算结果写入 App 界面对应的显示框中
  app.amax_EditField.Value = y;              %【amax_凸轮最大压力角】
  app.phi_max_EditField.Value = alpha;       %【phi_max_凸轮转角】
  %私有函数 search
  function [a,b] = search(h0)
  %search 为外推法确定搜索区间函数
```

```
%h0 为初始试探步长
%[a,b] 为搜索区间
%第一次搜索
a1 = 0;
y1 = ff(a1);
h = 0.1;
a2 = h;
y2 = ff(a2);
if y2 >y1
%反向搜索
h =- 1h;
a3 = a1;
y3 = y1;
a1 = a2;
y1 = y2;
a2 = a3;
y2 = y3;
end
a3 = a2 + h;
y3 = ff(a3);
%继续搜索
while y3 <y2
h = 2 * h;
a1 = a2;
y1 = y2;
a2 = a3;
y2 = y3;
a3 = a2 + h;
y3 = ff(a3);
end
%确定搜索区间
if h >0
a = a1;
b = a3;
else
a = a3;
b = a1;
end
end
%目标私有函数 ff
function f = ff(x)
phi = x;
ra = app.ra;                                        %ra 私有属性值
e = app.e;                                          %e 私有属性值
h = app.h;                                          %h 私有属性值
phi0 = app.phi0 * pi/180;                           %phi0 私有属性值
s = h/2 * (1 - cos(pi * phi/phi0));                 %s 见式(2-2-5)
ds = pi * h/(2 * phi0) * sin(pi * phi/phi0);        %ds 见式(2-2-6)
f =- 1atan((ds - e)/(s + sqrt(ra * ra + e * e)));   %f 见式(2-2-9)
end
end
```

(3)【退出程序】回调函数

```
functionTuiChu(app, event)
  % App 界面信息提示对话框
  sel = questdlg('确认关闭应用程序？','关闭确认,','Yes','No','No');
  switch sel
  case'Yes'
  delete(app);                                          % 关闭本 App 窗口
  case'No'
  end
end
```

第 3 章

其他常用机构App设计案例

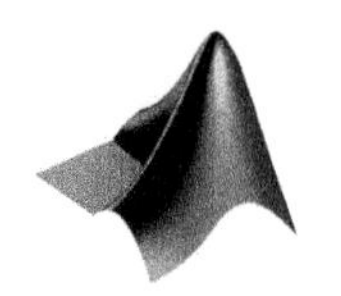

3.1 槽轮机构

槽轮机构是由拨盘和槽轮所组成的一种间歇运动机构，如图 3.1.1(a)所示。它可以将主动拨杆 2(其上安装了圆销 4)的匀速运动转换为从动件槽轮 3 的间歇转动。槽轮机构的运动设计，主要是要求保证槽轮 3 有较高的运动精度，减少它在运动过程中产生的刚性冲击。

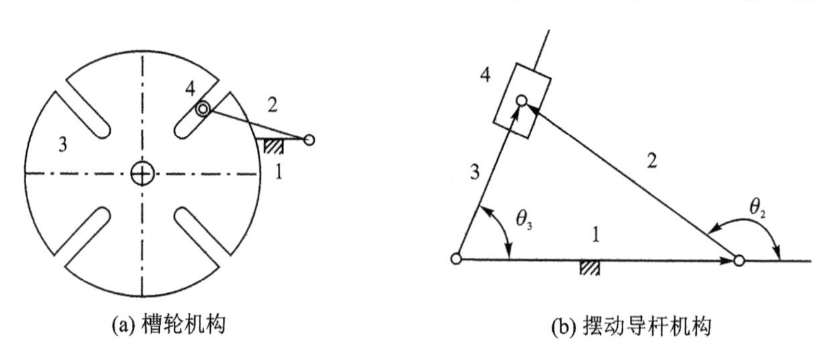

图 3.1.1 槽轮机构和摆动导杆机构

如图 3.1.1(b)所示，构件 1 为机架 l_1。在拨杆 2 上的圆销 4 进入和退出槽轮 3 的啮合过程中，做匀速转动的拨杆 2 相当于曲柄 l_2，槽轮的径向槽 3 相当于导杆 l_3，假想在拨杆 2 上的圆销外面套上与槽轮径向槽做相对位移的滑块 4。当两者接触时，等价于一个摆动导杆机构，匀速转动曲柄 2 带动导杆 3 做反向变速运动；当两者脱离时，曲柄 2 做匀速转动，导杆 3 则静止不动。

槽轮机构的运动和动力特性，通常是用类角速度 ω_3/ω_2 和类角加速度 ε_3/ω_2^2 来衡量的。

槽轮机构一般用于机械装置中转速不高、要求间歇地转过一定角度的分度装置中。

3.1.1 槽轮传动机构设计计算

1. 角位移方程(闭环矢量方程)

$$\boldsymbol{r}_2+\boldsymbol{r}_3=\boldsymbol{r}_1 \tag{3-1-1}$$

2. 角速度方程(矩阵形式)

$$\begin{pmatrix} \cos\theta_3 & -r_3\sin\theta_3 \\ \sin\theta_3 & r_3\cos\theta_3 \end{pmatrix}\begin{pmatrix} \dot{r}_3 \\ \omega_3 \end{pmatrix}=\begin{pmatrix} -\omega_2 r_2\sin\theta_2 \\ \omega_2 r_2\cos\theta_2 \end{pmatrix} \tag{3-1-2}$$

3. 角加速度方程(矩阵形式)

$$\begin{pmatrix} \cos\theta_3 & -r_3\sin\theta_3 \\ \sin\theta_3 & r_3\cos\theta_3 \end{pmatrix}\begin{pmatrix} \ddot{r}_3 \\ \varepsilon_3 \end{pmatrix}=\begin{pmatrix} -\varepsilon_2 r_2\sin\theta_2-\omega_2^2 r_2\cos\theta_2+2\omega_3\dot{r}_3\sin\theta_3+\omega_3^2 r_3\cos\theta_3 \\ \varepsilon_2 r_2\cos\theta_2-\omega_2^2 r_2\sin\theta_2-2\omega_3\dot{r}_3\cos\theta_3+\omega_3^2 r_3\sin\theta_3 \end{pmatrix} \tag{3-1-3}$$

在式(3-1-2)和式(3-1-3)中,θ_2、θ_3 分别是主动件曲柄 2、从动件导杆 3 与机架正方向夹角,如图 3.1.1(b)所示。

4. 槽轮的运动参数

槽轮机构中从动件(槽轮或者摆动导杆)3 的运动参数如表 3.1.1 所列。

表 3.1.1　槽轮机构的运动方程

运动参数	外槽轮机构	内槽轮机构
角位移	$\theta_3=\tan^{-1}\dfrac{\lambda\sin\theta_2}{1-\lambda\cos\theta_2}$	$\theta_3=\tan^{-1}\dfrac{\lambda\sin\theta_2}{1+\lambda\cos\theta_2}$
角速度	$\omega_3=\dfrac{\lambda(\cos\theta_2-\lambda)}{1-2\lambda\cos\theta_2+\lambda^2}\omega_2$	$\omega_3=\dfrac{\lambda(\cos\theta_2+\lambda)}{1+2\lambda\cos\theta_2+\lambda^2}\omega_2$
角加速度	$\varepsilon_3=\dfrac{\lambda(1-\lambda^2)\sin\theta_2}{(1-2\lambda\cos\theta_2+\lambda^2)^2}\omega_2^2$	$\varepsilon_3=\dfrac{\lambda(1-\lambda^2)\sin\theta_2}{(1+2\lambda\cos\theta_2+\lambda^2)^2}\omega_2^2$

表中:$\lambda=\sin\dfrac{\pi}{z}$,$z$ 是槽轮槽数。

槽轮 3 的槽间角为

$$2\theta_{30}=\frac{2\pi}{z} \tag{3-1-4}$$

拨杆 2 运动角(与槽轮 3 槽间角对应)为

外槽轮机构　$$2\theta_{20}=\pi-2\theta_{30} \tag{3-1-5}$$

内槽轮机构　$$2\theta_{20}=\pi+2\theta_{30} \tag{3-1-6}$$

主动件拨杆 2 转角的取值范围为

$$-\theta_{20}\leqslant\theta_2\leqslant\theta_{20}$$

3.1.2　案例 25:外槽轮机构 App 设计

1. 案例 25 内容

外槽轮机构的槽数 $z=4,6,8,10$ 时,计算从动件槽轮的运动参数(θ_3、ω_3、ε_3),绘制运动线图(类角速度 ω_3/ω_2 和类角加速度 ε_3/ω_2^2)。

2. App 窗口设计

外槽轮机构运动分析 App 窗口,如图 3.1.2 所示。

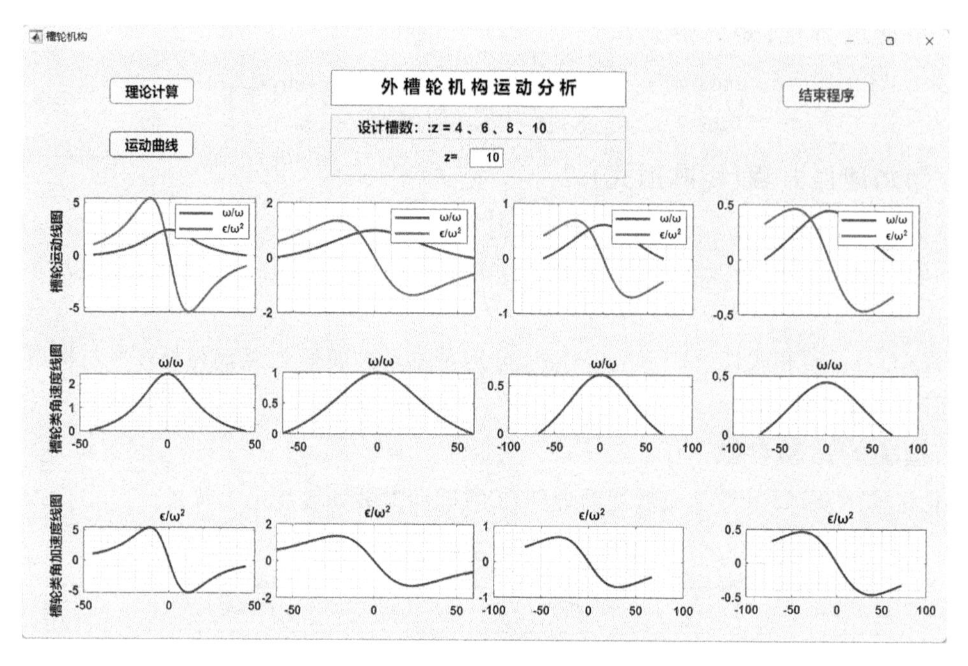

图 3.1.2　外槽轮机构运动分析 App 窗口

3. App 窗口程序设计(程序 lu_exam_25)

(1) 私有属性创建

```
properties(Access = private)
  %私有属性
  z;                                              %z:设计槽数
  c4;                                             %c4:z = 4
  c6;                                             %c6:z = 6
  c8                                              %c8:z = 8
  c10;                                            %c10:z = 10
  f2;                                             %f2:图 3.1.1 中 θ2
  wy;                                             %wy:见表 3.1.1 中 θ3
  sd;                                             %sd:见表 3.1.1 中 ω3
  jsd;                                            %jsd:见表 3.1.1 中 ε3
end
```

(2) 设置窗口启动回调函数

```
functionstartupFcn(app, rochker)
  %App 界面功能的初始状态
  app.Button_3.Enable = 'off';                    %屏蔽【运动曲线】使能
end
```

(3)【理论计算】回调函数

```
functionLiLunJiSuan(app, event)
  %App 界面已知数据读入
  z = app.zEditField.Value;                       %【z = 】
  app.z = z;                                      %z 私有属性值
  dr = pi/180;                                    %dr:角度弧度系数
  for z = z
  f30 = pi/z;                                     %f30:槽轮槽间半角
```

```
    f20 = pi/2 - f30;                                    % f20:销轮运动半角
    lmd = sin(pi/z);                                     % 曲柄 l2 与机架 l1 长度比
    bc = 1;                                              % bc:循环步长
    cz =- 1f20/dr;                                       % cz:循环初值
    zz = f20/dr;                                         % zz:循环终值
    i = 1;                                % 根据步长变化的运动参数矩阵 cs 行数计数器
    % 计算槽轮角位移、类角速度、类角加速度
    forf2 = cz:bc:zz                                     % 图 3.1.1 中 θ2
    wy = atan(lmd * sin(f2 * dr)/(1 - lmd * cos(f2 * dr)));        % 见表 3.1.1 中 θ3
    sd = lmd * (cos(f2 * dr) - lmd)/(1 - 2 * lmd * cos(f2 * dr) + lmd^2); % 见表 3.1.1 中 ω3
    jsd =- 1lmd * sin(f2 * dr) * (1 - lmd^2)/(1 - 2 * lmd * cos(f2 * dr) + lmd^2)^2;   % 见表 3.1.1 中 ε3
    % 矩阵 c(i,:)表示第 i 行的各列元素
    switchz                                              % 判断 z = ?
    case 4                                               % z = 4
    c4(i,:) = [f2 wy/dr sd jsd];
    app.c4 = c4;                                         % c4 私有属性值
    case 6                                               % z = 6
    c6(i,:) = [f2 wy/dr sd jsd];
    app.c6 = c6;                                         % c6 私有属性值
    case 8                                               % z = 8
    c8(i,:) = [f2 wy/dr sd jsd];
    app.c8 = c8;                                         % c8 私有属性值
    case 10                                              % z = 0
    c10(i,:) = [f2 wy/dr sd jsd];
    app.c10 = c10;                                       % c10 私有属性值
    end
    i = i + 1;
    end
    end
    % App 界面功能的初始状态
    app.Button_3.Enable = 'on';                          % 开启【运动曲线】使能
end
```

(4)【运动曲线】回调函数

```
functionYunDongQuXian(app, event)
    z = app.z;                                                          % z 私有属性值
    c4 = app.c4;                                                        % c4 私有属性值
    c6 = app.c6;                                                        % c6 私有属性值
    c8 = app.c8;                                                        % c8 私有属性值
    c10 = app.c10;                                                      % c10 私有属性值
    switch z                                                            % 判断 z = ?
    case 4                                                              % z = 4
    plot(app.UIAxes,c4(:,1),c4(:,3),c4(:,1),c4(:,4),"LineWidth",2)      % 运动线图
    ylabel(app.UIAxes,'\bf 槽轮运动线图 ')                               % 运动线图 y 轴
    legend(app.UIAxes,'\bf \omega/\omega','\bf \epsilon/\omega^{2}')    % 运动线图图例
    line(app.UIAxes_2,c4(:,1),c4(:,3),"LineWidth",2)                    % 类角速度线图
    ylabel(app.UIAxes_2,'\bf 槽轮类角速度线图 ')                         % 类角速度 y 轴
    title(app.UIAxes_2,'\bf \omega/\omega')                             % 类角速度标题
    line(app.UIAxes_3,c4(:,1),c4(:,4),'color','r',"LineWidth",2)        % 类角加速度线图
    ylabel(app.UIAxes_3,'\bf 槽轮类角加速度线图 ')                       % 类角加速度 y 轴
    title(app.UIAxes_3,'\bf \epsilon/\omega^{2}')                       % 类角加速度标题
    case6                                                               % z = 6
    plot(app.UIAxes_4,c6(:,1),c6(:,3),c6(:,1),c6(:,4),"LineWidth",2)    % 运动线图
    legend(app.UIAxes_4,'\bf \omega/\omega','\bf \epsilon/\omega^{2}')  % 运动线图图例
    line(app.UIAxes_7,c6(:,1),c6(:,3),"LineWidth",2)                    % 类角速度线图
```

```
    title(app.UIAxes_7,'\bf \omega/\omega')                                    %类角速度标题
    line(app.UIAxes_10,c6(:,1),c6(:,4),'color','r',"LineWidth",2)              %类角加速度线图
    title(app.UIAxes_10,'\bf \epsilon/\omega^{2}')                             %类角加速度标题
    case 8                                                                     %z = 8
     plot(app.UIAxes_5,c8(:,1),c8(:,3),c8(:,1),c8(:,4),"LineWidth",2)          %运动线图
    legend(app.UIAxes_5,'\bf \omega/\omega','\bf \epsilon/\omega^{2}')         %运动线图图例
    line(app.UIAxes_8,c8(:,1),c8(:,3),"LineWidth",2)                           %类角速度线图
    title(app.UIAxes_8,'\bf \omega/\omega')                                    %类角速度标题
    line(app.UIAxes_11,c8(:,1),c8(:,4),'color','r',"LineWidth",2)              %类角加速度线图
    title(app.UIAxes_11,'\bf \epsilon/\omega^{2}')                             %类角加速度标题
    case 10                                                                    %z = 10
    plot(app.UIAxes_6,c10(:,1),c10(:,3),c10(:,1),c10(:,4),"LineWidth",2)       %运动线图
    legend(app.UIAxes_6,'\bf \omega/\omega','\bf \epsilon/\omega^{2}')         %运动图例
    line(app.UIAxes_9,c10(:,1),c10(:,3),"LineWidth",2)                         %类角速度线图
    title(app.UIAxes_9,'\bf \omega/\omega')                                    %类角速度标题
    line(app.UIAxes_12,c10(:,1),c10(:,4),'color','r',"LineWidth",2)            %类角加速度线图
    title(app.UIAxes_12,'\bf \epsilon/\omega^{2}')                             %类角加速度标题
    end
end
```

(5)【结束程序】回调函数

```
functionJieSuChengXu(app, event)
    %App 界面信息提示对话框
    sel = questdlg('确认关闭应用程序？','关闭确认,','Yes','No','No');
    switch sel
    case'Yes'
    delete(app);                                                  %关闭本 App 窗口
    ca se'No'
    end
end
```

3.1.3 案例 26:内槽轮机构 App 设计

1. 案例 26 内容

内槽轮机构的槽数 $z=4,6,8,10$ 时,计算从动件槽轮的运动参数($\theta_3,\omega_3,\varepsilon_3$),绘制运动线图(类角速度 ω_3/ω_2 和类角加速度 ε_3/ω_2^2)。

2. App 窗口设计

内槽轮机构运动分析 App 窗口,如图 3.1.3 所示。

3. App 窗口程序设计(程序 lu_exam_26)

(1) 私有属性创建

```
properties(Access = private)
    %私有属性
    z;                                                          %z:设计槽数
    c4;                                                         %c4:z = 4
    c6;                                                         %c6:z = 6
    c8                                                          %c8:z = 8
    c10;                                                        %c10:z = 10
    f2;                                                         %f2:图 3.1.1 中 θ2
    wy;                                                         %wy:见表 3.1.1 中 θ3
    sd;                                                         %sd:见表 3.1.1 中 ω3
    jsd;                                                        %jsd:见表 3.1.1 中 ε3
end
```

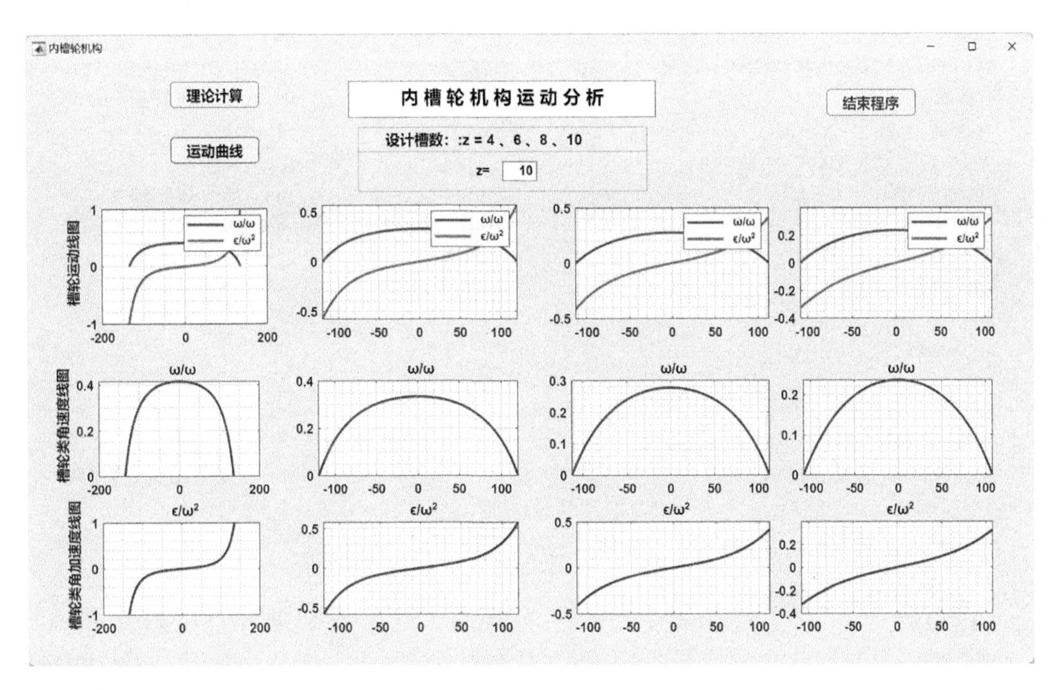

图 3.1.3　内槽轮机构运动分析 App 窗口

(2) 设置窗口启动回调函数

```
functionstartupFcn(app, rochker)
  % App 界面功能的初始状态
  app.Button_3.Enable = 'off';                                    % 屏蔽【运动曲线】使能
end
```

(3)【理论计算】回调函数

```
functionLiLunJiSuan(app, event)
  % App 界面已知数据读入
  z = app.zEditField.Value;                                       %【z = 】
  app.z = z;                                                      % z 私有属性值
  dr = pi/180;                                                    % 角度:弧度系数
  for z = z
  f30 = pi/z;                                                     % f30:槽轮槽间半角
  f20 = pi/2 - f30;                                               % f20:销轮运动半角
  lmd = sin(pi/z);                                                % 曲柄 l2 与机架 l1 长度比
  bc = 1;                                                         % bc:循环步长
  cz =- 1f20/dr;                                                  % cz:循环初值
  zz = f20/dr;                                                    % zz:循环终值
  i = 1;                                    % 根据步长变化的运动参数矩阵 c(i,:)行数计数器
  for f2 = cz:bc:zz                              % 计算槽轮角位移、类角速度、类角加速度
  wy = atan(lmd * sin(f2 * dr)/(1 + lmd * cos(f2 * dr)));         % 见表 3.1.1 中 θ3
  sd = lmd * (cos(f2 * dr) + lmd)/(1 + 2 * lmd * cos(f2 * dr) + lmd^2);  % 见表 3.1.1 中 ω3
  jsd = lmd * sin(f2 * dr) * (1 - lmd^2)/(1 + 2 * lmd * cos(f2 * dr) + lmd^2)^2;  % 见表 3.1.1 中 ε3
  % 矩阵 c(i,:)表示第 i 行的各列元素
  switchz                                                         % 判断 z = ?
  case 4                                                          % z = 4
  c4(i,:) = [f2 wy/dr sd jsd];
  app.c4 = c4;                                                    % c4 私有属性值
```

```
    case 6                                                      % z = 6
    c6(i,:) = [f2 wy/dr sd jsd];
    app.c6 = c6;                                                % c6 私有属性值
    case 8                                                      % z = 8
    c8(i,:) = [f2 wy/dr sd jsd];
    app.c8 = c8;                                                % c8 私有属性值
    case 10                                                     % z = 0
    c10(i,:) = [f2 wy/dr sd jsd];
    app.c10 = c10;                                              % c10 私有属性值
    end
    i = i + 1;
    end
    end
    % App 界面功能的初始状态
    app.Button_3.Enable = 'on';                                 % 开启【运动曲线】使能
end
```

(4)【运动曲线】回调函数

```
functionYunDongQuXian(app, event)
    z = app.z;                                                  % z 私有属性值
    c4 = app.c4;                                                % c4 私有属性值
    c6 = app.c6;                                                % c6 私有属性值
    c8 = app.c8;                                                % c8 私有属性值
    c10 = app.c10;                                              % c10 私有属性值
    switch z                                                    % 判断 z = ?
    case 4                                                      % z = 4
    plot(app.UIAxes,c4(:,1),c4(:,3),c4(:,1),c4(:,4),"LineWidth",2)     % 运动线图
    ylabel(app.UIAxes,'\bf 槽轮运动线图 ')                       % 运动线图 y 轴
    legend(app.UIAxes,'\bf \omega/\omega','\bf \epsilon/\omega^{2}')   % 运动线图图例
    line(app.UIAxes_2,c4(:,1),c4(:,3),"LineWidth",2)            % 类角速度线图
    ylabel(app.UIAxes_2,'\bf 槽轮类角速度线图 ')                 % 类角速度 y 轴
    title(app.UIAxes_2,'\bf \omega/\omega')                     % 类角速度标题
    line(app.UIAxes_3,c4(:,1),c4(:,4),'color','r',"LineWidth",2)   % 类角加速度线图
    ylabel(app.UIAxes_3,'\bf 槽轮类角加速度线图 ')               % 类角加速度 y 轴
    title(app.UIAxes_3,'\bf \epsilon/\omega^{2}')               % 类角加速度标题
    case 6                                                      % z = 6
    plot(app.UIAxes_4,c6(:,1),c6(:,3),c6(:,1),c6(:,4),"LineWidth",2)   % 运动线图
    legend(app.UIAxes_4,'\bf \omega/\omega','\bf \epsilon/\omega^{2}') % 运动线图图例
    line(app.UIAxes_7,c6(:,1),c6(:,3),"LineWidth",2)            % 类角速度线图
    title(app.UIAxes_7,'\bf \omega/\omega')                     % 类角速度标题
    line(app.UIAxes_10,c6(:,1),c6(:,4),'color','r',"LineWidth",2)  % 类角加速度线图
    title(app.UIAxes_10,'\bf \epsilon/\omega^{2}')              % 类角加速度标题
    case 8                                                      % z = 8
    plot(app.UIAxes_5,c8(:,1),c8(:,3),c8(:,1),c8(:,4),"LineWidth",2)   % 运动线图
    legend(app.UIAxes_5,'\bf \omega/\omega','\bf \epsilon/\omega^{2}') % 运动线图图例
    line(app.UIAxes_8,c8(:,1),c8(:,3),"LineWidth",2)            % 类角速度线图
    title(app.UIAxes_8,'\bf \omega/\omega')                     % 类角速度标题
    line(app.UIAxes_11,c8(:,1),c8(:,4),'color','r',"LineWidth",2)  % 类角加速度线图
    title(app.UIAxes_11,'\bf \epsilon/\omega^{2}')              % 类角加速度标题
    case 10                                                     % z = 10
    plot(app.UIAxes_6,c10(:,1),c10(:,3),c10(:,1),c10(:,4),"LineWidth",2)  % 运动线图
    legend(app.UIAxes_6,'\bf \omega/\omega','\bf \epsilon/\omega^{2}') % 运动图例
    line(app.UIAxes_9,c10(:,1),c10(:,3),"LineWidth",2)          % 类角速度线图
```

```
    title(app.UIAxes_9,'\bf \omega/\omega')                        %类角速度标题
    line(app.UIAxes_12,c10(:,1),c10(:,4),'color','r',"LineWidth",2)  %类角加速度线图
    title(app.UIAxes_12,'\bf \epsilon/\omega^{2}')                  %类角加速度标题
    end
end
```

(5)【结束程序】回调函数

```
functionJieSuChengXu(app, event)
   %App 界面信息提示对话框
   sel = questdlg('确认关闭应用程序？','关闭确认，','Yes','No','No');
   switch sel
   case'Yes'
   delete(app);                                                  %关闭本 App 窗口
   case'No'
   end
end
```

3.2　针轮机构

针轮机构的运动状况与槽轮机构相似，都可以实现间歇运动。为保证槽轮机构运动的可能性，槽轮的槽数不能小于 3，因此从动件槽数的每次运动循环的转角不能大于 120°，而针轮机构则没有此限制。针轮机构又称为星轮机构，图 3.2.1 所示为外针轮机构。

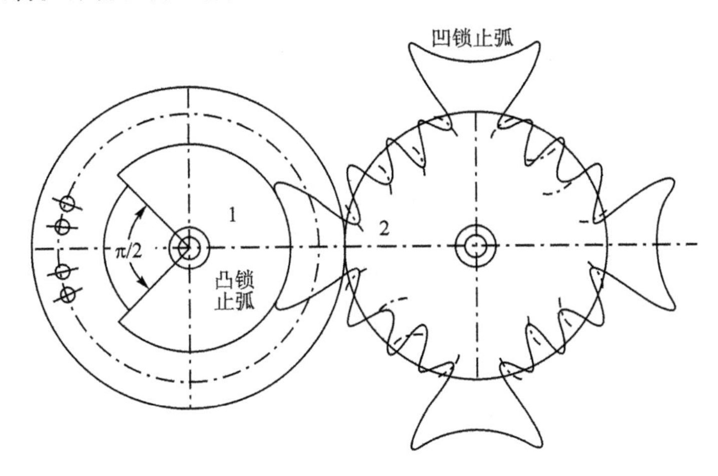

图 3.2.1　外针轮机构

针轮机构的主动轮(针轮)1 上装有若干个针销和一段凸锁止弧，从动轮(星轮)2 上有若干个不完全摆线齿廓轮齿，每隔若干个摆线齿就间隔一个特殊齿形的凹锁止弧，它与摆线齿有始末两段过渡曲线。

针轮上的针销数目至少在 2 个以上。图 3.2.1 所示的针轮 1 连续等速转动，当第 1 个针销进入星轮 2 的第 1 个齿槽与过渡曲线啮合时，星轮 2 从静止开始逐渐加速运动，运动到正中位置(两轮中心连线位置)时，星轮的角速度达到最大值并且保持不变。针轮的第 2、3、…个针销依次进入啮合时，星轮保持等速运动直到最后 1 个针销运动到正中位置时为止，最后 1 个针销越过正中位置与星轮齿槽过渡曲线啮合时，星轮运动从等速开始逐渐降低，当它脱离齿槽时，星轮被凹锁止弧锁住不动。

外针轮机构中针轮旋转一周为一个工作循环。图 3.2.1 所示为外针轮机构在一个工作循环中，针轮的动程角 $\theta_d=\frac{\pi}{2}$，停程角 $\theta_j=2\pi-\theta_d=\frac{3\pi}{2}$；星轮的转位角 $\varphi_d=\frac{\pi}{2}$，即星轮每个工作循环的转角是 $\frac{\pi}{2}$。

机构的运动系数 τ 是指星轮在每个工作循环中转位时间所占的比率，图 3.2.1 所示的外针轮机构的运动系数 τ 计算如下：

$$\tau=\frac{\theta_d}{\theta_d+\theta_j}=0.25 \tag{3-2-1}$$

也可以根据转角比 σ 和停歇数 n 由下式计算：

$$\tau=\frac{\sigma}{n}=\frac{\theta_d/\varphi_d}{n}=0.25 \tag{3-2-2}$$

3.2.1 针轮传动机构设计计算

图 3.2.2 所示为外针轮机构运动几何关系。

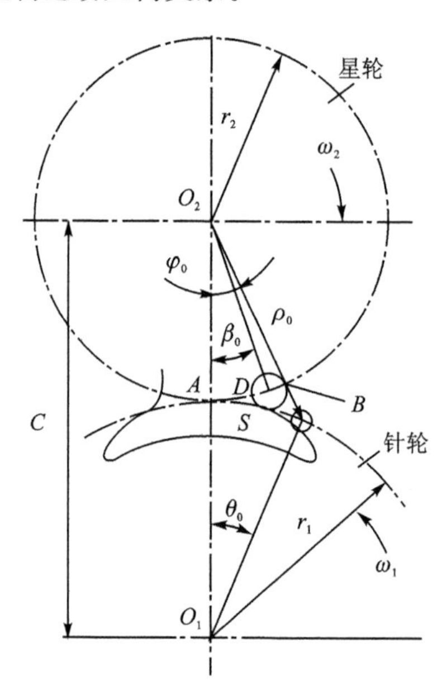

图 3.2.2 外针轮机构运动几何关系

该机构的设计过程如下：

(1) 计算两轮的节圆半径比 μ

已知星轮上有 n 个锁止弧，则在针轮一个工作循环中星轮的停歇数为 n，针轮与星轮的转角比 $\sigma=\frac{\theta_d}{\varphi_d}$，两轮的节圆半径比为 μ。由 σ、μ、n 三者关系可得

$$\sigma=\mu\left(1-\frac{n}{2}\right)+n\left(\frac{4+3\mu}{\pi}\right)\sin^{-1}\frac{\mu}{2(1+\mu)} \tag{3-2-3}$$

可以采用 MATLAB 中函数 fzero 求得上述超越方程式(3-2-3)的两轮节圆半径比 μ。

由于停歇数 n 是整数，转角比 σ 是整数或者分数，节圆半径比 μ 采用一般分数。利用 MATLAB 函数 rat 将计算得到的小数 μ 转化为指定的分数。

(2) 计算星轮加速段对应的针轮转角 θ_0

$$\theta_0 = 2\sin^{-1}\frac{\mu}{2(1+\mu)} \tag{3-2-4}$$

(3) 计算星轮齿槽外端中心位置角 φ_0

$$\varphi_0 = 45° - 1.5\sin^{-1}\frac{\mu}{2(1+\mu)} \tag{3-2-5}$$

(4) 计算星轮齿槽内端中心位置角 β_0

$$\beta_0 = 90° - \frac{2+3\mu}{\mu}\sin^{-1}\frac{\mu}{2(1+\mu)} \tag{3-2-6}$$

(5) 计算两轮节圆半径 r_1 和 r_2

$$\begin{cases} r_1 = \dfrac{C}{1+\mu} \\ r_2 = \dfrac{C\mu}{1+\mu} \end{cases} \tag{3-2-7}$$

(6) 计算星轮齿槽外端中心点 B 的半径 ρ_0

$$\rho_0 = \frac{2C\mu}{1+\mu}\cos\left(45° + \frac{\theta_0}{4}\right) \tag{3-2-8}$$

(7) 计算针轮起始啮合位置弦长 s

$$s = \frac{C\mu}{(1+\mu)^2} \tag{3-2-9}$$

(8) 校核两轮转角比 σ

计算 σ 的实际值为

$$\sigma_j = \mu\left(1 - \frac{n}{2}\right) + \frac{n(4+3\mu)}{\pi}\sin^{-1}\frac{\mu}{2(1+\mu)} \tag{3-2-10}$$

(9) 计算针轮锁止弧对应的中心角 γ

$$\gamma = 2\left[\pi\left(1 - \frac{\mu}{n}\right) - \theta_0 + \mu\beta_0\right] \tag{3-2-11}$$

(10) 计算星轮上齿槽中心线坐标(x, y)

星轮上齿槽中心线是外摆线,其直角坐标方程式如下:

$$\begin{cases} x = C\cos\theta - r_1\cos\left[\left(1 + \dfrac{r_2}{r_1}\right)\theta\right] \\ y = C\sin\theta - r_1\sin\left[\left(1 + \dfrac{r_2}{r_1}\right)\theta\right] \end{cases} \tag{3-2-12}$$

(11) 计算星轮上齿槽廓线(包络线)坐标(x, y)

$$\begin{cases} x_k = x \pm r_T\dfrac{\mathrm{d}y/\mathrm{d}\theta}{\sqrt{(\mathrm{d}x/\mathrm{d}\theta)^2 + (\mathrm{d}y/\mathrm{d}\theta)^2}} \\ y_k = y \mp r_T\dfrac{\mathrm{d}x/\mathrm{d}\theta}{\sqrt{(\mathrm{d}x/\mathrm{d}\theta)^2 + (\mathrm{d}y/\mathrm{d}\theta)^2}} \end{cases} \tag{3-2-13}$$

式中:上方的符号用于外包络线;下方的符号用于内包络线;r_T 是针销半径。

齿槽中心线坐标(x,y)对针轮转角 θ 的导数如下:

$$\begin{cases} \dfrac{\mathrm{d}x}{\mathrm{d}\theta} = -C\sin\theta + C\sin\left[\left(1+\dfrac{r_2}{r_1}\right)\theta\right] \\ \dfrac{\mathrm{d}y}{\mathrm{d}\theta} = C\cos\theta - C\cos\left[\left(1+\dfrac{r_2}{r_1}\right)\theta\right] \end{cases} \tag{3-2-14}$$

(12) 计算星轮最大类角速度$(\omega_2/\omega_1)_{max}$

$$\left(\frac{\omega_2}{\omega_1}\right)_{max} = \frac{1}{\mu} \tag{3-2-15}$$

(13) 计算星轮最大类角加速度$(\varepsilon_2/\omega_1^2)_{max}$

星轮$(\varepsilon_2/\omega_1^2)_{max}$发生的位置角如下：

$$\theta_m = \cos^{-1}\left[-\frac{\mu^2+2(1+\mu)}{4(1+\mu)} + \sqrt{\left(\frac{\mu^2+2(1+\mu)}{4(1+\mu)}\right)^2+2}\right] \tag{3-2-16}$$

$$\left(\frac{\varepsilon_2}{\omega_1^2}\right)_{max} = \left|\frac{-2\mu(1+\mu)(2+\mu)\sin\theta_m}{[(1+\mu)^2+1-2(1+\mu)\cos\theta_m]^2}\right| \tag{3-2-17}$$

3.2.2 案例 27：针轮机构参数及运动 App 设计

1. 案例 27 内容

如图 3.2.2 所示，已知星轮停歇数 $n=4$，针轮动程角 $\theta_d=\dfrac{\pi}{2}$，星轮转位角 $\varphi_d=\dfrac{\pi}{2}$，中心距 $C=192$ mm。

2. App 窗口设计

针轮机构参数及运动分析 App 窗口，如图 3.2.3 所示。

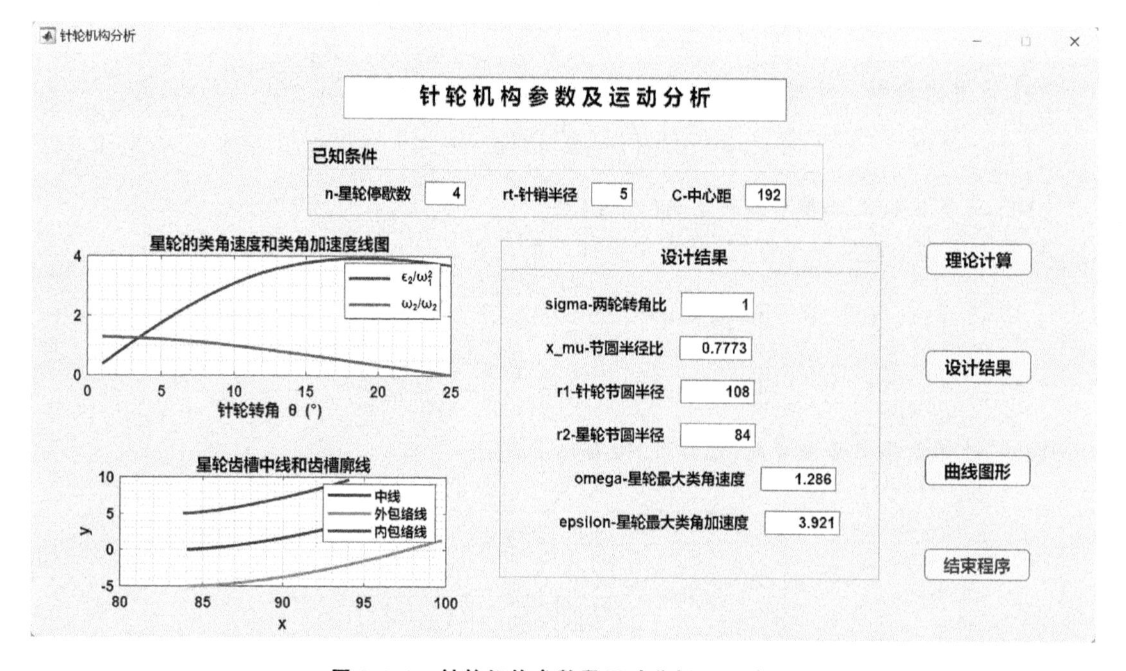

图 3.2.3 针轮机构参数及运动分析 App 窗口

3. App 窗口程序设计(程序 lu_exam_27)

(1) 私有属性创建

```
properties(Access = private)
  %私有属性
  n;                                  %n:星轮停歇数
  rt;                                 %rt:针销半径
  C;                                  %C:中心距
  ydcs;                               %ydcs:运动参数矩阵
  zbcs;                               %zbcs:运动参数矩阵
  sigma;                              %sigma:两轮转角比
  x_mu;                               %x_mu:两轮节圆半径比
  r1;                                 %r1:针轮节圆半径
  r2;                                 %r2:星轮节圆半径
  omega21_m;                          %omega21_m:星轮最大类角速度
  epsilon2_m;                         %epsilon2_m:星轮最大类角加速度
end
```

(2) 设置窗口启动回调函数

```
functionstartupFcn(app, rochker)
  %App 界面功能的初始状态
  app.Button_3.Enable = 'off';        %屏蔽【运动曲线】使能
  app.Button_4.Enable = 'off';        %屏蔽【设计结果】使能
end
```

(3)【理论计算】回调函数

```
  functionLiLunJiSuan(app, event)
  %App 界面已知数据读入
  n = app.nEditField.Value;           %【n-星轮停歇数】
  app.n = n;                          %n 私有属性值
  rt = app.rtEditField.Value;         %【rt-针销半径】
  app.rt = rt;                        %rt 私有属性值
  C = app.CEditField.Value;           %【C-中心距】
  app.C = C;                          %C 私有属性值
  %设计计算
  theta_d = pi/2;                     %针轮动程角
  phi_d = pi/2;                       %星轮转位角
  hd = pi/180;                        %角度:弧度系数
  du = 180/pi;                        %弧度:角度系数
  sigma = theta_d/phi_d;              %sigma 两轮转角比
  app.sigma = sigma;                  %sigma 私有属性值
  tau = sigma/n;                      %运动系数 τ
  %求解超越方程,计算两轮节圆半径比 x_mu
  x_mu0 = 1;                          %节圆半径比初值
  x_mu = fzero('-x+4/pi*(4+3*x)*asin(x/(2*(1+x)))-1',x_mu0);   %解超越方程
  app.x_mu = x_mu;                    %x_mu 私有属性值
  [N,D] = rat(x_mu,1e-2);             %x_mu 小数化为分数
  mu = N/D;                           %组成有理数 mu
  %星轮加速段对应的针轮转角
  mu1 = 1 + mu;
  mu2 = 2 + mu;
  theta_0 = 2*asin(mu/(2*mu1));       %见式(3-2-4)中 θ0
  %星轮齿槽外端中心位置角
  phi_0 = 0.25*pi-1.5*asin(mu/(2*mu1));   %见式(3-2-5)中 φ0
```

```
%星轮齿槽内端中心位置角
beta_0 = pi/2 - (2/mu + 3) * asin(mu/(2 * mu1));                    %见式(3-2-6)中β0
%针轮与星轮的节圆半径
r1 = C/mu1;                                                         %r1 针轮节圆半径
app.r1 = r1;                                                        %r1 私有属性值
r2 = C * mu/mu1;                                                    %r2 星轮节圆半径
app.r2 = r2;                                                        %r2 私有属性值
%星轮齿槽外端中心 B 点半径
rho_0 = 2 * C * mu/mu1 * cos((pi + theta_0)/4);                     %见式(3-2-8)中ρ0
%见式(3-2-9)中 s
s = C * mu/mu1^2;                                                   %针轮起始啮合位置弦长 BA
%见式(3-2-10)中σj
sigma_j = mu * (1 - n/2) + n/pi * (4 + 3 * mu) * asin(mu/(2 * mu1)); %sigma_j 两轮转角比
%见式(3-2-11)中γ
gamma = 2 * (pi * (1 - mu/n) - theta_0 + mu * beta_0);              %gamma 针轮锁止弧所对中心角
%星轮最大类角速度 omega21_m,见式(3-2-15)
omega21_m = 1/mu;                                         %发生在第 1 个针销处于两轮连心线上
app.omega21_m = omega21_m;                                          %omega21 私有属性值
%星轮最大类角加速度 epsilon2_m 及其发生处针轮的位置角
tm = (mu^2 + 2 * mu1)/(4 * mu1);
theta_m = acos(sqrt(tm^2 + 2) - tm);                                %见式(3-2-16)中θm
%见式(3-2-17)
epsilon2_m = abs( - 2 * mu * mu1 * mu2 * sin(theta_m)/(mu1^2 + 1 - 2 * mu1 * cos(theta_m))^2);
app.epsilon2_m = epsilon2_m;                                        %epsilon2_m 私有属性值
h = 1;                                                              %h:参数矩阵 ydcs 的行数计数器
%计算星轮的类角速度 omega21 和类角加速度 epsilon21
  for theta = 1:1:theta_0 * du
omega21 = (2 * mu1 * cos(theta * hd) - 2)/(mu1^2 + 1 - 2 * mu1 * cos(theta * hd)) - 1/mu;
epsilon21 = 2 * mu * mu1 * mu2 * sin(theta * hd)/(mu1^2 + 1 - 2 * mu1 * cos(theta * hd))^2;
%运动参数矩阵 ydcs(h,:)表示第 i 行的各列元素
ydcs(h,:) = [theta omega21 epsilon21];
h = h + 1;
end
%运动参数矩阵 ydcs(:,j)表示第 j 列的各行元素
ycds = [ydcs(:,1),ydcs(:,2),ydcs(:,3)];
app.ydcs = ydcs;                                                    %ydcs 私有属性值
%计算星轮齿槽中心线坐标(x,y)和齿槽廓线坐标
q = 1;
r21 = 1 + r2/r1;
for theta = 1:1:theta_0 * du
x = C * cos(theta * hd) - r1 * cos(r21 * theta * hd);
dx =- 1C * sin(theta * hd) + C * sin(r21 * theta * hd);
y = C * sin(theta * hd) - r1 * sin(r21 * theta * hd);
dy = C * cos(theta * hd) - C * cos(r21 * theta * hd);
xw = x + rt * (dy/sqrt(dx^2 + dy^2));
yw = y - rt * (dx/sqrt(dx^2 + dy^2));
xn = x - rt * (dy/sqrt(dx^2 + dy^2));
yn = y + rt * (dx/sqrt(dx^2 + dy^2));
%运动参数矩阵 zbcs(h,:)表示第 i 行的各列元素
zbcs(q,:) = [theta x y xw yw xn yn];
q = q + 1;                                                          %q:矩阵 zbcs 的行数计数器
end
%运动参数矩阵 zbcs(:,j)表示第 j 列的各行元素
zbcs = [zbcs(:,1),zbcs(:,2),zbcs(:,3),zbcs(:,4),zbcs(:,5),zbcs(:,6),zbcs(:,7)];
app.zbcs = zbcs;                                                    %zbcs 私有属性值
```

```
    %App 界面功能更改
    app.Button_3.Enable = 'on';                                %开启【运动曲线】使能
    app.Button_4.Enable = 'on';                                %开启【设计结果】使能
end
```

(4)【曲线图形】回调函数

```
functionquxiantuxing(app, event)
    cla(app.UIAxes)                                                              %清除图形
    cla(app.UIAxes_4)                                                            %清除图形
    ydcs = app.ydcs;                                                             %ydcs 私有属性值
    zbcs = app.zbcs;                                                             %zbcs 私有属性值
    %绘制星轮的类角速度和类角加速度线图
    plot(app.UIAxes,ydcs(:,1),ydcs(:,3),ydcs(:,1),ydcs(:,2),"LineWidth",2)
    xlabel(app.UIAxes,'针轮转角 \theta (°)')                                     %图形 x 轴
    title(app.UIAxes,'星轮的类角速度和类角加速度线图')                           %图形标题
    legend(app.UIAxes,'\bf \epsilon_2/\omega_1^{2}','\bf \omega_2/\omega_2')     %图形图例
    %绘制星轮齿槽中心线和齿槽廓线图
    line(app.UIAxes_4,zbcs(:,2),zbcs(:,3),'color','r',"LineWidth",2)
    line(app.UIAxes_4,zbcs(:,4),zbcs(:,5),'color','g',"LineWidth",2)
    line(app.UIAxes_4,zbcs(:,6),zbcs(:,7),"LineWidth",2)
    xlabel(app.UIAxes_4,'x')                                                     %图形 x 轴
    ylabel(app.UIAxes_4,'y')                                                     %图形 y 轴
    title(app.UIAxes_4,'星轮齿槽中心线和齿槽廓线')                               %图形标题
    legend(app.UIAxes_4,'中线','外包络线','内包络线')                            %图形图例
end
```

(5)【设计结果】回调函数

```
functionshejijieguo(app, event)
    sigma = app.sigma;                                   %sigma 私有属性值
    x_mu = app.x_mu;                                     %x_mu 私有属性值
    r1 = app.r1;                                         %r1 私有属性值
    r2 = app.r2;                                         %r2 私有属性值
    omega21_m = app.omega21_m;                           %omega21_m 私有属性值
    epsilon2_m = app.epsilon2_m;                         %epsilon2_m 私有属性值
    %结果分别写入 App 界面对应的显示框中
    app.sigmaEditField.Value = sigma;                    %【sigma - 两轮转角比】
    app.x_muEditField.Value = x_mu;                      %【x_mu - 节圆半径】
    app.r1EditField.Value = r1;                          %【r1 - 针轮节圆半径】
    app.r2EditField.Value = r2;                          %【r2 - 星轮节圆半径】
    app.omegaEditField.Value = omega21_m;                %【omega - 星轮最大类角速度】
    app.epsilonEditField.Value = epsilon2_m;             %【epsilon - 星轮最大类角加速度】
end
```

(6)【结束程序】回调函数

```
functionJieSuChengXu(app, event)
    %App 界面信息提示对话框
    sel = questdlg('确认关闭应用程序?','关闭确认','Yes','No','No');
    switch sel
    case'Yes'
    delete(app);                                                  %关闭本 App 窗口
    case'No'
    end
end
```

3.3 螺旋机构

3.3.1 螺旋传动机构设计计算

螺旋传动是利用螺杆和螺母的啮合来传递动力和运动的机械传动，主要应用于将旋转运动转换成直线运动，将转矩转换成推力。螺旋传动的结构主要是指螺杆、螺母的固定和支撑的结构形式。螺旋传动的工作刚度和精度等级与支撑结构有直接关系，当螺杆短而粗且垂直布置时，如起重及加压装置的传力螺旋，可以利用螺母本身作为支撑。当螺杆细而长且水平布置时，如机床的传导螺旋(丝杠)等，应在螺杆两端或中间附加支撑，以提高螺杆工作刚度。

普通滑动螺旋传动设计计算的主要内容是：耐磨性计算、螺旋副自锁条件计算、螺杆的强度计算、螺母螺纹牙的强度计算和螺杆的稳定性计算等。

1. 耐磨性计算

滑动螺旋的磨损与螺纹工作面上的压力、滑动速度、螺纹表面粗糙度以及润滑状态等因素有关。其中，最主要的是螺纹工作面上的压力，压力越大螺旋副间越容易形成过度磨损。因此，滑动螺旋的耐磨性计算，主要是限制螺纹工作面上的工作应力 p 小于材料的许用应力$[p]$。

如图 3.3.1 所示，假设作用于螺杆的轴向力为 Q，螺纹的承压面积(指螺纹工作表面投影到垂直于轴向力的平面上的面积)为 A，螺纹中径为 $d_2(D_2)$，螺纹工作高度为 h，螺纹螺距为 P，螺母高度为 H，螺纹工作圈数为 $u=H/P$，则螺纹工作面上的耐磨性条件校核公式如下：

$$p=\frac{Q}{A}=\frac{Q}{\pi d_2 hu}=\frac{QP}{\pi d_2 hH}\leqslant[p] \tag{3-3-1}$$

令螺母高度系数 $\varphi=H/d_2$，一般 $\varphi=1.2\sim3.5$。对于整体螺母，由于磨损后不能调整间隙，为使受力分布比较均匀，螺纹工作圈数不宜过多，故取 $\varphi=1.2\sim2.5$；对于剖分螺母和兼作支撑的螺母，可取 $\varphi=2.5\sim3.5$；只有传动精度较高，载荷较大，要求寿命较长时，才允许取 $\varphi=4$。

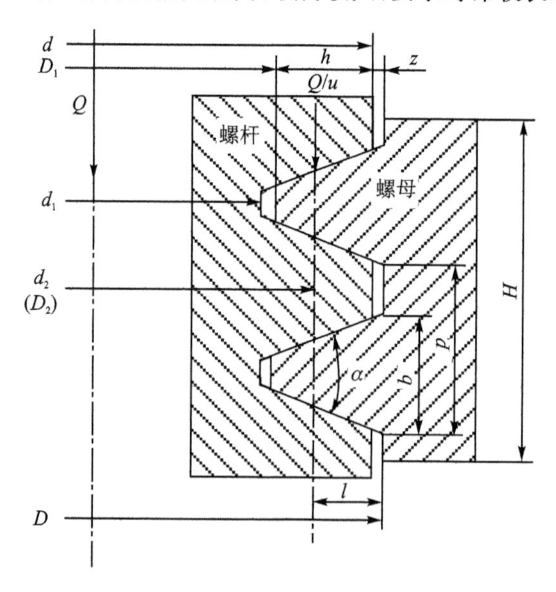

图 3.3.1 螺旋传动参数尺寸和受力分析

将螺母高度 $H=\varphi d_2$ 代入式(3-3-1)整理后，得到耐磨性条件设计公式如下：

$$d_2 \geqslant \sqrt{\frac{QP}{\pi h \varphi [p]}} \tag{3-3-2}$$

式中：h 为矩形和梯形螺纹的螺纹工作高度，$h=0.5P$；$[p]$为材料的许用应力。

根据公式算得螺纹中径 d_2 后，按国家标准规范选取相应的公称直径 d 及螺距 P。螺纹工作圈数 u 不宜超过10圈。

2. 螺旋副自锁条件计算

螺纹几何参数确定后，对于有自锁性要求的螺旋副，应该校核螺旋副是否满足自锁条件：

$$\gamma \leqslant \rho_v = \tan^{-1} f_v = \tan^{-1} \frac{f}{\cos \beta} \tag{3-3-3}$$

式中：γ 是螺纹导程角；f_v 是螺旋副的当量摩擦系数；ρ_v 是当量摩擦角；β 是螺纹牙型斜角，对于梯形螺纹 $\beta=15°$，锯齿形螺纹工作面 $\beta=15°$，非工作面 $\beta=1.5°$；f 是材料摩擦系数。

3. 螺杆强度计算

受力较大的螺杆需要进行强度计算。螺杆工作时承受轴向力和扭矩的共同作用，根据第四强度理论求出危险截面的组合应力 σ_e，其强度条件如下：

$$\sigma_e = \sqrt{\sigma^2 + 3\tau^2} = \sqrt{\left(\frac{Q}{A}\right)^2 + 3\left(\frac{T_1}{W_T}\right)^2} = \frac{1}{A}\sqrt{Q^2 + 3\left(\frac{T_1}{d_1}\right)^2} \leqslant [\sigma] \tag{3-3-4}$$

式中：d_1 为螺杆螺纹小径；A 为螺纹段危险截面面积，$A=\pi d_1^2/4$；W_T 为螺纹段抗扭截面系数，$W_T=\frac{\pi d_1^3}{16}=\frac{A d_1}{4}$；$T_1$ 为螺杆所受扭矩（即螺旋副的摩擦力矩），$T_1=\frac{Q\tan(\lambda+\rho_v)d_2}{2}$；$[\sigma]$为螺杆材料的许用应力。

4. 螺母螺纹牙强度计算

螺纹牙多发生剪切和挤压破坏，一般螺母的材料强度低于螺杆，故只须校核螺母螺纹牙的强度。

(1) 剪切强度条件

如图3.3.2所示，如果将一圈螺纹沿螺母的螺纹大径 D 处展开，则可看作宽度为 πD 的悬臂梁。假设螺母每圈螺纹所承受的平均压力为 Q/u，并作用在以螺纹中径 D_2 为直径的圆周上，则螺纹牙危险截面 a—a 的剪切条件如下：

$$\tau = \frac{Q}{\pi D b u} \leqslant [\tau] \tag{3-3-5}$$

式中：$[\tau]$为螺母材料的许用应力。

(2) 弯曲强度条件

螺纹牙危险截面 a—a 的弯曲强度条件如下：

$$\sigma_b = \frac{6Ql}{\pi D b^2 u} \leqslant [\sigma]_b \tag{3-3-6}$$

式中：b 为螺纹牙根部的厚度，对于矩形螺纹 $b=0.5P$，对于梯形螺纹 $b=0.65P$，对于30°锯齿形螺纹 $b=0.75P$；l 为弯曲力臂，$l=(D-D_2)/2$；$[\sigma]_b$ 为螺母材料的许用弯曲应力。

当螺杆和螺母的材料相同（如钢制螺旋副）时，由于螺杆的小径 d_1 小于螺母螺纹的大径 D，故应校核螺杆螺纹牙的强度。此时，式(3-3-6)中的 D 应该为 d_1。

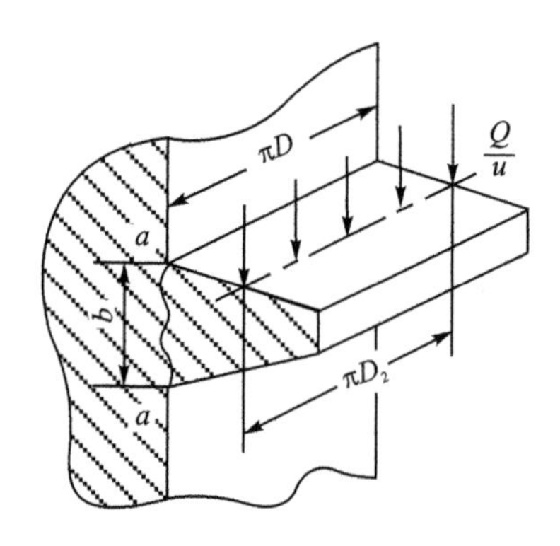

图 3.3.2　螺母螺纹牙的强度计算

5. 螺杆稳定性计算

对于长径比大的受压螺杆，当轴向压力 Q 大于某一临界值时，螺杆就会突然发生侧向弯曲而丧失其稳定性。因此，螺杆承受的轴向力 Q 必须小于临界载荷 Q_c 时的稳定性系数如下：

$$S_{sc}=\frac{Q_c}{Q}\geqslant S_s \tag{3-3-7}$$

式中：S_s 为螺杆稳定性安全系数，对于传力螺旋(如起重螺杆等)$S_s=3.5\sim5.0$，对于传导螺旋 $S_s=2.5\sim4.0$，对于精密螺杆或水平螺杆 $S_s>4.0$。

螺杆的临界载荷 Q_c 根据螺杆的柔度 $\lambda_s=\frac{\mu L}{i}$ 值的大小选取不同的公式计算。对于螺杆长度系数 $\mu=2.0$(对于螺旋起重器的螺杆，可以按照一端固定，一段自由)，L 是螺杆工作长度(若螺杆两端支撑时，取两支点间的距离作为工作长度；若螺杆一端以螺母支撑时，则以螺母中部到另一端支点的距离作为工作长度)；i 为螺杆危险截面的惯性半径，若螺杆的危险截面面积 $A=\pi d_1^2/4$，危险截面的惯性矩 $I=\pi d_1^4/64$，则

$$i=\sqrt{\frac{I}{A}}=\sqrt{\frac{\pi d_1^4/64}{\pi d_1^2/4}} \tag{3-3-8}$$

① 当螺杆的柔度 $\lambda_s\geqslant 90$ 时，临界载荷 Q 可按欧拉公式计算如下：

$$Q_c=\frac{\pi^2 EI}{(\mu l)^2} \tag{3-3-9}$$

式中：E 为钢制螺杆的拉压弹性模量，$E=2.06\times10^5$ MPa。

② 当 $40\leqslant\lambda_s<90$ 时，对于未淬火钢，取临界载荷 Q_c 如下：

$$Q_c=\frac{340}{1+0.000\ 13\lambda_s^2}\times\frac{\pi d_1^2}{4} \tag{3-3-10}$$

对于淬火钢，取临界载荷 Q_c 如下：

$$Q_c=\frac{480}{1+0.000\ 2\lambda_s^2}\times\frac{\pi d_1^2}{4} \tag{3-3-11}$$

③ 当 $\lambda_s<40$ 时，可以不必进行稳定性校核。

3.3.2　案例 28：螺旋机构 App 设计

1. 案例 28 内容

设计一个螺旋起重器，起重量 $Q=30\ 000$ N，最大起重高度 $F=180$ mm。螺杆采用 45 号钢

调质,屈服极限 σ_s=355 MPa,强度极限 σ_b=600 MPa,由于该螺旋传动的工作速度低,螺母采用铝青铜 $ZCuAl_{10}Fe_3$,许用应力[p]=22 MPa。其他参数如下:

① 按螺旋副耐磨性条件计算螺杆中径时取值,高度系数 φ=2。

② 验算螺旋副自锁性能,螺旋线数取 n=1。

③ 校核螺母螺纹牙强度时,选取螺母牙旋合圈数 u=10,铸造铝青铜螺母材料的许用剪切应力[τ]=35 MPa;铸造铝青铜螺母材料的许用弯曲应力$[\sigma]_b$=55 MPa。

④ 校核螺杆稳定性取长度系数 μ=2.0。

2. App 窗口设计

螺旋起重器设计 App 窗口,如图 3.3.3 所示。

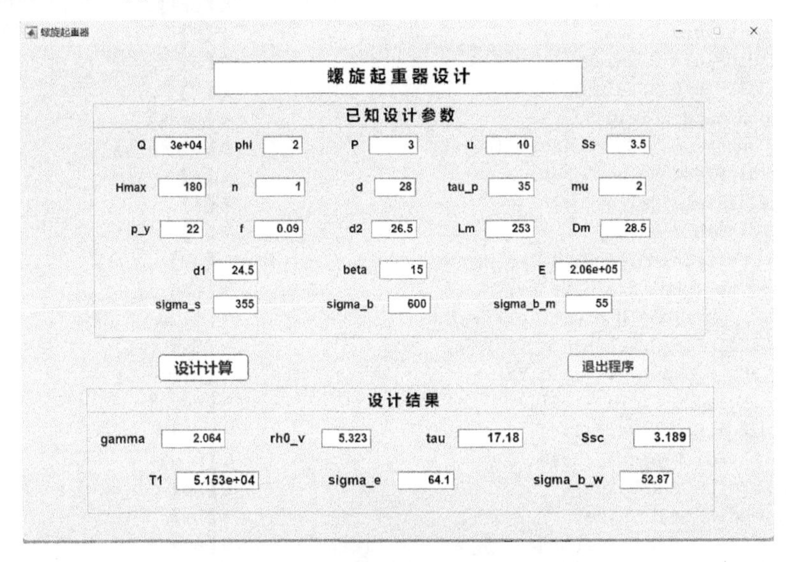

图 3.3.3　螺旋起重器设计 App 窗口

3. App 窗口程序设计(程序 lu_exam_28)

(1) 私有属性创建

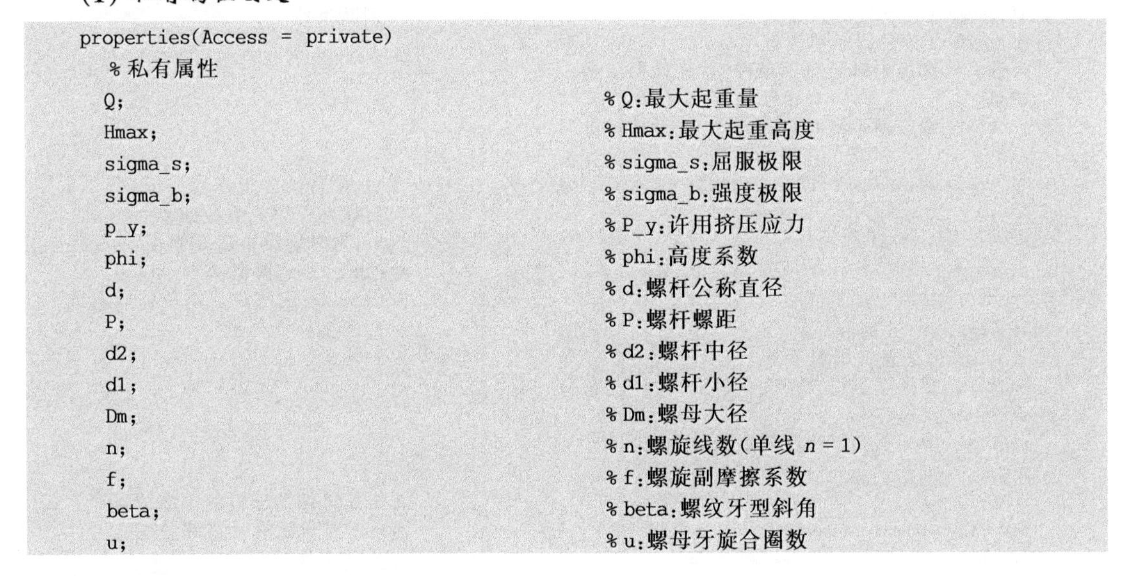

```
properties(Access = private)
  %私有属性
  Q;                                    %Q:最大起重量
  Hmax;                                 %Hmax:最大起重高度
  sigma_s;                              %sigma_s:屈服极限
  sigma_b;                              %sigma_b:强度极限
  p_y;                                  %P_y:许用挤压应力
  phi;                                  %phi:高度系数
  d;                                    %d:螺杆公称直径
  P;                                    %P:螺杆螺距
  d2;                                   %d2:螺杆中径
  d1;                                   %d1:螺杆小径
  Dm;                                   %Dm:螺母大径
  n;                                    %n:螺旋线数(单线 n = 1)
  f;                                    %f:螺旋副摩擦系数
  beta;                                 %beta:螺纹牙型斜角
  u;                                    %u:螺母牙旋合圈数
```

```
    tau_p;                          % tau_p:青铜螺母许用剪切应力
    sigma_b_m;                      % sigma_b_m:青铜螺母螺纹牙根部许用弯曲应力
    Lm;                             % Lm:螺杆最大工作长度
    rh0_v;                          % rh0_v:当量摩擦角
    mu;                             % mu:螺旋起重器一端固定一端自由
    E;                              % E:钢弹性模量
    Ss;                             % Ss:螺杆稳定性安全系数
    end
```

(2)【设计计算】回调函数

```
functionshejiJiSuan(app, event)
  % App 界面已知数据读入
  Q = app.QEditField.Value;                          %【Q】
  phi = app.phiEditField.Value;                      %【phi】
  P = app.PEditField.Value;                          %【P】
  u = app.uEditField_2.Value;                        %【u】
  E = app.EEditField_2.Value;                        %【E】
  Hmax = app.HmaxEditField.Value;                    %【Hmax】
  sigma_s = app.sigma_sEditField.Value;              %【sigma_s】
  n = app.nEditField.Value;                          %【n】
  f = app.fEditField.Value;                          %【f】
  d = app.dEditField.Value;                          %【d】
  d2 = app.d2EditField.Value;                        %【d2】
  tau_p = app.tau_pEditField.Value;                  %【tau_p】
  sigma_b_m = app.sigma_b_mEditField.Value;          %【sigma_b_m】
  Ss = app.SsEditField.Value;                        %【Ss】
  sigma_b = app.sigma_bEditField.Value;              %【sigma_b】
  beta = app.betaEditField_3.Value;                  %【beta】
  d1 = app.d1EditField.Value;                        %【d1】
  p_y = app.p_yEditField.Value;                      %【p_y】
  Lm = app.LmEditField.Value;                        %【Lm】
  Dm = app.DmEditField.Value;                        %【Dm】
  mu = app.muEditField.Value;                        %【mu】
  % 设计计算
  du = 180/pi;                                       % 弧度:角度系数
  hd = pi/180;                                       % 角度:弧度系数
  gamma = atan(n * P/pi/d2);                         % gamma:螺纹导程角
  rh0_v = atan(f/cos(beta * hd));                    % rh0_v:当量摩擦角
  if gamma <= rh0_v                                  % 判断条件
  % App 界面信息提示对话框
  msgbox('螺旋副满足自锁条件','设计提示');
  else
  msgbox('螺旋副不满足自锁条件','设计提示');
  end
  T1 = Q * tan(gamma + rh0_v) * d2/2;                % T1:螺杆螺旋副摩擦力矩
  A = pi * d1^2/4;                                   % A:螺杆螺纹危险截面积
  Wt = pi * d1^3/16;                                 % Wt:螺杆螺纹抗扭截面积
  sigma_e = sqrt(Q^2 + 3 * (T1/d1)^2)/A;             % sigma_e:危险截面当量应力
  sigma_p_g = sigma_s/4;                             % sigma_p_g:螺杆许用拉伸应力
  if sigma_e <= sigma_p_g                            % 判断条件
  % App 界面信息提示对话框
  msgbox('螺杆满足组合强度条件','设计提示');
  else
  msgbox('螺杆不满足组合强度条件','设计提示');
  end
  b = 0.65 * P;                                      % b:螺母螺纹牙根部厚度
  tau = Q/(pi * Dm * b * u);                         % tau:螺母螺纹牙根部剪切应力
  iftau <= tau_p                                     % 判断条件
```

```
 % App 界面信息提示对话框
 msgbox('螺母螺纹牙根部满足剪切强度条件','设计提示');
 else
 msgbox('螺母螺纹牙根部不满足剪切强度条件','设计提示');
 end
 l = (Dm - d2)/2;                                   % l:螺母螺纹牙根部弯曲力臂
 sigma_b_w = 6 * Q * l/(pi * Dm * b^2 * u);         % sigma_p_g:螺母螺纹牙根部弯曲应力
 if sigma_b_w < = sigma_b_m                         % 判断条件
 % App 界面信息提示对话框
 msgbox('螺母螺纹牙根部满足弯曲强度条件','设计提示');
 else
 msgbox('螺母螺纹牙根部不满足弯曲强度条件','设计提示');
 end
 lambda = 4 * mu * Lm/d1;                           % lambda:螺杆柔度系数
 I = pi * d1^4/64;                                  % I:螺杆危险截面惯性矩
 if lambda <40                                      % 判断条件
 % App 界面信息提示对话框
 msgbox('不必对螺杆进行稳定性校核','设计提示');
 elseif lambda > = 90
 Qc = pi^2 * E * I/(mu * Lm)^2;
 else
 i = inputdlg('热处理淬火输入 1,热处理调质输入 0','热处理类型');
 i = cell2sym(i);                                   % 数据类型转换
 if i == 1
 Qc = 340 * A/(1 + 0.00013 * lambda^2);             % Qc:淬火临界载荷
 elseif i == 0
 Qc = 480 * A/(1 + 0.0002 * lambda^2);              % Qc:调质临界载荷
 end
 end
 Ssc = Qc/Q;                                        % Ssc:工作稳定性系数
 if Ssc > = Ss                                      % 判断条件
 % App 界面信息提示对话框
 msgbox('螺杆满足稳定性条件','设计提示');
 else
 msgbox('螺杆不满足稳定性条件','设计提示');
 end
 % 设计结果分别写入 App 界面对应的显示框中
 app.rh0_vEditField.Value = rh0_v * du;             %【rho_v】
 app.sigma_eEditField.Value = sigma_e;              %【sigma_e】
 app.sigma_b_wEditField.Value = sigma_b_w;          %【sibma_b_w】
 app.gammaEditField.Value = gamma * du;             %【gamma】
 app.SscEditField.Value = Ssc;                      %【Ssc】
 app.T1EditField.Value = T1;                        %【T1】
 app.tauEditField.Value = tau;                      %【tau】
 end
```

(3)【退出程序】回调函数

```
functionJieSuChengXu(app, event)
  % App 界面信息提示对话框
  sel = questdlg('确认关闭应用程序?','关闭确认,','Yes','No','No');
  switch sel
  case'Yes'
  delete(app);                                      % 关闭本 App 窗口
  case'No'
  end
end
```

第 4 章

齿轮机构App设计案例

4.1 圆柱齿轮传动参数计算

渐开线标准直齿圆柱齿轮的几何尺寸计算公式如表 4.1.1 所列。

表 4.1.1 渐开线标准直齿圆柱齿轮的几何尺寸计算公式

名 称	代 号	计算公式	
		小齿轮	大齿轮
模数	m	(根据齿轮受力情况和结构需要确定,选取标准值)	
压力角	α	选取标准值	
分度圆直径	d	$d_1=mz_1$	$d_2=mz_2$
齿顶高	h_a	$h_{a1}=h_{a2}=h_a^* m$	
齿根高	h_f	$h_{f1}=h_{f2}=(h_a^*+c^*)m$	
齿全高	h	$h_1=h_2=(2h_a^*+c^*)m$	
齿顶圆直径	d_a	$d_{a1}=(z_1+2h_a^*)m$	$d_{a2}=(z_2+2h_a^*)m$
齿根圆直径	d_f	$d_{f1}=(z_1-2h_a^*-2c^*)m$	$d_f=(z_2-2h_a^*-2c^*)m$
基圆直径	d_b	$d_{b1}=d_1\cos\alpha$	$d_{b2}=d_2\cos\alpha$
齿距	p	$p=\pi m$	
基圆齿距	p_b	$p_b=p\cos\alpha$	
齿厚	s	$s=\pi m/2$	
齿槽宽	e	$e=\pi m/2$	
顶隙	c	$c=c^* m$	
标准中心距	a	$a=m(z_1+z_2)/2$	
实际中心距	a'	(根据安装要求确定)	
节圆直径	d'	(当中心距为 a 时)$d'=d$	
啮合角	α'	$\alpha'=\cos^{-1}(a\cos\alpha/a')$	

续表 4.1.1

名　称	代　号	计算公式	
		小齿轮	大齿轮
传动比	i	$i_{12}=\omega_1/\omega_2=z_2/z_1=d_2'/d_1'=d_{b2}/d_{b1}$	
重合度	ε_a	$\varepsilon_a=\dfrac{1}{2\pi}[z_1(\tan\alpha_{a1}-\tan\alpha')+z_2(\tan\alpha_{a2}-\tan\alpha')]$	

4.1.1　案例 29：直齿圆柱齿轮传动参数计算 App 设计

1. 案例 29 内容

已知一对啮合的渐开线标准直齿圆柱齿轮，两个齿轮的模数 $m=5$ mm，分度圆上的压力角 $\alpha=20°$，齿顶高系数 $h_a^*=1$，齿顶隙系数 $c^*=0.25$，小齿轮齿数 $z_1=20$，大齿轮齿数 $z_2=80$，安装中心距 $a'=255$ mm，试计算如下参数：

① 两齿轮的分度圆直径 d_1、d_2 和基圆直径 d_{b1}、d_{b2}；

② 两齿轮的齿顶圆直径 d_{a1}、d_{a2} 和齿根圆直径 d_{f1}、d_{f2}；

③ 两齿轮的齿顶圆压力角 α_{a1}、α_{a2} 和啮合角 α'；

④ 重合度 ε_a。

2. App 窗口设计

直齿圆柱齿轮传动参数计算 App 窗口，如图 4.1.1 所示。

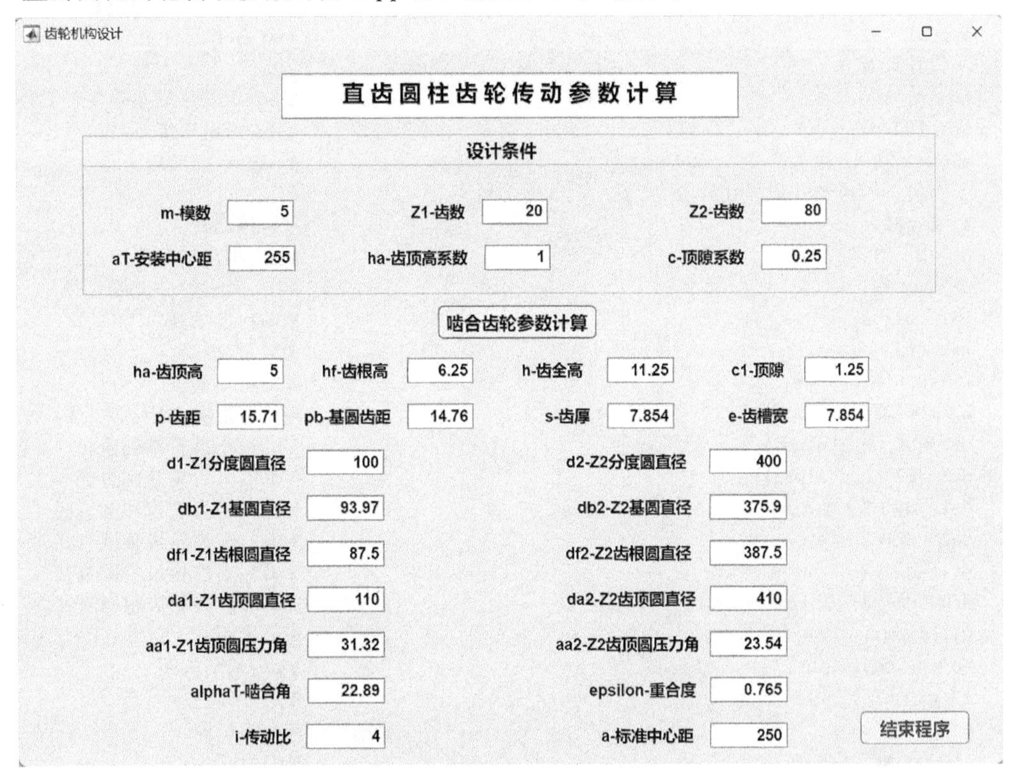

图 4.1.1　直齿圆柱齿轮传动参数计算 App 窗口

3. App 窗口程序设计(程序 lu_exam_29)

(1) 私有属性创建

```
properties (Access = private)
  % 私有属性
  m;                                                    % m:模数
  aT;                                                   % aT:安装中心距
  Z1;                                                   % Z1:齿数
  Z2;                                                   % Z2:齿数
  ha;                                                   % ha:齿顶高系数
  c;                                                    % c:顶隙系数
end
```

(2)【啮合齿轮参数计算】回调函数

```
function LiLunJiSuan(app, event)
  % App 界面已知数据读入
  m = app.mEditField.Value;                        %【m-模数】
  app.m = m;                                       % m 私有属性值
  ha = app.haEditField.Value;                      %【ha-齿顶高系数】
  app.ha = ha;                                     % ha 私有属性值
  c = app.cEditField.Value;                        %【c-顶隙系数】
  app.c = c;                                       % c 私有属性值
  Z1 = app.Z1EditField.Value;                      %【Z1-齿数】
  app.Z1 = Z1;                                     % Z1 私有属性值
  Z2 = app.Z2EditField.Value;                      %【Z2-齿数】
  app.Z2 = Z2;                                     % Z2 私有属性值
  aT = app.aTEditField.Value;                      %【aT-安装中心距】
  app.aT = aT;                                     % aT 私有属性值
  % 设计计算
  hd = pi/180;                                     % hd:角度弧度系数
  du = 180/pi;                                     % du:弧度角度系数
  alpha = 20 * hd;                                 % alpha:标准压力角
  % 直齿圆柱齿轮几何尺寸计算,见表 4.1.1 中参数
  i = Z2/Z1;                                       % i:传动比
  d1 = m * Z1;                                     % d1:小齿轮分度圆直径
  d2 = m * Z2;                                     % d2:大齿轮分度圆直径
  ha1 = ha * m;                                    % ha1:齿顶高
  hf = (ha + c) * m;                               % hf:齿根高
  h = (2 * ha + c) * m;                            % h:齿全高
  a = m * (Z1 + Z2)/2;                             % a:标准中心距
  db1 = d1 * cos(alpha);                           % db1:小齿轮基圆直径
  db2 = d2 * cos(alpha);                           % db2:大齿轮基圆直径
  da1 = d1 + 2 * ha * m;                           % da1:小齿轮齿顶圆直径
  da2 = d2 + 2 * ha * m;                           % da2:大齿轮齿顶圆直径
  df1 = d1 - 2 * (c + ha) * m;                     % df1:小齿轮齿根圆直径
  df2 = d2 - 2 * (c + ha) * m;                     % df2:大齿轮齿根圆直径
  p = pi * m;                                      % p:齿距
  pb = p * cos(alpha);                             % pb:基圆齿距
  s = pi * m/2;                                    % s:齿厚
  e = pi * m/2;                                    % e:齿槽宽
  c1 = c * m;                                      % c1:顶隙
  alpha1 = acos(d1 * cos(alpha)/da1);              % alpha1:小齿轮齿顶圆压力角
  alpha2 = acos(d2 * cos(alpha)/da2);              % alpha2:大齿轮齿顶圆压力角
```

```
    alphaT = abs(acos(a * cos(alpha)/aT));                          % alphaT:啮合角
    % 重合度 εα 计算
    epsilon = (Z1 * (tan(alpha1) - tan(alphaT)) + Z2 * (tan(alpha2) - tan(alphaT)))/(02 * pi);
    % 计算结果分别写入 App 界面对应的显示框中
    app.haEditField_2.Value = ha1;                                  %【ha - 齿顶高】
    app.hfEditField.Value = hf;                                     %【hf - 齿根高】
    app.hEditField.Value = h;                                       %【h - 齿全高】
    app.c1EditField.Value = c1;                                     %【c1 - 顶隙】
    app.pEditField.Value = p;                                       %【p - 齿距】
    app.pbEditField.Value = pb;                                     %【pb - 基圆齿距】
    app.sEditField.Value = s;                                       %【s - 齿厚】
    app.eEditField.Value = e;                                       %【e - 齿槽宽】
    app.d1Z1EditField.Value = d1;                                   %【d1 - Z1 分度圆直径】
    app.d2Z2EditField.Value = d2;                                   %【d2 - Z2 分度圆直径】
    app.db1Z1EditField.Value = db1;                                 %【db1 - Z1 基圆直径】
    app.db2Z2EditField.Value = db2;                                 %【db2 - Z2 基圆直径】
    app.da1Z1EditField.Value = da1;                                 %【da1 - Z1 齿顶圆直径】
    app.da2Z2EditField.Value = da2;                                 %【da2 - Z2 齿顶圆直径】
    app.df1Z1EditField.Value = df1;                                 %【df1 - Z1 齿根圆直径】
    app.df2Z2EditField.Value = df2;                                 %【df2 - Z2 齿根圆直径】
    app.aa1Z1EditField.Value = alpha1 * du;                         %【aa1 - Z1 齿顶圆压力角】
    app.aa2Z2EditField.Value = alpha2 * du;                         %【aa2 - Z2 齿顶圆压力角】
    app.alphaTEditField.Value = alphaT * du;                        %【alphaT - 啮合角】
    app.epsilonEditField.Value = epsilon;                           %【epsilon - 重合度】
    app.iEditField.Value = i;                                       %【i - 传动比】
    app.aEditField.Value = a;                                       %【a - 标准中心距】
end
```

(3)【结束程序】回调函数

```
function JieSuChengXu(app, event)
    % App 界面信息提示对话框
    sel = questdlg('确认关闭应用程序？','关闭确认,','Yes','No','No');
    switch sel
    case'Yes'
    delete(app);                                                    % 关闭本 App 窗口
    case'No'
    end
end
```

4.1.2　案例 30：直齿圆柱齿轮传动变位系数 App 设计

1. 选择变位系数的原则

变位齿轮传动的优点能否充分发挥，在很大程度上取决于变位系数的选择是否合理。根据齿轮传动的不同工况，选择变位系数应遵循以下原则：

(1) 最高接触强度原则

对于润滑良好的闭式齿轮传动，其齿面为软齿面(硬度≤350HBS)，齿面接触强度比较低。因此，在许可范围内采用大的变位系数和 χ_{Σ}(其中：$\chi_{\Sigma}=\chi_1+\chi_2$)，以增大综合曲率半径，降低齿面接触应力，提高接触强度。

(2) 等弯曲强度原则

对于润滑良好的闭式齿轮传动，其齿轮为硬齿面(硬度≥350HBS)，则破坏的主要形式是弯曲疲劳折断。因此，选择变位系数时应该力求提高弯曲强度较低的齿轮齿根厚度，使两个齿轮齿根弯曲强度趋于相等。

(3) 等滑动系数原则

开式齿轮传动中齿面磨损严重，高速、重载齿轮传动中齿面易产生胶合破坏。因此，选择变位系数时应该使齿轮获得较小的齿面滑动，并使两齿轮根部的滑动系数相等。

(4) 平稳性原则

对于高速传动、重载传动或精密传动（仪器仪表），要求齿轮啮合平稳或精确。因此，选择变位系数应该使重合度获得尽可能大的值。

2. 选择变位系数的限制条件

根据不同工作条件和工作要求，按照不同原则选择变位系数时，有以下几种限制条件：

(1) 齿轮根切对变位系数的限制

切制齿数 $z \leqslant z_{\min}$ 的标准齿轮将发生根切。对于直齿轮，用齿条形刀具加工标准齿轮不产生根切的最小齿数为

$$z_{\min} = \frac{2h_a^*}{\sin^2 \alpha} \tag{4-1-1}$$

当切制变位量不够大的正变位齿轮（$z < z_{\min}$）和变位量过大的负变位齿轮（$z > z_{\min}$）时，也会产生根切。这种不使变位齿轮产生根切的变位系数的最小值称为最小变位系数，以 $\chi_{\min}$ 表示，其大小为

$$\chi_{\min} = \frac{h_a^* (z_{\min} - z)}{z_{\min}} \tag{4-1-2}$$

应满足：

$$\chi \geqslant \chi_{\min}$$

(2) 齿轮齿顶变尖对变位系数的限制

随着变位系数 χ 的增大，齿形会逐渐变尖。为了保证齿顶的强度，要求齿顶厚满足：

$$s_a \geqslant (0.25 \sim 0.4)m$$

其中：材料组织均匀的齿轮取下限，齿面经硬化处理的齿轮取上限。如果不满足这一条件，则应适当地减小变位系数，重新进行设计。齿顶厚大小为

$$s_a = s\frac{r_a}{r} - 2r_a(\operatorname{inv}\alpha_a - \operatorname{inv}\alpha) \tag{4-1-3}$$

式中：r 和 α 分别为分度圆半径和分度圆上的压力角，一般 $\alpha = 20°$；s 为分度圆上的齿厚，其中：

$$s = \frac{\pi m}{2} + 2\chi_m \tan \alpha \tag{4-1-4}$$

(3) 重合度对变位系数的限制

齿轮的重合度 ε 随着变位系数 χ 的增大而减小。选择变位系数时，应保证齿轮传动的重合度大于或等于许用重合度[ε]。对于直齿圆柱齿轮传动，一般应满足 $\varepsilon \geqslant 1.2$。

ε 的计算公式：

$$\varepsilon = \frac{1}{2\pi}\left[z_1(\tan\alpha_{a1} - \tan\alpha') + z_2(\tan\alpha_{a2} - \tan\alpha')\right] \tag{4-1-5}$$

式中：α_{a1} 为主动轮齿顶圆上的压力角；α_{a2} 为从动轮齿顶圆上的压力角；α'为啮合角。

(4) 齿轮干涉对变位系数的限制

一对齿轮啮合传动时，如果一轮齿顶的渐开线与另一轮齿根的过渡曲线接触，由于过渡曲

线不是渐开线，故两齿廓在接触点的公法线不能通过固定的节点 P，因而引起传动比的变化，还可能使两齿轮卡住不动，这种现象称为“过渡曲线干涉”。当变位系数 χ 的绝对值过大时，会产生此干涉。选择变位系数时，要保证任一齿轮的齿顶不与相啮合齿轮的齿根过渡曲线干涉。当用齿条形刀具切制一对啮合齿轮时，设两齿轮的齿数分别为 z_1 和 z_2。

小齿轮（z_1）齿根不产生过渡曲线干涉的条件为

$$\tan\alpha' - \frac{z_2(\tan\alpha_{a2} - \tan\alpha')}{z_1} \geqslant \tan\alpha - \frac{4(h_a^* - \chi_1)}{z_1 \sin 2\alpha} \tag{4-1-6}$$

大齿轮（z_2）齿根不产生过渡曲线干涉的条件为

$$\tan\alpha' - \frac{z_1(\tan\alpha_{a1} - \tan\alpha')}{z_2} \geqslant \tan\alpha - \frac{4(h_a^* - \chi_2)}{z_2 \sin 2\alpha} \tag{4-1-7}$$

式中：χ_1 和 χ_2 分别为齿轮 z_1 和齿轮 z_2 的变位系数；α_{a1} 和 α_{a2} 分别为齿轮 z_1 和齿轮 z_2 的齿顶压力角；α 为齿轮分度圆压力角；α' 为该对齿轮的啮合角。

3. 选择齿轮变位系数的方法

工程上常用的变位系数选择方法有图表法、封闭图法和数字化App计算法。我们重点介绍数字化App计算法。下面按照抗胶合及抗磨损最有利来选择变位系数。

根据有关抗胶合和抗磨损最有利的质量指标选择变位系数的问题，目前一般认为应使啮合齿在开始啮合时主动齿轮齿根处的滑动系数 η_1 与啮合终了时从动齿轮齿根处的滑动系数 η_2 相等。

η_1 和 η_2 计算公式如下：

$$\eta_1 = \frac{\tan\alpha_{a2} - \tan\alpha'}{(1 + z_1/z_2)\tan\alpha' - \tan\alpha_{a2}}\left(1 + \frac{z_1}{z_2}\right) \tag{4-1-8}$$

$$\eta_2 = \frac{\tan\alpha_{a1} - \tan\alpha'}{(1 + z_2/z_1)\tan\alpha' - \tan\alpha_{a1}}\left(1 + \frac{z_2}{z_1}\right) \tag{4-1-9}$$

当齿轮传动的实际中心距 c'（标准中心距 c）由结构或其他条件给定时，啮合角 α' 为

$$\alpha' = \tan^{-1}\left[\frac{\sqrt{1 - (c\cos\alpha/c')^2}}{c\cos\alpha/c'}\right] \tag{4-1-10}$$

式中：α 为分度圆压力角。

两轮的变位系数之和 χ_Σ 可由如下无侧隙啮合方程式计算：

$$\chi_\Sigma = \chi_1 + \chi_2 = \frac{z_1 + z_2}{2\tan\alpha}(\tan\alpha' - \alpha' - \tan\alpha + \alpha) \tag{4-1-11}$$

当求 α_{a1} 和 α_{a2} 时，用到齿顶圆半径 r_{a1} 和 r_{a2}，可用下式求出：

$$r_{ai} = r_i + (h_a^* + \chi_i - \sigma)m \quad (i = 1, 2) \tag{4-1-12}$$

式中：σ 为齿顶高降低系数，其计算公式为

$$\sigma = \chi_\Sigma - y$$
$$y = (c' - c)/m$$

式中：y 为分度圆分离系数。

由此可知，两轮齿根的滑动系数 η_1 和 η_2 与两轮的变位系数有关。在实际中心距 c' 给定的情况下 χ_1 与 χ_2 仅有一个是独立的。若取 χ_1 为独立变量，则 η_1 和 η_2 两齿根滑动系数均是 χ_i 的函数。令：

$$f(\chi_1) = \eta_1 - \eta_2 \tag{4-1-13}$$

把前面有关参数代入式(4-1-13),令 $f(\chi_1)=0$,计算化简得

$$\frac{1}{z_1}\tan\alpha'(z_1\tan\alpha_{a2}-z_2\tan\alpha_{a1})-\frac{z_1-z_2}{z_1}\tan\alpha_{a1}\tan\alpha_{a2}=0 \tag{4-1-14}$$

即

$$\frac{\tan\alpha'}{z_1-z_2}\left(\frac{z_1}{\tan\alpha_{a1}}-\frac{z_2}{\tan\alpha_{a2}}\right)-1=0$$

其中:

$$\tan\alpha_{a1}=\frac{\sqrt{r_{a1}^2-r_{b1}^2}}{r_{b1}}$$

$$\tan\alpha_{a2}=\frac{\sqrt{r_{a2}^2-r_{b2}^2}}{r_{b2}}$$

令:

$$C_1=2h_a^*+(z_1+z_2)\frac{\cos\alpha}{\cos\alpha'}-z_1$$

$$D_1=C_1+(z_1-z_2)-2\chi_\Sigma$$

$$E_1=\sqrt{(D_1+2\chi_1)^2-(z_1\cos\alpha)^2}$$

$$E_2=\sqrt{(C_1-2\chi_1)^2-(z_2\cos\alpha)^2}$$

因而可以简化为

$$\left(\frac{z_1^2}{E_1}-\frac{z_2^2}{E_2}\right)\tan\alpha'\cos\alpha+z_2-z_1=0 \tag{4-1-15}$$

式(4-1-15)是仅包含 χ_1 的超越方程,可以用牛顿迭代法求解。

令:

$$f(\chi)=\left(\frac{z_1^2}{E_1}-\frac{z_2^2}{E_2}\right)\tan\alpha'\cos\alpha+z_2-z_1 \tag{4-1-16}$$

用牛顿迭代法求解超越方程 $f(\chi)$ 时的迭代格式为

$$\chi_{n+1}=\chi_n-f(\chi_n)/f'(\chi_n)$$

式中:$f'(\chi_n)$ 表示在点 χ_n 处对变位系数 χ_1 的一阶导数为

$$-2\left[z_1^2(D_1+2\chi_1)/E_1^2+z_2^2(C_1-2\chi_1)/E_2^3\right]\tan\alpha'\cos\alpha$$

用牛顿迭代法求得 χ_1 之后,则

$$\chi_2=\chi_\Sigma-\chi_1$$

4. 案例 30 内容

一对啮合齿轮齿数 $z_1=16$,齿数 $z_2=45$,模数 $m=3$ mm,分度圆上的压力角 $\alpha=20°$,齿顶高系数 $h_a^*=1$,齿顶隙系数 $c^*=0.25$,中心距 $a_1=95.721$。试根据两齿轮最大滑动系数相等的要求选择变位系数。

5. App 窗口设计

圆柱齿轮啮合变位系数设计 App 窗口,如图 4.1.2 所示。

图 4.1.2　圆柱齿轮啮合变位系数设计 App 窗口

6. App 窗口程序设计(程序 lu_exam_30)

(1) 私有属性创建

```
properties (Access = private)
  %私有属性
  m;                                             %m:模数
  a1;                                            %a1:变位中心距
  z1;                                            %z1:齿数
  z2;                                            %z2:齿数
  ha;                                            %ha:齿顶高系数
  c;                                             %c:顶隙系数
end
```

(2)【设计结果】回调函数

```
function LiLunJiSuan(app, event)
  %App 界面已知数据读入
  m = app.mEditField.Value;                      %【m-模数】
  app.m = m;                                     %m 私有属性值
  ha = app.haEditField.Value;                    %【ha-齿顶高系数】
  app.ha = ha;                                   %ha 私有属性值
  c = app.cEditField.Value;                      %【c-顶隙系数】
  app.c = c;                                     %c 私有属性值
  z1 = app.Z1EditField.Value;                    %【Z1-齿数】
  app.z1 = z1;                                   %z1 私有属性值
  z2 = app.Z2EditField.Value;                    %【Z2-齿数】
  app.z2 = z2;                                   %z2 私有属性值
  a1 = app.a1EditField.Value;                    %【a1-变位中心距】
  app.a1 = a1;                                   %a1 私有属性值
  %设计计算
  a = 0.5 * m * (z1 + z2);                       %a:标准中心距
  w1 = acos(a * cos(20 * pi/180)/a1);            %w1:啮合角
```

```
    % 两齿轮变位系数之和,见式(4-1-11)
    xx = (z1 + z2) * (tan(w1) - w1 - tan(20 * pi/180) + 20 * pi/180)/(2 * tan(20 * pi/180));
    x1 = 0.5;                                                        % x1:变位系数初选值
    % 见式(4-1-14)
    for i = 1:100
    c1 = 2 * ha + (z1 + z2) * cos(20 * pi/180)/cos(w1) - z1;
    D1 = c1 + z1 - z2 - 2 * (xx);
    E1 = ((D1 + 2 * x1)^2 - (z1 * cos(20 * pi/180))^2)^0.5;
    E2 = ((c1 - 2 * x1)^2 - (z2 * cos(20 * pi/180))^2)^0.5;
    f = (z1^2/E1 - z2^2/E2) * tan(w1) * cos(20 * pi/180) + z2 - z1;   % 超越方程,见式(4-1-15)
    % 变位系数一阶导数,见式(4-1-16)
    ff =- 12 * ((z1)^2 * (D1 + 2 * x1)/(E1)^2 + (z2)^2 * (c1 - 2 * x1)/(E2)^3) * tan(w1) * cos(20 * pi/180);
    x1 = (x1 - f/ff);
    t = (x1 - f/ff);
    w = abs(x1 - t);                                                 % 前后两次迭代之差绝对值
    if w < 0.001                                                     % 迭代之差绝对值小于允许误差
    end
    end
    x1 = real(t);                                                    % x1:变位系数
    x2 = real(xx - x1);                                              % x2:变位系数
    % 设计结果分别写入 App 界面对应的显示框中
    app.aEditField.Value = a;                                        %【a - 标准中心距】
    app.x1Z1EditField.Value = x1;                                    %【x1 - Z1 变位系数】
    app.x2Z2EditField.Value = x2;                                    %【x2 - Z2 变位系数】
end
```

(3)【结束程序】回调函数

```
function JieSuChengXu(app, event)
    % App 界面信息提示对话框
    sel = questdlg('确认关闭应用程序?','关闭确认,','Yes','No','No');
    switch sel
    case'Yes'
    delete(app);                                                      % 关闭本 App 窗口
    case'No'
    end
end
```

4.2 直齿圆柱齿轮传动齿面接触应力设计

4.2.1 齿轮传动齿面接触应力设计理论

在一个齿轮轮齿上承受垂直静(不变)传输载荷 F_t 的齿轮,接触应力由下式确定:

$$\sigma_c = Z_E \sqrt{\frac{K_v K_H F_t}{d_w b Z_I}} \tag{4-2-1}$$

式中:Z_I 是抗点蚀的几何系数;d_w 为小齿轮(齿轮 1)的节圆直径,$d_w = 2R_{P_1}$;Z_E 是弹性系数。

弹性系数的计算公式为

$$\frac{1}{Z_E} = \sqrt{\pi\left(\frac{1-v_1^2}{E_1} + \frac{1-v_2^2}{E_2}\right)} \tag{4-2-2}$$

式中：v_1 和 v_2 分别是小齿轮和大齿轮的泊松比；E_1 和 E_2 分别是小齿轮和大齿轮的弹性模量；Z_E 为钢材料弹性系数，$Z_E=190(\text{N/mm}^2)^{1/2}$。

抗点蚀几何系数计算公式为

$$Z_\text{I}=\frac{\rho 1\rho_2\cot\varphi}{Cd_\text{p}} \tag{4-2-3}$$

$$\rho_1=\sqrt{R_{\text{T}_1}^2-R_{\text{b}_1}^2}-m\pi\cos\varphi_\text{s} \tag{4-2-4}$$

$$\rho_2=(R_{\text{b}_1}+R_{\text{b}_2})\tan\varphi-\rho_1 \tag{4-2-5}$$

式中：小齿轮分度圆直径 $d_\text{p}=N_1m$。

接触许用应力 σ_H 计算公式为

$$\sigma_\text{H}=\frac{\sigma_\text{HP}Z_\text{N}Z_\text{w}}{F_\text{SC}Y_\text{Z}} \tag{4-2-6}$$

式中：F_SC 是点蚀的安全系数；Y_Z 是可靠性系数；Z_N 是抗点蚀应力循环系数；σ_HP 是点蚀许用应力值；Z_w 是抗点蚀的硬度比列系数。式(4-2-6)适用于油和齿轮的温度低于 120°情况。

完全硬钢(二级钢)齿轮的抗点蚀允许的接触应力值由下式估算：

$$\sigma_\text{HP}=2.41B_\text{H}+237 \tag{4-2-7}$$

完全硬钢(一级钢)齿轮的抗点蚀允许的接触应力值由下式估算：

$$\sigma_\text{HP}=2.22B_\text{H}+200 \tag{4-2-8}$$

抗点蚀应力循环系数由下式给出(n_L 是单向载荷循环次数)：

$$Z_\text{N}=1.472\,3\quad n_\text{L}<10^4$$

$$Z_\text{N}=2.466n_\text{L}^{-0.056}\quad n_\text{L}\geqslant 10^4$$

完全硬钢齿轮驱动的小齿轮表面抗点蚀硬度比系数由下式估算：

$$Z_\text{w}=1+0.000\,75\text{e}^{-0.448R_\text{Z}}(450-B_{\text{H}_1})\quad R_\text{Z}\leqslant 1.6 \tag{4-2-9}$$

$$Z_\text{w}=1\quad R_\text{Z}>1.6 \tag{4-2-10}$$

式中：R_Z 是小齿轮表面粗糙度；B_{H_1} 是齿轮的布氏硬度，范围是 $180\leqslant B_{\text{H}_1}\leqslant 400$。

4.2.2　案例 31：齿轮传动齿面接触应力 App 设计

1. 案例 31 内容

已知一对钢齿轮啮合几何参数分别为 $m=10$ mm，$R_{\text{T}_1}=153.9$ mm，$\varphi_\text{s}=20°$，$N_1=28$，$N_2=75$，$b=45$ mm，$n_1=1\,800$ r/min，$C=525$ mm，$B_\text{H}=260$，$T=2\,500$ N·m。假设安全系数是 1.2，齿轮单向载荷循环次数为 4×10^8，二级钢，小齿轮表面粗糙度为 1.1 μm，齿轮质量系数 $Q_\text{v}=8$，运行在闭式齿轮箱中，期望的失效率低于 1%，这时 $Y_\text{Z}=1.0$。试确定工作接触应力和许用接触应力。

2. App 窗口设计

直齿圆柱齿轮接触应力设计 App 窗口，如图 4.2.1 所示。

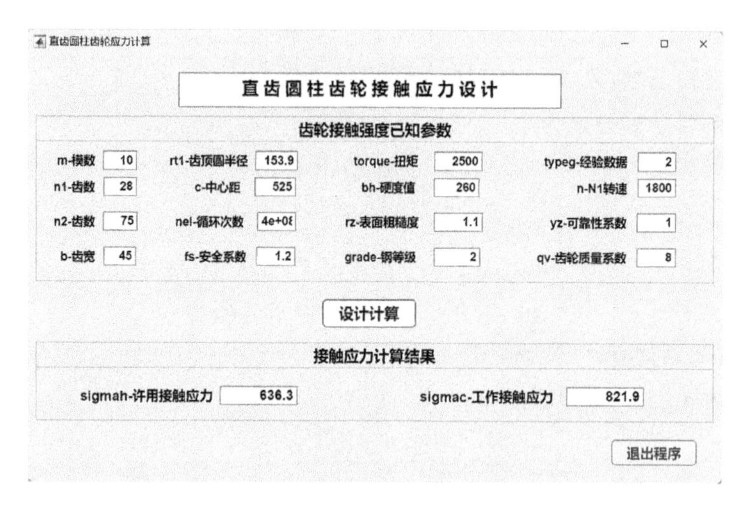

图 4.2.1　直齿圆柱齿轮接触应力设计 App 窗口

3. App 窗口程序设计(程序 lu_exam_31)

(1) 私有属性创建

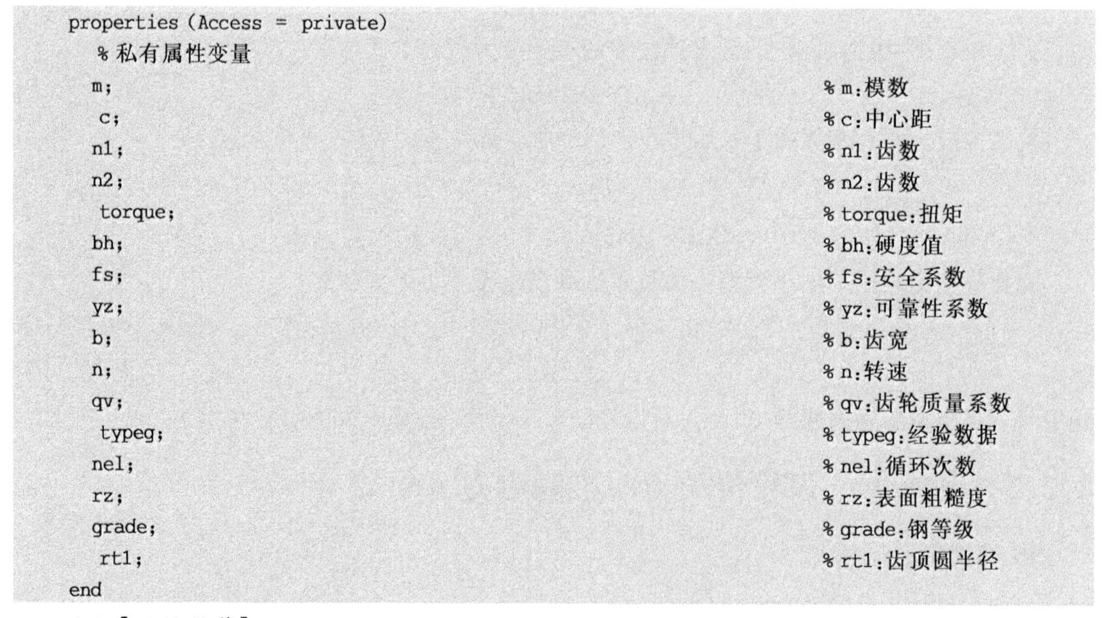

```
properties (Access = private)
   % 私有属性变量
   m;                                                    % m:模数
   c;                                                    % c:中心距
   n1;                                                   % n1:齿数
   n2;                                                   % n2:齿数
   torque;                                               % torque:扭矩
   bh;                                                   % bh:硬度值
   fs;                                                   % fs:安全系数
   yz;                                                   % yz:可靠性系数
   b;                                                    % b:齿宽
   n;                                                    % n:转速
   qv;                                                   % qv:齿轮质量系数
   typeg;                                                % typeg:经验数据
   nel;                                                  % nel:循环次数
   rz;                                                   % rz:表面粗糙度
   grade;                                                % grade:钢等级
   rt1;                                                  % rt1:齿顶圆半径
end
```

(2)【设计计算】回调函数

```
function LiLunJiSuan(app, event)
   % App 界面已知数据读入
   app.m = app.mEditField.Value;                         %【m - 模数】
   m = app.m;                                            % m 私有属性值
   app.n1 = app.n1EditField.Value;                       %【n1 - 齿数】
   n1 = app.n1;                                          % n1 私有属性值
   app.n2 = app.n2EditField.Value;                       %【n2 - 齿数】
   n2 = app.n2;                                          % n2 私有属性值
   app.b = app.bEditField.Value;                         %【b - 齿宽】
   b = app.b;                                            % b 私有属性值
   rt1 = app.rt1EditField.Value;                         %【rt1 - 齿顶圆半径】
```

```
app.rt1 = rt1;                                          % rt1 私有属性值
app.c = app.cEditField.Value;                           %【c - 中心距】
c = app.c;                                              % c 私有属性值
app.nel = app.nelEditField.Value;                       %【nel - 循环次数】
nel = app.nel;                                          % nel 私有属性值
app.fs = app.fsEditField.Value;                         %【fs - 安全系数】
fs = app.fs;                                            % fs 私有属性值
app.torque = app.torqueEditField.Value;                 %【torque - 扭矩】
torque = app.torque;                                    % torque 私有属性值
app.bh = app.bhEditField.Value;                         %【bh - 硬度值】
bh = app.bh;                                            % bh 私有属性值
app.rz = app.rzEditField.Value;                         %【rz - 表面粗糙度】
rz = app.rz;                                            % rz 私有属性值
app.grade = app.gradeEditField.Value;                   %【grade - 钢等级】
grade = app.grade;                                      % grade 私有属性值
app.typeg = app.typegEditField.Value;                   %【typeg - 经验数据】
typeg = app.typeg;                                      % typeg 私有属性值
app.n = app.nN1EditField.Value;                         %【n - N1 转速】
n = app.n;                                              % n 私有属性值
app.yz = app.yzEditField_2.Value;                       %【yz - 可靠性系数】
yz = app.yz;                                            % yz 私有属性值
 app.qv = app.qvEditField.Value;                        %【qv - 齿轮质量系数】
qv = app.qv;                                            % qv 私有属性值
 % 设计计算
ze = 190;                                               % ze:轮齿弹性系数
phis = 20;                                              % phis:齿轮压力角
rp = c/(1 + n2/n1);                                     % rp:工作节圆半径
app.rp = rp;                                            % rp:私有属性值
ft = 1000 * torque/rp;                                  % ft:齿轮切向载荷
 % 判断设计速度
vt  =  2 * pi * rp * n/60000;                           % vt:齿轮节圆线速度
B  =  0.25 * (12 - qv)^(2/3);                           % B:与动载有关系数
A  =  50 + 56 * (1 - B);                                % A:与动载有关系数
vtmax  =  (A + qv - 3)^2/200;                           % vtmax:最大线速度
if vt > vtmax                                           % 判断速度
 % App 界面信息提示对话框
h = msgbox('最大速度超过了给定的 Qv','设计提醒');
end
kv  =  ((A + sqrt(200 * vt))/A)^B;                      % kv:动载系数
 % 调用私有函数 GearContactStress
[zi sigmah kh]  =  GearContactStress;
sigmac = ze * sqrt(kv * kh * ft/(2 * rp)/b/zi);         % sigmac:工作接触应力
 % 设计结果分别写入 App 界面对应显示框中
app.sigmahEditField.Value = sigmah;                     %【sigmah - 许用接触应力】
app.sigmacEditField.Value = sigmac;                     %【sigmac - 工作接触应力】
 % 私有函数 - GearContactStress,齿轮接触应力计算
function [zi, sigmah, kh]  =  GearContactStress
zi = Gearpitzofi;                                       % 调私有函数 Gearpitzofi
sigmah = Gearpitpermstress;                             % 调私有函数 Gearpitpermstress
kh = GearKofH;                                          % 调私有函数 GearKofH
end
 % 私有函数函数 - Gearpitzofi,抗点蚀几何系数 z_i
```

```
function zi = Gearpitzofi
rt1 = app.rt1;                                                    % rt1 私有属性值
n1 = app.n1;                                                      % n1 私有属性值
n2 = app.n2;                                                      % n2 私有属性值
m = app.m;                                                        % m 私有属性值
phis = 20;                                                        % phis:压力角
c = app.c;                                                        % c 私有属性值
rb1 = 0.5 * n1 * m * cos(phis);                                   % rb1:n1 基圆半径
rb2 = 0.5 * n2 * m * cos(phis);                                   % rb2:n2 基圆半径
phi = acos((rb1 + rb2)/c);                                        % phi:工作压力角
rho1 = sqrt(rt1^2 - rb1^2) - pi * m * cos(phis);                  % 见式(4-2-4)中 ρ1
rho2 = (rb1 + rb2) * tan(phi) - rho1;                             % 见式(4-2-5)中 ρ2
zi = rho1 * rho2 * cot(phi)/c/(n1 * m);                           % 见式(4-2-3)中 Z1
end
 % 私有函数函数 - Gearpitpermstress,许用接触应力 sigmah
function sh = Gearpitpermstress
fs = app.fs;                                                      % fs 私有属性值
grade = app.grade;                                                % grade 私有属性值
nel = app.nel;                                                    % nel 私有属性值
rz = app.rz;                                                      % rz 私有属性值
bh = app.bh;                                                      % bh 私有属性值
yz = app.yz;                                                      % yz 私有属性值
if grade == 2                                                     % 判断钢等级
shp = 2.41 * bh + 237;                                            % 见式(4-2-7)中 σHP
else
shp = 2.22 * bh + 200;                                            % 见式(4-2-8)中 σHP
end
if nel <10000                                                     % 判断循环次数
zn = 1.4723;                                                      % zn:抗点蚀循环次数
else
zn = 2.466 * nel^( - 0.056);                                      % zn:抗点蚀循环次数
end
if rz >1.6
zw = 1;
else
zw = 1 + 0.00075 * exp( - 0.448 * rz) * (450 - bh);               % zw:小齿轮抗点蚀硬度比系数
end
sh = shp * zn * zw/fs/yz;                                         % sh:许用接触应力
end
 % 私有函数 - GearKofH,载荷分布系数 Kh
function Kh  =  GearKofH
rp = app.rp;                                                      % rp 私有属性值
n = app.n;                                                        % n 私有属性值
qv = app.qv;                                                      % qv 私有属性值
b = app.b;                                                        % b 私有属性值
typeg = app.typeg;                                                % typeg 私有属性值
class  =  [0.247 0.127 0.0675 0.0380; ...
          0.657e-3 0.622e-3 0.504e-3 0.402e-3;...
          1.186e-7  -1.69e-7  -1.44e-7  -1.27e-7];
Khma  =  class(1, typeg) + class(2, typeg) * b + class(3, typeg) * b^2;   % Khma:啮合补偿系数
ko  =  0.05 * b/rp;                                                       % ko:中间变量
 if ko <0.05
```

```
    ko = 0.05;
     end
     % 载荷分布系数由齿宽 b 决定
     if b <= 25
     Khpf = ko - 0.025;                                      % Khpf:小齿轮比例系数
     elseif b <= 432
     Khpf = ko - 0.0375 + 0.000492 * b;                      % Khpf:小齿轮比例系数
     else
     Khpf = ko - 0.1109 + 0.000815 * b - 0.353e - 6 * b^2;   % Khpf:小齿轮比例系数
     end
     Kh = 1 + Khpf + Khma;                                   % Khpf:载荷分布系数
     end
end
```

(3)【退出程序】回调函数

```
function TuiChu(app, event)
     % App 界面信息提示对话框
     sel = questdlg('确认关闭应用程序？','关闭确认,','Yes','No','No');
     switch sel
     case'Yes'
     delete(app);                                              % 关闭本 App 窗口
     case'No'
     end
end
```

4.3　单级圆柱齿轮减速器优化设计

4.3.1　单级圆柱齿轮减速器优化设计方法

齿轮减速器的优化设计一般是在给定传递功率 P、传动比 i、输入转速 n_1 以及其他技术条件和要求下，找出一组使减速器的某项经济技术指标达到最优的设计参数。例如以体积最小或质量最轻、以中心距最小、以传动功率最大、以工作寿命最长、以振动最小、以启动功率最小等指标为优化目标建立目标函数。在优化设计中，设计变量一般选用齿轮传动的基本几何参数或性能参数，例如齿数、模数、齿宽系数、传动比、螺旋角、变位系数和中心距分离系数等。

4.3.2　案例 32：单级圆柱齿轮减速器体积最小优化 App 设计

1. 案例 32 内容

以单级齿轮减速器体积最小为优化目标，齿轮减速器的体积主要是取决于内部零件（两个齿轮 d_1、d_2 和两根轴长 l_1、l_2）的尺寸，在齿轮和轴的结构尺寸确定之后，箱体的尺寸将随之确定，因此将两个齿轮和两根轴的总体积达到最小作为优化目标。

该问题中有以下 7 个设计变量：

x_1 表示齿宽；x_2 表示模数；x_3 表示 z_1 齿数；x_4 表示齿轮 z_1 的两端轴承间距离；x_5 表示齿轮 z_2 的两端轴承间距离；x_6 表示轴 d_1 的直径；x_7 表示轴 d_2 的直径，矢量表示如下：

$$\boldsymbol{x}=[x_1,\ x_2,\ x_3,\ x_4,\ x_5,\ x_6,\ x_7]^{\mathrm{T}} \tag{4-3-1}$$

7 个变量的上、下限约束值分别为

$2.6 \leqslant x_1 \leqslant 3.6$　（齿宽范围）

$2.0 \leqslant x_2 \leqslant 4.0$　（模数范围）

$17 \leqslant x_3 \leqslant 28$　（z_1 齿数）

$7.3 \leqslant x_4 \leqslant 8.3$　（齿轮 z_1 的两端轴承间距离）

$7.3 \leqslant x_5 \leqslant 8.3$　（齿轮 z_2 的两端轴承间距离）

$2.9 \leqslant x_6 \leqslant 3.9$　（轴 d_1 的直径）

$5.0 \leqslant x_7 \leqslant 5.5$　（轴 d_2 的直径）

(1) 建立目标函数

两个齿轮和两根轴的总体积 V 为

$$V = V_{g1} + V_{g2} + V_{s1} + V_{s2} \tag{4-3-2}$$

式中：V_{g1} 为齿轮 z_1 的体积；V_{g2} 为齿轮 z_2 的体积；V_{s1} 为轴 l_1 的体积；V_{s2} 为轴 l_2 的体积。

与 7 个设计变量有关的总体积计算结果如下：

$$V = 0.7854x_1x_2^2(3.3333x_3^2 + 14.933x_3 - 43.0934) - 1.508x_1(x_6^2 + x_7^2) + 7.477(x_6^3 + x_7^3) + 0.7854(x_4x_6^2 + x_5x_7^2) \tag{4-3-3}$$

设计目标最优解如下：

$$\min f(x) = 0.7854x_1x_2^2(3.3333x_3^2 + 14.933x_3 - 43.0934) - 1.508x_1(x_6^2 + x_7^2) + 7.477(x_6^3 + x_7^3) + 0.7854(x_4x_6^2 + x_5x_7^2) \tag{4-3-4}$$

(2) 确定约束条件

上述设计问题的约束条件如下：

① 齿轮的弯曲应力约束 g_1

$$\frac{1}{x_1x_2^2} - \frac{1}{27} \leqslant 0 \tag{4-3-5}$$

② 齿轮的接触应力约束 g_2

$$\frac{1}{x_1x_2^2x_3^2} - \frac{1}{397.5} \leqslant 0 \tag{4-3-6}$$

③ 轴 l_1 的偏差约束 g_3

$$\frac{x_4^3}{x_2x_3x_6^4} - \frac{1}{1.93} \leqslant 0 \tag{4-3-7}$$

④ 轴 l_2 的偏差约束 g_4

$$\frac{x_5^3}{x_2x_3x_7^4} - \frac{1}{1.93} \leqslant 0 \tag{4-3-8}$$

⑤ 轴 l_1 的应力约束 g_5

$$\frac{1}{0.1x_6^3}\sqrt{\left(\frac{745x_4}{x_2x_3}\right)^2 + 16.9 \times 10^6} - 1100 \leqslant 0 \tag{4-3-9}$$

⑥ 轴 l_2 的应力约束 g_6

$$\frac{1}{0.1x_7^3}\sqrt{\left(\frac{745x_5}{x_2x_3}\right)^2 + 157.5 \times 10^6} - 850 \leqslant 0 \tag{4-3-10}$$

⑦ 间隔限制约束分别为

$$g_7:\ x_2x_3 - 40 \leqslant 0 \tag{4-3-11}$$

$$g_8: 5x_2 - x_1 \leqslant 0 \tag{4-3-12}$$

$$g_9: x_1 - 12x_2 \leqslant 0 \tag{4-3-13}$$

⑧ 轴规格约束分别为

$$g_{10}: 1.9 - x_4 + 1.5x_6 \leqslant 0 \tag{4-3-14}$$

$$g_{11}: 1.9 - x_5 + 1.1x_7 \leqslant 0 \tag{4-3-15}$$

以上约束条件中：$g_1 \sim g_7$ 为非线性不等式约束条件；$g_8 \sim g_{11}$ 为线性不等式约束。由线性不等式约束条件可得：

$$\boldsymbol{A} = \begin{bmatrix} -1 & 5 & 0 & 0 & 0 & 0 & 0 \\ 1 & -12 & 0 & 0 & 0 & 0 & 0 \\ 0 & 0 & 0 & -1 & 0 & 1.5 & 0 \\ 0 & 0 & 0 & 0 & -1 & 0 & 1.1 \end{bmatrix} \tag{4-3-16}$$

$$\boldsymbol{b} = [0 \quad 0 \quad -1.9 \quad -1.9]^{\mathrm{T}} \tag{4-3-17}$$

2. App 窗口设计

单级圆柱齿轮减速器优化设计 App 窗口，如图 4.3.1 所示。

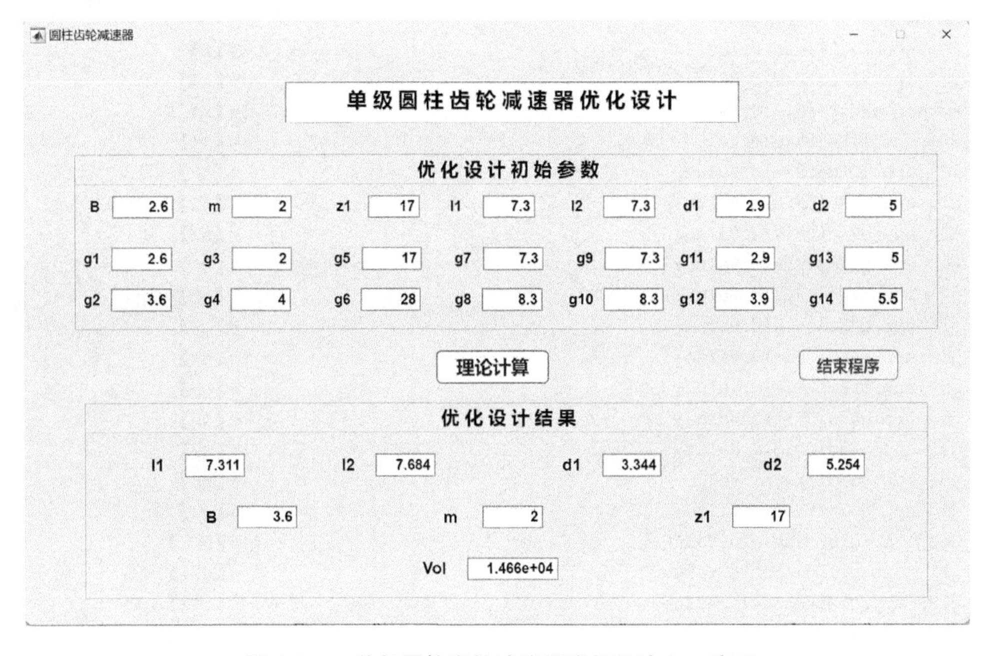

图 4.3.1　单级圆柱齿轮减速器优化设计 App 窗口

3. App 窗口程序设计（程序 lu_exam_32）

(1) 私有属性创建

```
properties (Access = private)
  %私有属性
  B;                                              %B:齿宽
  m;                                              %m:模数
  z1;                                             %z1:齿数
  l1;                                             %l1:轴承 1 两端距离
  l2;                                             %l2:轴承 1 两端距离
  d1;                                             %d1:轴 1 直径
```

```
    d2;                                                    % d2:轴 2 直径
    g1;                                                    % g1:齿宽约束条件
    g2;                                                    % g2:齿宽约束条件
    g3;                                                    % g3:模数约束条件
    g4;                                                    % g4:模数约束条件
    g5;                                                    % g5:齿数约束条件
    g6;                                                    % g6:齿数约束条件
    g7;                                                    % g7:l1 约束条件
    g8;                                                    % g8:l1 约束条件
    g9;                                                    % g9:l2 约束条件
    g10;                                                   % g10:l2 约束条件
    g11;                                                   % g11:d1 约束条件
    g12;                                                   % g12:d1 约束条件
    g13;                                                   % g13:d2 约束条件
    g14;                                                   % g14:d2 约束条件
end
```

(2)【理论计算】回调函数

```
function LiLunJiSuan(app, event)
    % App 界面已知数据读入
    B = app.BEditField.Value;                              %【B】
    z1 = app.z1EditField_3.Value;                          %【z1】
    m = app.mEditField_3.Value;                            %【m】
    l1 = app.l1EditField.Value;                            %【l1】
    l2 = app.l2EditField.Value;                            %【l2】
    d1 = app.d1EditField.Value;                            %【d1】
    d2 = app.d2EditField.Value;                            %【d2】
    g1 = app.g1EditField.Value;                            %【g1】
    g2 = app.g2EditField.Value;                            %【g2】
    g3 = app.g3EditField.Value;                            %【g3】
    g4 = app.g4EditField.Value;                            %【g4】
    g5 = app.g5EditField.Value;                            %【g5】
    g6 = app.g6EditField.Value;                            %【g6】
    g7 = app.g7EditField.Value;                            %【g7】
    g8 = app.g8EditField.Value;                            %【g8】
    g9 = app.g9EditField.Value;                            %【g9】
    g10 = app.g10EditField.Value;                          %【g10】
    g11 = app.g11EditField.Value;                          %【g11】
    g12 = app.g12EditField.Value;                          %【g12】
    g13 = app.g13EditField.Value;                          %【g13】
    g14 = app.g14EditField.Value;                          %【g14】
    % 设计计算
    x0 = [B;z1;m;l1;l2;d1;d2];                             % x0:给定初始值
    lb = [g1;g3;g5;g7;g9;g11;g13];                         % lb:约束下限数组
    ub = [g2;g4;g6;g8;g10;g12;g14];                        % ub:约束上限数组
    % 线性不等式约束条件矩阵,见式(4-3-16)
    A = zeros(4,7);
    A(1,1) =- 11;
    A(1,2) = 5;
    A(2,1) = 1;
    A(2,2) =- 112;
    A(3,4) =- 11;
    A(3,6) = 1.5;
```

```
    A(4,5) =- 11;
    A(4,7) = 1.1;
    b = [0 0 - 1.9 - 1.9]';
    % 优化函数 fmincon 调私有函数 GearObjFunct 和 GearNonLinConstr 求最优解
    [x,f] = fmincon(@GearObjFunct,x0,A,b,[],[],lb,ub,@GearNonLinConstr);
    % 私有函数 GearObjFunct,优化计算目标函数
    function f = GearObjFunct(x)
    f = 0.7854 * x(1) * x(2)^2 * (3.3333 * x(3)^2 + 14.9334 * x(3) - 43.0934) - 1.508 * x(1) * ...
    end
    % 私有函数 GearNonLinConstr,非线性不等式约束条件矩阵
    function[C,Ceq] = GearNonLinConstr(x)
    C(1) = 1/(x(1) * x(2)^2 * x(3)) - 1/27;
    C(2) = 1/(x(1) * x(2)^2 * x(3)^2) - 1/397.5;
    C(3) = x(4)^3/(x(2) * x(3) * x(6)^4) - 1/1.93;
    C(4) = x(5)^3/(x(2) * x(3) * x(7)^4) - 1/1.93;
    C(5) = sqrt((745 * x(4)/(x(2) * x(3)))^2 + 16.9 * 10^6)/(0.1 * x(6)^3) - 1100;
    C(6) = sqrt((745 * x(5)/(x(2) * x(3)))^2 + 157.5 * 10^6)/(0.1 * x(7)^3) - 850;
    C(7) = x(2) * x(3) - 40;
    Ceq = [];
    end
    % 设计结果分别写入 App 界面对应的显示框中
    app.BEditField_2.Value = x(1);                                      %【B】
    app.mEditField_4.Value = x(2);                                      %【m】
    app.z1EditField_4.Value = x(3);                                     %【z1】
    app.l1EditField_2.Value = x(4);                                     %【l1】
    app.l2EditField_2.Value = x(5);                                     %【l2】
    app.d1EditField_2.Value = x(6);                                     %【d1】
    app.d2EditField_2.Value = x(7);                                     %【d2】
    app.VolEditField.Value = f;                                         %【Vol】
end
```

(3)【结束程序】回调函数

```
function TuiChu(app, event)
    % App 界面信息提示对话框
    sel = questdlg('确认关闭应用程序？','关闭确认,','Yes','No','No');
    switch sel
    case'Yes'
    delete(app);                                                        % 关闭本 App 窗口
    case'No'
    end
end
```

4.4　二级圆柱齿轮减速器优化设计

4.4.1　二级圆柱齿轮减速器优化设计方法

二级斜齿圆柱齿轮减速器的结构如图 4.4.1 所示。要求在保证承载能力的条件下按照总中心距最小条件进行优化设计。

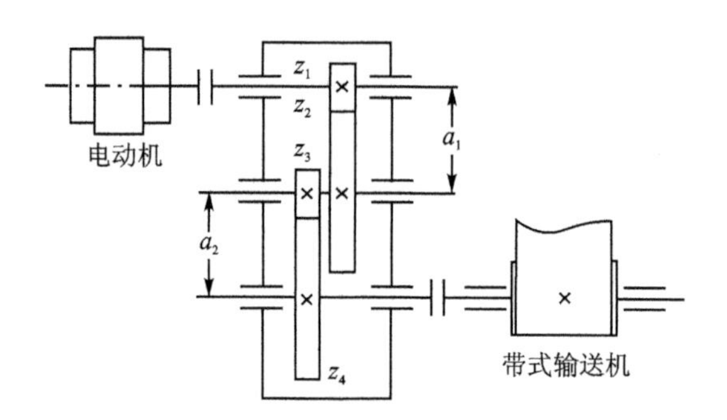

图 4.4.1　二级斜齿圆柱齿轮减速器的结构

1. 减速器的总中心距

$$a_{\Sigma} = a_1 + a_2 = \frac{m_{n1} z_1 (1 + i_1) + m_{n2} z_3 (1 + i_2)}{2\cos \beta} \tag{4-4-1}$$

式中：m_{n1}、m_{n2} 分别为高速级和低速级齿轮副的法向模数；z_1、z_3 分别为高速级和低速级齿轮齿数；i_1、i_2 分别为高速级和低速级齿轮传动比；β 为齿轮副螺旋角。

2. 确定独立设计变量

根据减速器的总传动比 i，已知低速级传动比为 $i_2 = i/i_1$。因此，计算总中心距 a_{Σ} 的独立设计变量为 6 个：m_{n1}、m_{n2}、z_1、z_3、i、β。

3. 确定约束条件

① 根据齿轮齿面接触疲劳强度条件 $d_1 \geqslant A_d \sqrt[3]{\dfrac{KT_1(u \pm 1)}{\psi_d u [\sigma_H]^2}}$（其中：齿数比等于传动比即 $u = i$，“+”用于外啮合，“−”用于内啮合），得到高速级和低速级的齿面接触疲劳强度约束条件如下：

$$\begin{cases} KT_1 A_d^3 (1 + i_1) \cos^3 \beta - \psi_d [\sigma_H]^2 m_{n1}^3 z_1^3 i_1 \leqslant 0 \\ KT_2 A_d^3 (1 + i_1) \cos^3 \beta - \psi_d [\sigma_H]^2 i m_{n2}^3 z_3^3 \leqslant 0 \end{cases} \tag{4-4-2}$$

② 根据齿轮齿根弯曲疲劳强度条件 $m_n \geqslant A_m \sqrt[3]{\dfrac{KT_1 Y_{FS}}{\psi_d z_1^2 [\sigma_F]}}$，得到高速级和低速级的齿根弯曲疲劳强度约束条件如下：

$$\begin{cases} KT_1 A_m^3 Y_{FS1} - \psi_d [\sigma_F] m_{n1}^3 z_1^2 \leqslant 0 \\ KT_2 A_m^3 Y_{FS2} - \psi_d [\sigma_F] m_{n2}^3 z_3^2 \leqslant 0 \end{cases} \tag{4-4-3}$$

③ 高速级和低速级齿轮副传递的转矩如下：

$$\begin{cases} T_1 = 9\ 550 \dfrac{P_1}{n_1} \\ T_2 = 9\ 550 \dfrac{\eta i_1 P_1}{n_1} \end{cases} \tag{4-4-4}$$

式中：高速级和低速级之间传递效率 $\eta \approx 0.95$（包括圆柱齿轮传动、滚动轴承和联轴器等效率）。

④ 复合齿形系数与当量齿数关系的拟合公式如下：

$$Y_{FS} = \frac{z_v}{a z_v - b} = \frac{z}{a z - b\cos^3 \beta} \tag{4-4-5}$$

式中：常数 $a=0.269\ 118$，$b=0.840\ 687$；斜齿轮的当量齿数 $z_v=z/\cos^3\beta$。

对于两级圆柱齿轮减速器，齿轮相对于轴承的非对称布置，载荷变动小，硬齿面齿轮传动推荐的齿宽系数 $\psi_d=0.3\sim0.6$，直齿轮取较小值，斜齿轮取较大值。

⑤ 为避免高速级大齿轮与低速轴发生干涉的几何约束条件如下：

$$E+r_{a2}-a_2\leqslant 0 \tag{4-4-6}$$

式中：E 为低速级轴线与高速级大齿轮齿顶圆之间的距离，根据经验 $E\geqslant 50$ mm 高速级大齿轮的齿顶圆半径为

$$r_{a2}=\frac{m_{n1}z_2}{2\cos\beta}+h_{an}^*m_{n1} \tag{4-4-7}$$

正常齿的法面齿高系数 $h_{an}^*=1.0$；低速级齿轮副中心距如下：

$$a_2=\frac{m_{n2}(z_3+z_4)}{2\cos\beta}=\frac{m_{n2}z_3(i_1+i)}{2i_1\cos\beta} \tag{4-4-8}$$

因而得

$$m_{n1}z_1i_1^2+2(E+m_{n1})i_1\cos\beta-m_{n2}z_3(i_1+i)\leqslant 0 \tag{4-4-9}$$

4.4.2　案例 33：二级圆柱齿轮减速器中心距最小优化 App 设计

1. 案例 33 内容

二级斜齿圆柱齿轮的参数：高速级输入功率 $P_1=6.2$ kW，转速 $n_1=1\ 450$ r/min，总传动比 $i=31.5$，双向传动，齿轮宽度系数 $\psi_d=0.5$，载荷系数 $K=1.3$，齿轮材料采用 45 号钢表面淬火 45HRC。要求按照总中心距 a_Σ 最小来确定齿轮传动方案。

根据齿轮材料与热处理的规范要求，得到齿轮材料的接触疲劳极限 $\sigma_{\text{Hlim}}=1\ 150$ MPa，齿轮材料的弯曲疲劳极限 $\sigma_{\text{Flim}}=340$ MPa，齿面许用接触应力 $[\sigma_H]=0.9\sigma_{\text{Hlim}}=1\ 035$ MPa，齿根许用弯曲应力 $[\sigma_F]=\sigma_{\text{Flim}}=340$ MPa（双向传动）。

(1) 建立优化设计的数学模型

设计变量：将影响齿轮传动总中心距 a_Σ 的 6 个独立参数作为设计变量，即

$$\boldsymbol{x}=(m_{n1},\ m_{n2},\ z_1,\ z_3,\ i_1,\ \beta)^{\mathrm{T}}=(x_1,\ x_2,\ x_3,\ x_4,\ x_5,\ x_6)^{\mathrm{T}}$$

(2) 目标函数

根据式(4-4-1)可得减速器总中心距最小目标函数如下：

$$\min f(x)=\frac{x_1x_3(1+x_5)+x_2x_4(1+ix_5^{-1})}{2\cos x_6}$$

(3) 约束条件

① 根据式(4-4-2)可得齿面接触疲劳强度约束条件

$$g_1(x)=KT_1A_d^3(x_3+1)\cos^3x_6-\psi_d[\sigma_H]^2x_1^3x_3^3x_5\leqslant 0$$

$$g_2(x)=KT_2A_d^3(x_5+i)\cos^3x_6-\psi_d[\sigma_H]^2x_2^3x_4^3i\leqslant 0$$

② 根据式(4-4-3)和式(4-4-5)可得齿根弯曲疲劳强度约束条件

$$g_3(x)=KT_1A_m^3-\psi_d[\sigma_F]x_1^3x_3(ax_3-b\cos^3x_6)\leqslant 0$$

$$g_4(x)=KT_2A_m^3-\psi_d[\sigma_F]x_2^3x_4(ax_4-b\cos^3x_6)\leqslant 0$$

螺旋角 $\beta=8°\sim15°$，材料系数 $A_d=756$，$A_m=12.4$。

③ 根据式(4-4-9)可得高速级大齿轮与低速轴不发生干涉的几何条件

$$g_5(x)=x_1x_2x_5^2+2(E+x_1)x_5\cos x_6-x_2x_4(x_5+i)\leqslant 0$$

④ 边界约束条件

根据传递功率与转速估计高速级和低速级齿轮副模数的范围，综合考虑传动平稳、轴向力不能太大、轴齿轮的分度圆直径不能太小与两级传动的大齿轮浸油深度大致相近等因素，估计两级传动大齿轮的齿数范围、高速级传动比范围和齿轮副螺旋角范围等。

$$\begin{cases} g_6(x)=2-x_1\leqslant 0 & (\text{高速级齿轮副模数的下限}) \\ g_7(x)=x_1-5\leqslant 0 & (\text{高速级齿轮副模数的上限}) \\ g_8(x)=3.5-x_2\leqslant 0 & (\text{低速级齿轮副模数的下限}) \\ g_9(x)=x_2-6\leqslant 0 & (\text{低速级齿轮副模数的上限}) \\ g_{10}(x)=14-x_3\leqslant 0 & (\text{高速级小齿轮齿数的下限}) \\ g_{11}(x)=x_3-22\leqslant 0 & (\text{高速级小齿轮齿数的上限}) \\ g_{12}(x)=16-x_4\leqslant 0 & (\text{低速级小齿轮齿数的下限}) \\ g_{13}(x)=x_4-22\leqslant 0 & (\text{低速级小齿轮齿数的上限}) \\ g_{14}(x)=5.8-x_5\leqslant 0 & (\text{高速级传动比的下限}) \\ g_{15}(x)=x_5-7\leqslant 0 & (\text{高速级传动比的上限}) \\ g_{16}(x)=8-x_6\leqslant 0 & (\text{齿轮副螺旋角的下限}) \\ g_{17}(x)=x_6-15\leqslant 0 & (\text{齿轮副螺旋角的上限}) \end{cases}$$

2. App 窗口设计

二级圆柱齿轮减速器优化设计 App 窗口，如图 4.4.2 所示。

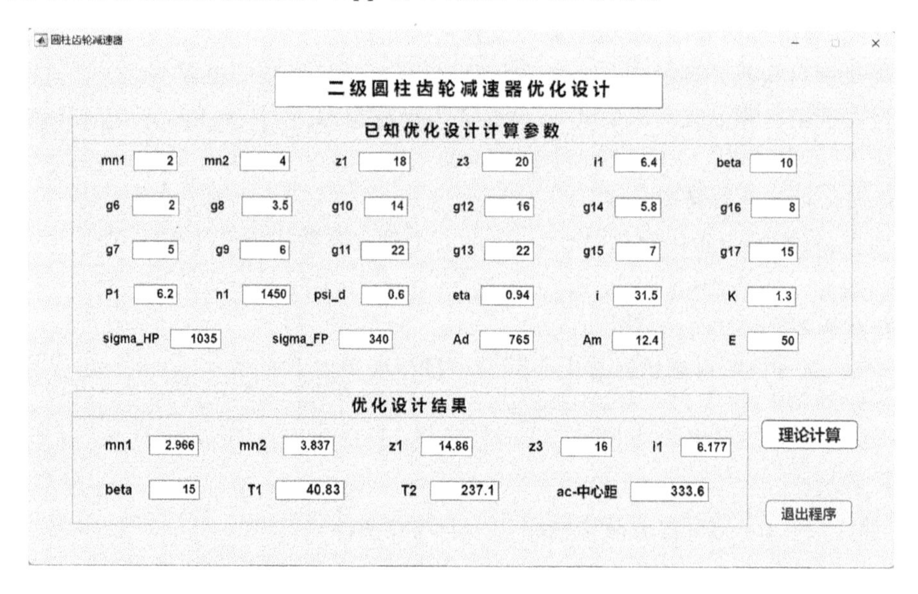

图 4.4.2　二级圆柱齿轮减速器优化设计 App 窗口

3. App 窗口程序设计(程序 lu_exam_33)

(1) 私有属性创建

```
properties (Access = private)
  %私有属性
  mn1;                                          % mn1:齿轮副高速级法向模数
  mn2;                                          % mn2:齿轮副低速级法向模数
```

```
    z1;                                                 % z1:齿轮副高速级齿轮齿数
    z3;                                                 % z3:齿轮副低速级齿轮齿数
    i1;                                                 % i1:齿轮副高速级传动比
    beta;                                               % beta:齿轮副螺旋角
    g6;                                                 % g6:高速级齿轮模数下限
    g7;                                                 % g7:高速级齿轮模数上限
    g8;                                                 % g8:低速级齿轮模数下限
    g9;                                                 % g9:低速级齿轮模数上限
    g10;                                                % g10:高速级小齿轮齿数下限
    g11;                                                % g11:高速级小齿轮齿数上限
    g12;                                                % g12:低速级小齿轮齿数下限
    g13;                                                % g13:低速级小齿轮齿数上限
    g14;                                                % g14:高速级传动比下限
    g15;                                                % g15:高速级传动比上限
    g16;                                                % g16:齿轮副螺旋角下限
    g17;                                                % g17:齿轮副螺旋角上限
    P1;                                                 % P1:输入功率
    n1;                                                 % n1:输入转速
    i;                                                  % i:总传动比
    psi_d;                                              % psi_d:齿宽系数
    sigma_HP;                                           % sigma_HP:齿面许用接触应力
    sigma_FP;                                           % sigma_FP:齿轮材料弯曲疲劳极限
    eta;                                                % eta:传动效率
    K;                                                  % K:载荷系数
    Ad;                                                 % Ad:材料系数
    Am;                                                 % Am:材料系数
    E;                                                  % E:经验数据,一般 E≥50 mm
    T1;                                                 % T1:高速级传动转矩
    T2;                                                 % T2:低速级传动转矩
end
```

(2)【理论计算】回调函数

```
function LiLunJiSuan(app, event)
    % App 界面已知数据读入
    mn1 = app.mn1EditField.Value;                      %【mn1】
    mn2 = app.mn2EditField.Value;                      %【mn2】
    z1 = app.z1EditField.Value;                        %【z1】
    z3 = app.z3EditField.Value;                        %【z3】
    i1 = app.i1EditField.Value;                        %【i1】
    beta = app.betaEditField.Value;                    %【beta】
    g6 = app.g6EditField.Value;                        %【g6】
    g7 = app.g7EditField_2.Value;                      %【g7】
    g8 = app.g8EditField_2.Value;                      %【g8】
    g9 = app.g9EditField_2.Value;                      %【g9】
    g10 = app.g10EditField_2.Value;                    %【g10】
    g11 = app.g11EditField_2.Value;                    %【g11】
    g12 = app.g12EditField.Value;                      %【g12】
    g13 = app.g13EditField.Value;                      %【g13】
    g14 = app.g14EditField.Value;                      %【g14】
    g15 = app.g15EditField.Value;                      %【g15】
    g16 = app.g16EditField.Value;                      %【g16】
    g17 = app.g17EditField.Value;                      %【g17】
     app.P1 = app.P1EditField.Value;                   %【P1】
```

```
app.n1 = app.n1EditField.Value;                                    %【n1】
app.psi_d = app.psi_dEditField.Value;                              %【psi_d】
app.sigma_HP = app.sigma_HPEditField.Value;                        %【sigma_HP】
app.sigma_FP = app.sigma_FPEditField.Value;                        %【sigma_FP】
app.eta = app.etaEditField.Value;                                  %【eat】
app.i = app.iEditField.Value;                                      %【i】
app.K = app.KEditField.Value;                                      %【K】
app.Ad = app.AdEditField.Value;                                    %【Ad】
app.Am = app.AmEditField.Value;                                    %【Am】
app.E = app.EEditField.Value;                                      %【E】
% 设计计算
x0 = [mn1;mn2;z1;z3;i1;beta];                                      % x0: 6 个设计变量初始值
%6 个设计变量的下界与上界
lb = [g6;g8;g10;g12;g14;g16];
ub = [g7;g9;g11;g13;g15;g17];
%线性不等式约束(g6(x) - g17(x))中设计变量的系数矩阵,见式(4-3-16)
a = zeros(12,6);
a(1,1) =- 11;a(2,1) = 1;
a(3,2) =- 11;a(4,2) = 1;
a(5,3) =- 11;a(6,3) = 1;
a(7,4) =- 11;a(8,4) = 1;
a(9,5) =- 11;a(10,5) = 1;
a(11,6) =- 11;a(12,6) = 1;
%线性不等式约束(g6(x) - g17(x))中的常数项列阵,见式(4-3-17)
b = [-g6;g7;-g8;g9;-g10;g11;-g12;g13;-g14;g15;-g16;g17];
%使用多维约束优化命令 fmincon 调用私有函数 jsqyh_g 和 jsqyh_f
[x,fn] = fmincon(@jsqyh_f,x0,a,b,[],[],lb,ub,@jsqyh_g);
%x:6 个设计变量
%fn:目标函数最优中心距
g = jsqyh_g(x);
T1 = app.T1;                                                       % T1 私有属性值
T2 = app.T2;                                                       % T2 私有属性值
%设计结果分别写入 App 界面对应的显示框中
app.mn1EditField_2.Value = x(1);                                   %【mn1】
app.mn2EditField_2.Value = x(2);                                   %【mn2】
app.z1EditField_2.Value = x(3);                                    %【z1】
app.z3EditField_2.Value = x(4);                                    %【z3】
app.i1EditField_2.Value = x(5);                                    %【i1】
app.betaEditField_2.Value = x(6);                                  %【beta】
app.acEditField.Value = fn;                                        %【ac】
app.T1EditField.Value = T1;                                        %【T1】
app.T2EditField.Value = T2;                                        %【T2】
%私有函数 jsqyh_f,目标函数总中心距
function f = jsqyh_f(x)
i = app.i;                                                         % i 私有属性值
hd = pi/180;                                                       % 角度:弧度系数
a1 = x(1) * x(3) * (1 + x(5));
a2 = x(2) * x(4) * (1 + i/x(5));
f = (a1 + a2)/2 * cos(x(6) * hd);                                  % 见式(4-4-1)
end
%私有函数 jsqyh_g ,非线性不等式约束函数
function [g,ceq] = jsqyh_g(x)
P1 = app.P1;                                                       % P1 私有属性值
```

```
    n1 = app.n1;                                             % n1 私有属性值
    i = app.i;                                               % i 私有属性值
    psi_d = app.psi_d;                                       % psi_d 私有属性值
    sigma_HP = app.sigma_HP;                                 % sigma_HP 私有属性值
    sigma_FP = app.sigma_FP;                                 % sigma_FP 私有属性值
    eta = app.eta;                                           % eta 私有属性值
    K = app.K;                                               % K 私有属性值
    Ad = app.Ad;                                             % Ad 私有属性值
    Am = app.Am;                                             % Am 私有属性值
    E = app.E;                                               % E 私有属性值
    hd = pi/180;                                             % 角度-弧度系数
    T1 = 9550 * P1/n1;                                       % T1:高速级齿轮副传递的转矩
    app.T1 = T1;                                             % T1 私有属性值
    T2 = 9550 * eta * x(5) * P1/n1;                          % T2:低速级齿轮副传递的转矩
    app.T2 = T2;                                             % T2 私有属性值
    ay = 0.269118;                                           % 见式(4-4-5)中 a
    by = 0.840687;                                           % 见式(4-4-5)中 b
    % 见 g1(x)～g5(x)计算公式
    g(1) = K * T1 * Ad^3 * (x(3) + 1) * cos(x(6) * hd)^3 - psi_d * sigma_HP^2 * x(1)^3 * x(3)^3 * x(5);
    g(2) = K * T2 * Ad^3 * (x(5) + i) * cos(x(6) * hd)^3 - psi_d * i * sigma_HP^2 * x(2)^3 * x(4)^3;
    g(3) = K * T1 * Am^3 - psi_d * sigma_FP * x(1)^3 * x(3) * (ay * x(3) - by * cos(x(6) * hd));
    g(4) = K * T2 * Am^3 - psi_d * sigma_FP * x(2)^3 * x(4) * (ay * x(3) - by * cos(x(6) * hd));
    g(5) = x(5) * (2 * (E + x(1)) * cos(x(6) * hd) + x(1) * x(3) * x(5)) - x(2) * x(4) * (i + x(5));
    ceq = [];
    end
end
```

(3)【退出程序】回调函数

```
function TuiChu(app, event)
    % App 界面信息提示对话框
    sel = questdlg('确认关闭应用程序？','关闭确认','Yes','No','No');
    switch sel
    case'Yes'
    delete(app);                                               % 关闭本 App 窗口
     case'No'
    end
end
```

4.5　圆柱蜗杆减速器优化设计

4.5.1　圆柱蜗杆减速器优化设计方法

在蜗杆传动中，为了减磨耐磨，通常蜗轮齿圈需要采用贵重的青铜等材料制造。为了节省较贵重的有色金属，降低成本，在蜗杆传动的优化设计中，应该以蜗轮的有色金属齿圈体积为最小作为优化设计目标。

1. 目标函数和设计变量

如图 4.5.1 所示，蜗轮齿圈的结构尺寸包括：模数 m、齿顶圆直径 d_a、齿根圆直径 d_f、外圆直径 d_e、内径 d_0 和齿宽 b。蜗轮齿圈的体积可以如下计算：

$$V=\frac{\pi b\left(d_e^2-d_0^2\right)}{4} \tag{4-5-1}$$

式中：蜗轮齿圈外圆直径 d_e 和齿宽 b，可根据蜗杆头数 z_1 按照表 4.5.1 选取。

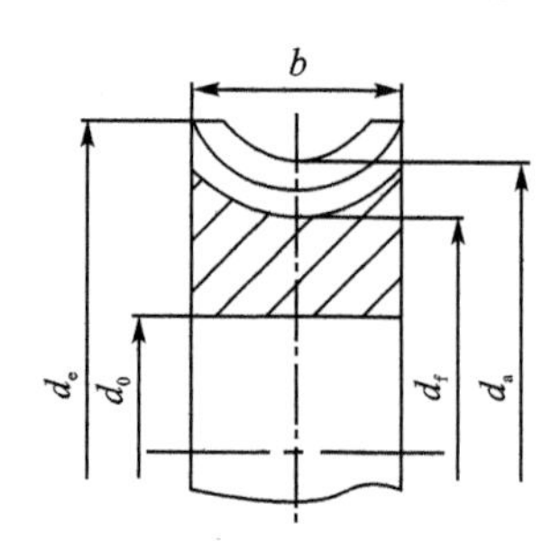

图 4.5.1　涡轮齿圈的结构尺寸

表 4.5.1　蜗轮外圆直径 d_e 和齿宽 b 的选取

蜗杆头数 z_1	1	2、3	4～6
蜗轮外圆直径 d_e	$d_e \leqslant d_a+2m$	$d_e \leqslant d_a+1.5m$	$d_e \leqslant d_a+m$
蜗轮齿宽 b	$b \leqslant 0.75d_{a1}$		$b \leqslant 0.67d_{a1}$

根据表 4.5.1 所列，蜗轮外圆直径计算式可以表示为 $d_e \leqslant d_a+\psi_e m$，其中外径系数 ψ_e 可按照蜗杆头数的不同，分别取 2、1.5、1；蜗轮齿宽计算式可以表示为 $b \leqslant \psi_b d_{a1}$，其中齿宽系数 ψ_b 可按照蜗杆头数的不同，分别取 0.75 或 0.67。

蜗杆齿顶圆直径 $d_{a1}=(q+2)m$，q 是蜗杆的直径系数；

蜗轮齿数 $z_2=iz_1$，其中 i 是传动比，z_1 是蜗杆头数；

蜗轮齿顶圆直径 $d_a=(z_2+2)m=(iz+2)m$；

蜗轮齿根圆直径 $d_f=(z_2-2.4)m=(iz-2.4)m$。

将上述关系代入蜗轮齿圈的体积计算式中得到如下计算公式：

$$\begin{aligned} V &= \frac{\pi b\left(d_e^2-d_0^2\right)}{4}=\frac{\pi \psi_b d_{a1}}{4}\left[\left(d_a+\psi_e m\right)^2-\left(d_f-2m\right)^2\right] \\ &= \frac{\pi \psi_b (q+2) m}{4}\left\{\left[\left(iz_1+2\right) m+\psi_e m\right]^2-\left[\left(iz_1-2.4\right) m-2m\right]^2\right\} \\ &= \frac{\pi \psi_b (q+2) m^3}{4}\left[\left(iz_1+\psi_e+2\right)^2-\left(iz_1-4.4\right)^2\right] \end{aligned} \tag{4-5-2}$$

由式(4-5-2)可知，除了系数 ψ_e 和 ψ_b 由表 4.5.1 确定外，蜗轮齿圈的体积是蜗杆头数 z_1、模数 m、直径系数 q 和传动比 i 的函数。由于传动比 i 一般是已知量，因此，取蜗杆头数 z_1、模数 m 和直径系数 q 作为设计变量，即

$$\boldsymbol{x}=\begin{bmatrix} x_1 \\ x_2 \\ x_3 \end{bmatrix}=\begin{bmatrix} z_1 \\ m \\ q \end{bmatrix} \tag{4-5-3}$$

因此，根据式(4-5-2)可将目标函数写为

$$f(x)=\frac{\pi \psi_b\left(x_3+2\right) x_2^3}{4}\left[\left(ix_1+\psi_e+2\right)^2-\left(ix_1-4.4\right)^2\right] \tag{4-5-4}$$

2. 约束条件

(1) 蜗轮齿面接触强度的限制

根据蜗轮齿面接触强度条件

$$m\sqrt[3]{q} \geqslant 3\sqrt{KT_2\left(\frac{15\ 150}{z_2[\sigma_H]}\right)^2} \tag{4-5-5}$$

式中：K 为载荷系数，$K=1\sim1.4$，载荷平稳，齿面滑动速度≤3 m/s，7 级以上精度时取小值；T_2 为蜗轮传递的转矩，$T_2=i\eta T_1=9\ 550 i\eta P_1/n_1$，其中蜗杆传动效率 $\eta\approx1-0.035\sqrt{i}$ ；$[\sigma_H]$ 为蜗轮齿圈材料许用接触应力。

因此得到

$$g_1(x)=KT_2\left(\frac{15\ 150}{ix_1[\sigma_H]}\right)^2-x_2^3x_3\leqslant0 \tag{4-5-6}$$

(2) 蜗轮齿根弯曲强度的限制

由于蜗轮轮齿的齿根是圆弧形，抗弯能力较强，很少发生蜗轮轮齿折断的情况。所以，对于闭式蜗杆传动，通常不再进行蜗轮齿根弯曲强度计算。

(3) 蜗杆刚度的限制

要求蜗杆工作时最大挠度不大于 $0.001d_1=0.001mq$，即

$$y=\frac{\sqrt{F_{t1}^2+F_{r1}^2}}{48EJ}L^3\leqslant10^{-3}d_1 \tag{4-5-7}$$

式中：蜗杆支承跨度 $L\approx0.9d_2=0.9miz_1$；惯性矩 $J=\frac{\pi}{64}d_{f1}^4=\frac{\pi}{64}m^4(q-2.4)^4$；蜗杆圆周力 $F_{t1}=\frac{2T_1}{d_1}=\frac{2T_1}{mq}$；径向力 $F_{r1}=\frac{2T_2\tan20^\circ}{d_2}=\frac{2T_2\tan20^\circ}{iz_1m}$；弹性模量 $E=2.1\times10^5$ MPa(钢)。

将上述关系代入式(4-5-7)，整理可得

$$g_2(x)=0.729i^3x_1^3\sqrt{\left(\frac{2T_1}{x_2x_3}\right)^2+\left(\frac{2T_2\tan20^\circ}{ix_1x_2}\right)^2}-157.5\pi x_2^2x_3(x_3-2.4)^4\leqslant0 \tag{4-5-8}$$

(4) 蜗杆头数的限制

对动力传动，要求 $z_1=2\sim4$，即

$$g_3(x)=x_1-4\leqslant0 \tag{4-5-9}$$

$$g_4(x)=2-x_1\leqslant0 \tag{4-5-10}$$

(5) 模数的限制

对于中小功率的蜗杆动力传动，要求 $3\leqslant m\leqslant5$，即

$$g_5(x)=x_2-5\leqslant0 \tag{4-5-11}$$

$$g_6(x)=3-x_2\leqslant0 \tag{4-5-12}$$

(6) 蜗杆直径系数的限制

对应上述模数的范围，要求 $5\leqslant q\leqslant16$，因此有

$$g_7(x)=x_3-16\leqslant0 \tag{4-5-13}$$

$$g_8(x)=5-x_3\leqslant0 \tag{4-5-14}$$

可见，蜗杆传动优化设计数学模型是具有 2 个性能约束和 6 个边界限制条件的三维非线

性规划问题。

4.5.2 案例 34：蜗杆减速器涡轮齿圈体积最小优化 App 设计

1. 案例 34 内容

已知某运输机采用单级普通圆柱蜗杆减速器，其输入功率 $P_1=6$ kW，转速 $n_1=145$ r/min，传动比 $i=20$，单向传动，载荷平稳（载荷系数 $K=1.1$）；蜗杆选用低碳合金钢 20CrMnTi，芯部调质，齿部渗碳淬火，硬度>45HRC；蜗杆选用锡青铜 $ZCuSn_{10}Pb_1$，金属模铸造。蜗轮齿圈的许用接触应力$[\sigma_H]=220$ MPa。按照要求蜗轮齿圈体积最小进行优化设计。

优化设计步骤如下：

根据传动比 $i=20$，选取蜗杆头数 $z_1=2$，则蜗轮齿数 $z_2=iz_1=40$；

根据传动比估算传动效率：

$$\eta=(100-3.5\sqrt{i})\times 100\%$$

整理得到如下优化设计数学模型：

$$\begin{cases}\min f(x)=0.25\pi\psi_b x_2^3(x_3+2)\left[(ix_1+\psi_e+2)^2-(ix_1-4.4)^2\right]\\ \text{s.t. } g_1(x)=KT_2\left(\dfrac{15\ 150}{ix_1[\sigma_H]}\right)^2-x_2^3x_3\leqslant 0\\ g_2(x)=0.729i^3x_1^3\sqrt{\left(\dfrac{2T_2}{i\eta x_2x_3}\right)^2+\left(\dfrac{2T_2\tan 20^\circ}{ix_1x_2}\right)^2}-157.5\pi x_2^2x_3(x_3-2.4)^4\leqslant 0\\ g_3(x)=x_1-3\leqslant 0\\ g_4(x)=2-x_1\leqslant 0\\ g_5(x)=x_2-5\leqslant 0\\ g_6(x)=3-x_2\leqslant 0\\ g_7(x)=x_3-16\leqslant 0\\ g_8(x)=5-x_3\leqslant 0\end{cases}$$

可见，这是一个三维有 8 个不等式约束的非线性优化设计问题。

2. App 窗口设计

圆柱蜗杆传动优化设计 App 窗口，如图 4.5.2 所示。

3. App 窗口程序设计(程序 lu_exam_34)

(1) 私有属性创建

```
properties (Access = private)
  % 私有属性
  z0;                                                  % z0:蜗杆头数
  m0;                                                  % m0:蜗杆模数
  q0;                                                  % q0:直径系数
  g3;                                                  % g3:蜗杆头数限制
  g4;                                                  % g4:蜗杆头数限制
  g5;                                                  % g5:蜗杆模数限制
  g6;                                                  % g6:蜗杆模数限制
  g7;                                                  % g7:蜗杆直径限制
  g8;                                                  % g8:蜗杆直径限制
```

```
    P1;                                          % P1:蜗杆传动功率
    n1;                                          % n1:蜗杆转数
    i;                                           % i:蜗杆传动比
    psi_b;                                       % psi_b:蜗轮齿宽系数
    psi_e;                                       % psi_e:蜗轮外径系数
    sigma_HP;                                    % sigma_HP:许用接触应力
    K;                                           % K:载荷系数
    T1;                                          % T1:蜗杆传递扭矩
    T2;                                          % T2:蜗轮传递扭矩
end
```

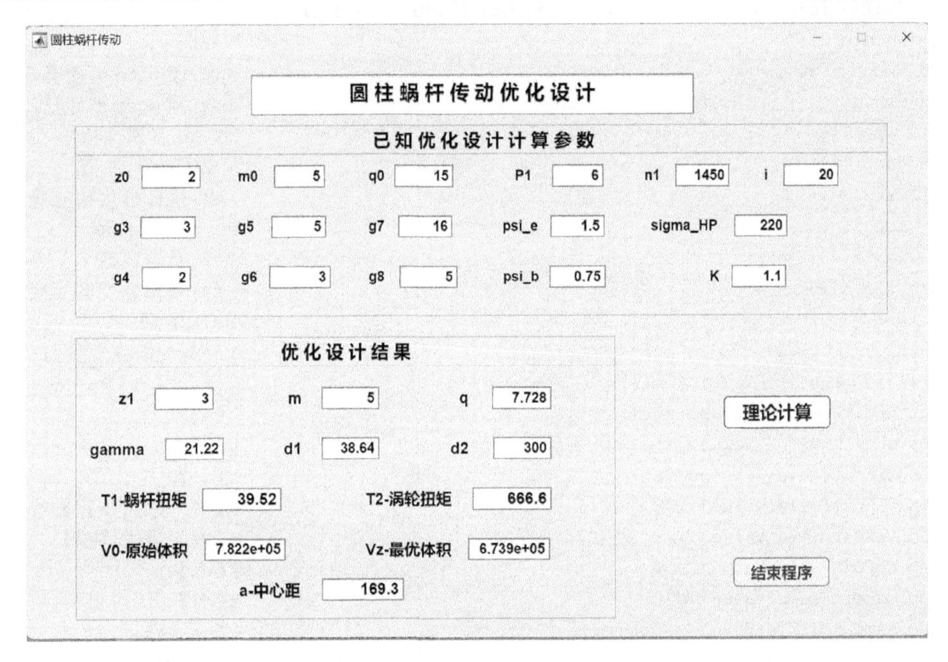

图 4.5.2　圆柱蜗杆传动优化设计 App 窗口

(2)【理论计算】回调函数

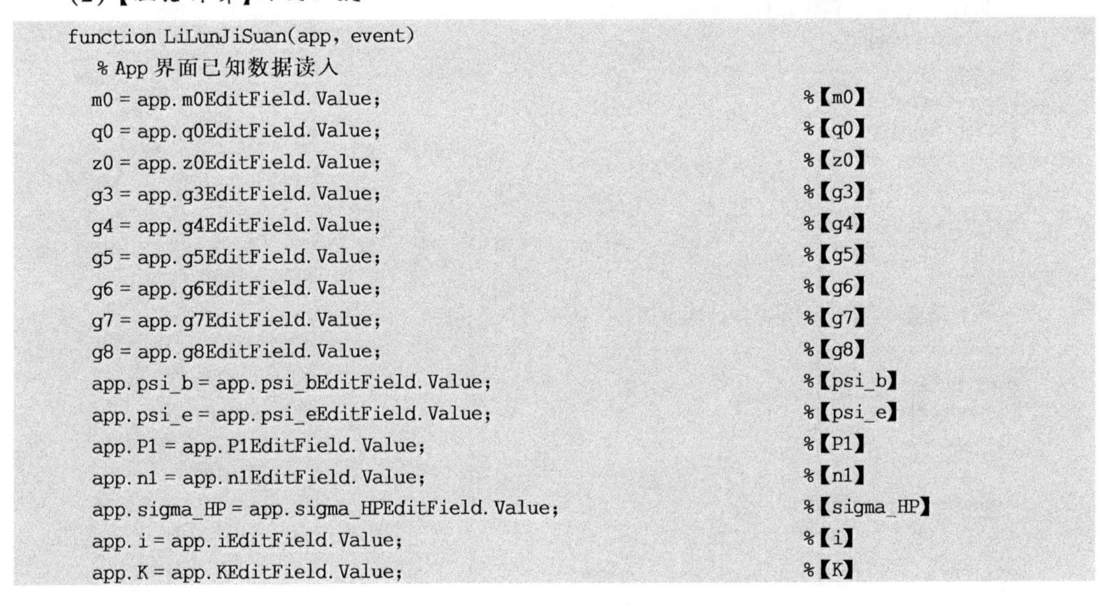

```
function LiLunJiSuan(app, event)
    % App 界面已知数据读入
    m0 = app.m0EditField.Value;                          %【m0】
    q0 = app.q0EditField.Value;                          %【q0】
    z0 = app.z0EditField.Value;                          %【z0】
    g3 = app.g3EditField.Value;                          %【g3】
    g4 = app.g4EditField.Value;                          %【g4】
    g5 = app.g5EditField.Value;                          %【g5】
    g6 = app.g6EditField.Value;                          %【g6】
    g7 = app.g7EditField.Value;                          %【g7】
    g8 = app.g8EditField.Value;                          %【g8】
    app.psi_b = app.psi_bEditField.Value;                %【psi_b】
    app.psi_e = app.psi_eEditField.Value;                %【psi_e】
    app.P1 = app.P1EditField.Value;                      %【P1】
    app.n1 = app.n1EditField.Value;                      %【n1】
    app.sigma_HP = app.sigma_HPEditField.Value;          %【sigma_HP】
    app.i = app.iEditField.Value;                        %【i】
    app.K = app.KEditField.Value;                        %【K】
```

```
%设计计算
x0 = [z0;m0;q0];
%3 个设计变量的下界与上界
lb = [g4;g6;g8];
ub = [g3;g5;g7];
%线性不等式约束中设计变量的系数矩阵和常数项列阵
a = [];b = [];
%等式约束参数 Aeq,beq 定义为空矩阵符号 []
Aeq = [];beq = [];
%使用多维约束优化命令 fmincon 调用私有函数 wgcd_f 和 wgcd_g
[x,fval] = fmincon(@wgcd_f,x0,a,b,Aeq,beq,lb,ub,@wgcd_g);
g = wgcd_g(x);                                   %g:调 wgcd_g 计算
V0 = wgcd_f(x0);                                 %V0:调 wgcd_f 计算
Vz = wgcd_f(x);                                  %Vz:调 wgcd_f 计算
T1 = app.T1;                                     %T1 私有属性值
T2 = app.T2;                                     %T2 私有属性值
d1 = x(3) * x(2);                                %d1:蜗杆分度圆直径
i = app.i;                                       %i 私有属性值
z2 = i * x(1);                                   %z2:涡轮齿数
d2 = z2 * x(2);                                  %d2:蜗轮分度圆直径
a = 0.5 * (d1 + d2);                             %a:中心距
gamma = atan(x(1)/x(3));                         %gamma:蜗杆导程角
%设计结果分别写入 App 界面对应的显示框中
app.mEditField_2.Value = x(2);                   %【m】
app.qEditField_2.Value = x(3);                   %【q】
app.z1EditField_2.Value = x(1);                  %【z1】
app.V0EditField.Value = V0;                      %【V0 - 原始体积】
app.VzEditField.Value = Vz;                      %【Vz - 最优体积】
app.d1EditField.Value = d1;                      %【d1】
app.d2EditField.Value = d2;                      %【d2】
app.gammaEditField.Value = gamma/pi * 180;       %【gamma】
app.aEditField.Value = a;                        %【a - 中心距】
app.T1EditField.Value = T1;                      %【T1 - 蜗杆扭矩】
app.T2EditField.Value = T2;                      %【T2 - 蜗轮扭矩】
%私有函数 wgcd_f,优化目标函数 f,见式(4-5-4)
function f = wgcd_f(x)
i = app.i;                                       %i 私有属性值
psi_e = app.psi_e;                               %psi_e 私有属性值
psi_b = app.psi_b;                               %psi_b 私有属性值
a1 = pi * psi_b * x(2)^3 * (x(3) + 2)/4;
a2 = (i * x(1) + psi_e + 2)^2;
a3 = (i * x(1) - 4.4)^2;
f = a1 * (a2 - a3);
 end
%私有函数 wgcd_g,优化设计的约束函数 ,见式(4-5-6)~式(4-5-14)
function[g,geq] = wgcd_g(x)
K = app.K;                                       %K 私有属性值
P1 = app.P1;                                     %P1 私有属性值
n1 = app.n1;                                     %n1 私有属性值
 i = app.i;                                      %i 私有属性值
sigma_HP = app.sigma_HP;                         %sigma_HP 私有属性值
eta = 1 - 0.035 * sqrt(i);                       %eta:传动效率
T1 = 9550 * P1/n1;                               %T1:蜗杆传递扭矩
```

```
    app.T1 = T1;                                              % T1 私有属性值
    T2 = i * eta * T1;                                        % T2:蜗轮传递扭矩
    app.T2 = T2;                                              % T2 私有属性值
    g(1) = K * T2 * (15150/(i * x(1) * sigma_HP))^2 - x(2)^3 * x(3);
    g2_1 = 0.729 * i^3 * x(1)^3 * sqrt((2 * T1/(x(2) * x(3)))^2 + (2 * T2 * tan(pi/9)/(i * x(1) * x(2)))^2);
    g2_2 = 157.5 * pi * x(2)^2 * x(3) * (x(3) - 2.4)^4;
    g(2) = g2_1 - g2_2;
    g(3) = x(1) - 3;
    g(4) = 2 - x(1);
    g(5) = x(2) - 5;
    g(6) = 3 - x(2);
    g(7) = x(2) - 16;
    g(8) = 5 - x(2);
    geq = [];
    end
end
```

(3)【结束程序】回调函数

```
function TuiChu(app, event)
    % App 界面信息提示对话框
    sel = questdlg('确认关闭应用程序？','关闭确认','Yes','No','No');
    switch sel
    case'Yes'
    delete(app);                                              % 关闭本 App 窗口
    case'No'
    end
end
```

第 5 章

机械连接App设计案例

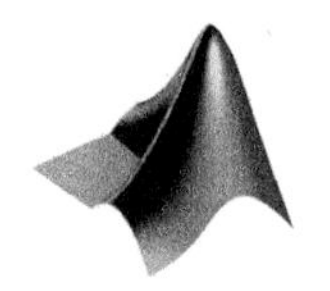

5.1 螺栓及螺栓组连接设计

5.1.1 螺栓连接强度设计计算

对于单个螺栓连接,其受力的形式不外乎是轴向力或横向力。在轴向力(包括预紧力)的作用下,螺栓杆和螺纹部分可能发生塑性变形或断裂;而在横向力的作用下,当采用配合螺栓(铰制孔用螺栓)时,螺栓杆和孔壁间可能发生局部塑性变形或螺栓杆被剪断等。根据统计分析,在静载荷下螺栓连接是很少发生破坏的,只有在严重过载下螺栓连接才会发生破坏。就破坏性质而言,约 90%的螺栓属于疲劳破坏,而且疲劳断裂发生在螺纹根部,即剖面面积较小且有缺口应力集中的部位。对于受拉螺栓,其主要破坏形式是螺栓杆螺纹部分发生断裂,而且其设计准则是保证螺栓的静力(或疲劳)拉伸强度;对于受剪螺栓,其主要破坏形式是螺栓杆和孔壁间局部塑性变形或螺栓杆被剪断,其设计准则是保证连接的挤压强度和螺栓的剪切强度,其中连接的挤压强度对于连接的可靠性起决定性作用。

螺栓连接的强度计算,主要是根据连接的类型、连接的装配情况(预紧或不预紧)、载荷状态等条件,确定螺栓的受力性质和大小;然后按相应的强度条件计算危险剖面的直径(螺纹小径)或校核其强度。螺栓的其他部分(螺纹牙、螺栓头、光杆)和螺母、垫圈的结构尺寸,是根据强度条件和使用经验确定的,通常不需要进行强度计算,可根据螺栓螺纹的公称直径从标准中选定。

1. 受轴向静载荷的螺栓连接设计

压力容器与盖的螺栓连接是比较典型的承受预紧力和工作拉力的紧螺栓连接,螺栓除了受到压力容器内介质工作压力产生的工作拉力的拉应力 σ 作用外,还受到螺栓连接需要预紧时螺纹之间摩擦力矩产生的扭转剪切应力 τ 的作用,使螺栓处于拉伸和扭转的复合应力状态。按照塑性材料的第四强度理论分析,对于公称直径 M 在 10～68 mm 常用范围内的钢制螺栓,螺纹的扭转剪切应力 τ 约等于拉应力 σ 的 30%,也就是它对组合强度的影响表现在数值上,是将轴向预紧拉应力增大 30%,即危险剖面上的当量应力为

$$\sigma_e=\sqrt{\sigma^2+3\tau^2}=\sqrt{\sigma^2+3(0.5\sigma)^2}\approx 1.3\sigma$$

因此,受预紧力和工作拉力的紧螺栓连接的螺栓直径计算公式为

$$d_1 \geqslant \sqrt{\frac{5.2Q}{\pi[\sigma]}} \tag{5-1-1}$$

式中:Q 为单个螺栓承受的总拉力,包括工作拉力 F 和残余预紧力 Q_0',即 $Q=F+Q_0'$。$[\sigma]$为螺栓的许用应力,$[\sigma]=\sigma_{smin}/S$,MPa,其中:螺栓的屈服极限 σ_{smin} 根据螺栓的材料和性能等级选取,可查参考文献[2]中的表 15-11。安全系数 S 的选取方法有两种:

① 对于较重要的螺栓连接,装配时要求控制预紧力,则计算选取可查参考文献[2]中的表 15-11;

② 如果装配时不要求严格控制预紧力,则计算选取可查参考文献[2]中的表 15-11。

安全系数 S 与螺栓直径有关,首先假设螺栓直径,估选安全系数;然后采用试算法计算螺栓直径。

2. 受轴向变载荷的螺栓连接设计

如果考虑压力容器内部的压力是变化的,则除了按照螺栓承受的总拉力 Q 进行计算外,还必须计算螺栓的压力幅 σ_a,使其不超过许用应力幅 σ_{aP},$\sigma_a \leqslant \sigma_{aP}$。

(1) 计算螺栓的应力幅 σ_a

$$\sigma_a = \frac{F_a}{A} = \frac{(Q-Q_0)/2}{A} = \frac{2K_C F_2}{\pi d^2} \tag{5-1-2}$$

式中:F_2 为螺栓的最大工作拉力;Q_0 为螺栓连接的预紧力;$K_C=K_L/(K_L+K_F)$表示相对刚度系数(其中,K_L 为连接件刚度,K_F 为被连接件刚度),根据垫片材料可查参考文献[2]中的表 15-10,d_1 是螺栓小径。

(2) 计算许用应力幅 σ_{aP}

$$\sigma_{aP} = \frac{\varepsilon K_t K_u \sigma_{-1t}}{K_\sigma S_a} \tag{5-1-3}$$

式中:ε 为尺寸因数;K_t 为螺纹制造工艺因数;K_u 为受力不均匀因数;σ_{-1t} 为试件疲劳极限;K_σ 为缺口应力集中因数;S_a 为安全因数,各参数意义及其确定方法见表 5.1.1。

表 5.1.1　螺栓许用应力幅计算公式中系数选取

系数	项目									
ε	d/mm	≤12	16	20	24	30	36	42	48	56	64
	取值	1	0.87	0.8	0.74	0.65	0.64	0.60	0.57	0.54	0.53
K_t		切制螺纹 $K_t=1$;搓制螺纹 $K_t=1.25$									
K_u		受压螺母 $K_u=1$;受拉螺纹 $K_u=1.5\sim1.6$									
σ_{-1t}	材料	$10^{\#}$	Q235A	$35^{\#}$	$45^{\#}$	40Cr					
	取值	120～150	120～160	170～220	190～250	240～340					
K_σ	螺栓材料 σ_B/MPa	400	600	800	1 000						
	取值	3	3.9	4.8	5.2						
S_a	安装螺栓情况	控制预紧力	不控制预紧力								
	取值	1.5～2.5	2.5～5								

5.1.2 案例35：螺栓连接强度 App 设计

1. 案例35内容

某钢制液压油缸，内部油压变化范围是 $p=0\sim1$ MPa，油缸直径 $D=500$ mm，油缸与盖板连接螺栓数目 $z=12$，采用铜皮石棉垫片，剩余预紧力是螺栓工作载荷的1.6倍。螺栓材料选用45[#]钢，螺纹采用搓制加工，试计算油缸与盖板连接螺栓的公称直径 d，并校核强度的App设计。

(1) 按照静载荷强度条件计算螺栓直径 d

1）计算单个螺栓的最大轴向工作载荷

$$F=\frac{p\pi D^2/4}{z}$$

2）计算单个螺栓承受的总拉力

首先按要求确定剩余预紧力为

$$Q'_0=1.6F$$

然后计算单个螺栓承受的总拉力为

$$Q=F+Q'_0$$

3）计算螺栓的直径

螺栓材料选用45[#]钢，查参考文献[2]中的表15-11，性能等级4.6，抗拉强度 $\sigma_{\text{bmin}}=600$ MPa，屈服强度 $\sigma_{\text{smin}}=400$ MPa。对于较重要的螺栓连接，按装配时控制的预紧力计算，查参考文献[2]中的表15-12取安全系数 $S=2$，则螺栓许用应力为

$$[\sigma]=\frac{\sigma_{\text{smin}}}{S}$$

查参考文献[2]中的表15-10，按照受预紧力和工作拉力的紧螺栓连接，计算螺栓直径如下：

$$d_1\geqslant\sqrt{\frac{5.2Q}{\pi[\sigma]}}$$

查参考文献[2]中的表15-3，选取螺栓的公称直径 $d=18$ mm。

(2) 按照变载荷强度条件校核螺栓应力幅

1）计算螺栓的应力幅 σ_a

根据螺栓连接采用铜皮石棉垫片，查参考文献[2]中的表15-8，选取相对刚度系数 $K_C=0.8$。计算如下：

$$\sigma_a=\frac{2K_CF_2}{\pi d^2}$$

2）计算许用应力幅 σ_{aP}

按照表5.1.1，根据螺栓直径 $d=18$ mm，采用3次样条插值方法，选择 $\varepsilon=0.830\,9$，$K_t=1.25$，$K_u=1$，$\sigma_{-1t}=230$ MPa，$K_\sigma=3.9$，$S_a=1.8$。计算如下：

$$\sigma_{aP}=\frac{\varepsilon K_tK_u\sigma_{-1t}}{K_\sigma S_a}$$

2. App 窗口设计

轴向变载荷螺栓连接设计App窗口，如图5.1.1所示。

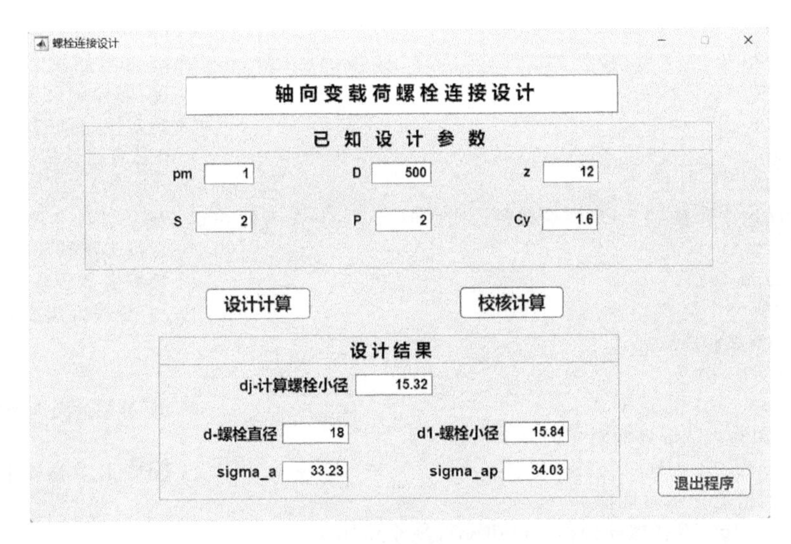

图 5.1.1　轴向变载荷螺栓连接设计 App 窗口

3. App 窗口程序设计(程序 lu_exam_35)

(1) 私有属性创建

```
properties(Access = private)
  %私有属性
  pm;                                              %pm:最大油压
  D;                                               %D:油缸内径
  z;                                               %z:螺栓数目
  Cy;                                              %Cy:预紧力系数
  S;                                               %S:安全系数
  P;                                               %P:对应螺栓螺距
  F2;                                              %F2:最大载荷
  Q;                                               %Q:螺栓总轴向载荷
  d1;                                              %d1:螺栓小径
  d;                                               %d:螺栓公称直径
end
```

(2) 设置窗口启动回调函数

```
functionstartupFcn(app, lu_16)
  %App 界面功能的初始状态
  app.Button_3.Enable = 'off';                     %屏蔽【校核计算】使能
end
```

(3) 【设计计算】回调函数

```
functionshejiJiSuan(app, event)
  %App 界面已知数据读入
  pm = app.pmEditField.Value;                      %【pm】
  D = app.DEditField.Value;                        %【D】
  z = app.zEditField.Value;                        %【z】
  S = app.SEditField.Value;                        %【S】
  Cy = app.CyEditField.Value;                      %【Cy】
  P = app.PEditField.Value;                        %【P】
  %设计计算
  Fm = pi * D^2 * pm/4;                            %Fm:最大压力
  F1 = 0;                                          %F1:最小工作载荷
```

```
    F2 = Fm/z;                                                    % F2:最大工作载荷
    app.F2 = F2;                                                  % F2 私有属性值
    Qp = Cy * F2;                                                 % Qp:螺栓剩余预紧力
    Q = F2 + Qp;                                                  % Q:螺栓总轴向载荷
    app.Q = Q;                                                    % Q 私有属性值
    % 参考文献[2],表 15 - 11
    i = inputdlg('查表 15 - 11,螺栓材料的屈服极限(MPa):参考值 600','输入设计参数');
    s1 = cell2mat(i);                                             % 数据类型转换
    s11 = str2num(s1);                                            % 数据类型转换
    s2 = s11/S;                                                   % s2:螺栓许用应力
    a1 = sqrt(5.2 * Q);
    a2 = sqrt(s2 * pi);
    dj = a1/a2;                                                   % dj:静载荷强度条件螺栓小径
    % 计算结果写入 App 界面对应的显示框中
    app.djEditField.Value = dj;                                   % 【dj - 计算螺栓小径】
    % App 界面信息提示对话框
    d11 = inputdlg('选择螺栓公称直径 d(mm):参考值 18');
    d12 = cell2mat(d11);                                          % 数据类型转换
    d = str2num(d12);                                             % 数据类型转换
    app.d = d;                                                    % d 私有属性值
    d1 = d - 1.0825 * P;                                          % d1
    app.d1 = d1;                                                  % d1 私有属性值
    % 判断选择的螺纹 d 的小径能否符合设计条件计算的螺栓小径要求
    if d1 <dj
    % App 界面信息提示对话框
    h = msgbox('最小螺栓直径不满足设计要求','警示');
    else
    % 计算结果写入 App 界面对应显示框中
    app.dEditField.Value = d;                                     % 【d - 螺栓直径】
    app.d1EditField.Value = d1;                                   % 【d1 - 螺栓小径】
    end
    % App 界面功能更改
    app.Button_3.Enable = 'on';                                   % 开启【校核计算】使能
end
```

(4)【退出程序】回调函数

```
functionTuiChuChengXu(app, event)
    % App 界面信息提示对话框
    sel = questdlg('确认关闭应用程序?','关闭确认','Yes','No','No');
    switch sel
    case'Yes'
    delete(app);                                                   % 关闭本 App 窗口
    case'No'
    end
end
```

(5)【校核计算】回调函数

```
functionJiaoHeJiSuan(app, event)
    F2 = app.F2;                                                  % F2 私有属性值
    Q = app.Q;                                                    % Q 私有属性值
    d = app.d;                                                    % d 私有属性值
    d1 = app.d1;                                                  % d1 私有属性值
    Kc = 0.8;                                  % 查参考文献[2]中表 15 - 8 确定相对刚度系数 Kc
```

```
    Q0 = Q - Kc * F2;                                              % Q0:螺栓的预紧力
    Fa = (Q - Q0)/2;                                               % Fa:螺栓轴向载荷变化幅
    sigma_a = Fa/(pi * d1^2/4);                                    % sigma_a:螺栓应力变化幅
    xd = [12 16 20 24 30 36 42 48 56 64];                          % xd:螺栓直径列表数据
    ye = [1 0.87 0.80 0.74 0.65 0.64 0.60 0.57 0.54 0.53];         % ye:尺寸因数列表数据
    epsilon = interp1(xd,ye,d,'spline');                           % 3 次样条插值
    % App 界面信息提示对话框
    i = inputdlg('查表 5.1.1:选择螺纹制造工艺因数 Kt:参考值 1.25','输入设计参数');
    Kt1 = cell2mat(i);                                             % 数据类型转换
    Kt = str2num(Kt1);                                             % Kt:螺纹制造工艺因数
    % App 界面信息提示对话框
    i = inputdlg('查表 5.1.1:选择螺纹制造工艺因数 Ku:参考值 1','输入设计参数');
    Ku1 = cell2mat(i);                                             % 数据类型转换
    Ku = str2num(Ku1);                                             % Ku:螺纹受力不均匀因数
    % App 界面信息提示对话框
    i = inputdlg('查表 5.1.1:选择螺栓试件疲劳极限 sigma_t:参考值 230','输入设计参数');
    sigma_t1 = cell2mat(i);                                        % 数据类型转换
    sigma_t = str2num(sigma_t1);                                   % sigma_t:螺栓试件疲劳极限
    % App 界面信息提示对话框
    i = inputdlg('查表 5.1.1:选择螺纹的应力集中因数 Ks:参考值 3.9','输入设计参数');
    Ks1 = cell2mat(i);                                             % 数据类型转换
    Ks = str2num(Ks1);                                             % Ks:螺栓应力集中因数
    % App 界面信息提示对话框
    i = inputdlg('查表 5.1.1:选择螺栓的安全因数 Sa:参考值 1.8','输入设计参数');
    Sa1 = cell2mat(i);                                             % 数据类型转换
    Sa = str2num(Sa1);                                             % Sa:安全因数
    sigma_ap = epsilon * Kt * Ku * sigma_t/(Ks * Sa);              % sigma_ap:螺栓许用应力幅
    if sigma_a <= sigma_ap
    % App 界面信息提示对话框
    h = msgbox('螺栓满足变载荷强度条件','提示');
    else
    % App 界面信息提示对话框
    h = msgbox('螺栓不满足变载荷强度条件','提示');
    end
    % 设计结果写入 App 界面对应的显示框中
    app.sigma_aEditField.Value = sigma_a;                          %【sigma_a】
    app.sigma_apEditField.Value = sigma_ap;                        %【sigma_ap】
end
```

5.1.3　螺栓组连接优化设计计算

螺栓组连接作为机械静连接的一种重要方式，广泛应用于各种机械设备、仪器仪表和日常生活器具中。螺栓组连接的设计计算，主要根据被连接机械设备的载荷大小、功能要求和结构特点，确定螺栓组的个数和布置方式。螺栓组连接的优化设计，可以在保证机械设备的可靠性和提高寿命的前提下，达到降低成本的目的。

螺栓单价与直径的关系如下：

螺栓组的成本 C_n 取决于螺栓个数 n 和单价 C，即

$$C_n = nC \tag{5-1-4}$$

当螺栓的材料、长度和制造工艺等因素相同时，螺栓的单价 C 是其直径 d 的线性函数，可以表示为

$$C = k_1 d - k_2 \tag{5-1-5}$$

式中：k_1、k_2 是与螺栓的材料和长度等因素有关的单价系数。选择常用的材料为 35 号钢、长度 50 mm 的六角头半精制螺栓。

5.1.4 案例 36：螺栓组连接优化 App 设计

1. 案例 36 内容

某压力容器内部压强 $p=1.5$ MPa，容器内径 $D_1=250$ mm，螺栓组中心圆直径 $D_2=346$ mm，要求剩余预紧力是工作载荷的 1.8 倍（即 $Q_0'=1.8Q$），螺栓间距 $t\leqslant 120$ mm，安装时控制预紧力，用衬垫密封，如图 5.1.2 所示。设计成本最低的螺栓组连接方案。

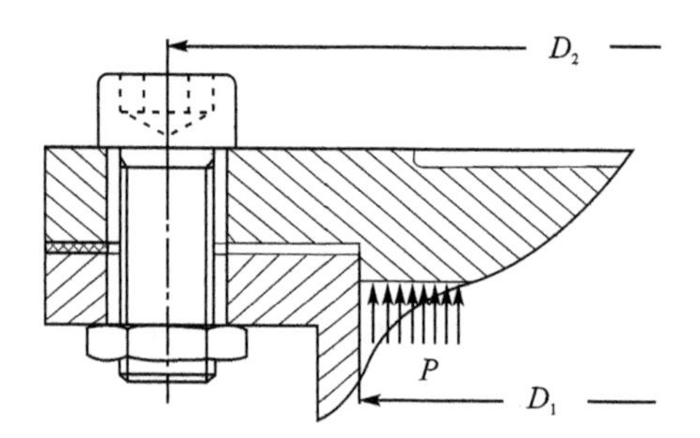

图 5.1.2 压力容器的螺栓组连接

(1) 建立数学模型

由于螺栓组的成本取决于螺栓直径 d 和个数 n，取设计变量 x 为

$$\boldsymbol{x}=\begin{pmatrix}x_1\\x_2\end{pmatrix}=\begin{pmatrix}d\\n\end{pmatrix}$$

(2) 建立螺栓组成本的目标函数

根据式(5-1-4)和式(5-1-5)，建立螺栓组成本的目标函数为

$$f(x)=x_2(k_1x_1-k_2)$$

(3) 螺栓组连接的约束条件

螺栓组连接的约束条件要综合考虑容器的密封性、螺栓强度和扳手空间等要求。

① 为了保证螺栓之间的密封压力均匀，防止局部漏气，螺栓间距 $t\leqslant 120$ mm，需满足以下条件：

$$t=\frac{\pi D_2}{n}\leqslant 120$$

因而得到约束条件为

$$g_1(x)=\frac{\pi D_2}{x_2}-120\leqslant 0$$

② 为了保证螺栓连接的装配工艺性，螺栓之间的间隔不能小于 $5d$，即

$$\frac{\pi D_2}{n}\geqslant 5d$$

因而得到约束条件为

$$g_2(x)=5x_1-\frac{\pi D_2}{x_2}\leqslant 0$$

③ 压力容器连接螺栓组的强度条件需要满足：

$$\frac{1.3(Q+Q'_0)}{\pi d_1^2/4} \leqslant [\sigma] = \frac{\sigma_s}{S}$$

因而得到螺栓组连接的强度约束条件为

$$g_3(x) = \frac{1.3pD_1^2(1+1.8)}{x_2(0.85x_1)^2} - \frac{\sigma_s}{S} \leqslant 0$$

可见，这是一个有 3 个不等式约束的三维非线性优化问题。

2. App 窗口设计

螺栓组连接优化设计 App 窗口，如图 5.1.3 所示。

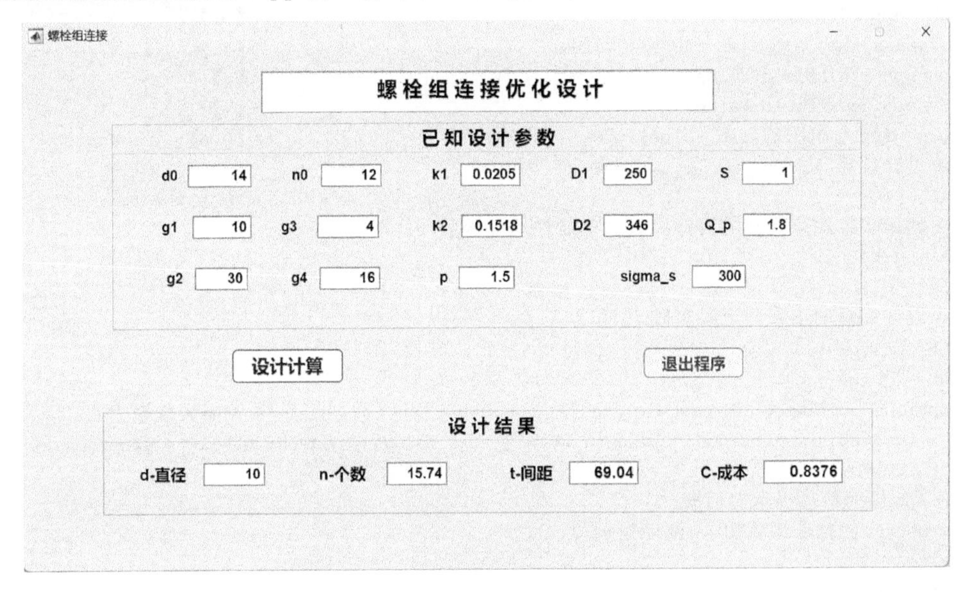

图 5.1.3　螺栓组连接优化设计 App 窗口

3. App 窗口程序设计(程序 lu_exam_36)

(1) 私有属性创建

```
properties(Access = private)
  % 私有属性
  d0;                                               % d0:螺栓直径
  n0;                                               % d0:螺栓个数
  g1;                                               % g1:直径约束条件
  g2;                                               % g2:直径约束条件
  g3;                                               % g3:螺栓约束条件
  g4;                                               % g4:螺栓约束条件
  k1;                                               % k1:螺栓单价系数
  k2;                                               % k2:螺栓单价系数
  D1;                                               % D1:容器内径
  D2;                                               % D2:螺栓组中心直径
  S;                                                % S:安全系数
  p;                                                % p:容器压强
  Q_p;                                              % Q_p:预紧力系数
  sigma_s;                                          % sigma_s:35#钢屈服极限
end
```

(2)【设计计算】回调函数

```
functionshejiJiSuan(app, event)
  % App 界面已知数据读入
  d0 = app.d0EditField.Value;                              %【d0】
  n0 = app.n0EditField.Value;                              %【n0】
  g1 = app.g1EditField.Value;                              %【g1】
  g2 = app.g2EditField.Value;                              %【g2】
  g3 = app.g3EditField.Value;                              %【g3】
  g4 = app.g4EditField.Value;                              %【g4】
  k1 = app.k1EditField.Value;                              %【k1】
  k2 = app.k2EditField.Value;                              %【k2】
  D1 = app.D1EditField.Value;                              %【D1】
  D2 = app.D2EditField.Value;                              %【D2】
  sigma_s = app.sigma_sEditField.Value;                    %【sigma_s】
  p = app.pEditField.Value;                                %【p】
  S = app.SEditField.Value;                                %【S】
  Q_p = app.Q_pEditField.Value;                            %【Q_p】
  % 设计计算
  x0 = [d0;n0];                                            % x0:设计初值
  % 调用多维约束优化的目标函数和非线性约束函数
  A = [];b = [];
  Aeq = [];beq = [];
  % 设计变量的下限与上限矩阵 Lb 和 Ub
  Lb = [g1,g3];
  Ub = [g2,g4];
  options = optimset('largescale','off');                  % 关闭大规模方式
  [x,fval,exitflag,output] = fmincon(@lslj_f,x0,A,b,Aeq,beq,Lb,Ub,@lslj_y,options);
  if exitflag == 1
  % App 界面信息提示对话框
  msgbox('优化求解成功','设计提示');
  else
  % App 界面信息提示对话框
  msgbox('优化求解不成功','设计提示');
  end
  t = pi * D2/x(2);                                        % t:螺栓间距
  % 设计计算结果分别写入 App 界面对应的显示框中
  app.nEditField.Value = x(2);                             %【n-个数】
  app.dEditField.Value = x(1);                             %【d-直径】
  app.tEditField.Value = t;                                %【t-间距】
  app.CEditField.Value = fval;                             %【C-成本】
  % 私有函数 lslj_y,非线性不等式约束函数
  function [g,ceq] = lslj_y(x);
  g(1) = pi * D2/x(2) - 120;                               % 密封要求螺栓间距
  g(2) = 5 * x(1) - pi * D2/x(2);                          % 安装要求螺栓间距
  d1 = 0.85 * x(1);                                        % d1:粗牙螺栓内径
  Q = p * pi * D1^2/4/x(2);                                % Q:单个螺栓承受压强载荷
  g(3) = 1.3 * (Q_p * Q + Q)/(pi * d1^2/4) - sigma_s/S;    % 紧螺栓连接强度条件
  ceq = [];
  end
  % 私有函数 lslj_f,优化的目标函数
  function f = lslj_f(x);
  f = x(2) * (k1 * x(1) - k2);
  end
end
```

(3)【退出程序】回调函数

```
functionTuiChuChengXu(app, event)
  % App 界面信息提示对话框
  sel = questdlg('确认关闭应用程序？','关闭确认,','Yes','No','No');
  switch sel
  case'Yes'
  delete(app);
  case'No'                                                    % 关闭本 App 窗口
  end
end
```

5.2　圆柱螺旋弹簧设计

5.2.1　圆柱螺旋弹簧设计计算

1. 根据弹簧的强度条件确定弹簧丝直径

弹簧丝直径的计算公式为

$$d \geqslant \sqrt{\frac{8K_Q F_2 C}{\pi[\tau]}} \tag{5-2-1}$$

式中：F_2 为作用弹簧上的最大轴向载荷(N)；C 为弹簧指数(或称螺旋比)，$C=D_2/d$ 是弹簧中径 D_2 与弹簧丝直径 d 的比值，常用值为 5～8；K_Q 为曲度系数，它考虑了弹簧丝升角 α、曲率和扭矩 T 对弹簧丝应力的影响，$K_Q=\dfrac{4C-1}{4C-4}+\dfrac{0.615}{C}$；$[\tau]$ 为许用剪应力，可根据弹簧材料和载荷状况查参考文献[2]中的表 16-2、表 16-4、表 16-5 选取。

2. 根据弹簧的刚度条件确定弹簧工作圈数

弹簧工作圈数的计算公式为

$$n=\frac{Gd\lambda_2}{8F_2C^3} \tag{5-2-2}$$

式中：G 为弹簧材料的剪切弹性模量，钢为 8×10^4 MPa，青铜为 4×10^4 MPa；λ_2 为弹簧在最大轴向载荷 F_2 作用下的变形量。

3. 稳定性校核

对于圈数较多的压缩弹簧，当高径比 $b=H_0/D_2$ 较大，而载荷又达到一定值时，弹簧就会发生侧向弯曲而丧失稳定性，应按下式进行稳定性验算：

$$F_C=C_B K H_0 > F_2 \tag{5-2-3}$$

式中：F_C 为稳定临界载荷；H_0 为弹簧的自由高度；K 为弹簧刚度，$K=F/\lambda$；C_B 为不稳定系数。

5.2.2　案例 37、案例 38、案例 39：圆柱螺旋弹簧 App 设计

1. 案例内容

设计一圆柱螺旋压缩弹簧，如图 5.2.1 所示，D 为弹簧中经，d 为弹簧丝直径。已知安装

初载荷 $F_1=500$ N，最大工作载荷 $F_2=1\ 200$ N，工作行程 $h=60$ mm，弹簧套装在 M42 的螺栓上，弹簧两端自由转动支撑结构。要求弹簧内径 $D_1<50$ mm，在空气中工作，Ⅲ类载荷弹簧。

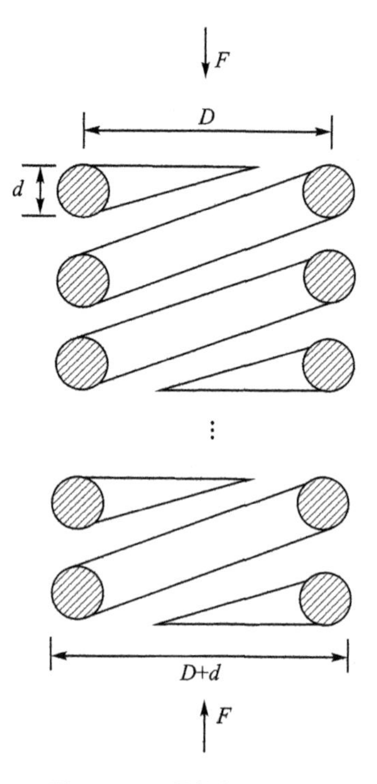

图 5.2.1　圆柱螺旋弹簧

(1) 选择弹簧丝材料，确定许用剪应力

选用 C 级碳素弹簧钢丝，按照Ⅲ类载荷弹簧查参考文献[2]中的表 16-4，许用应力 $[\tau]=0.5\sigma_b$，$G=8\times10^4$ MPa。

(2) 选择弹簧指数 C(查参考文献[2]中的表 16-7)

$$D_1=D_2-d=(C-1)d\leqslant 50\ \text{mm}\quad (D_2\ \text{是中径})$$

$$C\leqslant\frac{50}{d}+1$$

(3) 用试算法求弹簧丝直径 d

碳素弹簧钢丝材料的机械性能与其直径 d 有关，按照经验类比方法计算选择。

(4) 求弹簧的工作圈数 n

$$K=\frac{F}{\lambda}=\frac{F_2-F_1}{h}$$

$$n=\frac{Gd}{8C^3K}$$

(5) 确定弹簧的实际刚度 K' 并计算其变形量 λ_1 和 λ_2

$$K'=\frac{Gd}{8C^3n}$$

$$\lambda_1=\frac{F_1}{K'}$$

$$\lambda_2=\frac{F_2}{K'}$$

(6) 弹簧稳定性计算

选取相邻两圈弹簧丝之间的间隙 $\delta=0.15d$，计算如下：

计算弹簧的齿距 t：$t=d+\delta+\frac{\lambda_2}{n}$；

计算弹簧的自由高度 H_0：$H_0=nt+(n_2-0.5)d$；

计算弹簧的中径 D_2：$D_2=Cd$；

计算弹簧的高径比 b：$b=\frac{H_0}{D_2}$；

计算弹簧的稳定临界载荷 F_C：$F_C=C_BKH_0$。

2. 案例 37：按强度条件设计 App 窗口

(1) App 窗口设计

圆柱螺旋弹簧强度设计 App 窗口，如图 5.2.2 所示。

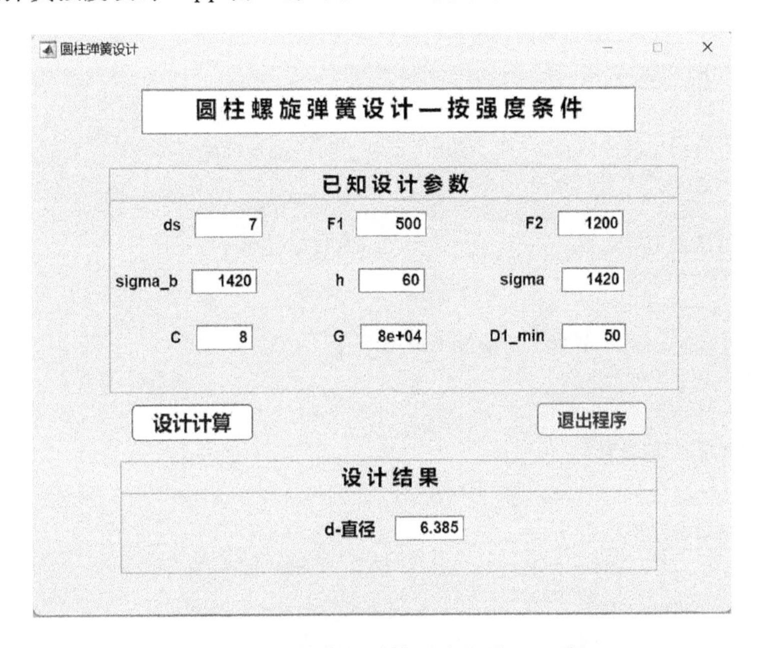

图 5.2.2　圆柱螺旋弹簧强度设计 App 窗口

(2) App 窗口程序设计(程序 lu_exam_37)

1) 私有属性创建

```
properties(Access = private)
  % App 界面信息提示对话框有属性
  ds;                                            % ds:弹簧丝直径
  sigma_b;                                       % sigma_b:弹簧丝强度极限
  C;                                             % C:弹簧指数
```

```
  F1;                                              % F1:初载荷
  F2;                                              % F2:最大载荷
  h;                                               % h:工作行程
  G;                                               % G:弹簧剪切弹性模量
  sigma;                                           % sigma:许用应力
  D1_min;                                          % D1_min:最小内径
end
```

2)【设计计算】回调函数

```
functionshejiJiSuan(app, event)
% App 界面已知数据读入
  ds = app.dsEditField.Value;                      %【ds】
  sigma_b = app.sigma_bEditField.Value;            %【sigma_b】
  C = app.CEditField_2.Value;                      %【C】
  F1 = app.F1EditField.Value;                      %【F1】
  F2 = app.F2EditField.Value;                      %【F2】
  h = app.hEditField.Value;                        %【h】
  G = app.GEditField.Value;                        %【G】
  sigma = app.sigmaEditField.Value;                %【sigma】
  D1_min = app.D1_minEditField.Value;              %【D1】
  % 设计计算
  tau_p = 0.5 * sigma_b;                           % tau_p:许用剪切应力
  Kq = (4 * C - 1)/(4 * C - 4) + 0.615/C;          % Kq:弹簧曲度系数
  dj = sqrt(8 * Kq * F2 * C/(pi * tau_p));         % dj:弹簧丝直径
  if dj > ds                                       % 判断 dj > ds
  % App 界面信息提示对话框
  msgbox('弹簧丝直径不满足设计要求','设计提示');
  else
  % App 界面信息提示对话框
  msgbox('弹簧丝直径满足设计要求','设计提示');
  end
  % 设计计算结果写入 App 界面对应的显示框中
  app.dEditField.Value = dj;                       %【d - 直径】
end
```

3)【退出程序】回调函数

```
functionTuiChuChengXu(app, event)
  % App 界面信息提示对话框
  sel = questdlg('确认关闭应用程序?','关闭确认','Yes','No','No');
  switchsel
  case'Yes'
  delete(app);                                     % 关闭本 App 窗口
  case'No'
  end
end
```

3. 案例 38:按刚度条件设计 App 窗口

(1) App 窗口设计

圆柱螺旋弹簧刚度设计 App 窗口,如图 5.2.3 所示。

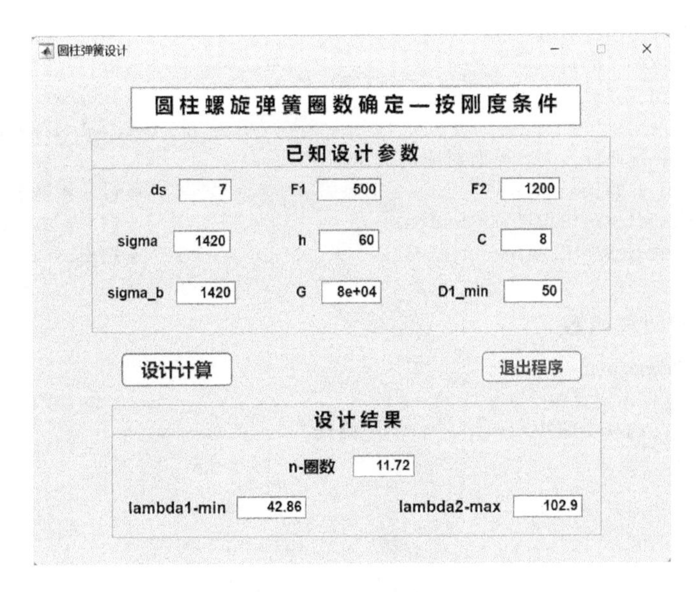

图 5.2.3　圆柱螺旋弹簧刚度设计 App 窗口

(2) App 窗口程序设计(程序 lu_exam_38)

1) 私有属性创建

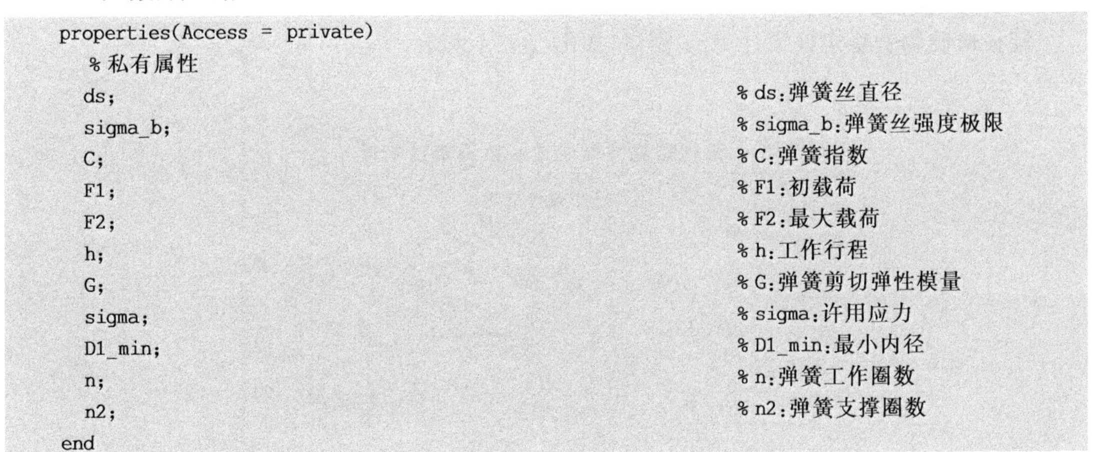

```
properties(Access = private)
  %私有属性
  ds;                                  %ds:弹簧丝直径
  sigma_b;                             %sigma_b:弹簧丝强度极限
  C;                                   %C:弹簧指数
  F1;                                  %F1:初载荷
  F2;                                  %F2:最大载荷
  h;                                   %h:工作行程
  G;                                   %G:弹簧剪切弹性模量
  sigma;                               %sigma:许用应力
  D1_min;                              %D1_min:最小内径
  n;                                   %n:弹簧工作圈数
  n2;                                  %n2:弹簧支撑圈数
end
```

2)【设计计算】回调函数

```
functionshejiJiSuan(app, event)
  %App 界面已知数据读入
  ds = app.dsEditField.Value;                    %【ds】
  sigma_b = app.sigma_bEditField.Value;          %【sigma_b】
  C = app.CEditField_2.Value;                    %【C】
  F1 = app.F1EditField.Value;                    %【F1】
  F2 = app.F2EditField.Value;                    %【F2】
  h = app.hEditField.Value;                      %【h】
  G = app.GEditField.Value;                      %【G】
  sigma = app.sigmaEditField.Value;              %【sigma】
  D1_min = app.D1_minEditField.Value;            %【D1】
  %设计计算
  Kj = (F2 - F1)/h;                              %Kj:弹簧刚度
  nj = G * ds/(8 * C^3 * Kj);                    %nj:弹簧圈数
```

```
    % 计算弹簧的刚度和变形量
    Kp = G * ds/(8 * C^3 * nj);                        % Kp:弹簧实际刚度
    lambda1 = F1/Kp;                                   % lambda1:弹簧最小变形
    lambda2 = F2/Kp;                                   % lambda2:弹簧最大变形
    % 设计计算结果分别写入 App 界面对应的显示框中
    app.nEditField_2.Value = nj;                       % 【n - 圈数】
    app.lambda1minEditField.Value = lambda1;           % 【lambda1 - min】
    app.lambda2maxEditField.Value = lambda2;           % 【lambda2 - max】
end
```

3)【退出程序】回调函数

```
functionTuiChuChengXu(app, event)
    % App 界面信息提示对话框
    sel = questdlg('确认关闭应用程序？','关闭确认','Yes','No','No');
    switch sel
    case'Yes'
    delete(app);                                       % 关闭本 App 窗口
    case'No'
    end
end
```

4. 案例 39：按稳定性条件设计 App 窗口

(1) App 窗口设计

圆柱螺旋弹簧稳定性设计 App 窗口，如图 5.2.4 所示。

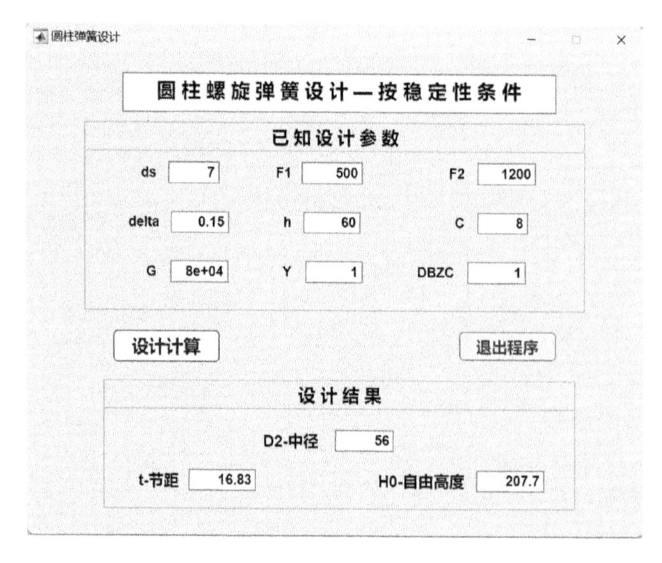

图 5.2.4 圆柱螺旋弹簧稳定性设计 App 窗口

(2) App 窗口程序设计(程序 lu_exam_39)

1) 私有属性创建

```
properties(Access = private)
    % 私有属性
    ds;                                                % ds:弹簧丝直径
    C;                                                 % C:弹簧指数
    F1;                                                % F1:初载荷
    F2;                                                % F2:最大载荷
```

```
    h;                                                    % h:工作行程
    G;                                                    % G:弹簧剪切弹性模量
    delta;                                                % delta:间隙系数
    Y;                                                    % Y:端部结构类型
      DBZC;                                               % DBZC:端部支撑类型
end
```

2)【设计计算】回调函数

```
functionshejiJiSuan(app, event)
    % App 界面已知数据读入
    ds = app.dsEditField.Value;                           %【ds】
    C = app.CEditField_2.Value;                           %【C】
    F1 = app.F1EditField.Value;                           %【F1】
    F2 = app.F2EditField.Value;                           %【F2】
    h = app.hEditField.Value;                             %【h】
    G = app.GEditField.Value;                             %【G】
    delta = app.deltaEditField.Value;                     %【delta】
    Y = app.YEditField.Value;                             %【Y】
    DBZC = app.DBZCEditField.Value;                       %【DBZC】
    % 设计计算
    Kj = (F2 - F1)/h;                                     % KJ:弹簧刚度
    nj = G * ds/(8 * C^3 * Kj);                           % nj:弹簧圈数
    % 计算弹簧的刚度和变形量
    Kp = G * ds/(8 * C^3 * nj);                           % Kp:弹簧实际刚度
    lambda1 = F1/Kp;                                      % lambda1:弹簧最小变形
    lambda2 = F2/Kp;                                      % lambda2:弹簧最大变形
    D2 = C * ds;                                          % D2:弹簧中径
    t = (1 + delta) * ds + lambda2/nj;                    % t:圆柱螺旋压缩弹簧节距
    % 计算弹簧自由高度 H0
    if Y == 1
    H0 = nj * t + 1.5 * ds;
    elseif Y == 2
    H0 = nj * t + 2.5 * ds;
    end
    b = H0/D2;                                            % b:弹簧高径比
    % 采用 3 次样条插值确定圆柱螺旋弹簧不稳定系数 Cb,DBZC = 1,2,3
    switch DBZC
    case 1                                                % 1:弹簧两端固定支承
      bx = [5.3 5.4 5.5 5.75 6 6.5 7 7.5 8 8.5 9 10];
    Cby = [0.80 0.65 0.60 0.45 0.40 0.325 0.265 0.225 0.19 0.165 0.145 0.125];
    case 2                                                % 2:弹簧一端固定一端自由支承
    bx = [3.7 3.85 4 4.5 5 5.5 6 6.5 7 8 9 10];
    Cby = [0.80 0.60 0.50 0.31 0.24 0.20 0.17 0.15 0.13 0.105 0.08 0.075];
    case 3                                                % 3:弹簧两端自由支承
    bx = [2.6 2.8 3 3.5 4 4.5 5 5.5 6 7 8 9 10];
    Cby = [0.8 0.5 0.4 0.27 0.21 0.15 0.12 0.09 0.075 0.05 0.04 0.03 0.025];
    end
    Cb = interp1(bx,Cby,b,'spline');                      % Cb:3 次样条插值
    Fc = Cb * Kp * H0;                                    % Fc:临界载荷
    if   Fc <F2
    % App 界面信息提示对话框
    msgbox('弹簧工作不稳定','设计提示');
    else
```

```
    % App 界面信息提示对话框
    msgbox('弹簧工作稳定','设计提示');
    end
    % 设计计算结果分别写入 App 界面对应的显示框中
    app.D2EditField.Value = D2;                                   %【D2 - 中经】
    app.tEditField.Value = t;                                     %【t - 节距】
    app.H0EditField.Value = H0;                                   %【H0 - 自由高度】
end
```

3)【退出程序】回调函数

```
functionTuiChuChengXu(app, event)
    % App 界面信息提示对话框
    sel = questdlg('确认关闭应用程序?','关闭确认,','Yes','No','No');
    switch sel
    case'Yes'
    delete(app);                                                %关闭本 App 窗口
    case'No'
    end
end
```

5.2.3 圆柱螺旋弹簧优化设计计算

在设计圆柱螺旋受压弹簧(见图 5.2.1)时,需要考虑诸如疲劳性、易弯曲性、摇摆、变形等要求,要满足这些要求,可用最优化设计方法实现。

1. 弹簧优化设计分析

弹簧优化设计包括 1 个设计目标函数、2 个设计变量、7 个约束条件及变量的上界和下界。

设计目标定位:考虑疲劳或易弯指标时,求安全系数倒数的极小值(即求安全系数的极大值)。

设计变量:c 为弹簧指数,$c=D/d$,其中 D 为弹簧中径,d 为弹簧钢丝直径。

考虑疲劳指标时,安全系数 SF_f 的倒数如下:

$$\frac{1}{SF_f}=\frac{\tau_a}{S_{ns}}+\frac{\tau_m}{S_{us}} \tag{5-2-4}$$

式中:τ_a 为剪应力的交变量;τ_m 为剪应力的平均量;S_{ns} 为弹簧材料疲劳强度;S_{us} 为弹簧材料极限强度。

考虑易弯曲指标时,安全系数 SF_y 的倒数如下:

$$\frac{1}{SF_y}=\frac{\tau_a+\tau_m}{S_{ys}} \tag{5-2-5}$$

式中:S_{ys} 为剪应弯曲强度。

如果满足如下条件:

$$\frac{\tau_a}{\tau_m}\geqslant\frac{S_{ns}(S_{ys}-S_{us})}{S_{us}(S_{ns}-S_{ys})} \tag{5-2-6}$$

则目标函数为考虑疲劳时的安全系数 SF_f 的倒数公式;否则,目标函数为考虑易弯曲时的安全系数 SF_y 的倒数公式。

剪应力的交变量由下式确定:

$$\tau_a=\frac{8F_a cK_w}{\pi d^2} \tag{5-2-7}$$

剪应力的平均量由下式确定：

$$\tau_m = \frac{8F_m c K_w}{\pi d^2} \tag{5-2-8}$$

式中：

$$K_w = \frac{4c-1}{4c+4} + \frac{0.615}{c}$$

$$F_a = \frac{F_U - F_L}{2}$$

$$F_m = \frac{F_U + F_L}{2}$$

其中：F_U 和 F_L 分别为施加于弹簧轴心的压力上限和下限；F_a 和 F_m 分别是剪应力的交变力和平均力；K_w 为弹簧的弯曲剪切和直接剪切应力系数。

2. 弹簧优化设计数学模型

考虑疲劳指标时的设计目标函数为

$$\text{minimize}\quad \frac{1}{SF_f} = \frac{\tau_a}{S_{ns}} + \frac{\tau_m}{S_{us}} \tag{5-2-9}$$

考虑易弯曲指标时的设计目标函数为

$$\text{minimize}\quad \frac{1}{SF_y} = \frac{\tau_a + \tau_m}{S_{ys}} \tag{5-2-10}$$

目标函数约束条件 $g_1 \sim g_7$ 如下：

s. t.　$g_1: K_1 d^2 - 1 \leqslant 0$　（摇摆约束）

$g_2: K_2 - c^5 \leqslant 0$　（变形约束）

$g_3: K_3 c^3 - d \leqslant 0$　（弹簧最小圈数约束）

$g_4: K_4 d^2 c^{-3} + K_8 d - 1 \leqslant 0$　（压缩长度约束）

$g_5: K_5 (cd + d) - 1 \leqslant 0$　（线圈最大直径约束）

$g_6: c^{-1} + K_6 d^{-1} c^{-1} - 1 \leqslant 0$　（线圈最小直径约束）

$g_7: K_7 c^3 - d^2 \leqslant 0$　（撞击余量约束）

其中：

$$K_1 = \frac{G f_r \Delta}{112\,800(F_U - F_L)},\quad K_2 = \frac{G F_U (1 + A)}{22.3 k^2}$$

$$K_3 = \frac{8kN_{min}}{G},\quad K_4 = \frac{G(1 + A)}{8kL_m}$$

$$K_5 = \frac{1}{OD},\quad K_6 = ID$$

$$K_7 = \frac{0.8(F_U - F_L)}{AG},\quad K_8 = \frac{Q}{L_m}$$

$$S_{ns} = C_1 d^{d_1} \overline{NC}^{B_1},\quad S_{us} = C_2 d^{A_1}$$

$$S_{ys} = C_3 d^{A_1},\quad k = \frac{F_U - F_L}{\Delta}$$

5.2.4 案例 40：圆柱螺旋弹簧优化 App 设计

1. 案例 40 内容

圆柱螺旋受压弹簧已知参数如下：

距离常数(无量纲) $A=0.4$；

固有频率最小允许值 $f_r=500$ Hz；

钢剪切模量 $G=11.5\times10^6$ psi；

弹簧内径最小允许值 ID=0.75 in(1 in=25.4 mm)；

弹簧内径最大允许值 OD=1.5 in；

最小线圈数 $N_{min}=3$；

端簧圈数 $Q=2$；

失效周数 $NC=10^6$；

弹簧挠度 $\Delta=0.25$ in；

弹簧承受最大负荷的最大长度 $L_m=1.25$ in；

其他弹簧设计必要参数 $A_1=-0.14, B_1=-0.2137, C_1=630\ 500, C_2=160\ 000, C_3=86\ 500$；

弹簧指数 c 满足条件 $4\leqslant c\leqslant 20$；

线圈钢丝直径 d 满足条件 $0.004\leqslant d\leqslant 0.25$。

2. App 窗口设计

圆柱螺旋受压弹簧优化设计 App 窗口，如图 5.2.5 所示。

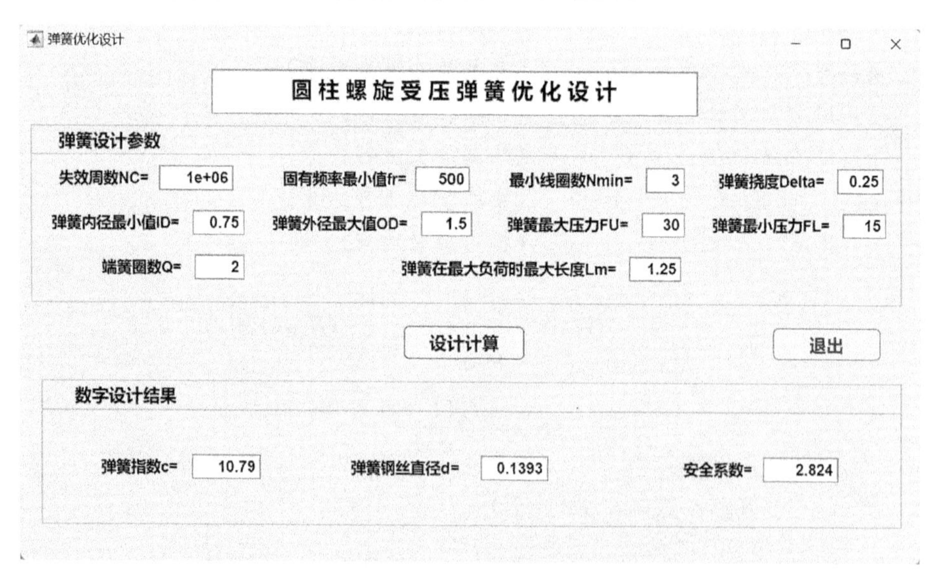

图 5.2.5 圆柱螺旋受压弹簧优化设计 App 窗口

3. App 窗口程序设计(程序 lu_exam_40)

(1)【设计计算】回调函数

```
functionSheJiJieGuo(app, event)
  % App 界面已知数据读入
```

```
        fr = app.frEditField.Value;                           %【固有频率最小值 fr】
        NC = app.NCEditField.Value;                           %【失效周数 NC】
        FU = app.FUEditField.Value;                           %【弹簧最大压力 FU】
        Q = app.QEditField.Value;                             %【端簧圈数 Q】
        Lm = app.LmEditField.Value;                           %【弹簧在最大负荷时最大长度 Lm】
        FL = app.FLEditField.Value;                           %【弹簧最小压力 FL】
        OD = app.ODEditField.Value;                           %【弹簧外径最大值 OD】
        ID = app.IDEditField.Value;                           %【弹簧内径最小值 ID】
        Nmin = app.NminEditField.Value;                       %【弹簧最小圈数 Nmin】
        Delta = app.NCEditField.Value;                        %【弹簧挠度 Delta】
        %设计计算
        A = 0.4;                                              %A:距离常数(无量纲)
        G = 11.5 * 10^6;                                      %G:钢的剪切模量
        %其余与非线性约束条件中与弹簧材料有关的系数
        A1 =- 10.14;
        B1 =- 10.2137;
        C1 = 630500;
        C2 = 160000;
        C3 = 86550;
        %调私有函数 SpringParameters 计算弹簧常数 K,Fa:交变力,Fm:平均力
        [K,Fa,Fm] = SpringParameters(A,FL,FU,G,fr,ID,OD,Lm,Nmin,Q,Delta);
        x0 = [10,10];                                         %x0:优化设计初值
        lb = [4,0.004];                                       %lb:弹簧指数和弹簧钢丝直径下界
        ub = [20,0.25];                                       %ub:弹簧指数和弹簧钢丝直径上界
        options = optimset('LargeScale','off');               %关闭大规模计算
        %最优设计函数 fmincon
        [x,f] = fmincon(@SpringObjFunc,x0,[],[],[],[],lb,ub,@SpringNLConstr,options,K,Fa,Fm,NC,
A1,B1,C1,C2,C3);
        Sf = 1/f;                                             %Sf:安全系数 f 倒数
        c = x(1);                                             %c:弹簧指数(D/d)
        d = x(2);                                             %d:弹簧钢丝直径
        %私有函数 SpringParameters,弹簧常数 K1~K8
        function[K,Fa,Fm] = SpringParameters(A,FL,FU,G,fr,ID,OD,Lm,Nmin,Q,Delta)
        Fa = (FU - FL)/2;                                     %Fa:交变力
        Fm = (FU + FL)/2;                                     %Fm:平均力
        k = (FU - FL)/Delta;                                  %k:与 Delta 有关系数
        K(1) = G * fr * Delta/(112800 * (FU - FL));
        K(2) = G * FU * (1 + A)/(22.3 * k^2);
        K(3) = 8 * k * Nmin/G;
        K(4) = G * (1 + A)/(8 * k * Lm);
        K(5) = 1/OD;
        K(6) = ID;
        K(7) = 0.8 * (FU - FL)/(A * G);
        K(8) = Q/Lm;
        end
        %私有函数 SpringNLConstr,非线性约束条件 g1~g7
        function[C,Ceq] = SpringNLConstr(x,K,Fa,Fm,NC,A1,B1,C1,C2,C3)
        c = x(1);
        d = x(2);
        C(1) = K(1) * d^2 - c;
        C(2) = K(2) - c^5;
        C(3) = K(3) * c^3 - d;
        C(4) = K(4) * d^2/c^3 + K(8) * d - 1;
```

```
    C(5) = K(5) * (c * d + d) - 1;
    C(6) = 1/c + K(6)/c/d - 1;
    C(7) = K(7) * c^3 - d^2;
    Ceq = [];
    end
    % 私有函数 SpringObjFunc:弹簧设计目标函数(满足疲劳或易弯曲指标时的安全系数 f)
    % 满足疲劳或易弯曲指标时的安全系数 f,见式(5-2-9)和式(5-2-10)
    functionf = SpringObjFunc(x,K,Fa,Fm,NC,A1,B1,C1,C2,C3)
    c = x(1);
    d = x(2);
    Sns = C1 * d^A1 * NC^B1;
    Sus = C2 * d * A1;
    Sys = C3 * d^A1;
    Kw = (4 * c - 1)/(4 * c + 4) + 0.615/c;
    Temp = 8 * c * Kw/(pi * d^2);
    TauA = Fa * Temp;
    TauM = Fm * Temp;
    Ratio = TauA/TauM;
    SS = Sns * (Sys - Sus)/(Sus * (Sus - Sys));
    if(Ratio - SS) > = 0
    f = TauA/Sns + TauM/Sus;                          % 以疲劳指标为目标
    else
    f = (TauA + TauM)/Sys;                            % 以易弯曲指标为目标
    end
    end
    % 设计计算结果分别写入 App 界面对应的显示框中
    app.cEditField.Value = c;                         %【弹簧指数 c】
    app.dEditField.Value = d;                         %【弹簧钢丝直径 d】
    app.EditField.Value = Sf;                         %【安全系数】
end
```

(2)【结束程序】回调函数

```
functionTuiChu(app, event)
    % App 界面信息提示对话框
    sel = questdlg('确认关闭窗口?','关闭确认','Yes','No','No');
    switchsel;
    case'Yes'
    delete(app);                                      % 关闭本 App 窗口
    case'No'
    return
    end
end
```

5.2.5 案例 41:圆柱螺旋弹簧多目标优化 App 设计

1. 多目标优化问题的复杂性

对于单目标优化问题,任何两个解都可以用其目标函数值来比较方案的优劣。而对于多目标优化问题:

$$\begin{cases}\min\{f_1(x),f_2(x),\cdots,f_t(x)\} \\ \text{s.t. } g_u(x)\leqslant 0 \quad (u=1,2,3,\cdots,m) \\ \qquad h_v(x)=0 \quad (v=1,2,3,\cdots,p<t)\end{cases} \tag{5-2-11}$$

任何两个解就不一定能用其目标函数比较方案的优劣，只能是半有序的。假设 t 个设计目标中有两个设计方案 $x^{(H)}$、$x^{(L)}$，若它们各个分目标的函数值都满足条件：

$$f_j(x^{(L)}) \leqslant f_j(x^{(H)}) \quad (j=1,2\cdots,t) \tag{5-2-12}$$

则方案 $x^{(L)}$ 比 $x^{(H)}$ 好，$x^{(H)}$ 称为劣解。

获得使各分目标同时达到最优的绝对最优解是很困难的。由于处理单目标优化问题已经有许多有效的优化方法，因此可以将多目标优化问题转化为单目标优化问题，使多目标优化问题解的半有序性转化为单目标优化问题解的完全有序性。应当指出，这种转化后问题的解往往是原多目标优化问题的一个或部分非劣解，不是全部的有效解。要想得到一个能够接受的最好有效解，关键在于选择某种形式的折中。

求解多目标优化问题的基本思想是将各个分目标函数构造成一个评价函数：

$$f(x)=\{f_1(x),f_2(x),\cdots,f_t(x)\} \tag{5-2-13}$$

从而将多目标优化问题转化为求解评价函数的单目标优化问题来处理。构造评价函数的方法主要有线性加权法、规格化加权法、功效系数法、乘除法和主要目标法等。使用 MATLAB 优化工具箱最小最大化函数(fminimax)求解多目标约束优化问题：

$$\begin{cases} \min\limits_{x}\ \max\limits_{f}\{f_1(x),f_2(x),\cdots,f_t(x)\} \\ \quad \text{s.t.}\ \ Ax \leqslant b \\ \qquad A_{eq}(x)=b_{eq} \\ \qquad C(x) \leqslant 0 \\ \qquad C_{eq}(x)=0 \\ \qquad \mathrm{Lb} \leqslant x \leqslant \mathrm{Ub} \end{cases} \tag{5-2-14}$$

式中：$Ax \leqslant b$ 和 $A_{eq}(x)=b_{eq}$ 是线性不等式和等式约束；$C(x) \leqslant 0$ 和 $C_{eq}(x)=0$ 是非线性不等式和等式约束；$\mathrm{Lb} \leqslant x \leqslant \mathrm{Ub}$ 是设计变量的下限和上限。

最小最大化函数(fminimax)求解多目标约束优化问题的方法，是将各个分目标的权重视为相同，其功能是使约束各个分目标函数 $\{f_1(x),f_2(x),\cdots,f_t(x)\}$ 的最劣解 x 逐次变小，也就是在最坏情况下寻求最好的结果。

2. 案例 41 内容

要求设计一个内燃机用气门受压弹簧如图 5.2.1 所示，工作载荷 $F=680$ N，工作行程 $h=16.59$ mm，工作频率 $f_r=25$ Hz，要求寿命 $N \geqslant 10^6$ 循环次数。弹簧丝材料采用 50CrVA，许用应力 $[\tau]=405$ MPa。弹簧的结构要求：弹簧丝直径 2.5 mm $\leqslant d \leqslant$ 9 mm，弹簧外径 30 mm $\leqslant D \leqslant$ 60 mm，工作圈数 $3 \leqslant n \leqslant 6$，支撑圈数 $n_2=1.8$(采用 YI 型端部结构)，弹簧指数 $C \geqslant 6$，弹簧压并高度 $\lambda_b=1.1h=18.25$ mm。试在满足弹簧的强度条件、刚度条件、稳定性条件、旋绕比条件和结构尺寸边界条件等约束条件下，确定弹簧的弹簧丝直径 d、中径 D_2 和工作圈数 n 这 3 个设计参数，使它质量最小、自由高度最小和自振频率最高。其中，弹簧钢的材料密度 $\rho=7.5\times10^{-6}$ kg/mm^3，循环次数 $N \geqslant 10^3$ 时弹簧的曲度系数 $K=1.6/C^{0.14}$。

由于需要同时考虑结构质量最小、弹簧自由高度最小和自振频率最高这 3 个设计目标，所以属于多目标优化问题。

(1) 确定设计变量

按照题意取弹簧丝直径 d、中径 D_2 和工作圈数 n 这 3 个独立设计参数为设计变量：

$$x=\begin{bmatrix}x_1\\x_2\\x_3\end{bmatrix}=\begin{bmatrix}d\\D_2\\n\end{bmatrix} \tag{5-2-15}$$

(2) 建立分目标函数

① 弹簧的结构质量最小

$$f_1(x)=1.8148\times10^{-4}x_1^2x_2(x_3+1.8) \tag{5-2-16}$$

② 弹簧的自由高度最小

$$f_2(x)=x_1(x_3+1.3)+18.25 \tag{5-2-17}$$

③ 弹簧的自振频率最高(取其倒数作为分目标函数，追求它的最小值)

$$f_3(x)=f_r^{-1}=2.809\times10^{-6}x_2^2x_3/x_1 \tag{5-2-18}$$

为了使 3 个分目标有相同的数量级，对它们进行如下换算：

$$f_i'(x)=\frac{f_i(x)-L_i}{H_i-L_i}\quad(i=1,\ 2,\ 3)$$

式中：$f_i(x)$为各个分目标函数值的实际值；L_i 和 H_i 分别为各个分目标函数的理想值和非理想值。当 $f_i(x)=L_i$ 时，换算值 $f_i'(x)=0$；当 $f_i(x)=H_i$ 时，换算值 $f_i'(x)=1$。

(3) 建立约束条件

$g_1(x)=2.7706\times10^3x_2^{0.86}/x_1^{2.86}-405\leqslant0$　(强度条件)

$g_2(x)=6-x_2/x_1\leqslant0$　(弹簧指数条件)

$g_3(x)=(x_3+1.3)x_1-5.3x_2+18.25\leqslant0$　(弹簧稳定性条件)

$g_4(x)=250-3.56\times10^5x_1/(x_2^2x_3)\leqslant0$　(弹簧防止共振条件)

$g_5(x)=680-1.659\times10^5x_1^4/(x_2^3x_3)\leqslant0$　(弹簧刚度条件)

$g_6(x)=2.5-x_1\leqslant0$　(弹簧丝直径下限)

$g_7(x)=x_1-9.5\leqslant0$　(弹簧丝直径上限)

$g_8(x)=30-x_1-x_2\leqslant0$　(弹簧外径下限)

$g_9(x)=x_1+x_2-60\leqslant0$　(弹簧外径上限)

$g_{10}(x)=3-x_3\leqslant0$　(弹簧工作圈数下限)

$g_{11}(x)=x_3-6\leqslant0$　(弹簧工作圈数上限)

其中，前 5 个为性能约束条件，后 6 个为边界约束条件。这是一个具有 11 个约束条件的三维非线性 3 目标优化设计问题。

3. App 窗口设计

圆柱螺旋弹簧多目标优化设计 App 窗口，如图 5.2.6 所示。

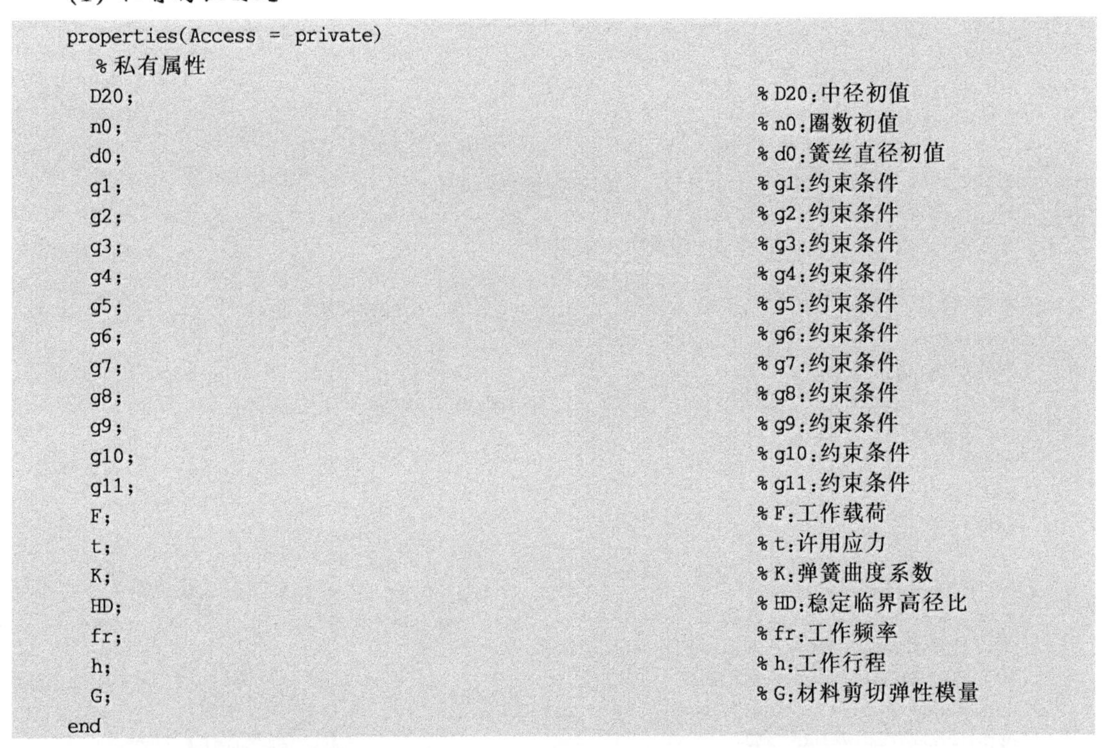

图 5.2.6　圆柱螺旋弹簧多目标优化设计 App 窗口

4. App 窗口程序设计(程序 lu_exam_41)

(1) 私有属性创建

```
properties(Access = private)
  %私有属性
  D20;                                                          %D20:中径初值
  n0;                                                           %n0:圈数初值
  d0;                                                           %d0:簧丝直径初值
  g1;                                                           %g1:约束条件
  g2;                                                           %g2:约束条件
  g3;                                                           %g3:约束条件
  g4;                                                           %g4:约束条件
  g5;                                                           %g5:约束条件
  g6;                                                           %g6:约束条件
  g7;                                                           %g7:约束条件
  g8;                                                           %g8:约束条件
  g9;                                                           %g9:约束条件
  g10;                                                          %g10:约束条件
  g11;                                                          %g11:约束条件
  F;                                                            %F:工作载荷
  t;                                                            %t:许用应力
  K;                                                            %K:弹簧曲度系数
  HD;                                                           %HD:稳定临界高径比
  fr;                                                           %fr:工作频率
  h;                                                            %h:工作行程
  G;                                                            %G:材料剪切弹性模量
end
```

(2)【理论计算】回调函数

```
functionLiLunJiSuan(app, event)
  %App界面已知数据读入
  D20 = app.D20EditField.Value;                              %【D20】
  n0 = app.n0EditField.Value;                                %【n0】
  d0 = app.d0EditField.Value;                                %【d0】
```

```
g6 = app.g6EditField_2.Value;                                      %【g6】
g7 = app.g7EditField.Value;                                        %【g7】
g8 = app.g8EditField.Value;                                        %【g8】
g9 = app.g9EditField.Value;                                        %【g9】
g10 = app.g10EditField.Value;                                      %【g10】
g11 = app.g11EditField.Value;                                      %【g11】
F = app.FEditField.Value;                                          %【F】
t = app.tEditField.Value;                                          %【t】
K = app.KEditField.Value;                                          %【K】
HD = app.HDEditField.Value;                                        %【HD】
fr = app.frEditField_2.Value;                                      %【fr】
h = app.hEditField.Value;                                          %【h】
G = app.GEditField.Value;                                          %【G】
%设计计算
x0 = [d0;D20;n0];                                                  %x0:设计变量初值
%设计变量的下限 lb 与上限 ub
lb = [g6;g8;g10];
ub = [g7;g9;g11];
%线性不等式约束(g6(x)~g11(x))中设计变量的系数矩阵(非零元素)
a = zeros(6,3);
a(1,1) =- 11;
a(2,1) = 1;
a(3,1) =- 11;
a(3,2) =- 11;
a(4,1) = 1;
a(4,2) = 1;
a(5,3) =- 11;
a(6,3) = 1;
%线性不等式约束( g6(x)~g11(x) )中的常数项列阵
b = [ - g6;g7; - g8;g9; - g10;g11]';
%没有等式约束,参数 Aeq 和 beq 定义为空矩阵符号 []
L = [0.9434 42.5514 1.709e - 3];                                   %L:分目标函数理想值
%多目标优化函数 fminimax(调私有函数 TH_dmbyh_fTS 和 TH_dmbyh_gTS)
fori = 1:4
H = [11 * L(1) - i * L(1) 11.5 * L(2) - i * L(2) 13.5 * L(3) - i * L(3)];   %H:分目标函数非理想值
[x,fn] = fminimax(@TH_dmbyh_fTS,x0,a,b,[],[],lb,ub,@TH_dmbyh_gTS,[],L,H,F,t,K,HD,fr,h,G);
forj = 1:3
ff(j) = fn(j) * (H(j) - L(j)) + L(j);                              %将各分目标函数还原成实际值
end
f1(i) = ff(1);
f2(i) = ff(2);
f3(i) = 1./ff(3);                                                  %将各分目标最优值赋给各数组
end
%设计计算结果分别写入 App 界面对应的显示框中
app.D2EditField.Value = x(2);                                      %【D2 - 弹簧中径】
app.nEditField.Value = x(3);                                       %【n - 弹簧圈数】
app.dEditField.Value = x(1);                                       %【d - 簧丝直径】
app.H0EditField.Value = ff(2);                                     %【H0 - 弹簧自由高度】
app.frEditField.Value = 1/ff(3);                                   %【fr 弹簧固有频率】
app.WEditField.Value = ff(1);                                      %【W - 弹簧结构质量】
%私有函数 TH_dmbyh_fTS,多目标优化设计的目标函数
function[f] = TH_dmbyh_fTS(x,L,H,F,t,K,HD,fr,h,G);
p = 7.5e - 6;                                                      %p:钢的密度
g1 = 9.80665;                                                      %g1:重力加速度
```

```
    %对各分目标函数进行相同数量级的变换 ff = (f - L)/(H - L)
    f1 = p * gl * pi^2 * x(1)^2 * x(2) * (x(3) + 1.8)/4;                    %弹簧质量
    f(1) = (f1 - L(1))/(H(1) - L(1));
    f2 = x(1) * (x(3) + 1.3) + 18.25;                                        %弹簧自由高度
    f(2) = (f2 - L(2))/(H(2) - L(2));
    f3 = 2.809e - 6 * x(2)^2 * x(3)/x(1);                                    %弹簧自振频率的倒数
    f(3) = (f3 - L(3))/(H(3) - L(3));
    end
    %私有函数 TH_dmbyh_gTS,非线性不等式约束函数
    function[g,ceq] = TH_dmbyh_gTS(x,L,H,F,t,K,HD,fr,h,G);
    g(1) = 8 * K * F/pi * x(2)^0.86/x(1)^2.86 - t;
    g(2) = 6 - x(2)/x(1);
    g(3) = (x(3) + 1.3) * x(1) + 18.25 - HD * x(2);
    g(4) = 10 * fr - 3.56e5 * x(1)/x(2)^2/x(3);
    g(5) = F - h * G/8 * x(1)^4/x(2)^3/x(3);
    ceq = [];
    end
end
```

(3)【**结束程序**】**回调函数**

```
functionTuiChu(app, event)
    %App 界面信息提示对话框
    sel = questdlg('确认关闭应用程序？','关闭确认,','Yes','No','No');
    switchsel
    case'Yes'
    delete(app);                                                             %关闭本 App 窗口
    case'No'
    end
end
```

第6章 转轴的App设计案例

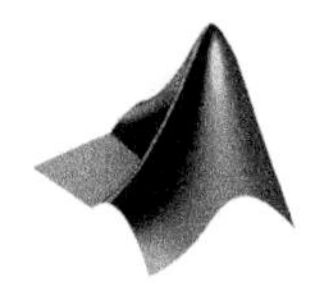

6.1 转轴的可靠性设计

传统设计使用了相当大的安全系数，掩盖了可靠性与经济性的矛盾。可靠性试验数据是可靠性设计的基础，而产品的可靠性是由设计来决定，由制造和管理来保证的。可靠性设计需要足够的呈现正态分布的设计数据，需要一系列试验和管理制度。

机械系统（零件）的失效是指在运转过程中达不到人们对它的要求。机械系统（零件）的可靠度实质上是它们在给定的运行条件下抵抗失效的能力，反映了应力与强度相互作用的效果。应力与强度都是随机变量，并且呈正态分布，或指数分布、二项式分布、泊松分布和威布尔分布等。应力是指凡是引起机械系统（零件）失效的一切因素，不仅是构件单位面积的内力，而且包括温度、湿度等环境因素。强度是指凡是阻止机械系统（零件）失效的因素，不仅是材料单位面积能承受的作用力，而且包括加工精度、表面粗糙度等各种因素。

机械系统（零件）可靠性计算的步骤一般是：先用代数法计算综合应力或强度（以均值和标准差两个数字特征参数描述它们的分布形态）；再用联系方程决定可靠度 R 或机械零件的结构参数。其中涉及正态随机变量的代数和、代数差、乘积、商、数学期望和方差的计算。

6.1.1 弯扭组合作用下转轴的可靠性设计计算

在实际机械及汽车结构中，受弯扭组合作用的轴类零件占绝大多数，若已知轴类零件材料的强度 $\delta \sim N(\mu_\delta, \sigma_\delta^2)$，扭矩 $T \sim N(\mu_T, \sigma_T^2)$，危险截面上的最大弯矩 $M \sim N(\mu_M, \sigma_M^2)$，则弯曲应力与扭转应力的分布参数计算如下：

(1) 弯曲应力

$$S_w = \frac{M}{I/C} \tag{6-1-1}$$

式中：I 为轴横截面极惯性矩。

(2) 弯曲应力标准差

$$\sigma_{S_w} = \sqrt{\left(\frac{1}{I/C}\right)^2 \sigma_M^2 + \left(\frac{-M}{I/C}\right)^2 \sigma_{I/C}^2} \tag{6-1-2}$$

(3) 对于实心轴

$$\frac{I}{C}=\frac{\pi}{4}r^{3} \tag{6-1-3}$$

式中：r 为轴半径。

(4) 扭转应力

$$\tau=\frac{2T}{\pi r^{3}} \tag{6-1-4}$$

(5) 扭转应力标准差

$$\sigma_{\tau}=\sqrt{\frac{4\sigma_{T}^{2}}{\pi^{2}r^{6}}+\frac{36T^{2}\sigma_{R}^{2}}{\pi^{2}r^{8}}} \tag{6-1-5}$$

式中：σ_R 为轴半径的标准差，可取 $\sigma_R=\frac{\alpha r}{3}$，其中偏差系数 $\alpha=0.03$。

应用第四强度理论合成应力如下：

$$S=\sqrt{S_{\mathrm{w}}^{2}+3\tau^{2}} \tag{6-1-6}$$

$$\mu_{S}=\sqrt{\mu_{S_{\mathrm{w}}}^{2}+3\mu_{\tau}^{2}}+\frac{3}{2}\left(\frac{\mu_{\tau}^{2}\sigma_{S_{\mathrm{w}}}^{2}+\mu_{S_{\mathrm{w}}}^{2}\sigma_{\tau}^{2}}{\sqrt{\mu_{S_{\mathrm{w}}}^{2}+3\mu_{\tau}^{2}}}\right) \tag{6-1-7}$$

$$\sigma_{S}^{2}=\frac{\mu_{S_{\mathrm{w}}}^{2}\sigma_{S_{\mathrm{w}}}^{2}+9\mu_{\tau}^{2}\sigma_{\tau}^{2}}{\mu_{S_{\mathrm{w}}}^{2}+3\mu_{\tau}^{2}} \tag{6-1-8}$$

6.1.2　案例 42：弯扭组合作用下轴的可靠性 App 设计

1. 案例 42 内容

要求设计一个能同时承受弯矩和扭矩的齿轮轴，已知：

传递扭矩为 $T\sim N(120\ 000,9\ 000)$ N・m；危险截面弯矩为 $M\sim N(14\ 000,1\ 200)$ N・m；

材料强度为 $\mu_{\delta}\sim N(800,80)$ MPa，要求可靠度 $R=0.999$，试求其危险截面尺寸。

2. App 窗口设计

弯扭组合轴可靠性设计 App 窗口，如图 6.1.1 所示。

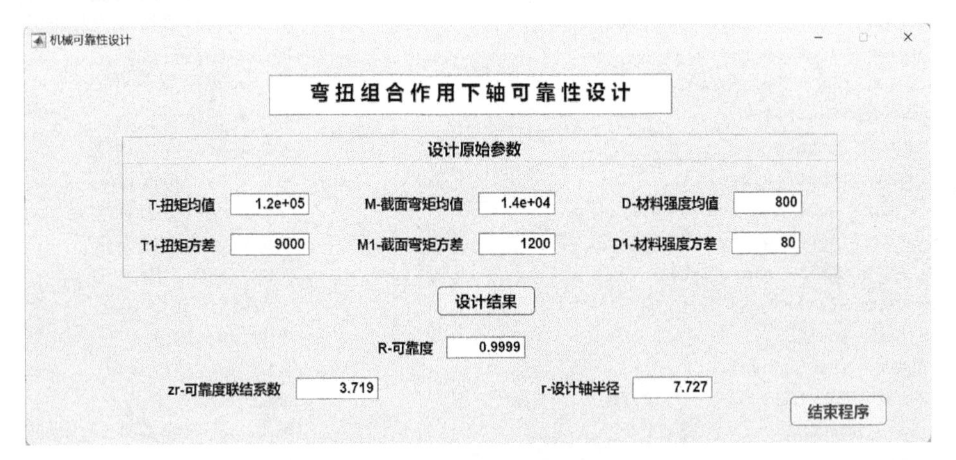

图 6.1.1　弯扭组合轴可靠性设计 App 窗口

3. App 窗口程序设计(程序 lu_exam_42)

(1)【设计计算】回调函数

```
functionLiLunJiSuan(app, event)
  % App 界面已知数据读入
  T = app.TEditField.Value;                               %【T-扭矩均值】
  T1 = app.TEditField_2.Value;                            %【T1-扭矩方差】
  M = app.MEditField.Value;                               %【M-截面弯矩均值】
  M1 = app.MEditField_2.Value;                            %【M1-截面弯矩方差】
  D = app.DEditField.Value;                               %【D-材料强度均值】
  D1 = app.DEditField_2.Value;                            %【D1-材料强度方差】
  % 设计计算危险截面半径 r 需要求解符号方程
  symsr                                                   % 定义符号变量 r
  alpha = 0.03;                                           % alpha:轴应力偏差系数
  % App 界面信息提示对话框
  ans = inputdlg({'输入可靠度 R = 0.5～0.9999'});
  R = str2num(char(ans));                                 % R:可靠度
  % R 写入 App 界面对应的显示框中
  app.REditField.Value = R;                               %【R-可靠度】
  zr = norminv(R);                                        % zr:可靠度联结系数
  n = 2000;                                               % n:样本数量
  sj = randn(n,8);                                        % sj:8 列 2000 个正态分布数据
  sgmaT = T1;                                             % sgmaT:扭矩方差
  T_mt = T + sgmaT * sj(:,1);                             % T_mt:方差区间
  sgmaM = M1;                                             % sgmaM:截面弯矩方差
  M_mt = M + sgmaM * sj(:,2);                             % M_mt:方差区间
  sgmaD = D1;                                             % sgmaD:材料强度方差
  D_mt = D + sgmaD * sj(:,3);                             % D_mt:方差区间
  sgmar = alpha * r/3;                                    % sigmar:r 半径标准差
  r_mt = r + sgmar * sj(:,4);                             % r_mt:方差区间
  r_ave = mean(r_mt);                                     % r_ave:r 半径均值
  r_ave = vpa(r_ave,5);                                   % r_ave:精度设定
  r = r_ave;                                              % r:截面半径 r 均值
  tao_mt = 2 * T_mt/pi/r^3;                               % tao_mt:扭转剪切应力方差
  tao_ave = mean(tao_mt);                                 % tao_ave:应力均值
  tao_ave = vpa(tao_ave,5);                               % tao_ave:精度设定
  tao_var = sum((tao_ave - tao_mt).^2);                   % tao_var:剪切应力标准差
  tao_var = vpa(tao_var,5);                               % tao_var:精度设定
  S_w = M./(pi * r_mt.^3/4);                              % S_w:弯曲应力方差
  S_w = vpa(S_w,5);                                       % S_w:精度设定
  S_w_ave = mean(S_w);                                    % S_w_ave:应力均值
  S_w_ave = vpa(S_w_ave,5);                               % S_w_ave:精度设定
  S_w_var = sum((S_w_ave - S_w).^2)/n;                    % S_w_var:应力标准差
  S_w_var = vpa(S_w_var,5);                               % S_w_var:精度设定
  S2 = S_w.^2 + 3 * tao_mt.^2;                            % S2:合成应力
  S2 = vpa(S2,5);                                         % S2:精度设定
  S2_ave = mean(S2);                                      % S2_ave:均值
  S2_ave = vpa(S2_ave);                                   % S2_ave:精度设定
  S2_var = sum((S2 - S2_ave).^2)/n;                       % S2_var:方差
  S_var = sqrt(S2_var * r^12)/r^6;                        % S_var:标准差
  S_var = vpa(S_var,5);                                   % S_var:标准差精度
  S_ave = sqrt(S2_ave * r^6)/r^3;                         % S_ave:均值
```

```
    S_ave = vpa(S_ave,5);                                          %S_ave:均值精度
    ft = @(r)((D - eval(S_ave))/sqrt(sgmaD^2 + eval(S_var)) - zr); %ft:待解方程句柄
    r = fsolve(ft,[2]);                                            %r:设计轴尺寸
    %设计计算结果写入 App 界面对应的显示框中
    app.zrEditField.Value = zr;                                    %【zr - 可靠度联结系数】
    app.rEditField.Value = r;                                      %【r - 设计轴半径】
end
```

(2)【结束程序】回调函数

```
functionJieSuChengXu(app, event)
    %App 界面信息提示对话框
    sel = questdlg('确认关闭应用程序?','关闭确认','Yes','No','No');
    switchsel
    case'Yes'
    delete(app);                                                    %关闭本 App 窗口
    case'No'
    end
end
```

6.1.3　简支轴危险截面可靠性设计计算

1. 确定危险截面上的应力 S 分布

(1) 最大正应力幅 S_a 的均值(弯曲应力是对称循环,其平均应力为零)

$$\mu_{S_a}=\frac{\mu_M}{\mu_W}=\frac{32}{\pi}\times\frac{M}{\mu_d^3}=\frac{K_{\mu_{S_a}}}{\mu_d^3} \tag{6-1-9}$$

式中:$K_{\mu_{S_a}}$ 为正应力幅均值系数;μ_d 为危险截面直径的均值;μ_M 为弯矩的均值;μ_W 为抗弯截面模量均值。

最大正应力幅 S_a 的标准偏差为

$$\sigma_{S_a}=\nu_S\mu_{S_a}=\frac{\nu_S K_{\mu_{S_a}}}{\mu_d^3}=\frac{K_{\sigma_{S_a}}}{\mu_d^3} \tag{6-1-10}$$

式中:ν_S 为应力的变异系数,根据经验取 $\nu_S=0.04\sim0.08$,该值越大越安全;$K_{\sigma_{S_a}}$ 为正应力幅标准偏差系数。

(2) 最大平均切应力 S_m 的均值(扭转切应力是稳定应力,按照第四强度理论)

$$\mu_{S_a}=\sqrt{3}\tau=\sqrt{3}\ \frac{\mu_T}{\mu_{W_T}}=\frac{16\sqrt{3}}{\pi}\times\frac{T}{\mu_d^3}=\frac{K_{\mu_m}}{\mu_d^3} \tag{6-1-11}$$

式中:K_{μ_m} 为切应力的均值系数。

平均切应力 S_m 的标准偏差为

$$\sigma_{S_m}=\nu_S\mu_{S_m}=\frac{\nu_S K_{\mu_{S_m}}}{\mu_d^3}=\frac{K_{\sigma_{S_m}}}{\mu_d^3} \tag{6-1-12}$$

式中:$K_{\sigma_{S_m}}$ 为平均切应力的标准偏差系数。

(3) 应力平均值

$$\mu_r=\frac{\mu_{S_a}}{\mu_{S_m}}=\frac{K_{\mu_{S_a}}}{K_{\mu_{S_m}}} \tag{6-1-13}$$

(4) 弯曲和扭转复合疲劳应力 S_f 的均值

$$\mu_{S_f}=\mu_{S_a}\sqrt{1+\frac{1}{\mu_r^2}}=\frac{K_{\mu_{S_m}}}{\mu_d^3}\sqrt{1+\frac{1}{\mu_r^2}}$$
$$=\frac{K_{\mu_{S_m}}K_{\mu_r}}{\mu_d^3}=\frac{K_{\mu_{S_f}}}{\mu_d^3} \tag{6-1-14}$$

式中:K_{μ_r} 为应力比均值系数;$K_{\mu_{S_f}}$ 为复合疲劳应力比均值系数。

复合疲劳应力 S_f 的标准偏差为

$$\sigma_{S_f}=\sigma_{S_a}\sqrt{1+\frac{1}{\mu_r^2}}=\frac{K_{\sigma_{S_a}}}{\mu_d^3}\sqrt{1+\frac{1}{\mu_r^2}}=\frac{K_{\sigma_{S_a}}K_{\mu_r}}{\mu_d^3}=\frac{K_{\sigma_{S_f}}}{\mu_d^3} \tag{6-1-15}$$

式中:$K_{\sigma_{S_f}}$ 为复合疲劳应力标准偏差系数。

2. 确定转轴的强度 S 分布

转轴材料 30CrMnTi,硬度>270HB,强度极限 $\sigma_b=950$ MPa,转轴持久极限 σ_{-1} 如下:

$$\sigma_{-1}=\frac{\sigma'_{-1}\beta\,\varepsilon}{k_f} \tag{6-1-16}$$

式中:

① 试件弯曲持久极限 $\sigma'_{-1}=0.43\sigma_b$;

② 表面质量系数,当加工表面粗糙度 $Ra=0.4$ 和强度极限 $\sigma_b=950$ MPa 时 $\beta=0.85$;

③ 尺寸系数,当合金钢 $d>100$ mm 时,$\varepsilon_\sigma=0.62$,$\varepsilon_\tau=0.70$,$\varepsilon=\frac{\varepsilon_\sigma+\varepsilon_\tau}{2}$;

④ 疲劳应力集中系数 k_f 计算,$k_\sigma=1.71$,$k_\tau=2.68$,敏感系数 $q=0.743\,7$,则

$$k_f=1+(k_\sigma k_\tau-1)q$$

在弯曲和扭转复合疲劳应力下,零件的强度均值按照应力线与最佳拟合线均值的交点求得。强度均值近似为

$$\mu_\delta=\sqrt{\frac{\sigma_{-1}^2\sigma_b^2(1+\mu_r^2)}{\sigma_b^2\mu_r^2\sigma_{-1}^2}} \tag{6-1-17}$$

在呈现正态分布的古德曼线图中,复合疲劳应力下零件强度的标准偏差为

$$\sigma_\delta=\nu_\delta\mu_\delta$$

式中:ν_δ 为强度变异系数,根据经验取 0.04~0.08,该值越大越安全。

3. 确定转轴直径 d

根据需要的可靠度 R,使用 MATLAB 正态累积分布反函数 norminv 计算出对应的正态分布变量(联接系数)z 值。将有关数据代入连接方程,经过整理得到六次多项式方程:

$$A\mu_d^6+B\mu_d^3+C=0 \tag{6-1-18}$$

式中:各项系数为

$$\begin{cases}A=z^2\sigma_\delta^2-\mu_\delta^2\\ B=2\mu_\delta K_{\mu_{S_f}}\\ C=z^2K_{\sigma_{S_f}}^2-K_{\mu_{S_f}}^2\end{cases}$$

调用 MATLAB 函数 roots 求解多项式的根,得到转轴危险截面直径 d。

6.1.4 案例43：锥齿轮轴危险截面可靠性App设计

1. 案例43内容

某锥齿轮简支轴危险截面上的弯矩 $M=10\ 455$ N·m，扭矩 $T=7\ 903$ N·m，应力集中源有键槽、圆角和过盈配合。要求转轴运转 $10^7 r$ 的可靠度 $R \geqslant 0.999$，设计该轴的直径大小。

2. App窗口设计

简支弯扭组合轴可靠性设计App窗口，如图6.1.2所示。

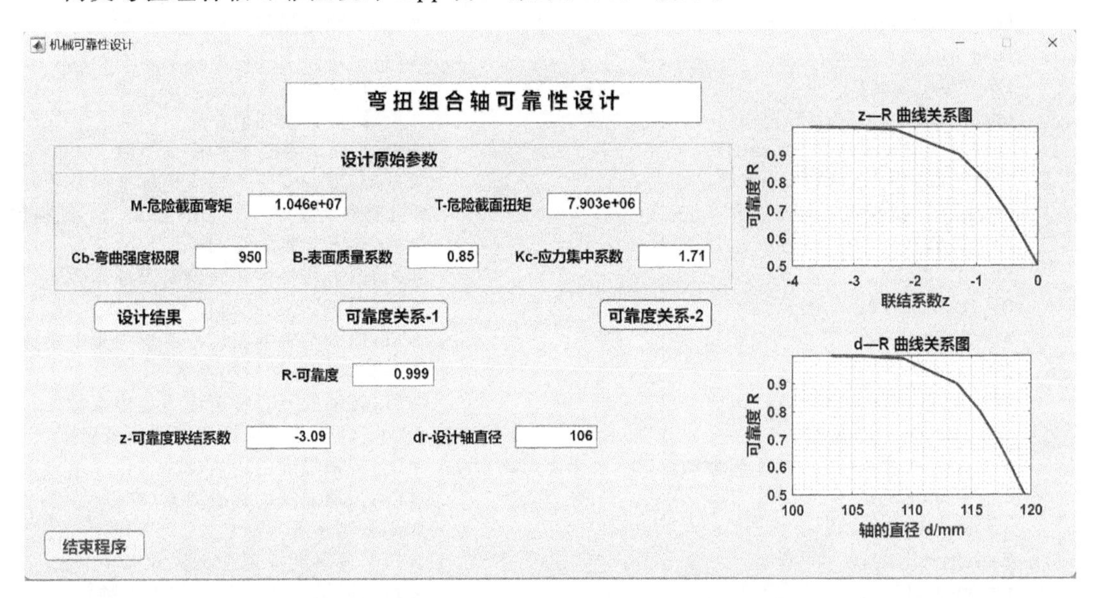

图6.1.2 简支弯扭组合轴可靠性设计App窗口

3. App窗口程序设计(程序lu_exam_43)

(1) 私有属性创建

```
properties(Access = private)
  %私有属性
  dr1;                                         %dr1:可靠度 R = 0.5 轴径
  dr2;                                         %dr2:可靠度 R = 0.6 轴径
  dr3;                                         %dr3:可靠度 R = 0.7 轴径
  dr4;                                         %dr4:可靠度 R = 0.8 轴径
  dr5;                                         %dr5:可靠度 R = 0.9 轴径
  dr6;                                         %dr6:可靠度 R = 0.99 轴径
  dr7;                                         %dr7:可靠度 R = 0.999 轴径
  dr8;                                         %dr8:可靠度 R = 0.9999 轴径
end
```

(2)【设计结果】回调函数

```
functionLiLunJiSuan(app, event)
  %App界面已知数据读入
  T = app.TEditField.Value;                    %【T-危险截面扭矩】
  M = app.MEditField.Value                     %【T-危险截面弯矩】
```

```
Kc = app.KcEditField.Value;                          %【Kc - 应力集中系数】
Cb = app.CbEditField.Value;                          %【Cb - 弯矩强度极限】
B = app.BEditField.Value;                            %【B - 表面质量系数】
%App 界面信息提示对话框
ans = inputdlg({'输入可靠度 R = 0.5～0.9999'});
R = str2num(char(ans));                              %R:可靠度
%R 写入 App 界面对应的显示框中
app.REditField.Value = R;                            %【R - 可靠度】
Kmsa = 32 * M/pi;                                    %Kmsa:对称循环弯曲应力幅系数
Kcsa = 0.08 * Kmsa;                                  %Kcsa:弯曲应力幅标准离差系数
Kmsm = 16 * sqrt(3) * T/pi;                          %Kmsm:稳定扭转平均应力系数
Kcsm = 0.08 * Kmsm;                                  %Kcsm:扭转平均应力标准离差系数
rb = Kmsa/Kmsm;                                      %rb:应力幅与平均应力的比值
Kmrb = sqrt(1 + 1/rb^2);                             %Kmrb:应力比均值系数
Kmsf = Kmsa * sqrt(1 + 1/rb^2);                      %Kmsf:复合疲劳平均应力系数
Kcsf = Kcsa * sqrt(1 + 1/rb^2);                      %Kcsf:复合疲劳平均应力标准离差系数
Csjdc = 0.43 * Cb;                       %Csjdc:系数查参考文献[13]中的表 1-18,结构钢
Ec = 0.62;                                           %Ec:输入转轴的弯曲绝对尺寸系数
Et = 0.70;                                           %Et:输入转轴的扭转绝对尺寸系数
E = (Ec + Et)/2;                                     %E:转轴的弯曲绝对尺寸系数
Kt = 2.68;                                           %Kt:输入转轴的扭转疲劳应力集中系数
Q = 0.7437;                                          %Q:输入转轴的敏感系数
Kf = 1 + Q * (Kc * Kt - 1);                          %Kf:转轴的复合疲劳应力集中系数
Cdc = Csjdc * B * E/Kf;                              %Cdc:转轴的对称循环弯曲疲劳极限
Sj = sqrt(Cdc^2 * Cb^2 * (1 + rb^2)/(Cb^2 * rb^2 + Cdc^2));  %Sj:转轴强度的均值(MPa)
Cs = 0.08 * Sj;                                      %Cs:转轴强度的标准离差(MPa)
z = norminv(1 - R);                                  %z:联结系数
F = normcdf(z);                                      %F:与可靠度 R 对应的失效概率
f = normpdf(z);                                      %f:与联结系数 z 对应的失效频数
a6 = z^2 * Cs^2 - Sj^2;                              %联结方程多项式中 6 次方项的系数
a3 = 2 * Sj * Kmsf;                                  %联结方程多项式中 3 次方项的系数
a0 = z^2 * Kcsf^2 - Kmsf^2;                          %联结方程多项式中的常数项
p = [a6 0 0 a3 0 0 a0];                              %p:方程多项式系数
d = roots(p);                                        %d:求解多项式的根
dr = real(d(6));                                     %dr:设计轴直径
%计算各种可靠度下的轴径
RR = [0.5 0.6 0.7 0.8 0.9 0.99 0.999 0.9999];        %RR:可靠度数值向量
%正态累积分布反函数 norminv 计算对应的联结系数 z
zz = norminv(1 - RR);
aa6 = zz.^2 * Cs^2 - Sj^2;
aa3 = 2 * Sj * Kmsf;
aa0 = zz.^2 * Kcsf^2 - Kmsf^2;
p1 = [aa6(1) 0 0 aa3 0 0 aa0(1)];
dr1 = roots(p1);                                     %求解 dr1
app.dr1 = dr1;                                       %dr1 私有属性值
p2 = [aa6(2) 0 0 aa3 0 0 aa0(2)];
dr2 = roots(p2);                                     %求解 dr2
app.dr2 = dr2;                                       %dr2 私有属性值
p3 = [aa6(3) 0 0 aa3 0 0 aa0(3)];
dr3 = roots(p3);                                     %求解 dr3
app.dr3 = dr3;                                       %dr3 私有属性值
p4 = [aa6(4) 0 0 aa3 0 0 aa0(4)];
```

```
    dr4 = roots(p4);                                          % 求解 dr4
    app.dr4 = dr4;                                            % dr4 私有属性值
    p5 = [aa6(5) 0 0 aa3 0 0 aa0(5)];
    dr5 = roots(p5);                                          % 求解 dr5
    app.dr5 = dr5;                                            % dr5 私有属性值
    p6 = [aa6(6) 0 0 aa3 0 0 aa0(6)];
    dr6 = roots(p6);                                          % 求解 dr6
    app.dr6 = dr6;                                            % dr6 私有属性值
    p7 = [aa6(7) 0 0 aa3 0 0 aa0(7)];
    dr7 = roots(p7);                                          % 求解 dr7
    app.dr7 = dr7;                                            % dr7 私有属性值
    p8 = [aa6(8) 0 0 aa3 0 0 aa0(8)];
    dr8 = roots(p8);                                          % 求解 dr8
    app.dr8 = dr8;                                            % dr8 私有属性值
    % 设计计算结果写入 App 界面对应的显示框中
    app.zEditField.Value = z;                                 %【z-可靠度联结系数】
    app.drEditField.Value = dr;                               %【dr-设计轴直径】
end
```

(3)【结束程序】回调函数

```
functionJieSuChengXu(app, event)
    % App 界面信息提示对话框
    sel = questdlg('确认关闭应用程序？','关闭确认,','Yes','No','No');
    switchsel
    case'Yes'
    delete(app);                                              % 关闭本 App 窗口
    case'No'
    end
end
```

(4)【可靠度关系-1】回调函数

```
functionguanxi_1(app, event)
    % 可靠度关系关系-1
    RR = [0.5 0.6 0.7 0.8 0.9 0.99 0.999 0.9999];
    zz = norminv(1-RR);
    plot(app.UIAxes,zz,RR)                                   % 绘制 z-R 曲线关系图
    xlabel(app.UIAxes,'联结系数 z');                          % z-R 曲线 x 轴
    ylabel(app.UIAxes,'可靠度 R');                            % z-R 曲线 y 轴
    title(app.UIAxes,'z—R 曲线关系图')                       % z-R 曲线标题
end
```

(5)【可靠度关系-2】回调函数

```
functionguanxi_2(app, event)
    % 可靠度关系关系-2
    dr1 = app.dr1;                                            % dr1 私有属性值
    dr2 = app.dr2;                                            % dr2 私有属性值
    dr3 = app.dr3;                                            % dr3 私有属性值
    dr4 = app.dr4;                                            % dr4 私有属性值
    dr5 = app.dr5;                                            % dr5 私有属性值
    dr6 = app.dr6;                                            % dr6 私有属性值
    dr7 = app.dr7;                                            % dr7 私有属性值
    dr8 = app.dr8;                                            % dr8 私有属性值
    RR = [0.5 0.6 0.7 0.8 0.9 0.99 0.999 0.9999];
```

```
    dz = [dr1(6) dr2(6) dr3(6) dr4(6) dr5(6) dr6(6) dr7(6) dr8(6)];
    plot(app.UIAxes_2,dz,RR)                                    % 绘制 d-R 曲线关系图
    title(app.UIAxes_2,'d—R 曲线关系图 ')                       % d-R 曲线标题
    xlabel(app.UIAxes_2,'轴的直径 d/mm')                        % d-R 曲线 x 轴
    ylabel(app.UIAxes_2,'可靠度 R')                             % d-R 曲线 y 轴
end
```

6.2 主轴支撑静不定结构的设计

为提高主轴组件的刚度，其前支撑通常采用一对同型号的角接触球轴承，而后支撑采用游动式支撑，如图 6.2.1 所示。

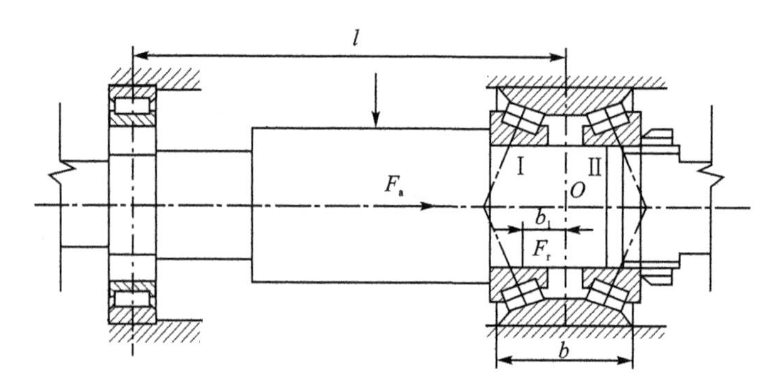

图 6.2.1　主轴支撑的静不定结构

6.2.1　主轴支撑静不定结构受力分析计算

1. 主轴支撑静不定结构

由于主轴工作时一般都承受轴向力 F_a 的作用，因此前支撑的径向反力 F_r 的作用位置不在这对轴承的轴向对称平面上（即图 6.2.1 中的 $b_1 \neq 0$），而是随着轴向力 F_a 的方向和大小的变化而变化。F_a 越大，径向反力 F_r 的作用位置离某一轴承的支撑位置越近。经理论分析，前支撑的一对角接触球轴承径向反力 F_r 的相对作用位置（b_1/b）与轴承相对载荷（$F_a\cot\alpha/F_r$，α 为轴承的公称接触角）的关系曲线（如图 6.2.2 所示）可以用直线分段拟合来近似。

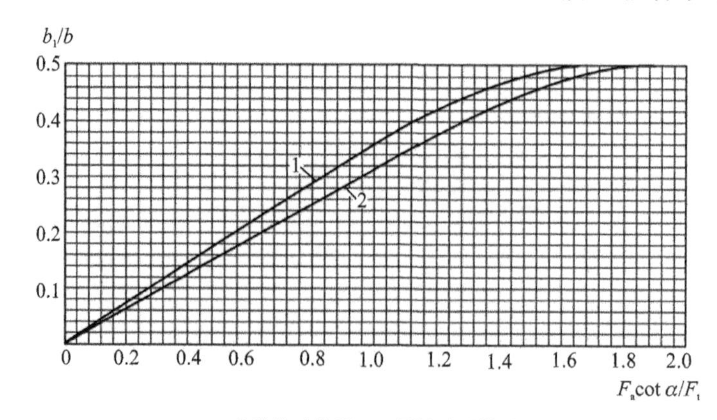

1—角接触球轴承；2—圆锥滚子轴承

图 6.2.2　轴承的载荷与作用位置的关系曲线

2. 轴承径向反力位置-载荷关系曲线的分段拟合

当 $0 \leqslant (b_1/b) \leqslant h$（角接触球轴承 $h_1=0.32$，圆锥滚子轴承 $h_2=0.34$）时，轴承径向反力位置-载荷关系曲线可以用如下直线方程来逼近：

$$\frac{b_1}{b}=\lambda\ \frac{F_a\cot\alpha}{F_r} \tag{6-2-1}$$

式中：α 为轴承的公称接触角；λ 为常数，按照表 6.2.1 确定。

表 6.2.1　公式(6-2-1)中有关参数的确定

轴承类型	λ	$\cot\alpha$
角接触球轴承	$\lambda_1=0.3636$	$1.25/e$（e 为轴承的载荷转换参数）
圆锥滚子轴承	$\lambda_1=0.3148$	$2.5/Y$（Y 为轴承的轴向转换参数）

当 $0 \leqslant (b_1/b) \leqslant 0.5$ 时，$F_a\cot\alpha/F_r$ 与 b_1/b 关系曲线做成离散数据表，见表 6.2.2、表 6.2.3。

表 6.2.2　角接触球轴承的位置-载荷关系曲线数表

$F_a\cot\alpha/F_r$	0.88	0.96	1.04	1.12	1.20	1.28	1.36	1.44	1.52	1.60	1.68
b_1/b	0.32	0.344	0.37	0.395	0.42	0.435	0.46	0.47	0.482	0.49	0.50

表 6.2.3　圆锥滚子轴承的位置-载荷关系曲线数表

$F_a\cot\alpha/F_r$	1.08	1.16	1.24	1.32	1.40	1.48	1.56	1.64	1.72	1.80	1.88
b_1/b	0.34	0.362	0.388	0.41	0.43	0.446	0.462	0.475	0.486	0.496	0.50

根据该区域曲线形态，采用一元非线性回归分析的方法将它们拟合为对数曲线方程：

$$\frac{b_1}{b}=m+n\lg\frac{F_a\cot\alpha}{F_r} \tag{6-2-2}$$

式中：m、n 为回归系数，按照表 6.2.4 确定。

表 6.2.4　公式(6-2-2)中回归系数的确定

轴承类型	m	n
角接触球轴承	$m_1=0.3608$	$n_1=0.6622$
圆锥滚子轴承	$m_2=0.3234$	$n_2=0.6872$

经过计算，回归方程的相关指数 $R^2=0.99$，剩余标准误差 $\sigma\approx 0.006$。

3. 建立主轴力矩平衡方程

以某专用机床的主轴为例，主轴工作时轴头受到齿轮传动力 Q（其 3 个分力是：圆周力 Q_t、径向力 Q_r 轴向力 Q_a）的作用，轴伸悬臂端受到切削力 P（其 3 个分力是：主切削力 P_z、径向力 P_y 和轴向力 P_x）的作用，如图 6.2.3 所示。其中，d 为齿轮分度圆直径，D 为工件切削直径。

根据主轴力矩平衡条件 $\sum M_A(F)=0$，在水平面 xOy 上有：

$$P_y(l+a)-P_x\frac{D}{2}-Q_r(l-c)\cos(\pi-\varphi)+F_{xy}(l+b_1)-$$

$$Q_t(l-c)\cos\left(\varphi-\frac{\pi}{2}\right)-Q_a\frac{d}{2}\cos(\pi-\varphi)=0 \tag{6-2-3}$$

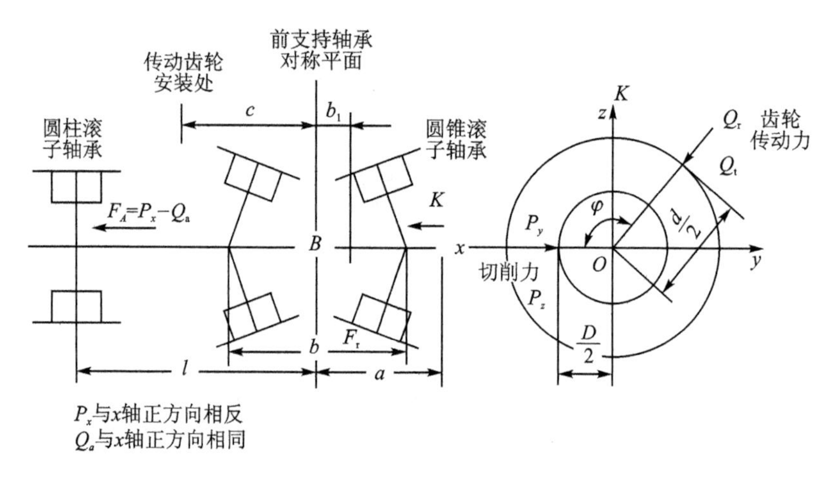

图 6.2.3　专用机床的主轴受力分析

在垂直面 zOy 上有：

$$P_z(l+a)-Q_r(l-c)\sin(\pi-\varphi)+F_{xz}(l+b_1)+$$
$$Q_t(l-c)\sin\left(\varphi-\frac{\pi}{2}\right)-Q_a\frac{d}{2}\sin(\pi-\varphi)=0 \tag{6-2-4}$$

上两式中，除了 F_{xy}、F_{xz} 和 b_1 是未知数外，其余都是已知数。因此，可以将它们写成如下简化形式：

$$\begin{cases} F_{ry}=\dfrac{u}{l-b_1} \\ F_{rz}=\dfrac{v}{l-b_1} \end{cases} \tag{6-2-5}$$

式中：u、v 为与主轴的载荷和结构尺寸等已知量有关的力矩参数，即

$$\begin{cases} u=-P_y(l+a)+P_x\dfrac{D}{2}-(l-c)(Q_r\cos\varphi-Q_t\sin\varphi)-Q_a\dfrac{d}{2}\cos\varphi \\ v=-P_z(l+a)+(l-c)(Q_r\sin\varphi+Q_t\cos\varphi)+Q_a\dfrac{d}{2}\sin\varphi \end{cases} \tag{6-2-6}$$

因此，主轴前支撑的径向反力为

$$F_r=\sqrt{F_{ry}^2+F_{rz}^2}=\frac{\sqrt{u^2+v^2}}{l+b_1}=\frac{w}{l+b_1} \tag{6-2-7}$$

式中：w 为综合力矩参数，$w=\sqrt{u^2+v^2}$。

4. 计算主轴前支撑的径向反力

① 若相对位置参数为 $(b_1/b)\leqslant h$，则相对作用位置为

$$\frac{b_1}{b}=\frac{\lambda F_a l\cot\alpha}{w-\lambda F_a\cot\alpha} \tag{6-2-8}$$

式中：F_a 为主轴的轴向载荷，$F_a=P_x-Q_a$。可以按式(6-2-1)求出 F_r。

② 若相对位置参数为 $(b_1/b)>h$，则联立式(6-2-8)和式(6-2-2)，整理求得

$$\lg F_r+\frac{w}{nbF_r}-\left[\frac{l}{nb}+\frac{m}{n}+\lg(F_a\cot\alpha)\right]=0 \tag{6-2-9}$$

令：

$$\begin{cases}\mu = \dfrac{w}{nb} \\ \rho = \dfrac{l}{nb} + \dfrac{m}{n} + \lg(F_a \cot \alpha)\end{cases} \tag{6-2-10}$$

可以将式(6-2-9)简化为如下超越方程：

$$\lg F_r + \frac{\mu}{F_r} - \rho = 0 \tag{6-2-11}$$

由于式(6-2-11)求导容易，可以采用牛顿迭代法求出 F_r。

6.2.2　案例 44：静不定结构 App 设计

1. 案例 44 内容

已知某轴承环卡盘多刀车床主轴采用上述如图 6.2.3 所示的支撑结构，前支撑上安装一对轴承。主轴组件结构尺寸：$l=525$ mm，$a=203$ mm，$b=130$ mm，$c=194$ mm。轴头处安装的斜齿轮分度圆直径 $d=271.31$ mm，车床经济切削直径 $D=180$ mm。齿轮传动力 $Q_t=$ 4 839 N，$Q_r=1\ 820$ N，$Q_a=1\ 294$ N，载荷方位角 $\varphi=128°$。切削力 $P_z=6\ 978$ N，$P_y=$ 2 791 N，$P_x=2\ 791$ N。试分析当采用一对角接触球轴承（$e=0.68$）或一对圆锥滚子轴承（$y=1.5$）时主轴前支撑的载荷大小和分布情况。

2. App 窗口设计

主轴支撑静不定结构设计 App 窗口，如图 6.2.4 所示。

图 6.2.4　主轴支撑静不定结构设计 App 窗口

3. App 窗口程序设计(程序 lu_exam_44)

(1) 私有属性创建

```
properties(Access = private)
  % 私有属性
  mu;                                                          % mu:见式(6-2-10)中 μ
  lo;                                                          % lo:见式(6-2-10)中 ρ
end
```

(2)【设计计算】回调函数

```
functionSheJiJieGuo(app, event)
  % App 界面已知数据读入
  l = app.lEditField.Value;                                    %【l】
  a = app.aEditField.Value;                                    %【a】
  b = app.bEditField.Value;                                    %【h】
  c = app.cEditField.Value;                                    %【c】
  d = app.dEditField_2.Value;                                  %【d】
  Qt = app.QtEditField.Value;                                  %【Qt】
  Qr = app.QrEditField.Value;                                  %【Qr】
  Qa = app.QaEditField.Value;                                  %【Qa】
  D = app.DEditField.Value;                                    %【D】
  Pz = app.PzEditField.Value;                                  %【Pz】
  Py = app.PyEditField.Value;                                  %【Py】
  Px = app.PxEditField.Value;                                  %【Px】
  fai = app.faiEditField.Value;                                %【fai】
  % 设计计算
  % App 界面信息提示对话框
  ans11 = inputdlg({'滚动轴承类型;角接触球轴承-1;圆锥滚子轴承-2'});
  ans12 = cell2mat(ans11);                                     % 数据类型转换
  ans1 = str2num( ans12);                                      % 数据类型转换
  ifans1 == 1                                                  % 角接触球轴承
  lmd = 0.3636;                                                % 见表 6.2.1 中 λ1
  Qe = 0.68;                                                   % Qc:载荷转换系数
  cotalf = 1.25/Qe;                                            % 见表 6.2.1 中 cot α
  m = 0.3608;                                                  % 见表 6.2.4 中 m1
  n = 0.6622;                                                  % 见表 6.2.4 中 n1
  h = 0.32;                                                    % 角接触球轴承 h1
  elseifans1 == 2                                              % 圆锥滚子轴承
  lmd = 0.3148;                                                % 见表 6.2.1 中 λ2
  Zy = 1.5;                                                    % Zy:轴向载荷系数
  cotalf = 2.5/Zy;                                             % 见表 6.2.1 中 cot α
  m = 0.3234;                                                  % 见表 6.2.4 中 m2
  n = 0.6872;                                                  % 见表 6.2.4 中 n2
  h = 0.34;                                                    % 圆锥滚子轴承 h2
  end
  % 计算力矩参数
  hd = pi/180;                                                 % hd:角度弧度系数
  % 见式(6-2-6)、式(6-2-7)
  u =- 1Py * (1 + a) + 0.5 * Px * D - (1 - c) * (Qr * cos(fai * hd) - Qt * sin(fai * hd)) - 0.5 * Qa * d *
cos(fai * hd);
  v =- 1Pz * (1 + a) + (1 - c) * (Qr * sin(fai * hd) + Qt * cos(fai * hd)) + 0.5 * Qa * d * sin(fai * hd);
  w = sqrt(u^2 + v^2);
```

```
  Fa = Px - Qa;                                              % Fa:主轴轴向载荷
  b1b = lmd * Fa * l * cotalf/(w - lmd * Fa * cotalf);        % 见式(6-2-8)中(b1/b)
  ifb1b <= h
  Fr = lmd * Fa * cotalf/b1b;                                % 见式(6-2-1)中 Fr
  elseifb1b > h
  mu = w/(n * b);                                            % mu
  app.mu = mu;                                               % mu 私有属性值
  lo = l/(n * b) + m/n + log(Fa * cotalf);                   % lo
  app.lo = lo;                                               % lo 私有属性值
  x0 = w/(l + n * b);                                        % 前支承径向载荷 Fr 初值
  % 解非线性方程求前支承径向载荷 Fr
  Fr = fsolve(@zzjbd,x0);
  end
  b1 = b1b * b;                                              % b1:前支承径向载荷作用位置
  % 计算后支承径向载荷
  Fry = u/(l + b1);                                          % Fry:前支承 xOy 面径向载荷
  Frz = v/(l + b1);                                          % Frz:zOy 面径向载荷
  Fray =- 1Qr * cos(fai * hd) + Qt * sin(fai * hd) - Fry - Py;   % Fray:后支承 zOy 面径向载荷
  Fraz = Qr * sin(fai * hd) + Qt * cos(fai * hd) - Frz - Pz;    % Fraz:zOy 面径向载荷
  Fra = sqrt(Fray^2 + Fraz^2);                               % Fra:后支承径向载荷
  % 私有函数 zzjbd,主轴支撑静不定结构超越非线性方程,见式(6-2-9)
  functionf = zzjbd(x)
  mu = app.mu;
  lo = app.lo;
  f = log(x) - mu/x - lo;
  end
  % 设计计算结果写入 App 界面对应的显示框中
  app.wEditField.Value = w;                                  %【w-综合力矩】
  app.uXOYEditField.Value = u;                               %【u-XOY 力矩】
  app.vZOYEditField.Value = v;                               %【u-ZOY 力矩】
  app.FaEditField_2.Value = Fa;                              %【Fa-主轴轴向载荷】
  app.b1bEditField.Value = b1b;                              %【b1b-相对位置参数】
  app.FrBBEditField.Value = Fr;                              %【FrB-前支撑 B 径向载荷】
  app.b1EditField.Value = b1;                                %【b1-前支撑径向载荷位置】
  app.FrAAEditField.Value = Fra;                             %【FrB-后支撑 A 径向载荷】
end
```

(3)【结束程序】回调函数

```
functionJieSuChengXu(app, event)
  % App 界面信息提示对话框
  sel = questdlg('确认关闭应用程序？','关闭确认,','Yes','No','No');
  switchsel
  case'Yes'
  delete(app);                                               % 关闭本 App 窗口
  case'No'
  end
end
```

第 7 章

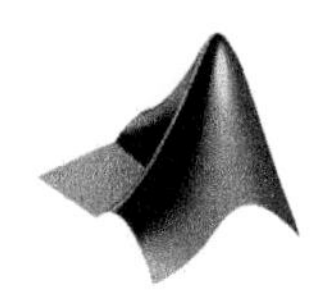

机械平衡App设计案例

具有一定质量的物体，当具有一定的运动加速度时会产生惯性力。由于惯性力的存在将使各运动副中产生附加的动反力，从而加大了运动副中的摩擦力，使运动副磨损加剧，导致机械效率下降。另外，还会导致机械及其基础产生强迫振动，从而降低机械的运动精度，增大噪声，甚至会导致严重的生产安全事故。为消除惯性力对机械的不利影响，就需要设法将惯性力平衡掉，即惯性力的平衡，简称机械平衡。

1. 机械平衡的内容及分类

(1) 刚性转子的平衡

当转子的转速 n 小于第一临界转速 n_c 的 0.6～0.7 倍时，转子完全可以看作是刚性转子。

(2) 挠性转子的平衡

当转子的转速 n 较高，接近或超过回转系统的第一临界转速时，转子将产生明显变形，这时转子将不能视为刚体，而应为一个挠性体。这种转子称为挠性转子。

(3) 机构的平衡

存在平动和平面一般运动的构件，只能达到使所有构件的惯性力和惯性力矩最后以合力和合力矩的形式作用在机架上。这类平衡问题又称为机构在机架上的平衡。

2. 转子的许用不平衡量

经过平衡的转子，不可避免地还会有一些残存的不平衡。若要这种残存的不平衡越小，就需要平衡实验装置越精密、测试手段越先进和平衡技术越高。因此，根据工作要求，对转子规定适当的许用不平衡是很有必要的。

(1) 许用不平衡的表达方法

① 许用质径积法$[mr]$，即允许转子有剩余的不平衡质径积。它常用于具体给定转子，比较直观又便于平衡操作。

② 许用偏距法$[e]$，即允许转子有剩余的不平衡质量 m 和质心的偏距 r。转子的质心至回转轴线的许用偏距以$[e]$表示，它是与转子质量无关的绝对量，用于衡量转子平衡的优劣或衡量平衡的检测精度时比较方便。

两种表示法有如下关系：

$$[e]=\frac{[mr]}{m}$$

(2) 平衡精度 A 和平衡精度等级 G 表示方法

$$A=[e]\omega/1\ 000$$

式中:ω 为转子的角速度,rad/min;$[e]$为许用偏距,μm。

平衡精度要满足:　$A\leqslant G$

① 平衡精度等级 G 从最高 G0.4 到最低 G4000 分为 14 个等级。

② 当转子的角速度为 1 000 rad/min 时,平衡精度等级数量就是$[e]$。

③ 对于静不平衡的转子,许用不平衡量$[e]$在选定 A 值后可由 $A=[e]\omega/1\ 000$ 求得。

④ 对于进行动平衡,可将许用偏距$[e]$分解到两个平衡基面上,得到两个平衡基面上的许用偏距。

7.1　刚性转子静平衡设计

7.1.1　刚性转子静平衡计算

刚性转子静平衡计算仅适用于轴向尺寸较小,即宽径比$(B/D)<0.2$ 的盘状转子,例如齿轮、带轮、链轮及叶轮等,它们的质量可视为分布在同一平面内。

刚性转子的静平衡,就是利用在刚性转子上加减平衡质量的方法,使其质心回到回转轴线上,从而使转子的惯性力得以平衡的一种措施。

已知盘形不平衡转子上有 n 个不平衡质量,其中第 i 个不平衡质量为 m_i,向径为 r_i,建立如图 7.1.1 所示的坐标系,并设向径 r_i 与 x 轴之间的夹角为 θ_i,θ_i 按 x 轴逆时针方向量取,所产生的惯性力为 F_i。要保证该转子运转平衡,设所加的平衡质量为 m_b,向径为 r_b 且与 x 轴之间夹角为 θ_b。试确定平衡质量 m_b、向径 r_b 和夹角 θ_b。

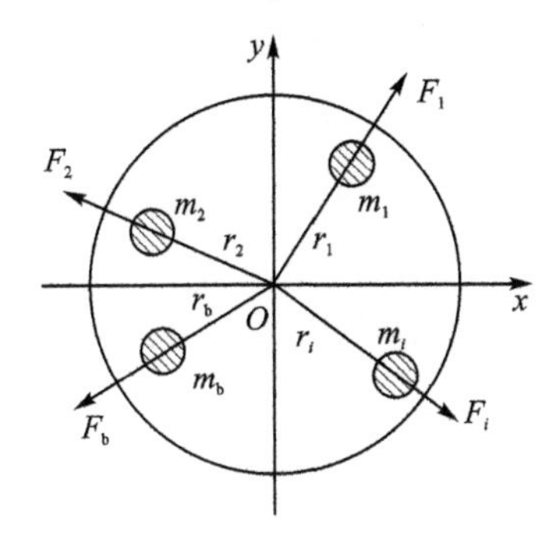

图 7.1.1　回转体的静平衡

根据平衡质量惯性力和不平衡质量惯性力所组成的平面力系应达到平衡的原理,可得

$$F_b+\sum_{i=1}^{n}F_i=0 \tag{7-1-1}$$

即

$$m_b r_b\omega^2+\sum_{i=1}^{n}m_i r_i\omega^2=0 \tag{7-1-2}$$

式中:ω 为转子角速度。消去 ω 后得

$$m_b r_b+\sum_{i=1}^{n}m_i r_i=0 \tag{7-1-3}$$

将式(7-1-3)向 x 轴和 y 轴投影,可得

$$\begin{cases} m_{\mathrm{b}}r_{\mathrm{b}}\cos\theta_{\mathrm{b}}+\sum\limits_{i=1}^{n}m_ir_i\cos\theta_i=0 \\ m_{\mathrm{b}}r_{\mathrm{b}}\sin\theta_{\mathrm{b}}+\sum\limits_{i=1}^{n}m_ir_i\sin\theta_i=0 \end{cases} \tag{7-1-4}$$

则有

$$\begin{cases} m_{\mathrm{b}}r_{\mathrm{b}}\cos\theta_{\mathrm{b}}=-\sum\limits_{i=1}^{n}m_ir_i\cos\theta_i \\ m_{\mathrm{b}}r_{\mathrm{b}}\sin\theta_{\mathrm{b}}=-\sum\limits_{i=1}^{n}m_ir_i\sin\theta_i \end{cases} \tag{7-1-5}$$

根据式(7－1－5)，所加的平衡质量的质径积 $m_{\mathrm{b}}r_{\mathrm{b}}$ 及其方向角 θ_{b} 可由下式求得：

$$m_{\mathrm{b}}r_{\mathrm{b}}=\sqrt{\left(\sum_{i=1}^{n}m_ir_i\cos\theta_i\right)^2+\left(\sum_{i=1}^{n}m_ir_i\sin\theta_i\right)^2} \tag{7-1-6}$$

$$\theta_{\mathrm{b}}=180^\circ+\tan^{-1}\frac{\sum\limits_{i=1}^{n}m_ir_i\sin\theta_i}{\sum\limits_{i=1}^{n}m_ir_i\cos\theta_i} \tag{7-1-7}$$

求出平衡质量质径积 $m_{\mathrm{b}}r_{\mathrm{b}}$ 及其方向角 θ_{b} 后，选定 r_{b} 大小，即可求得平衡质量 m_{b}。r_{b} 应尽可能选大一些，以便使所加平衡质量 m_{b} 减小。若在 r_{b} 方向上不便添加平衡质量质径积，也可以在 $180^\circ+\theta_{\mathrm{b}}$ 方向上去除相等质量 m_{b} 的方法来使转子得到平衡。

7.1.2 案例 45：刚性转子静平衡 App 设计

1. 案例 45 内容

如图 7.1.1 所示的盘形不平衡转子上有 4 个不平衡质量，已知各不平衡质量、向径大小和方向角分别为 $m_1=10$ kg，$r_1=50$ mm，$\theta_1=0$；$m_2=15$ kg，$r_2=100$ mm，$\theta_2=90$；$m_3=10$ kg，$r_3=70$ mm，$\theta_3=180$；$m_4=12$ kg，$r_4=80$ mm，$\theta_4=150$。假设平衡质量的向径 $r_{\mathrm{b}}=60$ mm，试确定平衡质量 m_{b} 和方向角 θ_{b}。

2. App 窗口设计

刚性转子静平衡设计 App 窗口，如图 7.1.2 所示。

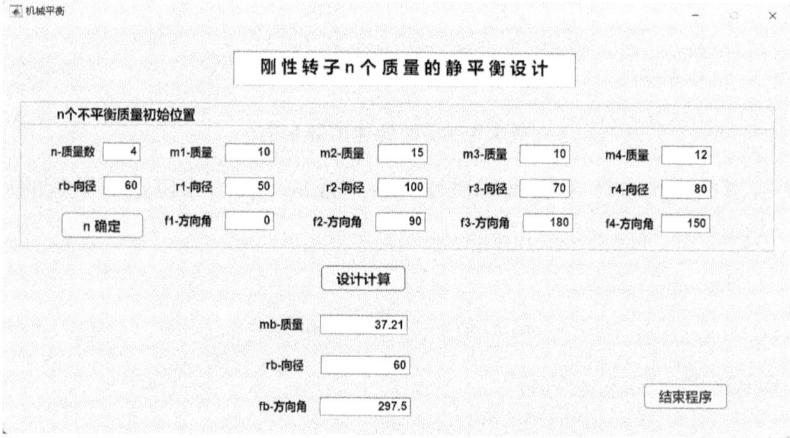

图 7.1.2 刚性转子静平衡设计 App 窗口

3. App 窗口程序设计(程序 lu_exam_45)

(1) 私有属性创建

```
properties(Access = private)
  %私有属性
  n;                                          %n:不平衡质量数
  m1;                                         %m1:质量 m1
  m2;                                         %m2:质量 m2
  m3;                                         %m3:质量 m3
  m4;                                         %m4:质量 m4
  r1;                                         %r1:向径 r1
  r2;                                         %r2:向径 r2
  r3;                                         %r3:向径 r3
  r4;                                         %r4:向径 r4
  rb;                                         %rb:平衡质量向径 rb
  f1;                                         %f1:方向角 θ1
  f2;                                         %f2:方向角 θ2
  f3;                                         %f3:方向角 θ3
  f4;                                         %f4:方向角 θ4
  mb;                                         %mb:平衡质量 mb
  theta;                                      %theta:rb 的方向角
  p;                                          %p:角度-弧度系数
end
```

(2) 设置窗口启动回调函数

```
functionstartupFcn(app, rochker)
  %App 界面功能的初始状态
  app.m1EditField.Enable = 'off';             %屏蔽【m1 - 质量】使能
  app.r1EditField.Enable = 'off';             %屏蔽【r1 - 向径】使能
  app.f1EditField.Enable = 'off';             %屏蔽【f1 - 方向角】使能
  app.m2EditField_3.Enable = 'off';           %屏蔽【m2 - 质量】使能
  app.r2EditField.Enable = 'off';             %屏蔽【r2 - 向径】使能
  app.f2EditField.Enable = 'off';             %屏蔽【f2 - 方向角】使能
  app.m3EditField_2.Enable = 'off';           %屏蔽【m3 - 质量】使能
  app.r3EditField.Enable = 'off';             %屏蔽【r3 - 向径】使能
  app.f3EditField.Enable = 'off';             %屏蔽【f3 - 方向角】使能
  app.m4EditField.Enable = 'off';             %屏蔽【m4 - 质量】使能
  app.r4EditField.Enable = 'off';             %屏蔽【r4 - 向径】使能
  app.f4EditField.Enable = 'off';             %屏蔽【f4 - 方向角】使能
  app.Button.Enable = 'off';                  %屏蔽【设计计算】使能
end
```

(3)【设计计算】回调函数

```
functionLiLunJiSuan(app, event)
  %App 界面已知数据读入
  n = app.nEditField.Value;                   %【n - 质量数】
  app.n = n;                                  %n 私有属性值
  rb = app.rbEditField.Value;                 %【rb - 向径】
  app.rb = rb;                                %rb 私有属性值
  m1 = app.m1EditField.Value;                 %【m1 - 质量】
  app.m1 = m1;                                %m1 私有属性值
  r1 = app.r1EditField.Value;                 %【r1 - 向径】
```

```
app.r1 = r1;                                             % r1 私有属性值
f1 = app.f1EditField.Value;                              %【f1 - 方向角】
app.f1 = f1;                                             % f1 私有属性值
m2 = app.m2EditField_3.Value;                            %【m2 - 质量】
app.m2 = m2;                                             % m2 私有属性值
r2 = app.r2EditField.Value;                              %【r2 - 向径】
app.r2 = r2;                                             % r2 私有属性值
f2 = app.f2EditField.Value;                              %【f2 - 方向角】
app.f2 = f2;                                             % f2 私有属性值
m3 = app.m3EditField_2.Value;                            %【m3 - 质量】
app.m3 = m3;                                             % m3 私有属性值
r3 = app.r3EditField.Value;                              %【r3 - 向径】
app.r3 = r3;                                             % r3 私有属性值
f3 = app.f3EditField.Value;                              %【f3 - 方向角】
app.f3 = f3;                                             % f3 私有属性值
m4 = app.m4EditField.Value;                              %【m4 - 质量】
app.m4 = m4;                                             % m4 私有属性值
r4 = app.r4EditField.Value;                              %【r4 - 向径】
app.r4 = r4;                                             % r4 私有属性值
f4 = app.f4EditField.Value;                              %【f4 - 方向角】
app.f4 = f4;                                             % f4 私有属性值
p = pi/180;                                              % p:角度-弧度系数
app.p = p;                                               % p 私有属性值
% 调用私有函数 JPH 计算
[mr,theta] = JPH(n);
mb = mr/rb;                                              % m_b
app.mb = mb;                                             % mb 私有属性值
theta = (pi + theta)/p;                                  % theta
app.theta = theta;                                       % theta 私有属性值
% 私有函数
function[mr,theta] = JPH(n)
p = app.p;                                               % p 私有属性值
n = app.n;                                               % n 私有属性值
fori = 1:n
switchn
case2                                                    % n = 2
ma = [m1,r1,f1;m2,r2,f2];
mrx(i) = ma(i,1) * ma(i,2) * cos(ma(i,3) * p);           % 第 i 个不平衡质径积 x 方向分量
mry(i) = ma(i,1) * ma(i,2) * sin(ma(i,3) * p);           % 第 i 个不平衡质径积 y 方向分量
case3                                                    % n = 3
ma = [m1,r1,f1;m2,r2,f2;m3,r3,f3];
mrx(i) = ma(i,1) * ma(i,2) * cos(ma(i,3) * p);           % 第 i 个不平衡质径积 x 方向分量
mry(i) = ma(i,1) * ma(i,2) * sin(ma(i,3) * p);           % 第 i 个不平衡质径积 y 方向分量
case4                                                    % n = 4
ma = [m1,r1,f1,0;m2,r2,f2,0;m3,r3,f3,0;m4,r4,f4,0];
mrx(i) = ma(i,1) * ma(i,2) * cos(ma(i,3) * p);           % 第 i 个不平衡质径积 x 方向分量
mry(i) = ma(i,1) * ma(i,2) * sin(ma(i,3) * p);           % 第 i 个不平衡质径积 y 方向分量
end
end
Smrx = sum(mrx);
Smry = sum(mry);
mr = sqrt((Smrx^2 + Smry^2));                            % 见式(7-1-6)
theta = atan2(Smry,Smrx);                                % 见式(7-1-7)
```

```
    iftheta <0
    theta = 2 * pi + theta;
    end
    end
    %设计计算结果分别写入App界面对应的显示框中
    app.mbEditField.Value = mb;                         %【mb - 质量】
    app.rbEditField_2.Value = rb;                       %【rb - 向径】
    app.fbEditField.Value = theta;                      %【fb - 方向角】
end
```

(4)【结束程序】回调函数

```
functionJieSuChengXu(app, event)
    %App界面信息提示对话框
    sel = questdlg('确认关闭应用程序？','关闭确认,','Yes','No','No');
    switchsel
    case'Yes'
    delete(app);                                        %关闭本App窗口
    case'No'
    end
end
```

(5)【n确定】回调函数

```
functionn_queding(app, event)
    n = app.nEditField.Value;                           %【n - 质量数】
    ifn <2|n >4                                         %判断n个质量
    %App界面信息提示对话框
    msgbox('n不能小于2,大于4! ','友情提示');
    else
    switchn
    case2                                               %n = 2
    %App界面功能更改
    app.m1EditField.Enable = 'on';                      %开启【m1 - 质量】使能
    app.r1EditField.Enable = 'on';                      %开启【r1 - 向径】使能
    app.f1EditField.Enable = 'on';                      %开启【f1 - 方向角】使能
    app.m2EditField_3.Enable = 'on';                    %开启【m2 - 质量】使能
    app.r2EditField.Enable = 'on;                       %开启【r2 - 向径】使能
    app.f2EditField.Enable = 'on';                      %开启【f2 - 方向角】使能
    app.m3EditField_2.Enable = 'off';                   %屏蔽【m3 - 质量】使能
    app.r3EditField.Enable = 'off';                     %屏蔽【r3 - 向径】使能
    app.f3EditField.Enable = 'off';                     %屏蔽【f3 - 方向角】使能
    app.m4EditField.Enable = 'off';                     %屏蔽【m4 - 质量】使能
    app.r4EditField.Enable = 'off';                     %屏蔽【r4 - 向径】使能
    app.f4EditField.Enable = 'off';                     %屏蔽【f4 - 方向角】使能
    case3                                               %n = 3
    app.m1EditField.Enable = 'on';                      %开启【m1 - 质量】使能
    app.r1EditField.Enable = 'on';                      %开启【r1 - 向径】使能
    app.f1EditField.Enable = 'on';                      %开启【f1 - 方向角】使能
    app.m2EditField_3.Enable = 'on';                    %开启【m2 - 质量】使能
    app.r2EditField.Enable = 'on;                       %开启【r2 - 向径】使能
    app.f2EditField.Enable = 'on';                      %开启【f2 - 方向角】使能
    app.m3EditField_2.Enable = 'on;                     %开启【m3 - 质量】使能
    app.r3EditField.Enable = 'on';                      %开启【r3 - 向径】使能
    app.f3EditField.Enable = 'on';                      %开启【f3 - 方向角】使能
```

```
        app.m4EditField.Enable = 'off';                                    % 屏蔽【m4 - 质量】使能
        app.r4EditField.Enable = 'off';                                    % 屏蔽【r4 - 向径】使能
        app.f4EditField.Enable = 'off';                                    % 屏蔽【f4 - 方向角】使能
        case4                                                              % n = 4
        app.m1EditField.Enable = 'on';                                     % 开启【m1 - 质量】使能
        app.r1EditField.Enable = 'on';                                     % 开启【r1 - 向径】使能
        app.f1EditField.Enable = 'on';                                     % 开启【f1 - 方向角】使能
        app.m2EditField_3.Enable = 'on';                                   % 开启【m2 - 质量】使能
        app.r2EditField.Enable = 'on;                                      % 开启【r2 - 向径】使能
        app.f2EditField.Enable = 'on';                                     % 开启【f2 - 方向角】使能
        app.m3EditField_2.Enable = 'on;                                    % 开启【m3 - 质量】使能
        app.r3EditField.Enable = 'on';                                     % 开启【r3 - 向径】使能
        app.f3EditField.Enable = 'on';                                     % 开启【f3 - 方向角】使能
        app.m4EditField.Enable = 'on';                                     % 开启【m4 - 质量】使能
        app.r4EditField.Enable = 'on';                                     % 开启【r4 - 向径】使能
        app.f4EditField.Enable = 'on';                                     % 开启【f4 - 方向角】使能
        end
        end
        app.Button.Enable = 'on';                                          % 开启【设计计算】使能
    end
```

7.2 刚性转子动平衡设计

7.2.1 刚性转子动平衡计算

当刚性转子的宽径比$(B/D)>0.2$时，其质量就不能视为分布在同一平面上。这时，其不平衡质量分布在几个不同的回转平面内。此时，转子的质心位于回转轴上，这也将产生不可忽略的惯性力矩，这种不平衡状态只有在转子转动时才能显示出来，称为动不平衡。

进行动平衡计算时，须将不平衡质量产生的惯性力分解到两个能安装平衡质量的基面上。按照平衡力合成与分解原理，某一平面上的力，可由任意选定的两个平衡面上的两个力来替代。如图 7.2.1 所示的转子有一个不平衡质量 m，现在其两侧选定两个平衡基面Ⅰ和Ⅱ，并将不平衡质量 m 用布置在两个平衡基面上的两个质量 m_{I} 和 m_{II} 来代替。

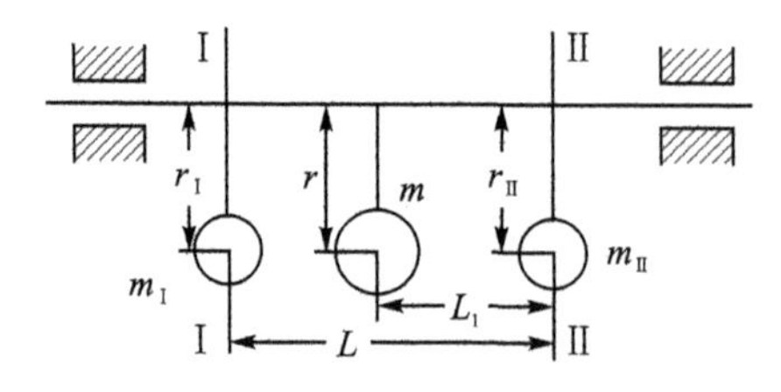

图 7.2.1 惯性力的分解替换

由图 7.2.1 可知，当转子以等角速度 ω 回转时，质量 m、m_{I} 和 m_{II} 产生的惯性力分为 F、F_{I} 和 F，则 F、F_{I} 和 F_{II} 为构成同一平面上的 3 个平行力，如用 F_{I} 和 F_{II} 代替 F，则应满足如下条件：

$$\begin{cases}F_{\text{I}}+F_{\text{II}}=F \\ F_{\text{I}}(L-L_1)=F_{\text{II}}L_1\end{cases} \tag{7-2-1}$$

即

$$\begin{cases} m_{\mathrm{I}} r_{\mathrm{I}} \omega^2 + m_{\mathrm{II}} r_{\mathrm{II}} \omega^2 = mr\omega^2 \\ m_{\mathrm{I}} r_{\mathrm{I}} \omega^2 (L - L_1) = m_{\mathrm{II}} r_{\mathrm{II}} \omega^2 L_1 \end{cases} \tag{7-2-2}$$

从而可得

$$\begin{cases} m_{\mathrm{I}} r_{\mathrm{I}} = \dfrac{L_1}{L} mr \\ m_{\mathrm{II}} r_{\mathrm{II}} = \dfrac{L - L_1}{L} mr \end{cases} \tag{7-2-3}$$

上面的结论可以推广到一般情况。如图7.2.2所示的转子,设n个不平衡质量分别位于不同的回转面上,第i个不平衡质量为m_i,向径为r_i,当转子以等角速度ω回转时,其产生的惯性力为F_i。建立如图7.2.2所示的右手坐标系,z轴沿回转轴线方向,xy平面与回转面平行。将F_i分解到指定的两个相互平行的平衡基面Ⅰ和Ⅱ上,得到如下方程式:

$$\begin{cases} m_{\mathrm{I}i} r_{\mathrm{II}i} = \dfrac{L_i}{L} mr \\ m_{\mathrm{II}i} r_{\mathrm{II}i} = \dfrac{L - L_i}{L} mr \end{cases} \quad (i = 1, 2, \cdots, n) \tag{7-2-4}$$

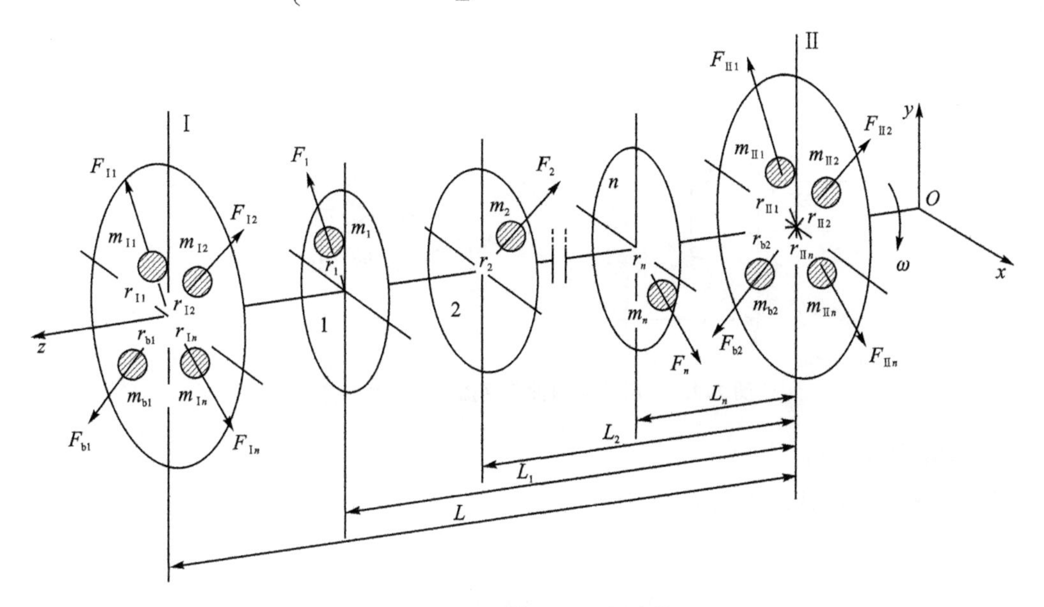

图7.2.2　回转体动平衡计算

这样,对平衡基面Ⅰ按静平衡计算方法,可求出在此基面上所加的平衡质径积$m_{b1} r_{b1}$及方向角θ_{b1}如下:

$$m_{b1} r_{b1} = \frac{1}{L} \sqrt{\left(\sum_{i=1}^{n} L_i m_i r_i \cos \theta_i \right)^2 + \left(\sum_{i=1}^{n} L_i m_i r_i \sin \theta_i \right)^2} \tag{7-2-5}$$

$$\theta_{b1} = 180^\circ + \tan^{-1} \frac{\sum_{i=1}^{n} L_i m_i r_i \sin \theta_i}{\sum_{i=1}^{n} L_i m_i r_i \cos \theta_i} \tag{7-2-6}$$

同理,可求出在基面Ⅱ上所加的平衡质径积$m_{b2} r_{b2}$及方向角θ_{b2}如下:

$$m_{b2}r_{b2}=\frac{1}{L}\sqrt{\left[\sum_{i=1}^{n}(L-L_i)m_ir_i\cos\theta_i\right]^2+\left[\sum_{i=1}^{n}(L-L_i)m_ir_i\sin\theta_i\right]^2} \tag{7-2-7}$$

$$\theta_{b2}=180°+\tan^{-1}\frac{\sum_{i=1}^{n}(L-L_i)m_ir_i\sin\theta_i}{\sum_{i=1}^{n}(L-L_i)m_ir_i\cos\theta_i} \tag{7-2-8}$$

式中：θ_i 为第 i 个不平衡质量的向径 r_i 与 x 轴正向之间的夹角；m_{b1} 和 m_{b2} 分别为两个平衡基面添加的平衡质量；θ_{b1} 和 θ_{b2} 分别为两个平衡基面添加的平衡质量 m_{b1} 和 m_{b2} 的向径 r_{b1} 和 r_{b2} 与 x 轴正向之间的夹角；其他参数含义见图 7.2.2。

7.2.2 案例 46：刚性转子动平衡 App 设计

1. 案例 46 内容

在图 7.2.3 所示的回转构件中，已知各偏心质量和向径大小分别为 $m_1=15$ kg，$r_1=400$ mm；$m_2=18$ kg，$r_2=300$ mm；$m_3=20$ kg，$r_3=200$ mm；$m_4=16$ kg，$r_4=300$ mm；其余尺寸如图 7.2.3 所示。如果取图示平面 Ⅰ 和 Ⅱ 为平衡基面，所加平衡质量向径为 $r_{b1}=500$ mm，$r_{b2}=500$ mm。设计一个计算此类问题的通用 App，求出需要的平衡质量 m_{b1}、m_{b2} 和方向角 θ_{b1}、θ_{b2}。

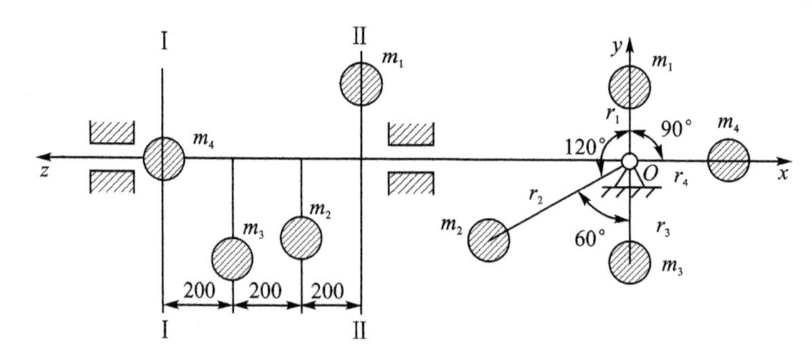

图 7.2.3 回转体构件不平衡质量分布示意图

2. App 窗口设计

刚性转子动平衡设计 App 窗口，如图 7.2.4 所示。

图 7.2.4 刚性转子动平衡设计 App 窗口

3. App 窗口程序设计(程序 lu_exam_46)

(1) 私有属性创建

```
properties(Access = private)
  %私有属性
  n;                                      %n:不平衡质量数
  L;                                      %L:图 7.2.1 中 L
  m1;                                     %m1:质量 m1
  m2;                                     %m2:质量 m2
  m3;                                     %m3:质量 m3
  m4;                                     %m4:质量 m4
  r1;                                     %r1:向径 r1
  r2;                                     %r2:向径 r2
  r3;                                     %r3:向径 r3
  r4;                                     %r4:向径 r4
  rb1;                                    %rb1:平衡质量向径 rb1
  rb2;                                    %rb2:平衡质量向径 rb2
  f1;                                     %f1:方向角 θ1
  f2;                                     %f2:方向角 θ2
  f3;                                     %f3:方向角 θ3
  f4;                                     %f4:方向角 θ4
  L1;                                     %L1:距离 L1
  L2;                                     %L2:距离 L2
  L3;                                     %L3:距离 L3
  L4;                                     %L4:距离 L4
  mb1;                                    %mb1:平衡质量 mb1
  mb2;                                    %mb1:平衡质量 mb2
  theta1;                                 %theta1:mb1 方向角
  theta2;                                 %theta2:mb2 方向角
  p;                                      %p:角度-弧度系数
end
```

(2) 设置窗口启动回调函数

```
functionstartupFcn(app, rochker)
  %App 界面功能的初始状态
  app.m1EditField.Enable = 'off';         %屏蔽【m1 - 质量】使能
  app.r1EditField.Enable = 'off';         %屏蔽【r1 - 向径】使能
  app.f1EditField.Enable = 'off';         %屏蔽【f1 - 方向角】使能
  app.L1EditField.Enable = 'off';         %屏蔽【L1 - 距离】使能
  app.m2EditField_3.Enable = 'off';       %屏蔽【m2 - 质量】使能
  app.r2EditField.Enable = 'off';         %屏蔽【r2 - 向径】使能
  app.f2EditField.Enable = 'off';         %屏蔽【f2 - 方向角】使能
  app.L2EditField.Enable = 'off';         %屏蔽【L2 - 距离】使能
  app.m3EditField_2.Enable = 'off';       %屏蔽【m3 - 质量】使能
  app.r3EditField.Enable = 'off';         %屏蔽【r3 - 向径】使能
  app.f3EditField.Enable = 'off';         %屏蔽【f3 - 方向角】使能
  app.L3EditField.Enable = 'off';         %屏蔽【L3 - 距离】使能
  app.m4EditField.Enable = 'off';         %屏蔽【m4 - 质量】使能
  app.r4EditField.Enable = 'off';         %屏蔽【r4 - 向径】使能
  app.f4EditField.Enable = 'off';         %屏蔽【f4 - 方向角】使能
  app.L4EditField.Enable = 'off';         %屏蔽【L4 - 距离】使能
  app.Button.Enable = 'off';              %屏蔽【设计计算】使能
end
```

(3)【设计计算】回调函数

```
functionLiLunJiSuan(app, event)
  % App 界面已知数据读入
  n = app.nEditField.Value;                    %【n - 质量数】
  app.n = n;                                   % n 私有属性值
  L = app.LEditField.Value;                    %【L - 距离】
  app.L = L;                                   % L 私有属性值
  rb1 = app.rb1EditField.Value;                %【rb1 - 向径】
  app.rb1 = rb1;                               % rb1 私有属性值
  rb2 = app.rb2EditField.Value;                %【rb2 - 向径】
  app.rb2 = rb2;                               % rb2 私有属性值
  m1 = app.m1EditField.Value;                  %【m1 - 质量】
  app.m1 = m1;                                 % m1 私有属性值
  r1 = app.r1EditField.Value;                  %【r1 - 向径】
  app.r1 = r1;                                 % r1 私有属性值
  f1 = app.f1EditField.Value;                  %【f1 - 方向角】
  app.f1 = f1;                                 % f1 私有属性值
  L1 = app.L1EditField.Value;                  %【L1 - 距离】
  app.L1 = L1;                                 % L1 私有属性值
  m2 = app.m2EditField_3.Value;                %【m2 - 质量】
  app.m2 = m2;                                 % m2 私有属性值
  r2 = app.r2EditField.Value;                  %【r2 - 向径】
  app.r2 = r2;                                 % r2 私有属性值
  f2 = app.f2EditField.Value;                  %【f2 - 方向角】
  app.f2 = f2;                                 % f2 私有属性值
  L2 = app.L2EditField.Value;                  %【L2 - 距离】
  app.L2 = L2;                                 % L2 私有属性值
  m3 = app.m3EditField_2.Value;                %【m3 - 质量】
  app.m3 = m3;                                 % m3 私有属性值
  r3 = app.r3EditField.Value;                  %【r3 - 向径】
  app.r3 = r3;                                 % r3 私有属性值
  f3 = app.f3EditField.Value;                  %【f3 - 方向角】
  app.f3 = f3;                                 % f3 私有属性值
  L3 = app.L3EditField.Value;                  %【L3 - 距离】
  app.L3 = L3;                                 % L3 私有属性值
  m4 = app.m4EditField.Value;                  %【m4 - 质量】
  app.m4 = m4;                                 % m4 私有属性值
  r4 = app.r4EditField.Value;                  %【r4 - 向径】
  app.r4 = r4;                                 % r4 私有属性值
  f4 = app.f4EditField.Value;                  %【f4 - 方向角】
  app.f4 = f4;                                 % f4 私有属性值
  L4 = app.L4EditField.Value;                  %【L4 - 距离】
  app.L4 = L4;                                 % L4 私有属性值
  p = pi/180;                                  % p:角度-弧度系数
  app.p = p;                                   % p 私有属性值
  % 调用私有函数 DPH 设计计算
  [mr1,theta1,mr2,theta2] = DPH(n,L);
  % 设计结果
  mb1 = mr1/rb1;                               % m_b1
  app.mb1 = mb1;                               % mb1 私有属性值
  mb2 = mr2/rb2;                               % m_b2
  app.mb2 = mb2;                               % mb2 私有属性值
```

```
theta1 = theta1;                                                    % theta1
app.theta1 = theta1;                                                % theta1 私有属性值
theta2 = theta2;                                                    % theta2
app.theta2 = theta2;                                                % theta2 私有属性值
%私有函数 DPH
function[mr1,theta1,mr2,theta2] = DPH(n,L)
p = app.p;                                                          % p 私有属性值
n = app.n;                                                          % n 私有属性值
fori = 1:n
switchn
case2                                                               % n = 2
ma = [m1,r1,f1,L1;m2,r2,f2,L2];
mrx1(i) = ma(i,1) * ma(i,2) * cos(ma(i,3) * p) * ma(i,4);           % 第 i1 个不平衡质径积 x 方向分量
mry1(i) = ma(i,1) * ma(i,2) * sin(ma(i,3) * p) * ma(i,4);           % 第 i1 个不平衡质径积 y 方向分量
mrx2(i) = ma(i,1) * ma(i,2) * cos(ma(i,3) * p) * (L - ma(i,4));     % 第 i2 个不平衡质径积 x 方向分量
mry2(i) = ma(i,1) * ma(i,2) * sin(ma(i,3) * p) * (L - ma(i,4));     % 第 i2 个不平衡质径积 y 方向分量
case3                                                               % n = 3
ma = [m1,r1,f1,L1;m2,r2,f2,L2;m3,r3,f3,L3];
mrx1(i) = ma(i,1) * ma(i,2) * cos(ma(i,3) * p) * ma(i,4);           % 第 i1 个不平衡质径积 x 方向分量
mry1(i) = ma(i,1) * ma(i,2) * sin(ma(i,3) * p) * ma(i,4);           % 第 i1 个不平衡质径积 y 方向分量
mrx2(i) = ma(i,1) * ma(i,2) * cos(ma(i,3) * p) * (L - ma(i,4));     % 第 i2 个不平衡质径积 x 方向分量
mry2(i) = ma(i,1) * ma(i,2) * sin(ma(i,3) * p) * (L - ma(i,4));     % 第 i2 个不平衡质径积 y 方向分量
case4                                                               % n = 4
ma = [m1,r1,f1,L1;m2,r2,f2,L2;m3,r3,f3,L3;m4,r4,f4,L4];
mrx1(i) = ma(i,1) * ma(i,2) * cos(ma(i,3) * p) * ma(i,4);           % 第 i1 个不平衡质径积 x 方向分量
mry1(i) = ma(i,1) * ma(i,2) * sin(ma(i,3) * p) * ma(i,4);           % 第 i1 个不平衡质径积 y 方向分量
mrx2(i) = ma(i,1) * ma(i,2) * cos(ma(i,3) * p) * (L - ma(i,4));     % 第 i2 个不平衡质径积 x 方向分量
mry2(i) = ma(i,1) * ma(i,2) * sin(ma(i,3) * p) * (L - ma(i,4));     % 第 i2 个不平衡质径积 y 方向分量
end
end
Smrx1 = sum(mrx1);
Smry1 = sum(mry1);
mr1 = sqrt((Smrx1^2 + Smry1^2))/L;                                  % 见式(7-2-5)
theta1 = atan2(Smry1,Smrx1);                                        % 见式(7-2-6)
iftheta1 <0
theta1 = 2 * pi + theta1;
end
theta1 = (pi + theta1)/p;
iftheta1 >360
theta1 = theta1 - 360;
end
Smrx2 = sum(mrx2);
Smry2 = sum(mry2);
mr2 = sqrt((Smrx2^2 + Smry2^2))/L;                                  % 见式(7-2-7)
theta2 = atan2(Smry2,Smrx2);                                        % 见式(7-2-8)
iftheta2 <0
theta2 = 2 * pi + theta2;
end
theta2 = (pi + theta2)/p;
iftheta2 >360
theta2 = theta2 - 360;
end
end
%设计计算结果分别写入 App 界面对应的显示框中
```

```
    app.mb1EditField.Value = mb1;                          %【mb1 - 质量】
    app.rb1EditField.Value = rb1;                          %【rb1 - 向径】
    app.fb1EditField.Value = theta1;                       %【fb1 - 方向角】
    app.mb2EditField.Value = mb2;                          %【mb2 - 质量】
    app.rb2EditField.Value = rb2;                          %【rb2 - 向径】
    app.fb2EditField.Value = theta2;                       %【fb2 - 方向角】
end
```

(4)【结束程序】回调函数

```
functionJieSuChengXu(app, event)
    % App 界面信息提示对话框
    sel = questdlg('确认关闭应用程序？','关闭确认','Yes','No','No');
    switchsel
    case'Yes'
    delete(app);                                           %关闭本 App 窗口
    case'No'
    end
end
```

(5)【n 确定】回调函数

```
functionn_queding(app, event)
    n = app.nEditField.Value;                              %【n 确定】
    ifn <2|n >4                                            %判断 n 个质量
    % App 界面信息提示对话框
    msgbox('n 不能小于 2,大于 4! ','友情提示');
    else
    switchn
    case2                                                  % n = 2
    app.m1EditField.Enable = 'on';                         %开启【m1 - 质量】使能
    app.r1EditField.Enable = 'on';                         %开启【r1 - 向径】使能
    app.f1EditField.Enable = 'on';                         %开启【f1 - 方向角】使能
    app.L1EditField.Enable = 'on';                         %开启【L1 - 距离】使能
    app.m2EditField_3.Enable = 'on';                       %开启【m2 - 质量】使能
    app.r2EditField.Enable == 'on';                        %开启【r2 - 向径】使能
    app.f2EditField.Enable = 'on';                         %开启【f2 - 方向角】使能
    app.L2EditField.Enable = 'on';                         %开启【L2 - 距离】使能
    app.m3EditField_2.Enable = 'off';                      %屏蔽【m3 - 质量】使能
    app.r3EditField.Enable = 'off';                        %屏蔽【r3 - 向径】使能
    app.f3EditField.Enable = 'off';                        %屏蔽【f3 - 方向角】使能
    app.L3EditField.Enable = 'off';                        %屏蔽【L3 - 距离】使能
    app.m4EditField.Enable = 'off';                        %屏蔽【m4 - 质量】使能
    app.r4EditField.Enable = 'off';                        %屏蔽【r4 - 向径】使能
    app.f4EditField.Enable = 'off';                        %屏蔽【f4 - 方向角】使能
    app.L4EditField.Enable = 'off';                        %屏蔽【L4 - 距离】使能
    case3                                                  % n = 3
    app.m1EditField.Enable = 'on';                         %开启【m1 - 质量】使能
    app.r1EditField.Enable = 'on';                         %开启【r1 - 向径】使能
    app.f1EditField.Enable = 'on';                         %开启【f1 - 方向角】使能
    app.L1EditField.Enable = 'on';                         %开启【L1 - 距离】使能
    app.m2EditField_3.Enable = 'on';                       %开启【m2 - 质量】使能
    app.r2EditField.Enable == 'on';                        %开启【r2 - 向径】使能
    app.f2EditField.Enable = 'on';                         %开启【f2 - 方向角】使能
    app.L2EditField.Enable = 'on';                         %开启【L2 - 距离】使能
```

```
        app.m3EditField_2.Enable = 'on';                    % 开启【m3 - 质量】使能
        app.r3EditField.Enable = 'on';                      % 开启【r3 - 向径】使能
        app.f3EditField.Enabl = 'on';                       % 开启【f3 - 方向角】使能
        app.L3EditField.Enable = 'on';                      % 开启【L3 - 距离】使能
        app.m4EditField.Enable = 'off';                     % 屏蔽【m4 - 质量】使能
        app.r4EditField.Enable = 'off';                     % 屏蔽【r4 - 向径】使能
        app.f4EditField.Enable = 'off';                     % 屏蔽【f4 - 方向角】使能
        app.L4EditField.Enable = 'off';                     % 屏蔽【L4 - 距离】使能
        case4                                               % n = 4
        app.m1EditField.Enable = 'on';                      % 开启【m1 - 质量】使能
        app.r1EditField.Enable = 'on';                      % 开启【r1 - 向径】使能
        app.f1EditField.Enable = 'on';                      % 开启【f1 - 方向角】使能
        app.L1EditField.Enable = 'on';                      % 开启【L1 - 距离】使能
        app.m2EditField_3.Enable = 'on';                    % 开启【m2 - 质量】使能
        app.r2EditField.Enable == 'on';                     % 开启【r2 - 向径】使能
        app.f2EditField.Enable = 'on';                      % 开启【f2 - 方向角】使能
        app.L2EditField.Enable = 'on';                      % 开启【L2 - 距离】使能
        app.m3EditField_2.Enable = 'on';                    % 开启【m3 - 质量】使能
        app.r3EditField.Enable = 'on';                      % 开启【r3 - 向径】使能
        app.f3EditField.Enabl = 'on';                       % 开启【f3 - 方向角】使能
        app.L3EditField.Enable = 'on';                      % 开启【L3 - 距离】使能
        app.m4EditField.Enable = 'on';                      % 开启【m4 - 质量】使能
        app.r4EditField.Enable = 'on';                      % 开启【r4 - 向径】使能
        app.f4EditField.Enable = 'on';                      % 开启【f4 - 方向角】使能
        app.L4EditField.Enable = 'on';                      % 开启【L4 - 距离】使能
        end
        end
        app.Button.Enable = 'on';                           % 开启【设计计算】使能
    end
```

第 8 章

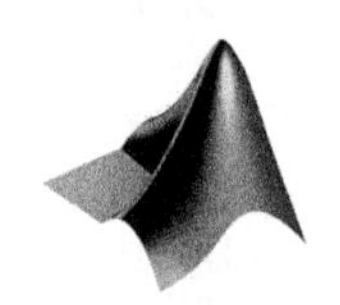

带式输送机传动系统综合App设计案例

本章以机械设计基础课程设计中常用的题目“带式输送机传动系统设计”为案例，用 1 个 App 主系统界面引导进入 6 个 App 子设计数字化系统，这样就完全替代了传统课程设计中的手工设计计算，从而完成了“带式输送机传动系统设计”的工业 App 设计。

一般情况下，带式输送机传动系统设计包括以下 6 项设计计算内容：

① 传动系统的运动和动力参数设计计算；

② 挠性传动(V 带传动或是滚子链传动)设计计算；

③ 齿轮传动机构设计计算；

④ 部分传动轴设计计算；

⑤ 滚动轴承寿命计算；

⑥ 键连接选用计算。

8.1 综合案例：主系统界面

1. 综合案例内容

图 8.1.1 所示为带式输送机传动系统原理图。电动机 1 通过 V 带 2 传动和单级斜齿轮减速器 3 以及联轴器 4、驱动卷筒 5 和输送带 6 运转。工作条件：单向连续运转，载荷有振动；两班制工作，3 年大修，使用期 10 年；小批量生产；运输带速度允许误差为±5%。要求整体设

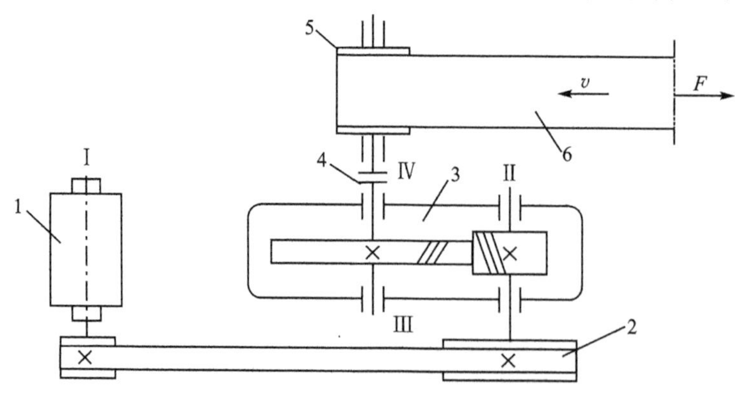

图 8.1.1 带式输送机传动系统原理图

计带式输送机传动系统。

2. App 窗口设计

图 8.1.2 所示为带式输送机传动系统综合设计 App 主系统界面。

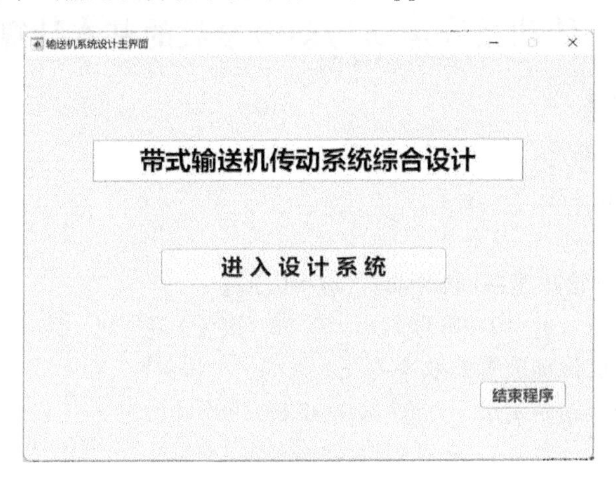

图 8.1.2　带式输送机传动系统综合设计 App 主系统界面

3. App 主界面窗口程序设计(程序 lu_exam_47_main)

(1) 私有属性创建

```
properties(Access = private)
   %私有属性
  SubAPP_1;                                          %本 App 与 lu_exam_47_1 的关联属性
end
```

(2)【结束程序】回调函数

```
functionJieSuChengXu(app, event)
   %App 界面信息提示对话框
  sel = questdlg('确认关闭应用程序？','关闭确认,','Yes','No','No');
  switchsel
  case'Yes'
  delete(app);                                                          %关闭本 App 窗口
  case'No'
  end
end
```

(3)【进入设计系统】回调函数

```
functionJinRuSheJiXiTong(app, event)
   %app.SubAPP_1 是子程序 lu_exam_47_1 在 lu_exam_47_main 中的关联属性
  a = app.SubAPP_1;                                    %a = app.SubAPP_1,关联属性设定
  a = lu_exam_47_1;                                    %调 lu_exam_47_1 子程序
   %app.Button_2 是 lu_exam_47_1 子界面【下一级设计】的对象按钮
   %a.Button_2 是子程序中对象按钮【下一级设计】在主程序中的关联属性表达
   %a.Button_2.Enable 代表子程序【下一级设计】交互属性中的【Enable】属性
  a.Button_2.Enable = 'off';                           %屏蔽子程序【下一级设计】使能
  delete(app)                                          %关闭本 App 窗口
end
```

8.2 传动系统运动与动力参数 App 设计——子设计系统-1

8.2.1 案例 47：传动系统运动与动力参数的基本计算

1. 机械传动效率

依据参考文献[2]确定：

V 带传动 $\eta_1=0.97$；

联轴器 $\eta_4=0.99$；

8 级精度的一般齿轮减速器(润滑油) $\eta_2=0.97$；

滚动轴承(润滑油) $\eta_3=0.98$(球)，$\eta_3=0.98$ (滚子)。

因此该带式输送机传动装置总效率为

$$\eta=\eta_1\eta_2\eta_3^2\eta_4=0.97\times0.97\times0.98^2\times0.99=0.8946$$

取 $\eta=0.9$。

2. 运输带传动所需的功率

传送带受力 $F=2\ 000$ kg，带速 $v=1.5$ m/s，则

$$P_{\mathrm{W}}=\frac{Fv}{1\ 000}=\frac{2\ 000\times1.5}{1\ 000}=3.0\ \mathrm{kW}$$

3. 确定电动机功率

$$P_{\mathrm{d}}=\frac{P_{\mathrm{W}}}{\eta}=\frac{3.0}{0.9}=3.33\ \mathrm{kW}$$

4. 确定电动机转速

根据电动机功率，选用同步转速 1 000 r/min 的 Y 系列三相异步电动机 Y132M1－6(额定功率 4 kW)。

5. 总传动比及其分配

滚筒直径 250 mm，带速 $v=1.5$ m/s，则

滚筒输出轴转速为

$$n_{\mathrm{W}}=\frac{60\ 000\times v}{\pi D}=\frac{60\ 000\times1.5}{250\pi}=114.65\ \mathrm{r/min}$$

总传动比为

$$i=\frac{n_{\mathrm{m}}}{n_{\mathrm{W}}}=\frac{960}{114.65}=8.37$$

取单级齿轮减速器传动比为 $i_2=3.5$，则 V 带传动比为

$$i_1=\frac{i}{i_2}=\frac{8.37}{3.5}=2.39$$

6. 计算各轴的运动和动力参数

各轴转速如下：

电机轴(小带轮轴)为

$$n_1=n_{\mathrm{m}}=960\ \mathrm{r/min}$$

小齿轮输入轴为

$$n_2 = \frac{n_1}{i_1} = \frac{960}{2.39} = 401.67\ \text{r/min}$$

大齿轮输出轴为

$$n_3 = \frac{n_2}{i_2} = \frac{401.67}{3.5} = 114.76\ \text{r/min}$$

滚筒转速等于大齿轮输出轴转速为

$$n_4 = n_3 = 114.76\ \text{r/min}$$

各轴功率如下：

电机轴(小带轮轴)为

$$P_1 = P_d = 3.33\ \text{kW}$$

小齿轮输入轴为

$$P_2 = \eta_1 P_1 = 3.23\ \text{kW}$$

大齿轮输出轴为

$$P_3 = \eta_2 \eta_3 P_2 = 3.07\ \text{kW}$$

滚筒轴为

$$P_4 = \eta_3 \eta_4 P_3 = 2.98\ \text{kW}$$

各轴转矩如下：

电机轴(小带轮轴)为

$$T_1 = 9\ 550\ \frac{P_1}{n_1} = 33.13\ \text{N} \cdot \text{m}$$

小齿轮输入轴为

$$T_2 = 9\ 550\ \frac{P_2}{n_2} = 76.80\ \text{N} \cdot \text{m}$$

大齿轮输出轴为

$$T_3 = 9\ 550\ \frac{P_3}{n_3} = 255.48\ \text{N} \cdot \text{m}$$

滚筒输出轴为

$$T_4 = 9\ 550\ \frac{P_4}{n_4} = 247.99\ \text{N} \cdot \text{m}$$

8.2.2　传动系统运动与动力参数子系统 App 设计

1. App 窗口设计

子设计系统-1 运动和动力参数设计 App 窗口，如图 8.2.1 所示。

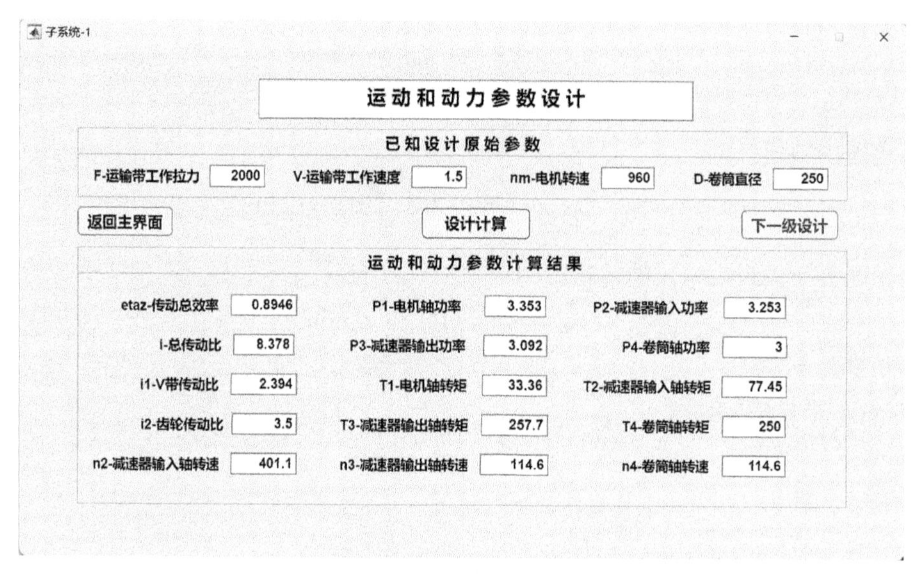

图 8.2.1　子设计系统-1 运动和动力参数设计 App 窗口

2. 子设计系统-1 App 窗口程序设计(程序 lu_exam_47_1)

(1) 私有属性创建

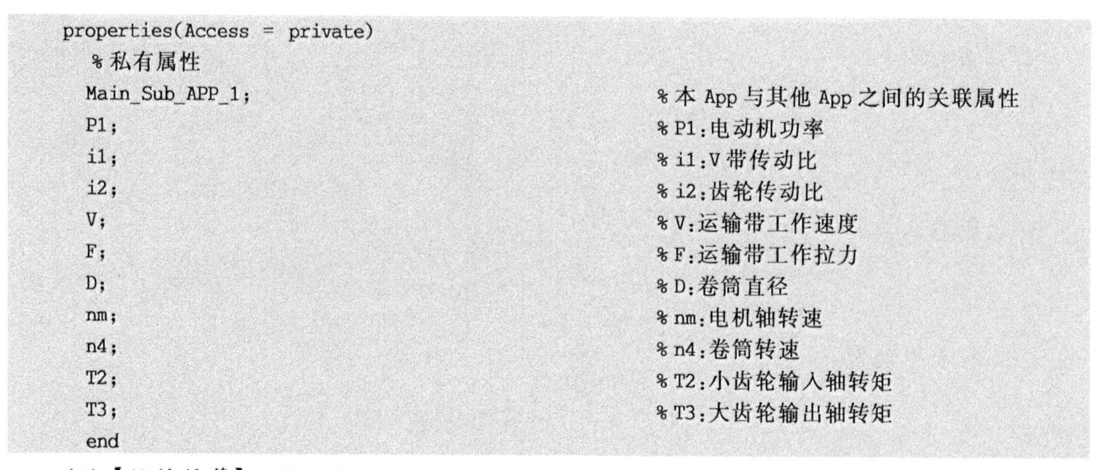

```
properties(Access = private)
  %私有属性
  Main_Sub_APP_1;                          %本 App 与其他 App 之间的关联属性
  P1;                                      %P1:电动机功率
  i1;                                      %i1:V 带传动比
  i2;                                      %i2:齿轮传动比
  V;                                       %V:运输带工作速度
  F;                                       %F:运输带工作拉力
  D;                                       %D:卷筒直径
  nm;                                      %nm:电机轴转速
  n4;                                      %n4:卷筒转速
  T2;                                      %T2:小齿轮输入轴转矩
  T3;                                      %T3:大齿轮输出轴转矩
  end
```

(2)【设计计算】回调函数

```
functionSheJiJieGuo(app, event)
  %App 界面已知数据读入
  V = app.VEditField.Value;                %【V-运输带工作速度】
  app.V = V;                               %V 私有属性值
  F = app.FEditField.Value;                %【F-运输带工作拉力】
  app.F = F;                               %F 私有属性值
  D = app.DEditField.Value;                %【D-卷筒直径】
  app.D = D;                               %D 私有属性值
  nm = app.nmEditField.Value;              %【nm-电机转速】
  app.nm = nm;                             %nm 私有属性值
  %已知机械传动效率参数
  eta1 = 0.97;                             %eta1:V 带传动
  eta2 = 0.97;                             %eta2:8 级精度齿轮传动(油润滑)
  eta3 = 0.98;                             %eta3:滚动轴承(滚子、油润滑)
```

```
    eta4 = 0.99;                                    % eta4:联轴器
    etaz = eta1 * eta2 * eta3^2 * eta4;             % etaz:传动装置总效率
    Pw = F * V/1e3;                                 % Pw:工作机械所需的功率
    Pd = Pw/etaz;                                   % Pd:实际需要的电动机功率
    %总传动比及其分配
    nw = 6e4 * V/(pi * D);                          % nw:卷筒转速(r/min)
    i = nm/nw;                                      % i:总传动比
    i2 = 3.5;                                       % i2:减速器传动比
    app.i2 = i2;                                    % i2 私有属性值
    i1 = i/i2;                                      % i1:V 带传动比
    app.i1 = i1;                                    % i1 私有属性值
    %计算各轴的运动和动力参数
    n1 = nm;                                        % n1:电机轴转速
    n2 = n1/i1;                                     % n2:减速器输入轴转速
    n3 = n2/i2;                                     % n3:减速器输出轴转速
    n4 = n3;                                        % n4:卷筒轴转速
    app.n4 = n4;                                    % n4 私有属性值
    P1 = Pd;                                        % P1:电动机功率
    app.P1 = P1;                                    % P1 私有属性值
    P2 = eta1 * P1;                                 % P2:减速器输入轴功率
    P3 = eta2 * eta3 * P2;                          % P3:减速器输出轴功率
    P4 = eta3 * eta4 * P3;                          % P4:卷筒轴功率
    T1 = 9550 * P1/n1;                              % T1:电机轴转矩
    T2 = 9550 * P2/n2;                              % T2 减速器输入轴转矩
    app.T2 = T2;                                    % T2 私有属性值
    T3 = 9550 * P3/n3;                              % T3:减速器输出轴转矩
    app.T3 = T3;                                    % T3 私有属性值
    T4 = 9550 * P4/n4;                              % T4:卷筒轴转矩
    %设计计算结果分别写入 App 界面对应的显示框中
    app.etazEditField.Value = etaz;                 %【etaz - 传动总效率】
    app.iEditField.Value = i;                       %【i - 总传动比】
    app.i1VEditField.Value = i1;                    %【i1 - V 带传动比】
    app.i2EditField.Value = i2;                     %【i2 - 齿轮传动比】
    app.n4EditField.Value = n4;                     %【n4 - 卷筒轴转速】
    app.P1EditField.Value = P1;                     %【P1 - 电机轴功率】
    app.n2EditField.Value = n2;                     %【n2 - 减速器输入轴转速】
    app.P2EditField.Value = P2;                     %【P2 - 减速器输入轴功率】
    app.n3EditField.Value = n3;                     %【n3 - 减速器输出轴转速】
    app.P3EditField.Value = P3;                     %【P3 - 减速器输出轴功率】
    app.P4EditField.Value = P4;                     %【P4 - 卷筒轴功率】
    app.T4EditField.Value = T4;                     %【T4 - 卷筒轴转矩】
    app.T1EditField.Value = T1;                     %【T1 - 电机轴转矩】
    app.T2EditField.Value = T2;                     %【T2 - 减速器输入轴转矩】
    app.T3EditField.Value = T3;                     %【T3 - 减速器输出轴转矩】
    %App 界面功能更改
    app.Button_2.Enable = 'on';                     %开启本 App【下一级设计】使能
end
```

(3)【下一级设计】回调函数

```
functionXiaYiJiSheJi(app, event)
    %调子程序 lu_exam47_2
    %子程序 lu_exam_47_2 计算需要的已知设计结果参数
    P1 = app.P1;                                    %P1 私有属性值
    i1 = app.i1;                                    %i1 私有属性值
```

```
    i2 = app.i2;                                          % i21 私有属性值
    nm = app.nm;                                          % nm 私有属性值
    V = app.V;                                            % V 私有属性值
    F = app.F;                                            % F 私有属性值
    D = app.D;                                            % D 私有属性值
    T2 = app.T2;                                          % T2 私有属性值
    T3 = app.T3;                                          % T3 私有属性值
    n4 = app.n4;                                          % n4 私有属性值
    % 设 app.Main_Sub_APP_1 是 lu_exam_47_1 与 lu_exam_47_2 之间的关联属性
    a = app.Main_Sub_APP_1;                               % a = app.Main_Sub_APP_1
    a = lu_exam_47_2;                                     % 调 lu_exam_47_2 子程序
    % 本 App 设计结果传递给子程序 lu_exam_47_2 中的公共属性值 Data1～Data10
    a.Data1 = P1;                                         % P1 公共属性值
    a.Data2 = i1;                                         % i1 公共属性值
    a.Data3 = i2;                                         % i2 公共属性值
    a.Data4 = nm;                                         % nm 公共属性值
    a.Data5 = V;                                          % V 公共属性值
    a.Data6 = F;                                          % F 公共属性值
    a.Data7 = D;                                          % D 公共属性值
    a.Data8 = T2;                                         % T2 公共属性值
    a.Data9 = T3;                                         % T3 公共属性值
    a.Data10 = n4;                                        % n4 公共属性值
    % 设置子程序 lu_exam_47_2 App 界面功能的初始状态
    a.Button.Enable = 'off';                  % 屏蔽 lu_exam_47_2 子程序【设计计算】使能
    a.Button_2.Enable = 'off';                % 屏蔽 lu_exam_47_2 子程序【下一级设计】使能
    delete(app)                                           % 关闭本 App 窗口
end
```

(4)【返回上一级】回调函数

```
functionFanHuiShangYiJi(app, event)
    % 设 app.Main_Sub_APP_1 是 lu_exam_47_1 与 lu_exam_47_main 之间的关联属性
    app.Main_Sub_APP_1 = lu_exam_47_main;                 % 回调主程序
    delete(app)                                           % 关闭本 App 窗口
end
```

8.3 输送机 V 带传动 App 设计——子设计系统-2

8.3.1 案例 48: V 带传动的参数计算

由前述可知:带式输送机 V 带传动的输入功率 $P_1=3.33$ kW,满载电动机转速 $n_1=960$ r/min,传动比 $i_1=2.39$。要求两带轮传动中心距 $a_0\approx550$ mm,确定 V 带传动的其他参数。

1. 确定计算功率 P_C 和选取 V 带类型

查参考文献[2]中的表 7-14 可得工作情况系数 $K_A=1.2$,可得

$$P_C=K_AP_1=4.0\ \text{kW}$$

查参考文献[2]中的图 7-14,可选 A 型普通 V 带。

2. 确定带轮基准直径 d_{d1} 和 d_{d2}

查参考文献[2]中的表 7-2,选取主动带轮直径 $d_{d1}=100$ mm,从动带轮直径 $d_{d2}=i_1d_{d1}=$

239 mm,查表选取 $d_{d2}=250$ mm。

3. 验算带速 v

$$v=\frac{\pi d_{d1}n_1}{60\times 1\ 000}=5.03\ \mathrm{m/s}$$

带速在(5～25)m/s 的范围内,满足带传动要求。

4. 确定普通 V 带的基准长度 L_d 和传动中心距 a

$$a_0=(0.7\sim 2)(d_{d1}+d_{d2})=245\sim 700\ \mathrm{mm}$$

选取中心距 $a_0=500$ mm,符合要求。

计算带初选长度为

$$L_0\approx 2a_0+\frac{\pi}{2}(d_{d1}+d_{d2})+\frac{(d_{d2}-d_{d1})^2}{4a_0}=1\ 560.75\ \mathrm{mm}$$

查参考文献[2]中的表 7-5,确定基准带长 $L_d=1\ 600$ mm。

实际中心距 a 为

$$a\approx a_0+\frac{L_d-L_0}{2}=519.5\ \mathrm{mm}$$

圆整为 $a=520$ mm。

5. 验算主动轮上的包角 α_1

$$\alpha_1=180^\circ\times\left(1-\frac{d_{d2}-d_{d1}}{a\pi}\right)=163.8^\circ>120^\circ$$

主动轮包角满足要求。

6. 计算 V 带的根数 z

查参考文献[2]中的表 7-8,A 型 V 带,由 n_1 和 d_{d1} 确定 $P_0=0.97$ kW;

查参考文献[2]中的表 7-10,A 型 V 带,由 n_1 和 i_1 确定 $\Delta P_0=0.11$ kW;

查参考文献[2]中的表 7-12,根据 $\alpha_1=1\ 65^\circ$,确定 $K_a=0.96$;

查参考文献[2]中的表 7-13,根据 $L_d=1\ 600$ mm,确定 $K_L=0.99$,

则 V 带的根数为

$$z=\frac{P_C}{(P_0+\Delta P_0)K_aK_L}=3.90$$

取带的根数 $z=4$。

7. 计算初拉力 F_0

查参考文献[2]中的表 7-1,A 型 V 带,每米长度质量 $q=0.10$ kg/m,则初拉力为

$$F_0=500\times\frac{P_C}{vz}\left(\frac{2.5}{K_\alpha}-1\right)+qv^2=162\ \mathrm{N}$$

8. 计算作用在带轮轴上的压力 F_Q

$$F_Q=2zF_0\sin\frac{\alpha_1}{2}=1\ 293\ \mathrm{N}$$

8.3.2　V 带传动 App 设计

1. App 窗口设计

子设计系统-2 V 带传动设计 App 窗口,如图 8.3.1 所示。

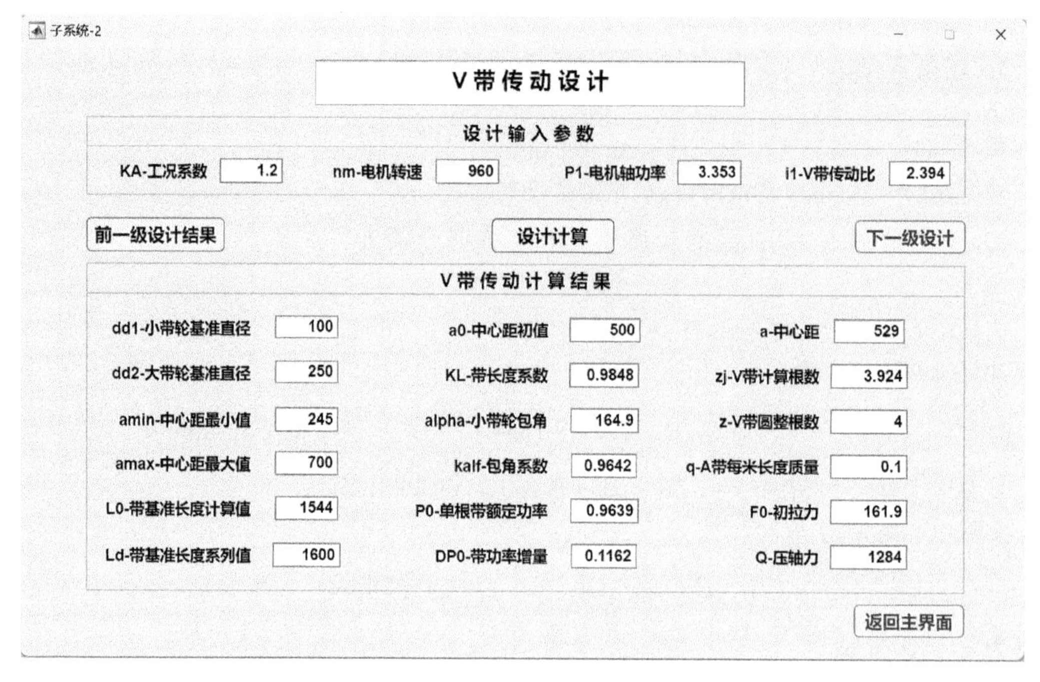

图 8.3.1　子设计系统-2 V 带传动设计 App 窗口

2. 子设计系统-2 App 窗口程序设计(程序 lu_exam_47_2)

(1) 私有属性、公共属性创建

```
properties(Access = private)
  % 私有属性
  Main_Sub_APP_2;                          % 本 App 与其他 App 之间的关联属性
  P1;                                      % P1:电机轴功率
  i;                                       % i:总传动比
  i1;                                      % i1:V 带传动比
  i2;                                      % i2:齿轮传动比
  KA;                                      % KA:工况系数
  n1;                                      % n1:电机轴转速
  end
  properties(Access = public)
  % 公共属性
  % 与子程序 lu_exam_47_3 相关的数据,含义见程序中
  Data1;
  Data2;
  Data3;
  Data4;
  Data5;
  Data6;
  Data7;
  Data8;
  Data9;
  Data10;
end
```

(2)【设计计算】回调函数

```
functionSheJiJieGuo(app, event)
  % App 界面已知数据读入
  P1 = app.P1EditField.Value;                                              %【P1 - 电机轴功率】
  KA = app.KAEditField.Value;                                              %【KA - 工况系数】
  i = app.i1VEditField.Value;                                              %【i - 总传动比】
  n1 = app.nmEditField.Value;                                              %【n1 - 电机轴转速】
  % 设计计算程序
  dd1 = 100;                                                               % dd1:小带轮基准直径
  dd2 = dd1 * i;                                                           % dd2:大带轮直径计算值
  dd2 = 250;                                                               % dd2:推荐的系列值
  v = pi * dd1 * n1/6e4;                                                   % v:带速
  amin = 0.7 * (dd1 + dd2);                                                % amin:中心距最小值
  amax = 2 * (dd1 + dd2);                                                  % amax:中心距最大值
  a0 = 500;                                                                % a0:中心距初值
  L0 = 2 * a0 + 0.5 * pi * dd1 * (i + 1) + 0.25 * (dd2 - dd1)^2/a0;        % L0:计算带长
  Ld = 1600;                                                               % Ld:带的基准长度
  KL = 0.20639 * Ld^0.211806;                                              % KL:带的长度系数
  a1 = Ld/4 - pi * dd1 * (i + 1)/8;                                        % a1:中心距计算系数
  a2 = dd1^2 * (i - 1)^2/8;                                                % a2:中心距计算系数
  aj = a1 + sqrt(a1^2 - a2);                                               % aj:计算中心距
  a = round(aj);                                                           % a:圆整中心距
  alpha = 180 * (1 - dd1 * (i - 1)/a/pi);                                  % alpha:小带轮包角
  Kalf = alpha/(0.549636 * alpha + 80.395144);                             % kalf:小带轮包角系数
  P0 = 0.01738 * dd1 - 0.774138;                                           % P0:单根带额定功率
  DP0 = 0.001023 + 0.00012 * n1;                                           % DP0:拟合功率增量
  zj = KA * P1/(P0 + DP0)/KL/Kalf;                                         % zj:计算带的根数
  z = round(zj + 0.5);                                                     % z:圆整带的根数
  q = 0.1;                                                                 % q: A 带每米长度质量
  F0 = 500 * KA * P1 * (2.5/Kalf - 1)/v/z + q * v^2;                       % F0:初拉力
  Q = 2 * z * F0 * sind(0.5 * alpha);                                      % Q:压轴力
  % 设计计算结果分别写入 App 界面对应的显示框中
  app.dd1EditField.Value = dd1;                                            %【dd1 - 小带轮基准直径】
  app.dd2EditField.Value = dd2;                                            %【dd2 - 大带轮基准直径】
  app.aminEditField.Value = amin;                                          %【amin - 中心距最小值】
  app.amaxEditField.Value = amax;                                          %【amax - 中心距最大值】
  app.L0EditField.Value = L0;                                              %【L0 - 带基准长度计算值】
  app.LdEditField.Value = Ld;                                              %【Ld - 带基准长度系列值】
  app.a0EditField.Value = a0;                                              %【a0 - 中心距初值】
  app.KLEditField.Value = KL;                                              %【KL - 带长度系数】
  app.alphaEditField.Value = alpha;                                        %【alpha - 小带轮包角】
  app.kalfEditField.Value = Kalf;                                          %【kalf - 包角系数】
  app.P0EditField.Value = P0;                                              %【P0 - 单根带额定功率】
  app.DP0EditField.Value = DP0;                                            %【DP0 - 带功率增量】
  app.aEditField.Value = a;                                                %【a - 中心距】
  app.zjVEditField.Value = zj;                                             %【zj - V 带计算根数】
  app.zVEditField.Value = z;                                               %【z - V 带圆整根数】
  app.qAEditField.Value = q;                                               %【q - A 带每米长度质量】
  app.F0EditField.Value = F0;                                              %【F0 - 初拉力】
  app.QEditField.Value = Q;                                                %【Q - 压轴力】
  % App 界面功能更改
  app.Button_2.Enable = 'on';                                              % 开启本 App【下一级设计】使能
end
```

(3)【下一级设计】回调函数

```
functionXiaYiJISheJi(app, event)
  % 调子程序 lu_exam47_3 ,传递公共属性值 Data1～Data10
  % 子程序 lu_exam_47_3 计算需要的已知设计结果参数
  P1 = app.Data1;                                  % P1 公共属性值
  i1 = app.Data2;                                  % i1 公共属性值
  i2 = app.Data3;                                  % i2 公共属性值
  nm = app.Data4;                                  % nm 公共属性值
  V = app.Data5;                                   % V 公共属性值
  F = app.Data6;                                   % F 公共属性值
  D = app.Data7;                                   % D 公共属性值
  T2 = app.Data8;                                  % T2 公共属性值
  T3 = app.Data9;                                  % T3 公共属性值
  n4 = app.Data10;
  % 设 app.Main_Sub_APP_2 是 lu_exam_47_2 与 lu_exam_47_3 之间的关联属性
  a1 = app.Main_Sub_APP_2;                         % a1 = app.Main_Sub_APP_2
  a1 = lu_exam_47_3;                               % 调 lu_exam_47_3 子程序
  % lu_exam_47_3 中的公共属性值 a1.Data1～a1.Data10
  a1.Data1 = P1;                                   % P1 公共属性值
  a1.Data2 = i1;                                   % i1 公共属性值
  a1.Data3 = i2;                                   % i2 公共属性值
  a1.Data4 = nm;                                   % nm 公共属性值
  a1.Data5 = V;                                    % V 公共属性值
  a1.Data6 = F;                                    % F 公共属性值
  a1.Data7 = D;                                    % D 公共属性值
  a1.Data8 = T2;                                   % T2 公共属性值
  a1.Data9 = T3;                                   % T3 公共属性值
  a1.Data10 = n4;                                  % n4 公共属性值
  % 子程序 lu_exam_47_3 中 App 界面功能的初始状态
  a1.Button.Enable = 'off';                   % 屏蔽 lu_exam_47_3 子程序【设计计算】使能
  a1.Button_2.Enable = 'off';                 % 屏蔽 lu_exam_47_3 子程序【下一级设计】使能
  delete(app)                                      % 关闭本 App 窗口
end
```

(4)【前一级设计结果】回调函数

```
functionQianMianSheJi(app, event)
  % lu_exam_47_1 传递过来的公有属性值,本设计需要的已知设计参数
  KA = 1.2;                                            % KA:工况系数
  app.KA = KA;                                         % KA 私有属性值
  app.KAEditField.Value = KA;                          %【KA - 工况系数】
  n1 = app.Data4;                                      % n1 公共属性值(nm)
  app.nmEditField.Value = n1;                          %【nm - 电机转速】
  P1 = app.Data1;                                      % P1 公共属性值
  app.P1EditField.Value = P1;                          %【P1 - 电机轴功率】
  i1 = app.Data2;                                      % i1 公共属性值
  app.i1VEditField.Value = i1;                         %【i1 - V 带传动比】
  % App 界面功能更改
  app.Button.Enable = 'on';                            % 开启本 App【设计计算】使能
end
```

(5)【返回主界面】回调函数

```
functionFanHuiDiYiJi(app, event)
   %返回 lu_exam_47_main
   app.Main_Sub_APP_2 = lu_exam_47_main;                        %返回主程序
   delete(app)                                                  %关闭本 App 窗口
end
```

8.4　减速器斜齿圆柱齿轮传动 App 设计——子设计系统-3

8.4.1　案例 49：斜齿圆柱齿轮传动的理论分析

由前面可知：圆柱齿轮传动的主动齿轮传递功率 $P_1=3.33$ kW，转矩 $T_2=76.80$ N·m，$n_2=401.67$ r/min，传动比 $i_2=3.5$。确定减速器的其他参数。

1. 选择齿轮材料，确定许用应力

由于传递功率和转速中等，载荷有轻微冲击，为使得结构紧凑，采用硬齿面齿轮传动。大小齿轮都采用 45# 钢，表面淬火，齿面硬度 45HRC。

查参考文献[2]中的图 9-38 和图 9-39，确定试验齿轮的疲劳极限，确定许用应力。

齿轮材料接触疲劳极限：

$$\sigma_{\mathrm{Hlim1}}=\sigma_{\mathrm{Hlim2}}=1\ 150\ \mathrm{MPa}$$

齿轮材料接触疲劳许用应力：

$$[\sigma_{\mathrm{H}}]=0.9\sigma_{\mathrm{Hlim1}}=1\ 035\ \mathrm{MPa}$$

齿轮材料弯曲疲劳极限：

$$\sigma_{\mathrm{Flim1}}=\sigma_{\mathrm{Flim2}}=320\ \mathrm{MPa}$$

齿轮材料弯曲疲劳许用应力：

$$[\sigma_{\mathrm{F}}]=1.4\sigma_{\mathrm{Flim1}}=448\ \mathrm{MPa}$$

2. 选择齿轮传动的公差等级和设计参数

由于是带式运输机齿轮转速不高，可以选择普通 8 级精度齿轮，要求齿面粗糙度 $Ra\leqslant 3.2\sim 6.3\ \mu\mathrm{m}$，初选螺旋角 $\beta=10°$。

取小齿轮齿数 $z_1=18$，则 $z_2=i_2z_1=63$。

查参考文献[2]中的表 9-11，确定齿宽系数 $\psi_{\mathrm{d}}=0.65$。

3. 按轮齿弯曲强度计算模数

当量齿数为

$$z_{\mathrm{V1}}=\frac{z_1}{\cos^3\beta}=18.85$$

$$z_{\mathrm{V2}}=i_2z_{\mathrm{V1}}=65.98$$

查参考文献[2]中的表 9-10，确定复合齿形系数 $Y_{\mathrm{SF1}}=4.43$，$Y_{\mathrm{SF2}}=3.88$。

根据较小冲击载荷、轴承对称布置和轴刚度较大，取载荷系数 $K=1.4$；取 $Y_{\mathrm{SF}}=4.43$（较大），查参考文献[2]中的表 9-8，对应螺旋角范围 $15°<\beta\leqslant 25°$，确定常系数 $A_{\mathrm{m}}=12$。

计算模数如下：

$$m_n \geqslant A_m \times \sqrt[3]{\frac{KT_1Y_{FS}}{\psi_d z_1^2[\sigma_F]}} = 12 \times \sqrt[3]{\frac{1.4 \times 33.13 \times 4.43}{0.65 \times 18^2 \times 448}} = 1.56\ \text{mm}$$

取模数标准值 $m_n = 2$ mm。

4. 协调设计参数

计算中心距为

$$a = \frac{m_n(z_1 + z_2)}{2\cos\beta} = 82.25\ \text{mm}$$

选取中心距为 $a = 85$ mm

计算螺旋角为

$$\beta = \arccos\frac{m_n(z_1 + z_2)}{2a} = 17.65° \quad (\text{右旋})$$

螺旋角满足 8°～25°要求。

5. 计算主要几何尺寸

齿轮分度圆直径为

$$d_1 = \frac{m_n z_1}{\cos\beta} = 37.78\ \text{mm}$$

$$d_2 = id_1 = 132.22\ \text{mm}$$

齿轮齿顶圆直径为

$$d_{a1} = m_n\left(\frac{z_1}{\cos\beta} + 2h_{an}^*\right) = 41.78\ \text{mm}$$

$$d_{a2} = m_n\left(\frac{z_2}{\cos\beta} + 2h_{an}^*\right) = 136.22\ \text{mm}$$

齿轮齿根圆直径为

$$d_{f1} = m_n\left(\frac{z_1}{\cos\beta} - 2h_{an}^* - 2c_n^*\right) = 32.28\ \text{mm}$$

$$d_{f2} = m_n\left(\frac{z_2}{\cos\beta} - 2h_{an}^* - 2c_n^*\right) = 127.22\ \text{mm}$$

齿轮齿宽为

$$b = \psi_d d_1 = 24.56\ \text{mm}$$

圆整取:$b_1 = 32$ mm(通常取小齿轮齿宽大于大齿轮齿宽 5～10 mm),$b_2 = 26$ mm。

6. 校核齿面接触强度

满足齿面接触强度所需要的小齿轮分度圆直径:

$$d_1 \geqslant A_d \times \sqrt[3]{\frac{KT_1(u+1)}{\psi_d[\sigma_F]^2 u}} = 32.06\ \text{mm}$$

查参考文献[2]中的表 9-8,$A_d = 733$,计算结果小于设计结果 $d_1 = 37.78$ mm,满足齿面接触强度要求。

7. 齿轮圆周速度

$$v = \frac{\pi d_1 n_1}{60\ 000} = 1.90\ \text{m/s}$$

查参考文献[2]中的表 9-12,满足圆柱斜齿轮 8 级精度传动要求。

8.4.2　圆柱斜齿轮传动 App 设计

1. App 窗口设计

子设计系统-3 圆柱斜齿轮传动设计 App 窗口,如图 8.4.1 所示。

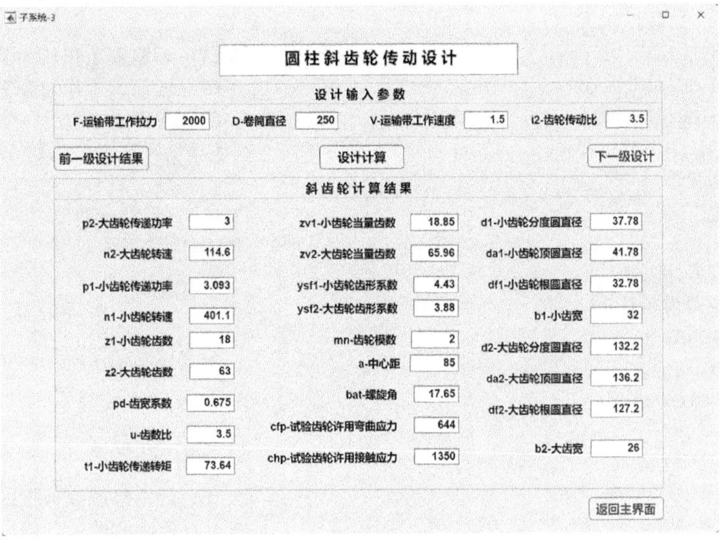

图 8.4.1　子设计系统-3 圆柱斜齿轮传动设计 App 窗口

2. 子设计系统-3 App 窗口程序设计(程序 lu_exam_47_3)

(1) 私有属性、公共属性创建

```
properties(Access = private)
  % 私有属性
  Main_Sub_APP_3;                                          % 本 App 与其他 App 之间的关联属性
  bat;                                                     % bat:螺旋角
  d1;                                                      % d1:小齿轮分度圆直径
  d2;                                                      % d2:大齿轮分度圆直径
  p2;                                                      % p2:大齿轮传递功率
  end
  properties(Access = public)
  % 公共属性
  % 与子程序 lu_exam_47_4 相关的数据,含义见程序中
  Data1;
  Data2;
  Data3;
  Data4;
  Data5;
  Data6;
  Data7;
  Data8;
  Data9;
  Data10;
```

```
    Data11;
    Data12;
    Data13;
    Data14;
end
```

(2)【设计计算】回调函数

```
functionSheJiJieGuo(app, event)
    % App 界面已知数据读入
    f = app.FEditField.Value;                          %【F-运输带工作压力】
    v = app.VEditField.Value;                          %【V-运输带工作速度】
    d = app.DEditField.Value;                          %【D-卷筒直径】
    i = app.i2EditField.Value;                         %【i2-齿轮传动比】
    % 设计计算程序
    hd = pi/180;                                       % 角度:弧度系数
    nu = 0.97;                                         % mu:齿轮传动效率
    % 设计计算程序
    % 采用硬齿面齿轮传动
    p2 = f * v/1000;                                   % p2:大齿轮传递功率
    app.p2 = p2;                                       % p2 私有属性值
    n2 = 60 * v * 1e3/pi/d;                            % n2:大齿轮转速
    p1 = p2/nu;                                        % p1:小齿轮传递功率
    n1 = i * n2;                                       % n1:小齿轮转速
    chm = 1500;                                        % chm:齿轮接触疲劳极限
    cfm = 460;                                         % cfm:齿轮弯曲疲劳极限
    chp = 0.9 * chm;                                   % chp:齿轮许用接触应力
    cfp = 1.4 * cfm;                                   % cfp:齿轮许用弯曲应力
    z1 = 18;                                           % z1:小齿轮齿数
    z2 = round(i * z1);                                % z2:大齿轮齿数(圆整)
    u = z2/z1;                                         % u:齿数比
    pd = 0.675;                                        % pd:齿宽系数
    bat0 = 10;                                         % bat0:螺旋角初值
    t1 = 9550 * p1/n1;                                 % t1:小齿轮传递转矩
    zv1 = z1/(cos(bat0 * hd))^3;                       % zv1:小齿轮当量齿数
    zv2 = u * zv1;                                     % zv2:大齿轮当量齿数
    ysf1 = 4.43;                                       % ysf1:小齿轮齿形系数
    ysf2 = 3.88;                                       % ysf2:大齿轮齿形系数
    ifysf1 > = ysf2                                    % 确定齿形系数取舍判断
    ysf = ysf1;                                        % 取 y_sf1
    else
    ysf = ysf2;                                        % 取 y_sf2
    end
    k = 1.4;                                           % k:载荷系数
    am = 12.0;                                         % am:齿根弯曲强度计算系数
    mnj = am * (k * t1 * ysf/pd/z1^2/cfp)^(1/3);       % mnj:齿根弯曲强度计算模数
    ifmnj < = 2                                        % 模数判断
    mn = 2;                                            % mn:确定标准模数
    else
    mn = round(mnj + 0.5)                              % mn:模数圆整
    end
    aj = mn * z1 * (1 + u)/2/cos(bat0 * hd);           % aj:计算中心距
    a = round(aj/5) * 5 + 5;                           % a:确定中心距(mm)
```

```
bat = acos(0.5 * mn * z1 * (1 + u)/a)/hd;                      % bat:确定螺旋角
app.bat = bat;                                                  % bat私有属性值
ifbat >15 & bat < = 25                                          % 螺旋角判断
 % App界面信息提示对话框
msgbox('螺旋角在15 - 25°范围内,计算系数选择合适','提示');
else
 % App界面信息提示对话框
msgbox('螺旋角超出15 - 25°范围,重新选择计算系数','提示');
end
d1 = mn * z1/cos(bat * hd);                                     % d1:小齿轮分度圆直径
app.d1 = d1;                                                    % d1私有属性值
d2 = u * d1;                                                    % d2:大齿轮分度圆直径
app.d2 = d2;                                                    % d2私有属性值
han = 1.0;                                                      % han:正常齿制系数
cn = 0.25;                                                      % cn:齿根圆系数
da1 = d1 + 2 * han * mn;                                        % da1:小齿轮齿顶圆直径
da2 = d2 + 2 * han * mn;                                        % da2:大齿轮齿顶圆直径
df1 = d1 - 2 * han * mn - 2 * cn * mn;                          % df1:小齿轮齿根圆直径
df2 = d2 - 2 * han * mn - 2 * cn * mn;                          % df2:大齿轮齿根圆直径
b = pd * d1;                                                    % b:大齿轮齿宽
b2 = round(b/2) * 2;                                            % b2:确定齿宽(圆整)
b1 = b2 + 6;                                                    % b1:小齿轮齿宽
ad = 733;                                                       % ad:齿面接触强度计算系数
d1j = ad * (k * t1 * (u + 1)/pd/chp^2/u)^(1/3);                 % d1j:齿面接触强度分度圆直径
ifd1j < = d1                                                    % 判断小齿轮分度圆直径
 % App界面信息提示对话框
msgbox('满足齿面接触强度要求','提示');
else
 % App界面信息提示对话框
msgbox('不满足齿面接触强度要求,需要修改设计参数','提示');
end
v = pi * d1 * n1/6e4;                                           % v:齿轮圆周速度
 % 设计计算结果分别写入App界面对应的显示框中
app.p2EditField.Value = p2;                                     % 【p2 - 大齿轮传递功率】
app.n2EditField.Value = n2;                                     % 【n2 - 大齿轮转速】
app.p1EditField.Value = p1;                                     % 【p1 - 小齿轮传递功率】
app.n1EditField.Value = n1;                                     % 【n1 - 小齿轮转速】
app.z1EditField.Value = z1;                                     % 【z1 - 小齿轮齿数】
app.z2EditField.Value = z2;                                     % 【z2 - 大齿轮齿数】
app.pdEditField.Value = pd;                                     % 【pd - 齿宽系数】
app.uEditField.Value = u;                                       % 【u - 齿数比】
app.t1EditField.Value = t1;                                     % 【t1 - 小齿轮传递转矩】
app.zv1EditField.Value = zv1;                                   % 【zv1 - 小齿轮当量齿数】
app.zv2EditField.Value = zv2;                                   % 【zv2 - 大齿轮当量齿数】
app.ysf1EditField.Value = ysf1;                                 % 【ysf1 - 小齿轮齿形系数】
app.ysf2EditField.Value = ysf2;                                 % 【ysf2 - 大齿轮齿形系数】
app.mnEditField.Value = mn;                                     % 【mn - 齿轮模数】
app.aEditField.Value = a;                                       % 【a - 中心距】
app.batEditField.Value = bat;                                   % 【bat - 螺旋角】
app.chpEditField.Value = chp;                                   % 【chp - 齿轮许用弯曲应力】
app.cfpEditField.Value = cfp;                                   % 【cfp - 齿轮许用接触应力】
app.d1EditField.Value = d1;                                     % 【d1 - 小齿轮分度圆直径】
```

```
    app.da1EditField.Value = da1;                                    %【da1 - 小齿轮顶圆直径】
    app.df1EditField.Value = df1;                                    %【df1 - 小齿轮根圆直径】
    app.b1EditField.Value = b1;                                      %【b1 - 小齿宽】
    app.d2EditField.Value = d2;                                      %【d2 - 大齿轮分度圆直径】
    app.da2EditField.Value = da2;                                    %【da2 - 大齿轮顶圆直径】
    app.df2EditField.Value = df2;                                    %【df2 - 大齿轮根圆直径】
    app.b2EditField.Value = b2;                                      %【b2 - 大齿宽】
    % App 界面功能更改
    app.Button_2.Enable = 'on';                                      % 开启本 App【下一级设计】使能
end
```

(3)【下一级设计】回调函数

```
function XiaYiJiSheji(app, event)
    % 调子程序 lu_exam47_4 ,传递公共属性值 Data1～Data14
    % 子程序 lu_exam_47_4 计算需要的已知设计结果参数
    P1 = app.Data1;                                                  % P1 公共属性值
    i1 = app.Data2;                                                  % i1 公共属性值
    i2 = app.Data3;                                                  % i2 公共属性值
    nm = app.Data4;                                                  % nm 公共属性值
    V = app.Data5;                                                   % V 公共属性值
    F = app.Data6;                                                   % F 公共属性值
    D = app.Data7;                                                   % D 公共属性值
    T2 = app.Data8;                                                  % T2 公共属性值
    T3 = app.Data9;                                                  % T3 公共属性值
    n4 = app.Data10;                                                 % n4 公共属性值
    p2 = app.p2;                                                     % p2 公共属性值
    d1 = app.d1;                                                     % d1 公共属性值
    d2 = app.d2;                                                     % d2 公共属性值
    bat = app.bat;                                                   % bat 公共属性值
    % 设 app.Main_Sub_APP_3 是 lu_exam_47_3 与 lu_exam_47_4 之间的关联属性
    a2 = app.Main_Sub_APP_3;                                         % a2 = app.Main_Sub_APP_3
    a2 = lu_exam_47_4;                                               % 调 lu_exam_47_4 子程序
    % lu_exam_47_4 中的公共属性值 a2.Data1～a2.Data14
    a2.Data1 = P1;                                                   % P1 公共属性值
    a2.Data2 = i1;                                                   % i1 公共属性值
    a2.Data3 = i2;                                                   % i2 公共属性值
    a2.Data4 = nm;                                                   % nm 公共属性值
    a2.Data5 = V;                                                    % V 公共属性值
    a2.Data6 = F;                                                    % F 公共属性值
    a2.Data7 = D;                                                    % D 公共属性值
    a2.Data8 = T2;                                                   % T2 公共属性值
    a2.Data9 = T3;                                                   % T3 公共属性值
    a2.Data10 = n4;                                                  % n4 公共属性值
    a2.Data11 = p2;                                                  % p2 公共属性值
    a2.Data12 = d1;                                                  % d1 公共属性值
    a2.Data13 = d2;                                                  % d2 公共属性值
    a2.Data14 = bat;                                                 % bat 公共属性值
    % 子程序 lu_exam_47_4 中 App 界面功能的初始状态
    a2.Button.Enable = 'off';                              % 屏蔽 lu_exam_47_4 子程序【设计计算】使能
    a2.Button_5.Enable = 'off';                            % 屏蔽 lu_exam_47_4 子程序【下一级设计】使能
    delete(app)                                                      % 关闭本 App 窗口
end
```

(4)【前一级设计结果】回调函数

```
functionQianYiJiSheJi(app, event)
  % lu_exam_47_2 传递过来的公共属性值,本设计需要的已知设计参数
  f = app.Data6;                                          % f 公共属性值
  app.FEditField.Value = f;                               %【F-运输带工作拉力】
  v = app.Data5;                                          % v 公共属性值
  app.VEditField.Value = v;                               %【V-运输带工作速度】
  d = app.Data7;                                          % d 公共属性值
  app.DEditField.Value = d;                               %【D-卷筒直径】
  i = app.Data3;                                          % i2 公共属性值
  app.i2EditField.Value = i;                              %【i2-齿轮传动比】
  % App 界面功能更改
  app.Button.Enable = 'on';                               % 开启本 App【设计计算】使能
end
```

(5)【返回主界面】回调函数

```
functionFanHuiDiYiJi(app, event)
  % 返回 lu_exam_47_main
  app.Main_Sub_APP_3 = lu_exam_47_main;                   % 返回主程序
  delete(app)                                             % 关闭本 App 窗口
end
```

8.5　减速器弯扭组合轴 App 设计——子设计系统-4

8.5.1　案例 50: 弯扭组合轴设计计算

由前述可知:

减速器输出轴的传递功率为 $P_3=3.07$ kW;

减速器输出轴的转速为 $n_3=114.76$ r/min。

1. 估算轴的最小直径

轴的材料选用 45#钢并经调质处理(210HBS),查参考文献[2]中的表 13-2,取 $C=112$,则轴直径为

$$d \geqslant C \times \sqrt[3]{\frac{P_3}{n_3}} = 112 \times \sqrt{\frac{3.07}{114.76}} = 33.50\ \text{mm}$$

考虑到该轴的外伸段上开有键槽,将轴径加大 3%~5%,查参考文献[2]中的表 14-3 弹性柱联轴器,取标准直径 $d=35$ mm。

根据电动机驱动和工作机械特性,查参考文献[2]中的表 14-1,选取载荷系数 $K=1.4$,计算转矩为

$$KT = KT_3 = 1.4 \times 255.48 = 357.67\ \text{N} \cdot \text{m}$$

联轴器满足设计要求。

2. 轴的结构设计

轴系的结构图如图 8.5.1 所示。

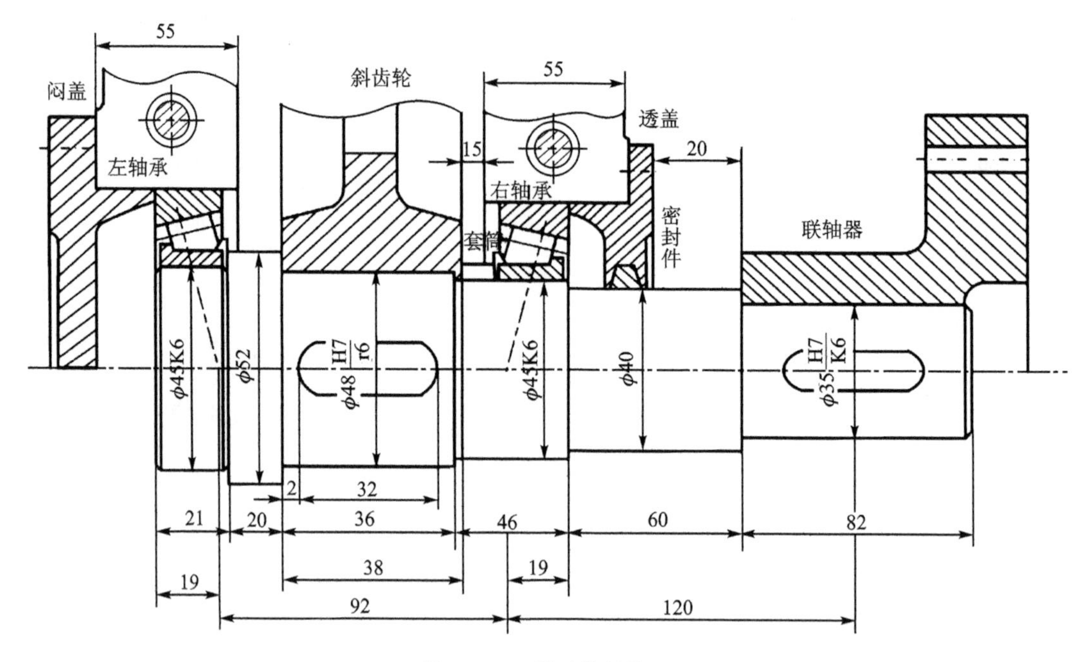

图 8.5.1 轴系的结构图

3. 齿轮受力分析

① 斜齿圆柱齿轮的圆周力为

$$F_t = \frac{2T_1}{d_1} = 4\ 065.64\ \text{N}$$

② 斜齿圆柱齿轮的径向力为

$$F_r = \frac{F_t \tan \alpha_n}{\cos \beta} = 1\ 566\ \text{N}$$

③ 斜齿圆柱齿轮的轴向力为

$$F_a = F_t \tan \beta = 1\ 304\ \text{N}$$

4. 计算支座反力和内力弯曲

如图 8.5.2 所示，取轴承宽度中间为支撑点 A 和 B。将齿轮作用力分解到水平面(圆周力 F_t 使轴在 H 面上产生弯曲变形)和垂直面(径向力 F_r 和轴向力 F_a 使轴在 V 面上产生弯曲变形)上。

(1) 求水平面支反力 R_{AH} 和 R_{BH}

由平衡条件

$$\sum M_B = R_{AH}(L_1 + L_2) - F_t \times L_2 = 0$$

求出：

$$R_{AH} = \frac{F_t \times 46}{46 + 46} = 2\ 050\ \text{N}$$

由平衡条件

$$\sum Y = R_{AH} + R_{BH} - F_t = 0$$

求出：$R_{BH} = 2\ 050$ N。

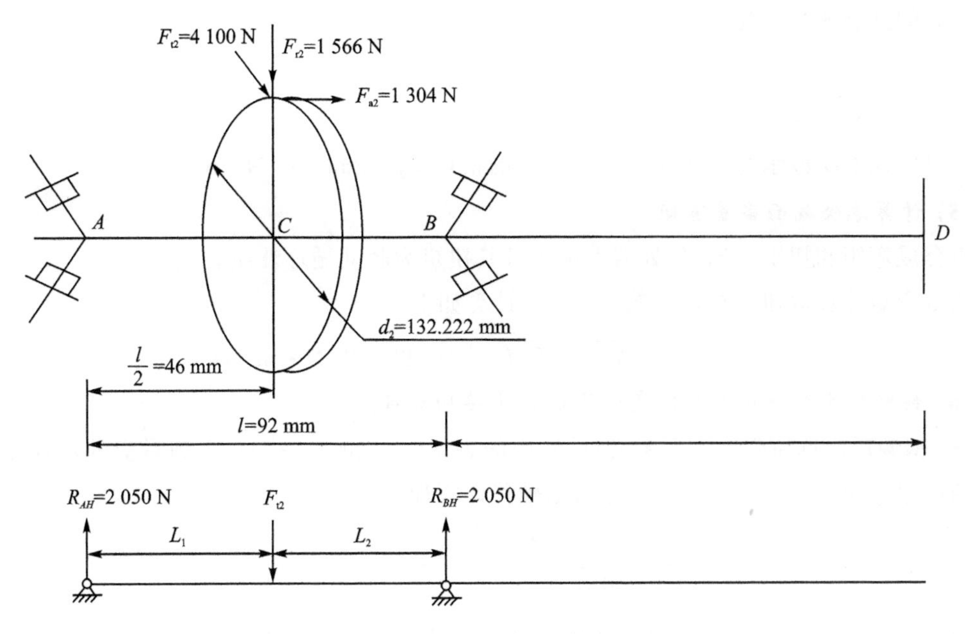

图 8.5.2　轴系受力简图

水平弯矩图 C 处弯矩(在集中力作用处,弯矩图发生转折)

$$M_{CH}=R_{AH}\times L_1=2\ 050\times 46=94\ 300\ \text{N}\cdot\text{m}$$

(2) 求垂直面支反力 R_{AV} 和 R_{BV}

由平衡条件

$$\sum M_B=R_{AV}(L_1+L_2)-F_a\frac{d_2}{2}-F_r\times L_2=0$$

求出:$R_{AV}=1\ 720$ N。

由平衡条件

$$\sum Y=R_{AV}+R_{BV}-F_r=0$$

求出:$R_{BV}=-154$ N。

垂直弯矩图 C 处左侧弯矩为

$$M'_{CV}=R_{AV}\times L_1=79\ 120\ \text{N}\cdot\text{m}$$

垂直弯矩图 C 处右侧弯矩为

$$M''_{CV}=R_{BV}\times L_2=-7\ 084\ \text{N}\cdot\text{m}$$

在集中力偶作用处,弯矩图发生突变,其突变值为

$$M'_{CV}-M''_{CV}=86\ 204\ \text{N}\cdot\text{m}$$

集中力偶为

$$F_a\frac{d_2}{2}=86\ 209\ \text{N}\cdot\text{m}$$

(3) 计算合成弯矩

C 左侧处合成弯矩为

$$M'_C=\sqrt{M_{CH}^2+M_{CV}'^2}=123\ 095\ \text{N}\cdot\text{m}$$

C 右侧处合成弯矩为

$$M''C=\sqrt{M_{CH}^2+M_{CV}''^2}=94\ 566\ \text{N}\cdot\text{m}$$

(4) 输出轴扭矩

输出轴在 CD 段承受的扭矩等于它传递的扭矩 $T_3=255\ 480\ \text{N}\cdot\text{m}$。

(5) 计算危险截面当量弯矩

由合成弯矩和扭矩可知,C 处内力最大且其扭矩为脉动循环性质。

当量弯矩计算取扭矩校正系数 $a=0.6$,计算如下:

$$M_e=\sqrt{M_C'^2+(aT_3)^2}=197\ 628\ \text{N}\cdot\text{m}$$

(6) 按照弯曲和扭转组合强度计算 C 处需要的轴径

$45^{\#}$ 钢调质后抗拉强度查参考文献[2]中的表 13-1 和表 13-4,得到对应的对称循环下材料的许用弯曲应力$[\sigma_{-1}]_W=60\ \text{MPa}$,则轴径计算如下:

$$d=\sqrt[3]{\frac{M_e}{0.1\times[\sigma_{-1}]_W}}=32.055\ \text{mm}$$

由于 C 处有键槽故将直径增大 5%,$d_e=33.66\ \text{mm}$,小于该处实际直径 $d_C=48\ \text{mm}$,故轴的弯扭组合强度足够。

8.5.2 弯扭组合轴 App 设计

1. App 窗口设计

子设计系统-4 弯扭组合传动输出轴设计 App 窗口,如图 8.5.3 所示。

图 8.5.3 子设计系统-4 弯扭组合传动输出轴设计 App 窗口

2. 子设计系统-4 App 窗口程序设计(程序 lu_exam_47_4)

(1) 私有属性、公共属性创建

```
properties(Access = private)
  %私有属性
  Main_Sub_APP_4;                                   %本 App 与其他 App 之间的关联属性
  Fa_h;                                             %Fa_h:H 面 A 支座反力
  Fb_h;                                             %Fb_h:H 面 B 支座反力
  Fa_v;                                             %Fa_v:V 面 A 支座反力
  Fb_v;                                             %Fa_v:V 面 B 支座反力
  Fa;                                               %Fa:齿轮传递轴向力
  p2;                                               %p2:大齿轮传递功率
  d1;                                               %d1:小齿轮分度圆直径
  d2;                                               %d2:大齿轮分度圆直径
  bat;                                              %bat:螺旋角
  d;                                                %d:轴最小直径
  end
  properties(Access = public)
  %公共属性
  %与子程序 lu_exam_47_5 相关的数据,含义见程序中
  Data1;
  Data2;
  Data3;
  Data4;
  Data5;
  Data6;
  Data7;
  Data8;
  Data9;
  Data10;
  Data11;
  Data12;
  Data13;
  Data14;
  Data15;
  Data16;
  Data17;
  Data18;
  Data19;
  Data20;
end
```

(2)【设计计算】回调函数

```
functionSheJiJieGuo(app, event)
  %App 界面已知数据读入
  T1 = app.T2EditField_3.Value;                     %【T2 - 输入轴转矩】
  T2 = app.T3EditField.Value;                       %【T3 - 输出轴转矩】
  n2 = app.n4EditField.Value;                       %【n4 - 卷筒轴转速】
  bat = app.batEditField.Value;                     %【bat - 螺旋角】
  app.bat = bat;                                    %bat 私有属性值
  p2 = app.p2EditField_2.Value;                     %【p2 - 大齿轮传递功率】
  app.p2 = p2;                                      %p2 私有属性值
```

```
d1 = app.d1EditField_2.Value;                    %【d1 - 小齿轮分度圆直径】
app.d1 = d1;                                     % d1 私有属性值
d2 = app.d2EditField_2.Value;                    %【d2 - 大齿轮分度圆直径】
app.d2 = d2;                                     % d2 私有属性值
% 设计计算程序
hd = pi/180;                                     % 角度:弧度系数
c = 112;                                         % 45# 钢材料系数
d0 = c * (p2/n2)^(1/3) * 1.05;                   % d0:按扭转估算轴径,并考虑键槽影响
d = round(d0/5) * 5;                             % d:圆整直径
app.d = d;                                       % d 私有属性值
alpha = 20;                                      % alpha:齿轮分度圆压力角
Ft = round(2000 * T1/d1);                        % Ft:齿轮传递的圆周力
Fr = round(Ft * tan(alpha * hd)/cos(beta * hd)); % Fr:齿轮传递的径向力
Fa = round(Ft * tan(beta * hd));                 % Fa:齿轮传递的轴向力
app.Fa = Fa;                                     % Fa 私有属性值
L1 = 46;                                       % L1:齿宽中心线到 A 轴承支座反力作用点的距离
L2 = 46;                                       % L2:齿宽中心线到 B 轴承支座反力作用点的距离
Fa_h = round(Ft * L2/(L1 + L2));                 % Fa_h: H 面 A 支座反力
app.Fa_h = Fa_h;                                 % Fa_h 私有属性值
Fb_h = Ft - Fa_h;                                % Fb_h: H 面 B 支座反力
app.Fb_h = Fb_h;                                 % Fb_h 私有属性值
Mc_h = Fa_h * L1;                                % Mc_h:H 面弯矩
Fa_v = round((Fr * L2 + Fa * d2/2)/(L1 + L2));   % Fa_v: V 面 A 支座反力
app.Fa_v = Fa_v;                                 % Fa_v 私有属性值
Fb_v = Fr - Fa_v;                                % Fb_v: V 面 B 支座反力
app.Fb_v = Fb_v;                                 % Fb_v 私有属性值
Mc_v1 = Fa_v * L1;                               % Mc_v1: V 面弯矩 1
Mc_v2 = Fb_v * L2;                               % Mc_v2: V 面弯矩 2
Mc12 = Mc_v1 - Mc_v2;                            % Mc12:V 面弯矩突变值
Mcm = round(Fa * d2/2);                          % Mcm:在截面 C 的集中力偶矩
Mc1 = round(sqrt(Mc_h^2 + Mc_v1^2));             % Mc1 合成弯矩 1
Mc2 = round(sqrt(Mc_h^2 + Mc_v2^2));             % Mc2 合成弯矩 2
ifMc1 > = Mc2                                    % 判断最大弯矩
Mc = Mc1;                                        % 确定弯矩 Mc
else
Mc = Mc2;                                        % 确定弯矩 Mc
end
T2 = round(9.55 * 1e6 * p2/n2);                  % T2:大齿轮传递转矩
Me = round(sqrt(Mc^2 + (0.6 * T2)^2));           % Me:当量弯矩
cp = 60;                                         % cp:对称循环许用弯曲应力
de = (Me/0.1/cp)^(1/3) * 1.05;                   % de:考虑键槽影响按弯扭组合计算轴径
dc = 48;                                         % dc:危险截面 C 的实际直径
ifde < = dc                                      % 判断能否满足要求
% App 界面信息提示对话框
msgbox('满足轴的弯扭组合强度要求','提示');
else
% App 界面信息提示对话框
msgbox('不满足轴的弯扭组合强度要求,需要加大轴的直径','提示');
end
% 设计计算结果分别写入 App 界面对应的显示框中
app.dEditField.Value = d;                        %【d - 轴最小直径】
```

```
    app.FtEditField.Value = Ft;                         %【Ft - 齿轮传递圆周力】
    app.FrEditField.Value = Fr;                         %【Fr - 齿轮传递径向力】
    app.FaEditField.Value = Fa;                         %【Fa - 齿轮传递轴向力】
    app.Fa_hH_AEditField.Value = Fa_h;                  %【Fa_h - H 面_A 支座反力】
    app.Fb_hH_BEditField.Value = Fb_h;                  %【Fb_h - H 面_B 支座反力】
    app.Mc_hHEditField.Value = Mc_h;                    %【Mc_h - H 面弯矩】
    app.Fa_vV_AEditField.Value = Fa_v;                  %【Fa_v - V 面_A 支座反力】
    app.Fb_vV_BEditField.Value = Fb_v;                  %【Fb_v - V 面_B 支座反力】
    app.Mc_v1V_1EditField.Value = Mc_v1;                %【Mc_v1 - V 面弯矩_1】
    app.Mc_v2V_2EditField.Value = Mc_v2;                %【Mc_v2 - V 面弯矩_2】
    app.Mc12VEditField.Value = Mc12;                    %【Mc12 - V 面弯矩突变值】
    app.McmEditField.Value = Mcm;                       %【Mcm - 集中力偶值】
    app.Mc1_1EditField.Value = Mc1;                     %【Mc1 - 合成弯矩_1】
    app.Mc2_2EditField.Value = Mc2;                     %【Mc2 - 合成弯矩_2】
    app.T2EditField_2.Value = T2;                       %【T2 - 大齿轮传递转矩】
    app.McEditField.Value = Mc;                         %【Mc - 轴危险截面当量弯矩】
    app.deEditField.Value = de;                         %【de - 弯扭组合强度轴径】
    app.dcEditField.Value = dc;                         %【dc - 轴危险截面实际直径】
     % App 界面功能更改
    app.Button_5.Enable = 'on';                         % 开启本 App【下一级设计】使能
end
```

(3)【返回主界面】回调函数

```
functionFanHuiDiYiJi(app, event)
     % 返回 lu_exam_47_main
    app.Main_Sub_APP_4 = lu_exam_47_main;               % 返回主程序
    delete(app)                                         % 关闭本 App 窗口
end
```

(4)【前一级设计结果】回调函数

```
functionQianYiJiSheJi(app, event)
     % lu_exam_47_3 传递过来的公共属性值,本设计需要的已知设计参数
    T1 = app.Data8;                                     % T1 公共属性值
    app.T2EditField_3.Value = T1;                       %【T2 - 输入轴弯矩】
    T2 = app.Data9;                                     % T2 公共属性值
    app.T3EditField.Value = T2;                         %【T3 - 输出轴弯矩】
    n2 = app.Data10;                                    % n2 公共属性值
    app.n4EditField.Value = n2;                         %【n4 - 卷筒轴转速】
    bat = app.Data14;                                   % bat 公共属性值
    app.batEditField.Value = bat;                       %【bat - 螺旋角】
    d1 = app.Data12;                                    % d1 公共属性值
    app.d1EditField_2.Value = d1;                       %【d1 - 小齿轮分度圆直径】
    d2 = app.Data13;                                    % d2 公共属性值
    app.d2EditField_2.Value = d2;                       %【d2 - 大齿轮分度圆直径】
    p2 = app.Data11;                                    % p2 公共属性值
    app.p2EditField_2.Value = p2;                       %【p2 - 大齿轮传递功率】
     % App 界面功能更改
    app.Button.Enable = 'on';                           % 开启本 App【设计计算】使能
end
```

(5)【下一级设计】回调函数

```
functionXiaYiJiSheJi(app, event)
  % 调子程序 lu_exam47_5 ,传递公共属性值 Data1～Data20
  % 子程序 lu_exam_47_5 计算需要的已知设计结果参数
  P1 = app.Data1;                                         % P1 公共属性值
  i1 = app.Data2;                                         % i1 公共属性值
  i2 = app.Data3;                                         % i2 公共属性值
  nm = app.Data4;                                         % nm 公共属性值
  V = app.Data5;                                          % V 公共属性值
  F = app.Data6;                                          % F 公共属性值
  D = app.Data7;                                          % D 公共属性值
  T2 = app.Data8;                                         % T2 公共属性值
  T3 = app.Data9;                                         % T3 公共属性值
  n4 = app.Data10;                                        % n4 公共属性值
  p2 = app.p2;                                            % p2 私有属性值
  d1 = app.d1;                                            % d1 私有属性值
  d2 = app.d2;                                            % d2 私有属性值
  bat = app.bat;                                          % bat 私有属性值
  Fa_h = app.Fa_h;                                        % Fa_h 私有属性值
  Fb_h = app.Fb_h;                                        % Fb_h 私有属性值
  Fa_v = app.Fa_v;                                        % Fa_v 私有属性值
  Fb_v = app.Fb_v;                                        % Fb_v 私有属性值
  Fa = app.Fa;                                            % Fa 私有属性值
  d = app.d;                                              % d 私有属性值
  % 设 app.Main_Sub_APP_4 是 lu_exam_47_4 与 lu_exam_47_5 之间的关联属性
  a3 = app.Main_Sub_APP_4;                                % a3 = app.Main_Sub_APP_4
  a3 = lu_exam_47_5;                                      % 调 lu_exam_47_5 子程序
  % lu_exam_47_5 中的公共属性值 a3.Data1～a3.Data20
  a3.Data1 = P1;                                          % P1 公共属性值
  a3.Data2 = i1;                                          % i1 公共属性值
  a3.Data3 = i2;                                          % i2 公共属性值
  a3.Data4 = nm;                                          % nm 公共属性值
  a3.Data5 = V;                                           % V 公共属性值
  a3.Data6 = F;                                           % F 公共属性值
  a3.Data7 = D;                                           % D 公共属性值
  a3.Data8 = T2;                                          % T2 公共属性值
  a3.Data9 = T3;                                          % T3 公共属性值
  a3.Data10 = n4;                                         % n4 公共属性值
  d1 = app.d1;                                            % d1 私有属性值
  d2 = app.d2;                                            % d2 私有属性值
  bat = app.bat;                                          % bat 私有属性值
  Fa_h = app.Fa_h;                                        % Fa_h 私有属性值
  Fb_h = app.Fb_h;                                        % Fb_h 私有属性值
  Fa_v = app.Fa_v;                                        % Fa_v 私有属性值
  Fb_v = app.Fb_v;                                        % Fb_v 私有属性值
  Fa = app.Fa;                                            % Fa 私有属性值
  d = app.d;                                              % d 私有属性值
  a3.Data11 = p2;                                         % p2 公共属性值
  a3.Data12 = d1;                                         % d1 公共属性值
  a3.Data13 = d2;                                         % d2 公共属性值
  a3.Data14 = bat;                                        % bat 公共属性值
  a3.Data15 = Fa_h;                                       % Fa_h 公共属性值
  a3.Data16 = Fb_h;                                       % Fb_h 公共属性值
```

```
    a3.Data17 = Fa_v;                                    % Fa_v 公共属性值
    a3.Data18 = Fb_v;                                    % Fb_v 公共属性值
    a3.Data19 = Fa;                                      % Fa 公共属性值
    a3.Data20 = d;                                       % d 公共属性值
    % 子程序 lu_exam_47_5 中 App 界面功能的初始状态
    a3.Button.Enable = 'off';                  % 屏蔽 lu_exam_47_5 子程序【设计计算】使能
    a3.Button_2.Enable = 'off';                % 屏蔽 lu_exam_47_5 子程序【下一级设计】使能
    delete(app)                                          % 关闭本 App 窗口
end
```

8.6　减速器轴承(30209)寿命计算 App 设计——子设计系统-5

8.6.1　案例 51：圆锥滚子轴承(30209)寿命设计计算

1. 选择轴承类型

由前述可知：由于斜齿圆柱齿轮传递轴向力，一般选用角接触向心轴承和圆锥滚子轴承。根据输出轴的轴承轴径 $d=45$ mm，初选圆锥滚子轴承 30209，可查参考文献[2]中的表 12-16，轴承额定动载荷 $C_r=67\ 800$ N，额定静载荷 $C_{0r}=83\ 500$ N，判断参数 $e=0.40$，轴向载荷系数 $Y=1.5$。将轴承 A 编号为 1，轴承 B 编号为 2。

2. 计算轴承径向载荷

$$F_{r1}=\sqrt{R_{AH}^2+R_{AV}^2}=2\ 676\ \text{N}$$

$$F_{r2}=\sqrt{R_{BH}^2+R_{BV}^2}=2\ 056\ \text{N}$$

3. 计算轴承轴向载荷

内部轴向力为

$$S_1=\frac{F_{r1}}{2Y}=892\ \text{N}$$

$$S_2=\frac{F_{r2}}{2Y}=685\ \text{N}$$

圆锥滚子轴承轴向力为

$$F_a+S_1=2\ 196\ \text{N}>685\ \text{N}$$

两个轴承的轴向载荷为

$$F_{a2}=F_a+S_1=2\ 196\ \text{N}$$

$$F_{a1}=S_1=892\ \text{N}$$

4. 计算轴承当量动载荷

查参考文献[2]中的表 12-10，得到 $X_1=1.00$，$Y_1=0.00$；$X_2=0.40$，$Y_2=1.50$。

轴承当量动载荷为

$$P_1=X_1F_{r1}+Y_1F_{a1}=2\ 676\ \text{N}$$

$$P_2=X_2{}^{F}_{r2}+Y_2F_{a2}=4\ 116\ \text{N}$$

5. 计算轴承工作寿命

两个支撑轴承采用相同的轴承，故按当量动载荷较大的轴承 2 计算。

滚子轴承的寿命指数 $\varepsilon=10/3$，可查参考文献[2]中的表 12－7 和表 12－8，取温度系数 $f_T=1.0$，冲击载荷系数 $f_P=1.5$，计算轴承 2 工作寿命：

$$L_h=\frac{10^6}{60n}\left(\frac{f_T C_r}{f_P P}\right)^{\varepsilon}=1\ 798\ 328\ \mathrm{h}$$

远大于 10 年工作时间(48 000 h)，可见 30209 轴承满足设计要求。

8.6.2 圆锥滚子轴承(30209)寿命计算 App 设计

1. App 窗口设计

子设计系统－5 圆锥滚子轴承(30209)设计 App 窗口，如图 8.6.1 所示。

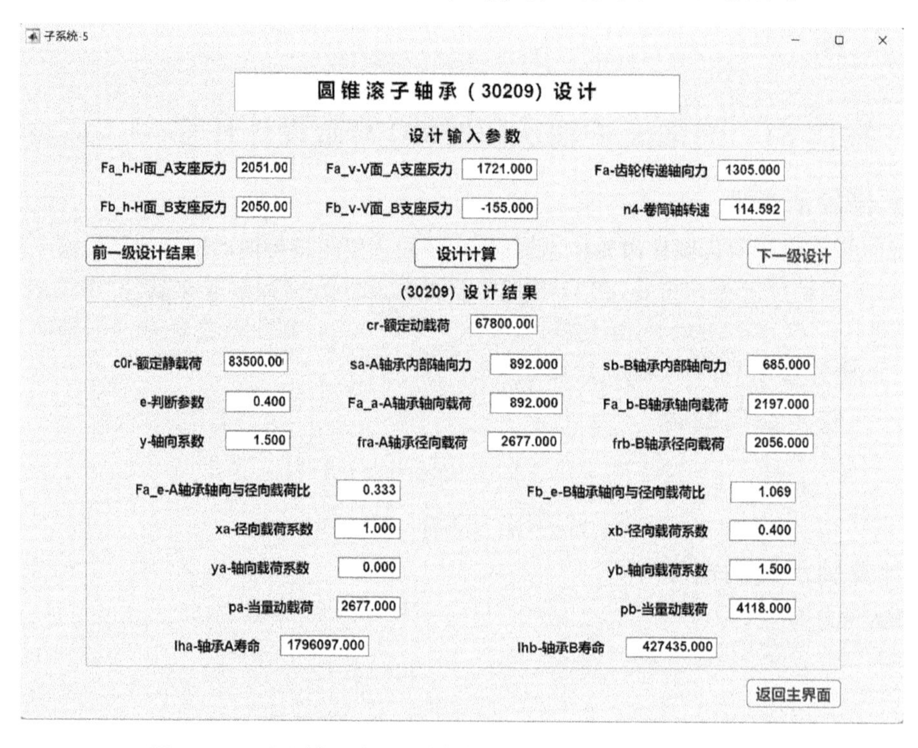

图 8.6.1　子设计系统－5 圆锥滚子轴承(30209)设计 App 窗口

2. 子设计系统－5 App 窗口程序设计(程序 lu_exam_47_5)

(1) 私有属性、公共属性创建

```
properties(Access = private)
  % 私有属性
  Main_Sub_APP_5;                                   % 本 App 与其他 App 之间的关联属性
end
properties(Access = public)
  % 公共属性
  % 与子程序 lu_exam_47_6 相关的数据，含义见程序中
  Data1;
  Data2;
  Data3;
  Data4;
  Data5;
  Data6;
```

```
    Data7;
    Data8;
    Data9;
    Data10;
    Data11;
    Data12;
    Data13;
    Data14;
    Data15;
    Data16;
    Data17;
    Data18;
    Data19;
    Data20;
end
```

(2)【设计计算】回调函数

```
functionSheJiJieGuo(app, event)
    %App 界面已知数据读入
    Fa_h = app.Fa_hH_AEditField.Value;                %【Fa_h - H 面_A 支座反力】
    Fb_h = app.Fb_hH_BEditField.Value;                %【Fb_h - H 面_B 支座反力】
    Fa_v = app.Fa_vV_AEditField.Value;                %【Fa_v - V 面_A 支座反力】
    Fb_v = app.Fb_vV_BEditField.Value;                %【Fb_v - V 面_B 支座反力】
    Fa = app.FaEditField_2.Value;                     %【Fa - 齿轮传递轴向力】
    n2 = app.n4EditField.Value;                       %【n4 - 卷筒轴转速】
    %设计计算程序
    cr = 67800;                                       %cr:型号 30209 额定动载荷
    c0r = 83500;                                      %c0r:型号 30209 额定静载荷
    e = 0.40;                                         %e:判断参数
    y = 1.5;                                          %y:轴向系数
    fra = round(sqrt(Fa_h^2 + Fa_v^2));               %fra:轴承 A 径向载荷
    frb = round(sqrt(Fb_h^2 + Fb_v^2));               %frb:轴承 B 径向载荷
    sa = round(fra/2/y);                              %sa:轴承 A 内部轴向力
    sb = round(frb/2/y);                              %sb:轴承 B 内部轴向力
    ifFa + sa > = sb                                  %轴承 B 被压紧,轴承 A 被放松
    Fa_b = Fa + sa;                                   %Fa_b:紧轴承 B 轴向载荷
    Fa_a = sa;                                        %Fa_a:松轴承 A 轴向载荷
    else                                              %轴承 A 被压紧,轴承 B 被放松
    Fa_a = abs(Fa - sb);                              %Fa_a:紧轴承 A 轴向载荷
    Fa_b = sb;                                        %Fa_b:松轴承 B 轴向载荷
    end
    Fa_e = Fa_a/fra;                                  %Fa_e:轴承 A Fa_a 与 f_ra 之比
    if Fa_e >= e                                      %Fa_e >= e
    xa = 0.40;                                        %xa:轴承 A 载荷折算系数 X
    ya = y;                                           %ya:轴承 A 载荷折算系数 Y
    Else                                              %Fa_e < e
    xa = 1;                                           %xa:轴承 A 载荷折算系数
    ya = 0;                                           %ya:轴承 A 载荷折算系数
    end
    pa = round(xa * fra + ya * Fa_a);                 %pa:轴承 A 当量动载荷
    Fb_e = Fa_b/frb;                                  %Fb_e:轴承 B Fa_b 与 f_rb 之比
    ifFb_e > = e                                      %Fb_e > = e
```

```
    xb = 0.40;                                          % xb:轴承 B 载荷折算系数 X
    yb = y;                                             % yb:轴承 B 载荷折算系数 Y
    Else                                                % Fb_e <e
    xb = 1;                                             % xb:轴承 B 载荷折算系数 X
    yb = 0;                                             % yb:轴承 B 载荷折算系数 Y
    end
    pb = round(xb * frb + yb * Fa_b);                   % pb:轴承 B 当量动载荷
    fp = 1.5;                                           % fp:轴承载荷系数
    lha = round(1e6/60/n2 * (cr/fp/pa)^(10/3));         % lha:计算轴承 A 寿命
    lhb = round(1e6/60/n2 * (cr/fp/pb)^(10/3));         % lhb:计算轴承 B 寿命
    % 设计计算结果分别写入 App 界面对应的显示框中
    app.crEditField.Value = cr;                         %【cr - 额定动载荷】
    app.c0rEditField.Value = c0r;                       %【c0r - 额定静载荷】
    app.eEditField.Value = e;                           %【e - 判断参数】
    app.yEditField.Value = y;                           %【y - 轴向系数】
    app.saAEditField.Value = sa;                        %【sa - A 轴承内部轴向力】
    app.sbBEditField.Value = sb;                        %【sb - B 轴承内部轴向力】
    app.Fa_aAEditField.Value = Fa_a;                    %【Fa_a - A 轴承轴向载荷】
    app.Fa_bBEditField.Value = Fa_b;                    %【Fa_b - B 轴承轴向载荷】
    app.fraAEditField.Value = fra;                      %【fra - A 轴承径向载荷】
    app.frbBEditField.Value = frb;                      %【frb - B 轴承径向载荷】
    app.Fa_eAEditField.Value = Fa_e;                    %【Fa_e - A 轴承轴向与径向载荷比】
    app.Fb_eBEditField.Value = Fb_e;                    %【Fb_e - B 轴承轴向与径向载荷比】
    app.xaEditField.Value = xa;                         %【xa - 径向载荷系数】
    app.xbEditField.Value = xb;                         %【xb - 径向载荷系数】
    app.yaEditField.Value = ya;                         %【ya - 径向载荷系数】
    app.ybEditField.Value = yb;                         %【yb - 径向载荷系数】
    app.paEditField.Value = pa;                         %【pa - 当量动载荷】
    app.pbEditField.Value = pb;                         %【pb - 当量动载荷】
    app.lhaAEditField.Value = lha;                      %【lha - 轴承 A 寿命】
    app.lhbBEditField.Value = lhb;                      %【lhb - 轴承 B 寿命】
    % App 界面功能更改
    app.Button_2.Enable = 'on';                         % 开启本 App【下一级设计】使能
end
```

(3)【下一级设计】回调函数

```
functionXiaYiJiSheJI(app, event)
    % 调子程序 lu_exam47_6,传递公共属性值 Data9、Data20
    % 子程序 lu_exam_47_6 计算需要的已知设计结果参数
    T3 = app.Data9;                                 % T3 公共属性值
    d = app.Data20;                                 % d 公共属性值
    % lu_exam_47_5 与 lu_exam_47_6 的关联属性
    a4 = app.Main_Sub_APP_5;                        % a4 = app.Main_Sub_APP_5
    a4 = lu_exam_47_6;                              % 调 lu_exam_47_6 子程序
    % lu_exam_47_6 中的公共属性值 a4.Data9、a4.Data20
    a4.Data9 = T3;                                  % T3 公共属性值
    a4.Data20 = d;                                  % d 公共属性值
    % 子程序 lu_exam_47_6 中 App 界面功能的初始状态
    a4.Button.Enable = 'off';                       % 屏蔽 lu_exam_47_6 子程序【设计计算】使能
    a4.Button_4.Enable = 'off';                     % 屏蔽 lu_exam_47_6 子程序【返回主界面】使能
    delete(app)                                     % 关闭本 App 窗口
end
```

(4)【返回主界面】回调函数

```
functionFanHuiDiYiJi(app, event)
  %返回 lu_exam_47_main
  app.Main_Sub_APP_5 = lu_exam_47_main;                    %返回主程序
  delete(app)                                               %关闭本 App 窗口
end
```

(5)【前一级设计结果】回调函数

```
functionQianYiJisheJi(app, event)
  %lu_exam_47_4 传递过来的公共属性值,本设计需要的已知设计参数
  Fa_h = app.Data15;                                        %Fa_h 公共属性值
  app.Fa_hH_AEditField.Value = Fa_h;                        %【Fa_h - H 面_A 支座反力】
  Fb_h = app.Data16;                                        %Fb_h 公共属性值
  app.Fb_hH_BEditField.Value = Fb_h;                        %【Fb_h - H 面_B 支座反力】
  Fa_v = app.Data17;                                        %Fa_v 公共属性值
  app.Fa_vV_AEditField.Value = Fa_v;                        %【Fa_v - V 面_A 支座反力】
  Fb_v = app.Data18;                                        %Fb_v 公共属性值
  app.Fb_vV_BEditField.Value = Fb_v;                        %【Fb_v - V 面_B 支座反力】
  Fa = app.Data19;                                          %Fa 公共属性值
  app.FaEditField_2.Value = Fa;                             %【Fa - 齿轮传递轴向力】
  n4 = app.Data10;                                          %n4 公共属性值
  app.n4EditField.Value = n4;                               %【n4 - 卷筒轴转速】
  %App 界面功能更改
  app.Button.Enable = 'on';                                 %开启本 App【设计计算】使能
end
```

8.7　平键连接选用 App 设计——子设计系统-6

8.7.1　案例 52：平键连接设计选用计算

如图 8.5.1 所示，对轴外伸段(d=35 mm)和轴头(d=48 mm)上的平键连接进行选用设计计算。

1. 轴外伸段上的平键连接

按照参考文献[2]中的表 15-1，根据轴径 d=35 mm 选择公称直径尺寸 b=10 mm，h=8 mm 的 A 型平键，根据该段轴的长度，选择键的长度为 L=70 mm。

按照参考文献[2]中的表 15-2，根据静连接和轻微冲击载荷，对于钢制弹性柱销联轴器，选择平键的许用应力 $[\sigma]_p$=110 MPa，A 型键工作长度 $l=L-b$，则它的挤压工作应力为

$$\sigma_p=\frac{4T}{dhl}$$

2. 轴头上的平键连接

按照参考文献[2]中的表 15-1，根据轴径 d=48 mm 选择公称直径尺寸 b=14 mm，h=9 mm 的 A 型平键，根据该段轴的长度，选择键的长度为 L=32 mm。

按照参考文献[2]中的表 15-2，根据静连接和轻微冲击载荷，对于钢制斜齿圆柱齿轮，选择平键的许用应力 $[\sigma]_p$=110 MPa，A 型键工作长度 $l=L-b$，则它的挤压工作应力为

$$\sigma_p=\frac{4T}{dhl}$$

根据许用应力，校核平键是否满足强度要求。

8.7.2 平键连接选用 App 设计

1. App 窗口设计

子设计系统-6 输出轴侧平键设计 App 窗口，如图 8.7.1 所示。

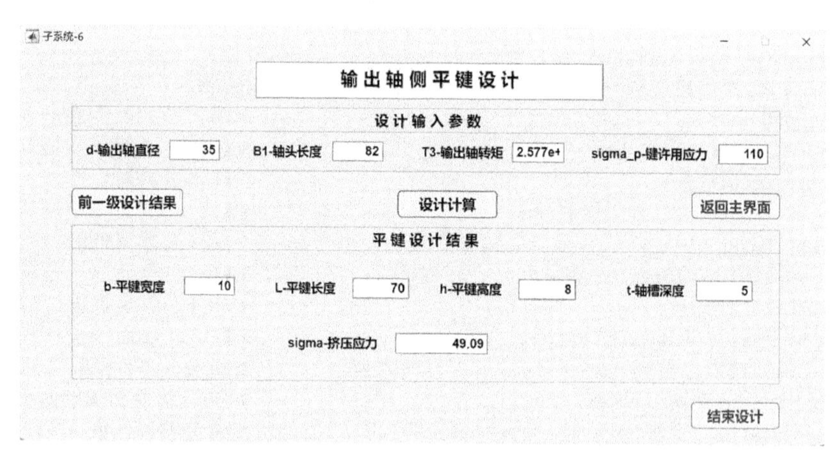

图 8.7.1 子设计系统-6 输出轴侧平键设计 App 窗口

2. 子设计系统-6 App 窗口程序设计(程序 lu_exam_47_6)

(1) 私有属性、公共属性创建

```
properties(Access = private)
  %私有属性
  Main_Sub_APP_6;                              %本 App 与其他 App 之间的关联属性
  B1;                                          %B1:轴头长度
  sigma_p;                                     %sigma_p:键许用应力
  end
  properties(Access = public)
  %公共属性
  %与子程序 lu_exam_47_5 相关的数据，含义见程序中
  Data9;
  Data20;
end
```

(2)【设计计算】回调函数

```
functionSheJiJieGuo(app, event)
  %App 界面已知数据读入
  T = app.T3EditField.Value;                          %【T3 - 输出轴转矩】
  d = app.dEditField.Value;                           %【d - 输出轴直径】
  sigma_p = app.sigma_pEditField.Value;               %【sigma_p - 键许用应力】
  B1 = app.B1EditField.Value;                         %【B1 - 轴头长度】
  %调用私有函数 pjlj,选用平键连接尺寸
  [b,h,t,t1] = pjlj(d);
  %App 界面信息提示对话框
  L1 = inputdlg('根据轮毂宽度 B1,选择键的系列长度 L = 参考值 70','设计必要条件');
  L = str2num(char(L1));                              %数据类型转换
  LA = L - b;                                         %LA:A 型圆头平键的计算长度
```

```
  sigma = 4 * T/(d * b * LA);                                    % sigma:平键连接的挤压应力
  ifsigma < = sigma_p                                            % 判断挤压应力
   % App 界面信息提示对话框
  i1 = msgbox('轴外伸段上平键连接满足挤压强度条件','提示');
  else
   % App 界面信息提示对话框
  i1 = msgbox('轴外伸段上平键连接不满足挤压强度条件','提示');
  end
   % 设计计算结果输出,具体含义见 App 界面
  app.bEditField.Value = b;                                      %【b - 平键宽度】
  app.hEditField.Value = h;                                      %【h - 平键高度】
  app.LEditField.Value = L;                                      %【L - 平键长度】
  app.sigmaEditField.Value = sigma;                              %【sigma - 挤压应力】
  app.tEditField.Value = t;                                      %【t - 键槽深度】
   % App 界面功能更改
  app.Button_4.Enable = 'on';                                    % 开启本 App【返回主界面】使能
   % 私有函数 pjlj,按轴径选用平键连接尺寸
  function[b,h,t,t1] = pjlj(d)
  ifd >10 & d < = 12
  b = 4;h = 4;t = 2.5;t1 = 1.8;
  elseifd >12 & d < = 17
  b = 5;h = 5;t = 3.0;t1 = 2.3;
  elseifd >17 & d < = 22
  b = 6;h = 6;t = 3.5;t1 = 2.8;
  elseifd >22 & d < = 30
  b = 8;h = 7;t = 4.0;t1 = 3.3;
  elseifd >30 & d < = 38
  b = 10;h = 8;t = 5.0;t1 = 3.3;
  elseifd >38 & d < = 44
  b = 12;h = 8;t = 5.0;t1 = 3.3;
  elseifd >44 & d < = 50
  b = 14;h = 9;t = 5.5;t1 = 3.8;
  elseifd >50 & d < = 58
  b = 16;h = 10;t = 6.0;t1 = 4.3;
  elseifd >58 & d < = 65
  b = 18;h = 11;t = 7.0;t1 = 4.4;
  end
  end
end
```

(3)【结束设计】回调函数

```
functionJieSuSheJi(app, event)
   % App 界面信息提示对话框
  sel = questdlg('确认关闭应用程序?','关闭确认','Yes','No','No');
  switchsel
  case'Yes'
  delete(app);                                                   % 关闭本 App 窗口
  case'No'
  end
end
```

(4)【前一级设计结果】回调函数

```
functionQianMianSheJi(app, event)
  % lu_exam_47_5 传递过来的公有属性值,本设计需要的已知设计参数
  B1 = 82;                                              % 键槽轴长度
  app.B1 = B1;                                          % B1 私有属性值
  app.B1EditField.Value = B1;                           %【B1 - 轴头长度】
  sigma_p = 110;                                        % 键许用应力(查表)
  app.sigma_p = sigma_p;                                % sigma_p 私有属性值
  app.sigma_pEditField.Value = sigma_p;                 %【sigma_p - 键许用应力】
  % lu_exam_47_5 传递过来的公共属性值,本设计需要的已知设计参数
  T3 = app.Data9;                                       % T3 公共属性值
  T3 = T3 * 1000;                                       % 单位转换
  d = app.Data20;                                       % d 公共属性值
  app.dEditField.Value = d;                             %【d - 输出轴直径】
  app.T3EditField.Value = T3;                           %【T3 - 输出轴转矩】
  % App 界面功能更改
  app.Button.Enable = 'on';                             % 开启【设计计算】使能
end
```

(5)【返回主界面】回调函数

```
functionFanHuiShangYiJi(app, event)
  % 返回 lu_exam_47_main
  app.Main_Sub_APP_6 = lu_exam_47_main;                 % 返回主程序
  delete(app)                                           % 关闭本 App 窗口
end
```

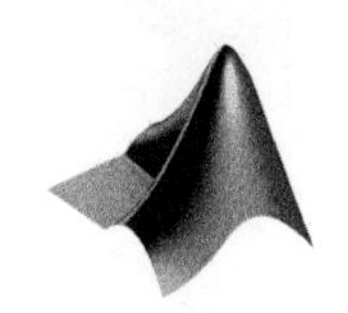

附录 A MATLAB App Designer 编程入门简介

本附录以一个标准直齿圆柱齿轮图形 App 设计为例(见图 A.1),简单介绍一下基于 MATLAB App Designer 的工业 App 设计编程全过程,供初学者参考。

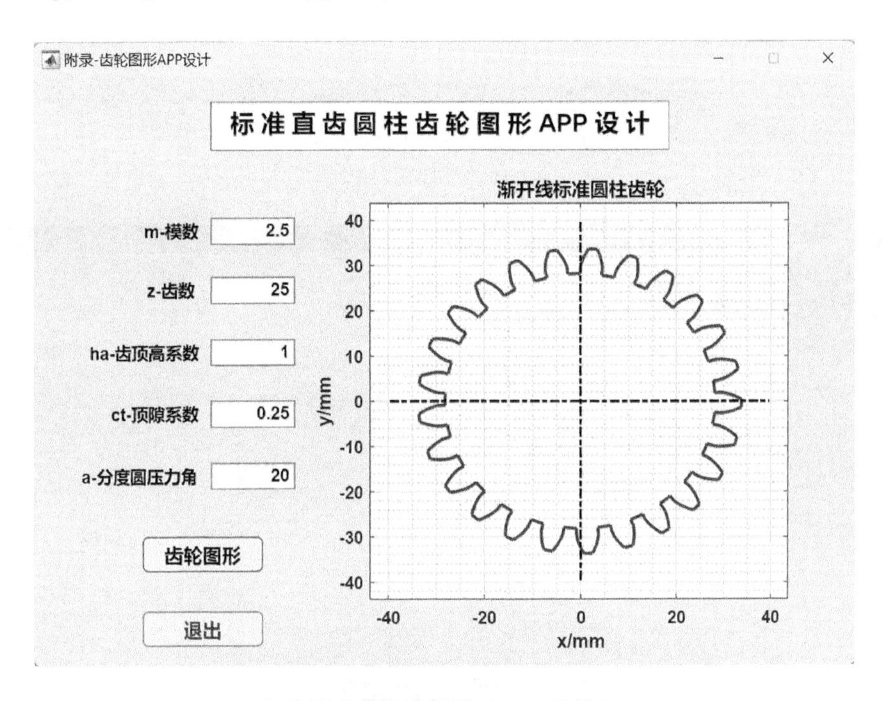

图 A.1 标准直齿圆柱齿轮图形 App 设计(lu_exam_0)

1. 启动 MATLAB App Designer

在 MATLAB R2019b 命令行窗口输入如下命令:

```
>> appdesigner
```

即可启动 App Designer,App 界面如图 A.2～图 A.4 所示。

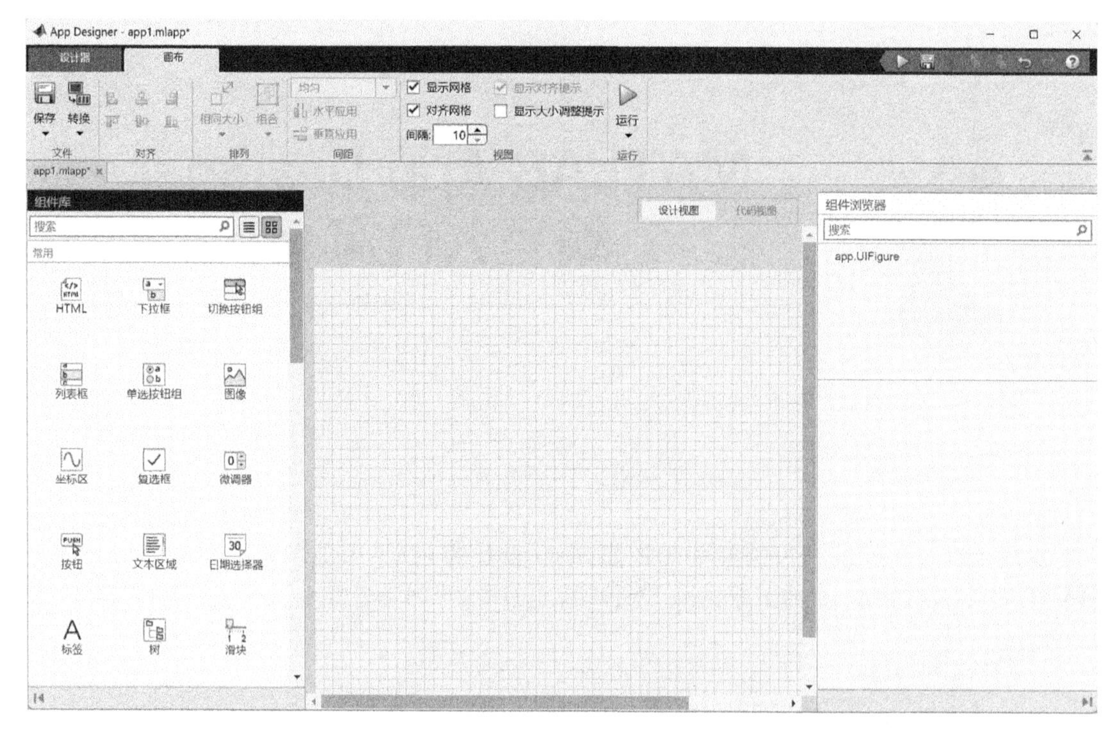

图 A.2 启动窗口(设计视图)

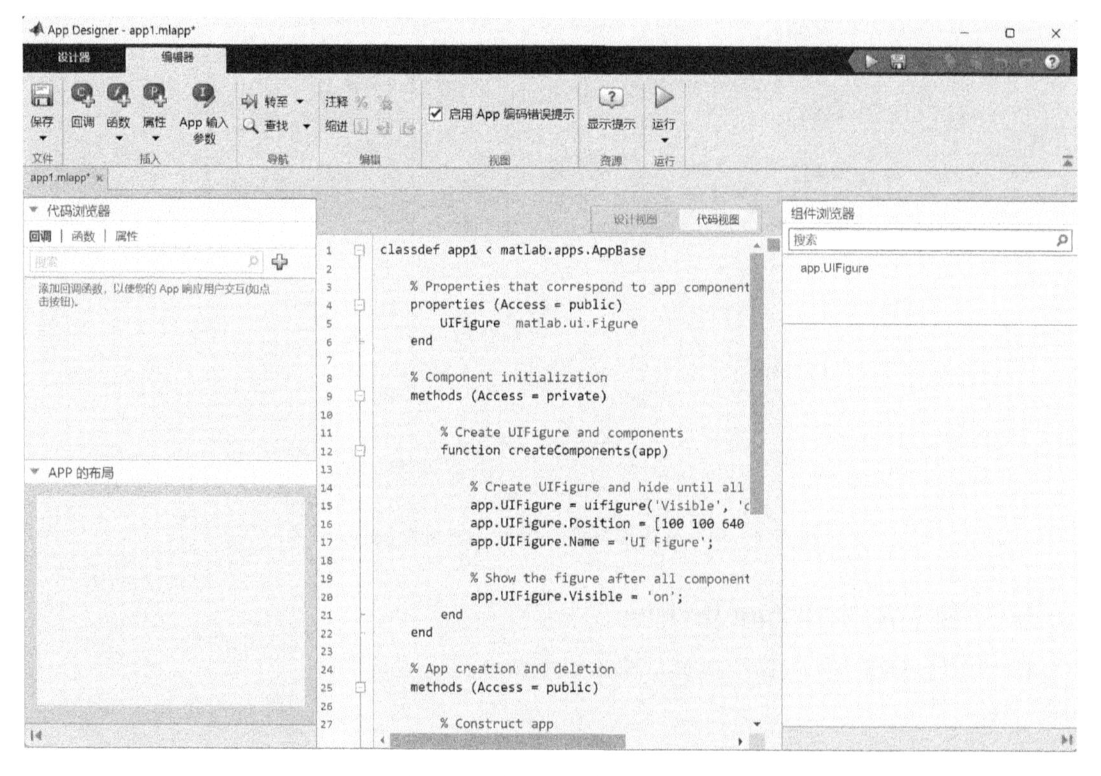

图 A.3 启动窗口(代码视图)

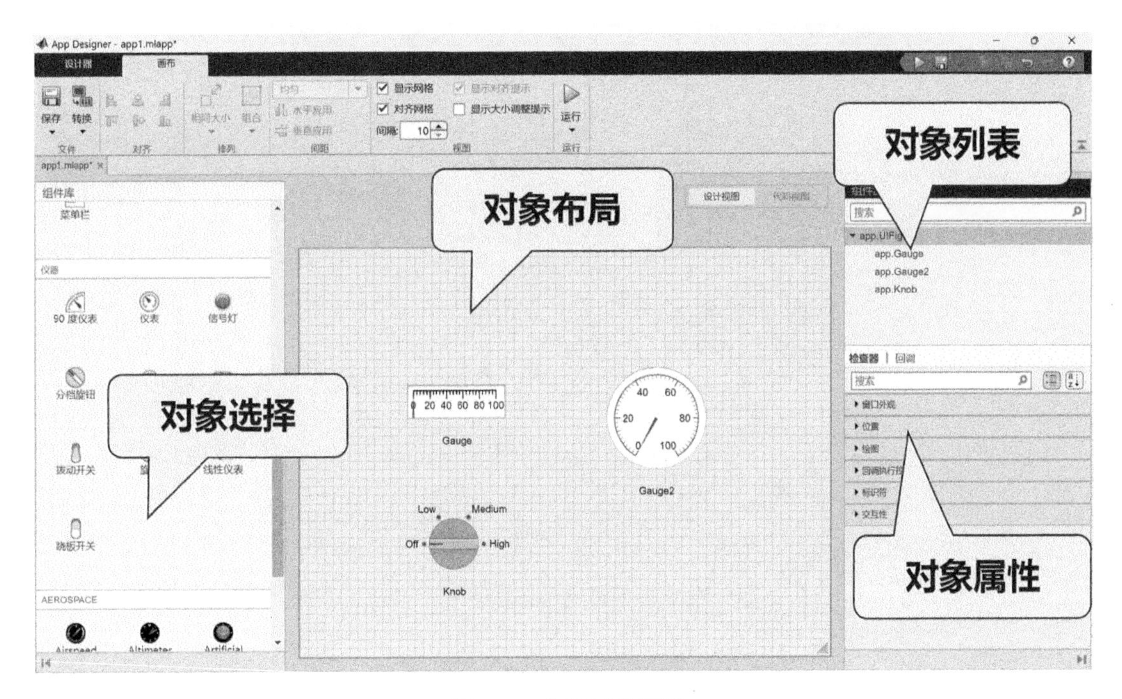

图 A.4 主要对象区域

2. App 窗口布局和参数设计

在“对象选择”区的【组件库】(见图 A.5)中选择 4 种类型组件:【文本区域】、【坐标区】、【编辑字段(数值)】和【按钮】。用此 4 种组件在“对象布局”区建立如图 A.6 所示的包含 9 个对象的 App 界面窗口,并在组件中填入参数和文字(见表 A.1)。9 个“对象名称”可以在“对象列表”的【组件浏览器】(见图 A.7)中找到。

表 A.1 窗口对象属性参数

窗口对象	对象名称	字 码	回调(函数)
编辑字段(m -模数:2.5)	app. mEditField	14	
编辑字段(z -齿数:25)	app. zEditField	14	
编辑字段(ha -齿顶高系数:1)	app. haEditField	14	
编辑字段(ct -顶隙系数:0.25)	app. ctEditField2	14	
编辑字段(a -分度圆压力角:20)	app. aEditField	14	
坐标区(齿轮图形)	app. UIAxes	14	
按钮【齿轮图形】	app. Button	16	ChiLunTuXing
按钮【退出】	app. Button_2	16	TuiChu
文本区域【标准直齿圆柱齿轮图形 App 设计】	app. TextArea	20	
窗口【附录-齿轮图形 App 设计】	app. UIFigure		

图 A.5　App 组件库

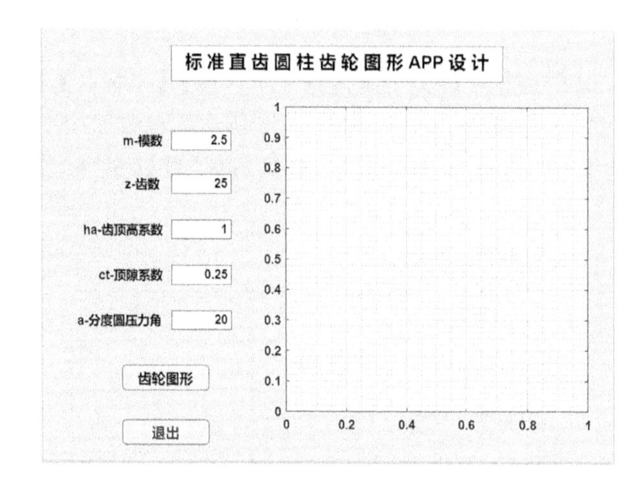

图 A.6　App 窗口布局

图 A.7　App 组件浏览器

3. 本 App 设计编程细节

(1)【齿轮图形】回调函数的建立

回调函数建立过程如图 A.8 所示：在图 A.8(a)的设计视图中单击【齿轮图形】图标，在右侧对象名称 app. Button 的【回调】【ButtonPushedFcn】中输入 ChiLunTuXing，单击箭头出现代码视图空白界面(见图 A.8(b))，把下面的齿轮图形绘图程序填入空白处(注：只有空白处可以编写程序)的【function ChiLunTuXing(app. event)】中，得到图 A.8(c)，可以用程序名(lu_exam_0)存储起来。

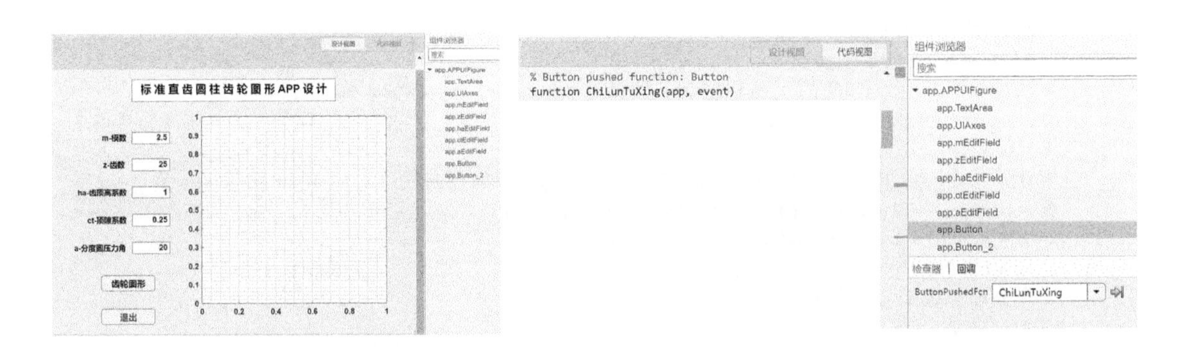

(a) 设计视图　　　　　　　　(b) 代码试图

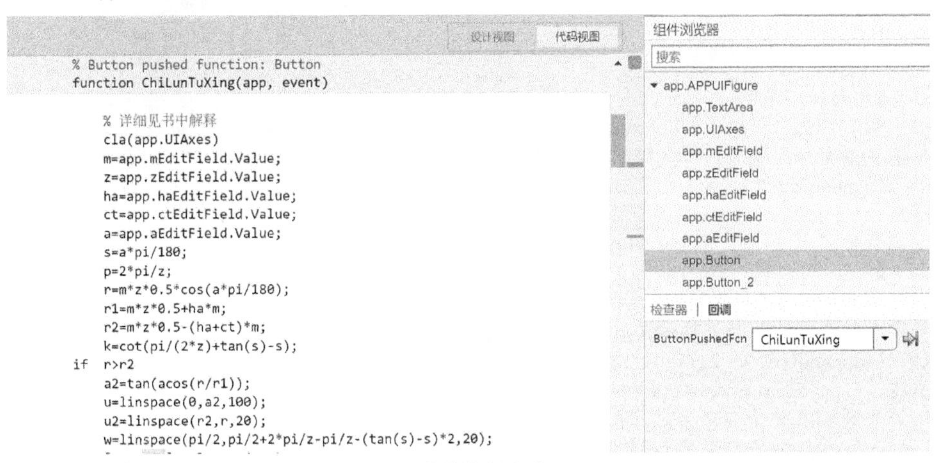

(c) 程序代码完成

图 A.8　【齿轮图形】回调函数的建立

齿轮图形绘图程序如下：

```
%齿轮图形绘图程序,齿轮渐开线齿形见图 A.9
 cla(app.UIAxes)                               %清除【坐标区】图形
 m = app.mEditField.Value;                     %【m-模数】
 z = app.zEditField.Value;                     %【z-齿数】
 ha = app.haEditField.Value;                   %【ha-齿顶高】
 ct = app.ctEditField.Value;                   %【ct-顶隙系数】
 a = app.aEditField.Value;                     %【a-分度圆压力角】
 s = a * pi/180;                               %分度圆压力角弧度值
 p = 2 * pi/z;                                 %p:轮齿间隔角
 r = m * z * 0.5 * cos(a * pi/180);            %r:基圆半径
 r1 = m * z * 0.5 + ha * m;                    %r1:齿顶圆半径
 r2 = m * z * 0.5 - (ha + ct) * m;             %r2:齿根圆半径
 k = cot(pi/(2 * z) + tan(s) - s);             %k:轮齿中心对称线斜率
 if r >r2                                      %如果基圆半径大于齿根圆半径
 a2 = tan(acos(r/r1));                         %求齿顶圆压力角正切值
 u = linspace(0,a2,100);                       %从 0 到 a2 等分 100 个数值
 u2 = linspace(r2,r,20);                       %从 r2 到 r 等分 20 个数值
 %齿轮左边一段基圆弧等分 20 个角度值
 w = linspace(pi/2,pi/2 + 2 * pi/z - pi/z - (tan(s) - s) * 2,20);
 %求基圆弧上 20 个点的直角坐标系(极坐标转换直角坐标 pol2cart)
```

```
[x22,y22] = pol2cart(w,r);
[x2,y2] = pol2cart(w,r2);
% 从齿根圆弧上 x2(20)的 x 坐标值到基圆弧上 x22(20)的 x 坐标值之间等分取 20 个数值
u1 = linspace(x2(20),x22(20),20);
xx = u1;                                                              % xx = u1
% 计算从点[x2(20),y2(20)]到点[xx(20),yy(20)]之间的径向线段对应于 xx 的纵坐标值
yy = tan(pi/2 + 2 * pi/z - pi/z - (tan(s) - s) * 2) * xx;
x = r * sin(u) - r * u. * cos(u);
y = r * cos(u) + r * u. * sin(u);
% 左侧渐开线上与 u 值对应的渐开线方程
x1 =- 1(k^2 * x - 2 * y * k - x)/(k^2 + 1);
y1 = (2 * k * x - y + y * k^2)/(k^2 + 1);
% 右侧渐开线段上对应的渐开线方程
yyy = u2;
xxx = 0;
for i = 0:(z - 1)
x5 = x * cos(i * p) + y * sin(i * p);
y5 =- 1x * sin(i * p) + y * cos(i * p);
% 把左侧渐开线顺时针均匀旋转 z 次,每次旋转角度为 2 * pi/z
w = linspace(pi/2 + i * 2 * pi/z,pi/2 + 2 * pi/z - pi/z - (tan(s) - s) * 2 + i * 2 * pi/z,20);
[x2,y2] = pol2cart(w,r2);
% 等分地求出 z 个弧度为 w 的齿根弧的直角坐标
x3 = x1 * cos(i * p) + y1 * sin(i * p);
y3 =- 1x1 * sin(i * p) + y1 * cos(i * p);
% 把右侧渐开线顺时针均匀旋转 z 次,每次旋转角度为 2 * pi/z
k1 = linspace(pi/2 - pi/z - (tan(s) - s) * 2 + tan(acos(r/r1)) - acos(r/r1) + i * 2 * pi/z,...
pi/2 - (tan(acos(r/r1)) - acos(r/r1)) + i * 2 * pi/z,20);
% 等分地求出 z 个弧度为 k1 的齿顶圆弧的直角坐标
[x8,y8] = pol2cart(k1,r1);
% 把(xx,yy)对应径向线段顺时针均匀旋转 z 次,每次旋转角度为 2 * pi/z
xa = xx * cos(i * p) + yy * sin(i * p);
ya =- 1xx * sin(i * p) + yy * cos(i * p);
% 把(xxx,yyy)对应径向线段顺时针均匀旋转 z 次,每次旋转角度为 2 * pi/z
xx5 = xxx * cos(i * p) + yyy * sin(i * p);
yy5 =- 1xxx * sin(i * p) + yyy * cos(i * p);
% 绘制整个齿轮的外形图
line(app.UIAxes,x3,y3,'linestyle','-','linewidth',2)
line(app.UIAxes,x2,y2,'linestyle','-','linewidth',2)
line(app.UIAxes,x5,y5,'linestyle','-','linewidth',2)
line(app.UIAxes,x8,y8,'linestyle','-','linewidth',2)
line(app.UIAxes,xx5,yy5,'linestyle','-','linewidth',2)
line(app.UIAxes,xa,ya,'linestyle','-','linewidth',2)
end
else
% 如果齿根圆半径大于基圆半径
% 从齿根圆压力角正切值到齿顶圆压力角正切值等分取 100 个数值
u = linspace(tan(acos(r/r2)),tan(acos(r/r1)),100);
x = r * sin(u) - r * u. * cos(u);
y = r * cos(u) + r * u. * sin(u);
% 左侧渐开线上与 u 值对应的渐开线方程
x1 =- 1(k^2 * x - 2 * y * k - x)/(k^2 + 1);
y1 = (2 * k * x - y + y * k^2)/(k^2 + 1);
% 右侧渐开线段上对应的渐开线方程
for i = 0:(z - 1);
x5 = x * cos(i * p) + y * sin(i * p);
y5 =- 1x * sin(i * p) + y * cos(i * p);
```

```
  %把左侧渐开线顺时针均匀旋转 z 次,每次旋转角度为 2 * pi/z
  w = linspace(pi/2 - (tan(acos(r/r2)) - acos(r/r2)) + i * 2 * pi/z,pi/2 - pi/z...
  - 2 * (tan(s) - s) + tan(acos(r/r2)) - acos(r/r2) + 2 * pi/z + i * 2 * pi/z,20);
  [x2,y2] = pol2cart(w,r2);
  %等分地求出 z 个弧度为 w 的齿根弧的直角坐标
  x3 = x1 * cos(i * p) + y1 * sin(i * p);
  y3 =- 1x1 * sin(i * p) + y1 * cos(i * p);
  %把右侧渐开线顺时针均匀旋转 z 次,每次旋转角度为 2 * pi/z
  k1 = linspace(pi/2 - pi/z - (tan(s) - s) * 2 + tan(acos(r/r1)) - acos(r/r1) + i * 2 * pi/z,pi/...
  2 - (tan(acos(r/r1)) - acos(r/r1)) + i * 2 * pi/z,20);
  %等分地求出 z 个弧度为 k1 的齿顶圆弧的直角坐标
  [x8,y8] = pol2cart(k1,r1);
  %绘制整个齿轮的外形图
  line(app.UIAxes,x3,y3,'linestyle','-','linewidth',2)
  line(app.UIAxes,x2,y2,'linestyle','-','linewidth',2)
  line(app.UIAxes,x5,y5,'linestyle','-','linewidth',2)
  line(app.UIAxes,x8,y8,'linestyle','-','linewidth',2)
  end
  end
  axis(app.UIAxes,[ - (r1 + 10),r1 + 10, - (r1 + 10),r1 + 10])
  y = linspace(0,0,30);
  x = linspace( - (r1 + 6),r1 + 6,30);
  line(app.UIAxes,x,y,'color','k','linestyle','-.','linewidth',1.5)
  x = linspace(0,0,20);
  y = linspace( - (r1 + 6),r1 + 6,20);
  line(app.UIAxes,x,y,'color','k','linestyle','-.','linewidth',1.5)
  title(app.UIAxes,' 渐开线标准圆柱齿轮 ');
  xlabel(app.UIAxes,'x/mm')
ylabel(app.UIAxes,'y/mm')
```

(2)【退出】回调函数的建立

其回调函数建立过程与【齿轮图形】回调函数建立过程相似,此处不在赘述。

退出回调程序如下:

```
%关闭窗口之前要求确认
  sel = questdlg(' 确认关闭应用程序? ',' 关闭确认,','Yes','No','No');
  switch sel
  case'Yes'
  delete(app);
  case'No'
end
```

4. 显示 App 界面

单击图 A.2 或图 A.3 中运行按钮 ▷ 即可显示图 A.1 的 App 界面。

5. 程序中标准直齿圆柱齿轮形状的理论参数计算

一个齿轮渐开线的轮廓是由同一个基圆形成的两条对称的渐开线组成的,建立如图 A.9 所示直角坐标系。

由渐开线性质可得以下参数:

基圆半径为

$$r_b = (1/2)mz\cos\alpha \tag{A-1}$$

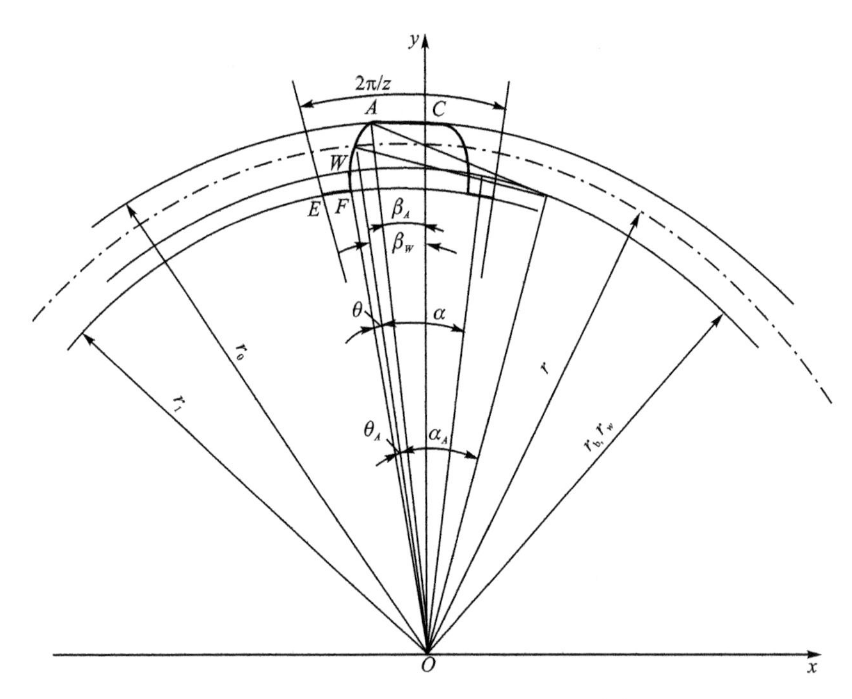

图 A.9　渐开线左侧和右侧齿形理论参数

齿顶圆半径为

$$r_a = (z/2 + 1)m \tag{A-2}$$

齿根圆半径为

$$r_f = (z/2 - 1.25)m \tag{A-3}$$

渐开线终止点的向径由齿条型刀具的切削过程来确定，其值为

$$r_W = (z/2 - 1)m \tag{A-4}$$

齿顶渐开线压力角为

$$\alpha_A = \arccos(r_b/r_a) \tag{A-5}$$

$$\beta_A = \pi/(2z) - (\theta_A - \theta) = \pi/(2z) - (\mathrm{inv}\,\alpha_A - \mathrm{inv}\,\alpha) \tag{A-6}$$

渐开线工作齿廓上终止点的压力角为

$$\alpha_W = \arccos(r_b/r_W) \tag{A-7}$$

$$\beta_W = \pi/(2z) - (\theta_W - \theta) = \pi/(2z) - (\mathrm{inv}\,\alpha_W - \mathrm{inv}\,\alpha) \tag{A-8}$$

渐开线工作齿廓上任意一点的压力角为

$$\alpha_i = \arccos(r_b/r_i) \tag{A-9}$$

$$\beta_i = \pi/(2z) - (\theta_i - \theta) = \pi/(2z) - (\mathrm{inv}\,\alpha_i - \mathrm{inv}\,\alpha) \tag{A-10}$$

渐开线工作齿廓上任意一点的直角坐标为

$$\begin{cases} x_i = -r_i \sin\beta_i \\ y_i = r_i \cos\beta_i \end{cases} \tag{A-11}$$

工作齿廓线底部到齿根的齿廓曲线 WF，由于线段较短，可以用径向线近似代替。径向线的起点为工作齿廓线的终点 W，径向线的终点 F 的坐标为

$$\begin{cases} x_f = -r_f \sin\beta_W \\ y_f = r_f \cos\beta_W \end{cases} \tag{A-12}$$

齿根曲线是齿根圆中的一段圆弧，其圆弧上点 E 的坐标为

$$\begin{cases} x_E = -r_f \sin(\pi/z) \\ y_E = r_f \cos(\pi/z) \end{cases} \tag{A-13}$$

齿顶曲线则是齿顶圆的一段圆弧，其圆弧上 C 点的坐标为

$$\begin{cases} x_C = 0 \\ y_C = r_a \end{cases} \tag{A-14}$$

参 考 文 献

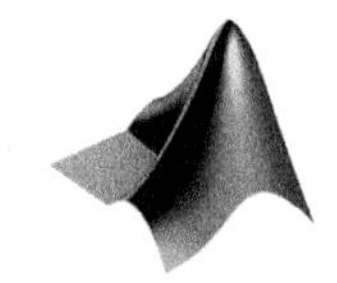

[1] 陆爽，蒋永华. MATLAB App Designer33 个机械工程案例分析[M]. 北京：北京航空航天大学出版社，2022.

[2] 郭仁生. 机械设计基础[M]. 北京：清华大学出版社，2020.

[3] 罗华飞，邵斌. MATLAB GUI 设计学习手记[M]. 北京：北京航空航天大学出版社，2019.

[4] [美]Edward B Magrab. MATLAB 原理与工程应用[M]. 北京：电子工业出版社，2006.

[5] 郭仁生. 机械工程设计分析和 MATLAB 应用[M]. 北京：机械工业出版社，2011.

[6] 李滨城，徐超. 机械原理 MATLAB 辅助分析[M]. 北京：化学工业出版社，2018.

[7] 敖文刚. 基于 MATLAB 的运动学、动力学过程分析与模拟[M]. 北京：科学出版社，2013.

[8] 乐英，段巍. 机械原理课程设计[M]. 北京：中国电力出版社，2016.

[9] 杜志强. 基于 MATLAB 语言的机构设计与分析[M]. 上海：上海科学技术出版社，2011.

[10] 叶南海，戴宏亮. 机械可靠性设计与 MATLAB 算法[M]. 北京：机械工业出版社，2018.

[11]朱爱斌，朱永生. 机械优化设计技术与实例[M]. 西安：西安电子科技大学出版社，2012.

[12] [美]Neil Sclater，等. 机械设计实用机构与装置图册[M]. 北京：机械工业出版社，2007.

[13] 毛谦德，李振清. 袖珍机械设计师手册[M]. 2 版. 北京：机械工业出版社，2004.

[14] 华大年，华志宏. 连杆机构设计与应用创新[M]. 北京：机械工业出版社，2008.

[15] 王赫然. MATLAB 程序设计[M]. 北京：清华大学出版社，2020.

[16] 苑伟民. MATLAB App Designer 从入门到实践[M]. 北京：人民邮电出版社，2022.

[17] 张志涌. 精通 MATLAB R2011a[M]. 北京：北京航空航天大学出版社，2011.

[18] 谢中华. MATLAB 从零到进阶[M]. 北京：北京航空航天大学出版社，2012.

[19] 余胜威. MATLAB GUI 设计入门与实战[M]. 北京：清华大学出版社，2016.

[20] 刘焕进. MATLAB N 个实用技巧[M]. 北京：北京航空航天大学出版社，2016.

[21] 于靖军. 机械原理[M]. 北京：机械工业出版社，2017.

[22] 周明，李长虹. MATLAB 图形技术：绘图及图形用户接口[M]. 西安：西北工业大学出版社，1999.

[23] 何强，李义章. 工业 APP：开启数字化工业时代[M]. 北京：机械工业出版社，2019.